大学计算机基础教程

陈付龙　接　标◎主编

安徽师范大学出版社
ANHUI NORMAL UNIVERSITY PRESS
·芜湖·

图书在版编目(CIP)数据

大学计算机基础教程 / 陈付龙,接标主编. —芜湖:安徽师范大学出版社,2023.9
ISBN 978-7-5676-5669-7

Ⅰ.①大… Ⅱ.①陈… ②接… Ⅲ.①电子计算机 - 高等学校 - 教材 Ⅳ.①TP3

中国国家版本馆CIP数据核字(2023)第015978号

大学计算机基础教程 陈付龙 接 标◎主编

策划编辑:吴毛顺
责任编辑:李 玲 责任校对:孔令清
装帧设计:张德宝 冯君君 责任印制:桑国磊
出版发行:安徽师范大学出版社
芜湖市北京中路2号安徽师范大学赭山校区
网 址:http://www.ahnupress.com/
发 行 部:0553-3883578 5910327 5910310(传真)
印 刷:安徽芜湖新华印务有限责任公司
版 次:2023年9月第1版
印 次:2023年9月第1次印刷
规 格:787 mm × 1092 mm 1/16
印 张:24
字 数:498千字
书 号:ISBN 978-7-5676-5669-7
定 价:56.00元

前　　言

当今世界正处于信息时代，计算机与信息技术的应用已经渗透到大学的所有学科和专业，大学非计算机专业的学生除了必须具备扎实的相关专业知识外，还应掌握计算机应用技术，这是信息化时代对人才素质的基本要求。因此，在进行非计算机专业的计算机基础教学过程中，应着力将学生培养成为既有扎实的专业知识，又熟练掌握计算机应用技术的复合型人才。为主动应对新一轮科技革命与产业变革，支撑服务创新驱动发展、“中国制造2025”等一系列国家战略，积极推进新工科建设，提升在校大学生的信息素养，推进高校计算机基础课程教学改革，以生为本，实现“因材施教、分类培养”，切实满足学生个性化学习实际需求，我们编写了本书。

本书凝聚了作者多年的教学和实践经验，全书概念准确，逻辑清晰，知识新颖实用，图文并茂，内容丰富，主要介绍了信息技术概述、计算机硬件系统、操作系统、办公自动化、多媒体技术、计算机网络应用、数据库应用基础、算法与基本数据结构、软件工程基础。本书另配有《大学计算机基础实践教程》，概述Windows 7和Windows 10操作系统，并综合Office 2016环境，提供了丰富实用的操作案例，可帮助学生深入理解基础知识，提高实践能力。

本书共9章，由长期从事计算机基础教学、科研工作的骨干教师编写。第1章由陈付龙、接标编写，第2章由徐晟编写，第3章由王涛春编写，第4章由祝玉军编写，第5章由卞维新、周文编写，第6章由刘超编写，第7章由凌宗虎编写，第

8章由郭良敏编写，第9章由郑孝遥、徐琳编写。李杰负责全书的统稿及表格和图片的校对，王金红为本书提供了大量参考资料，并提出许多中肯的意见，在此一并表示衷心感谢！

由于时间仓促、编者水平有限，书中难免存在不足之处，敬请广大读者批评指正。

编　者

2022年8月

目录 CONTENTS

第1章 信息技术概述

第2章 计算机硬件系统

第3章 操作系统

第4章 办公自动化

第5章 多媒体技术

第6章 计算机网络应用

第7章 数据库应用基础

第8章 算法与基本数据结构

第9章 软件工程基础

第1章 信息技术概述

20世纪40年代以来，计算机、网络、通信、软件、传感等技术获得重大突破，推动了信息技术的迅猛发展和广泛应用，引发了一场新的全球性信息革命。计算机（Computer），又称电子计算机或电脑，是一种利用电子学原理，根据一系列指令对数据进行处理的机器。计算机是20世纪伟大的科学技术发明之一，它从最初的军事科研应用扩展到信息管理、科学计算、过程检测与控制、工业生产、武器装备、辅助设计与制造、教育教学、家庭娱乐、通信、航天科技等领域，已形成了规模巨大的计算机产业，带动了全球范围的技术进步，并以强大的生命力飞速发展。以计算机技术为核心的信息技术已经成为继蒸汽机技术和电力电气技术之后的又一项对人类社会发展产生深刻影响的通用技术。现代社会离不开信息技术，掌握基本的信息技术及其应用是高等技术人员不可缺少的基本素质之一，也理所当然应成为当代大学生知识结构的重要组成部分。本章主要介绍计算机的来龙去脉、现代信息技术的基本内涵及未来发展方向。

1.1 计算机概况

1.1.1 计算工具的演变

在漫长的人类进化和社会发展历史长河中，人的大脑逐渐具有了一种“把直观变成抽象、形象变成数字的抽象思维活动”的特殊本领。正是由于能够在“形象”与“数字”之间进行互相转换，人类才真正具有了认识世界的能力。在此基础上，数的计算也就随着数的概念的产生而出现，然而数的计算往往需要借助一定的工具来完成，因此，计算工具也就随着人类社会活动的日益增加及计算复杂程度的日益增大而不断更新发展，经历了由简单到复杂、由低级向高级的演变过程，反映了人类认识世界、改造世界的艰辛历程和广阔前景。回顾计算工具的演变过程，从中可以得到许多有益的启示。

1. 手动计算工具

人类最初的计算工具就是人类的双手，掰指头算数是最早的计算方法。一个人一般有十根手指头，因此十进制就成为人们最熟悉的进制计数法。后来由于双手的局限性，人类开始学习用小木棍、石子等身外之物作为计算工具。在原始社会，人类智力低下，当时把石块放进皮袋，或用贝壳串成珠子，用“一一对应”的方法，计算需要计数的物品。“计算”的拉丁语为calculus，其本义就是用于计算的小石子。在上古时代，文字发明以前，人们在绳子上打结，用以记事和计数，其原理和用石子计数类似，以在绳子上打结的个数来表示物体的数量。《易经·系辞下传》中有记载：“上古结绳而治，后世圣人易之以书契，百官以治，万民以察……”图1-1所示为古代印加人的结绳记事法（又称奇普），它由许多颜色的绳结编成，用来计数或者记录历史。

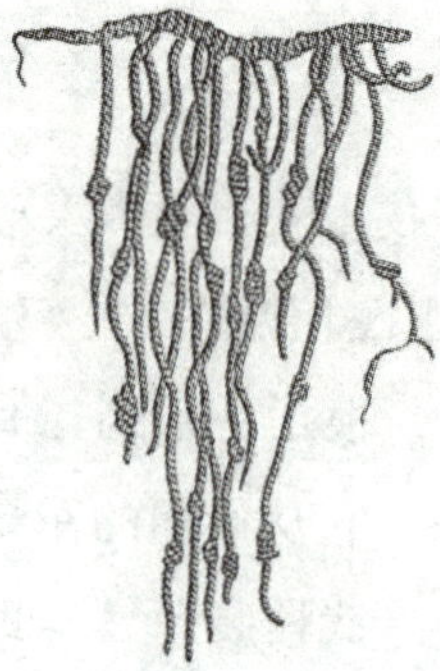

图1-1　古代印加人的结绳记事

在数的概念出现之后，数的计算就开始出现了。随着文明的进步，人类学会了使用越来越多、越来越复杂的计算工具，计算方法也越来越高级。

真正意义上的计算工具，其源头可以上溯至2 500多年以前，春秋战国时期，中国人发明的算筹是世界上最早的计算工具之一。算筹采用木枝、竹、骨、象牙、玉石、铁等材料制作而成。《汉书·律历志》记载：“其算法用竹，径一分，长六寸，二百七十一枚而成六觚，为一握。”图1-2所示为1971年陕西省千阳县出土的西汉骨算筹。南北朝时期的数学家祖冲之（429—500年）利用算筹，经过多年的反复计算，第一次将圆周率π的值精确到小数点后第7位，在世界数学史上创造了一个奇迹。

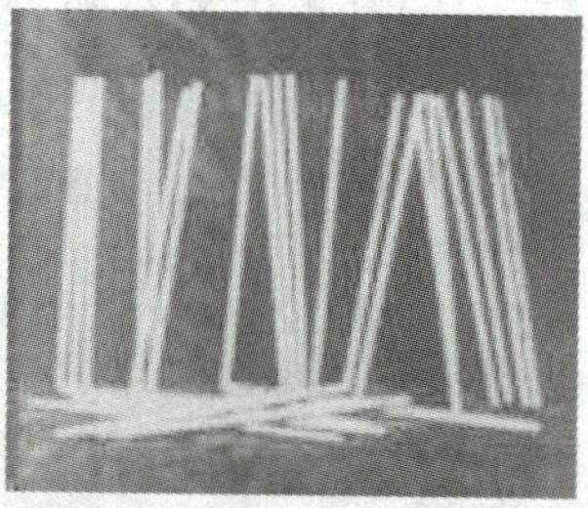

图1-2　陕西省千阳县出土的西汉骨算筹

随着历史的进步，人类社会有了更高级的计算工具——算盘。关于算盘的来历，最早可以追溯到公元前600年，据说我国当时就有了类似于算盘的“算板”。算盘被认为是最早的计算机，素有“中国计算机”之称，被广泛应用于商业贸易中，并一直使用至今。2013年，联合国教科文组织将珠算列入人类非物质文化遗产（简称非遗）名录，这也是我国第30项被列为非遗的项目。算盘亦称珠算，是由算筹演变而来的，以圆珠代替算筹，并将其连成整体，使其操作过程简化，运用更加得心应手。“珠算”一词，最早见于汉代徐岳（？—200年）撰写的《数术记遗》，书中有“珠算，控带四时，经纬三才”的记述。南宋数学家杨辉的《乘除通变算宝》中有“九归”的珠算口诀。元代刘因（1249—1293年）亦有《算盘》诗：“不作翁商舞，休停饼氏歌。执筹仍蔽簏，辛苦欲如何。”明代吴敬的《九章详注比类算法大全》较为全面地记载了珠算的有关算法。

明清时期，算盘的应用已经很广泛。关于算盘制造规格，明代柯尚迁的《数学通轨》记载：“十三档算盘图，上二珠，下五珠，呈长方形，四周为木框，内有轴心，俗称‘档’。”图1-3（b）所示为中式算盘。档中间用一根横梁隔开，运算时定位后拨珠计算。后来出现的各种规格的算盘，都是在此基础上发展起来的。算盘构造简单，便于掌握，使用方便，成为古代乃至近现代计算理财不可缺少的工具。

算盘从明代开始传入朝鲜、日本等东亚国家。在清代，算盘随着经济文化交往被传入东南亚诸国。二次世界大战后，美国也从日本引进了算盘。算盘的发明体现了中国人民的智慧。值得注意的是，算盘一词并不专指中国算盘，从现有文献资料来看，世界各国都有过各自的与算盘类似的计算工具。图1-3所示为几种典型的算盘。

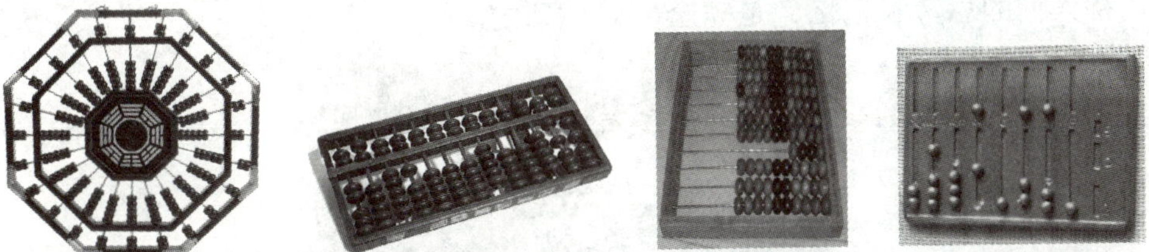

(a) 中国文王桃木算盘　(b) 中式算盘　(c) 俄式算盘　(d) 罗马算盘

图1-3　算盘

1621年，英国数学家奥特雷德（William Oughtred，1575—1660年）根据对数原理发明了圆形计算尺，也称对数计算尺。对数计算尺在两个圆盘的边缘标注对数刻度，然后让它们相对转动，就可以基于对数原理用加减运算来实现乘除运算。17世纪中期，对数计算尺被改进为尺座和在尺座内部移动的滑尺。18世纪末，发明蒸汽机的瓦特独具匠心，在尺座上添置了一个滑标，用来存储计算的中间结果。对数计算尺不仅能进行加、减、乘、除、乘方、开方运算，甚至可以计算三角函数、指数函数和对数函数，它被一直使用到袖珍电子计算器面世。即使在20世纪60年代，对数计算尺的使用仍然是理工科大学生必须掌握的基本功，是工程师身份的一种象征。图1-4所示为一种对数计算尺。

图1-4　一种对数计算尺

2. 机械计算工具

随着人类社会生产的不断发展和社会生活的不断丰富，人们生产和生活中所产生的信息量与日俱增。为了更加迅捷而有效地处理大量的信息，使人类从繁重的计算工作中解放出来，数百年来，人们一直希望发明出一种能自动进行计算、存储和处理数据的机器。为此，近现代许多先驱者相继进行了机械计算工具的研制。

17世纪，欧洲出现了利用齿轮技术的计算工具。1642年，年仅19岁的法国人帕斯卡（Blase Pascal，1623—1662年）受机械时钟的启发，发明了第一台齿轮式机械计算器——可做加减运算的机械式加法机，这是人类历史上第一台机械式计算工具，其原理对后来的计算工具产生了持久的影响。帕斯卡加法器（见图1-5）是由齿轮组成，以发条为动力，通过转动齿轮来实现加减运算，用连杆实现进位的计算装置。帕斯卡从加法器的成功发明中得出结论：人的某些思维过程与机械过程没有差别，因此可以设想用机械来模拟人的思维活动。帕斯卡加法器向人们揭示出：用一种纯粹机械的装置去代替人们的思考和记忆，是完全可以做到的。

图1-5　帕斯卡加法器

德国数学家莱布尼茨（Gottfried Wilhelm Leibniz，1646—1716年）发现了帕斯卡的一篇关于帕斯卡加法器的论文，激发了他强烈的发明欲望，他决心把这种机器的功能扩大到乘除运算。1673年，莱布尼茨研制了一台能进行四则运算的机械式计算器，称为莱布尼茨四则运算器，如图1-6所示。这台机器在进行乘法运算时采用进位-加的方法。莱布尼茨从一位法国传教士那里得到《易经》的译本，对六十四卦的数学结构进行了深入研究。1701年，他把阳爻换成1，把阴爻换成0，悟出了二进制的原理，后来演化为二进制，被现代计算机采用。莱布尼茨四则运算器在计算工具的发展史上是一个小高潮，此后的一百多年中，虽有不少类似的计算工具出现，但它们除了在灵活性上有所改进外，都没有突破手动机械的框架，使用齿轮、连杆组装起来的计算设备限制了它们的功能、速度以及可靠性。后来，在此基础上，法国人科尔马（Charles Xavier Thomas de Colmar，1785—1870年）发明了可以进行四则运算的机械计算器。

图1-6 莱布尼茨四则运算器

现代通用电子计算机的雏形是英国数学家巴贝奇（Charles Babbage，1791—1871年）设计的差分机和分析机，如图1-7所示。巴贝奇在剑桥大学求学期间，正是英国工业革命兴起之时，为了解决航海、工业生产和科学研究中的复杂计算问题，许多数学表（如对数表、函数表）应运而生。这些数学表虽然带来了一定的方便，但由于采用人工计算，其中的错误很多。巴贝奇决心研制新的计算工具，用机器取代人工来计算这些实用价值很高的数学表。巴贝奇于1812年提出了差分机的设计思想——它能够按照设计者的想法，自动处理不同函数的计算过程。差分机一号（Difference Engine No.1）由英国政府出资，工匠克里门打造，预计完工需要25 000个零件（大致均分为计算和印刷两部分），重达4 t，可计算到第六阶差，最高可以存16位数。但因为大量精密零件制造困难，加上巴贝奇不停地边制造边修改设计，他只能拿出成品的七分之一来展示，如图1-7（b）所示。不过差分机运转的精密程度仍令当时的人们叹为观止，至今依然是人类踏进科技殿堂的一个重大起步。由于巴贝奇不断延后完成期限，制作过程中不断修改设计，且时常与克里门发生冲突等诸多原因，让完整的差分机一号一直未能完成，后来12 000多个还没用到的精密零件都被熔化报废。1834年，巴贝奇提出了一个更为大胆的设计——制作一种通用的数学计算机，称作“分析机”，它由蒸汽机驱动，包括由许多轮子组成的保存数据的存储库和运算装置，长约30 m，宽约10 m，使用打孔纸带输入，采用最普通的十进制计数，能对操作顺序进行控制，并选择所需处理的数据以及输出结果，如图1-7（c）所示。这台机器本有希望成为真正的现代计算机，可以运行包含“条件”“循环”语句的程序，有寄存器用来存储数据，不过同样没有完成。巴贝奇的失败并非技术问题，而是管理问题，他总是在半路又有了新想法。1871年，巴贝奇在怨恨失望中去世，甚至《泰晤士报》在讣告中还嘲笑了他的失败。

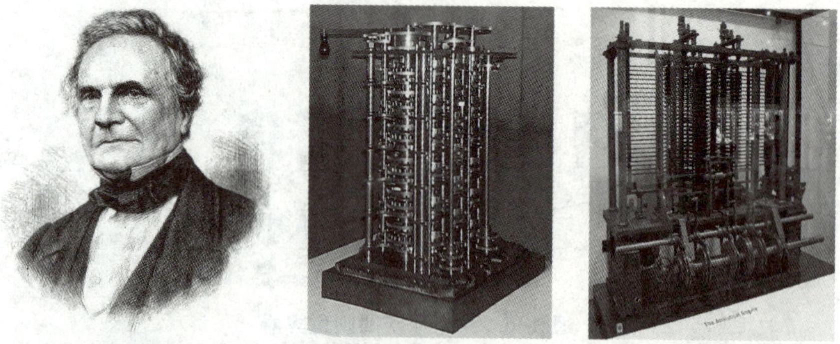

(a) 巴贝奇　　(b) 差分机　　(c) 分析机

图1-7　巴贝奇和他的发明

英国诗人拜伦的女儿奥古斯塔·爱达·金（Augusta Ada King，1815—1852年）为巴贝奇的分析机编制了程序，她被称为世界上第一位程序员。巴贝奇设计的分析机采用了3个具有现代意义的装置：保存数据的寄存器，从寄存器取出数据进行运算的装置，控制操作顺序、选择所需处理的数据以及输出结果的装置。虽然限于当时的技术条件而未能实现，但这台分析机已经描绘出有关程序控制方式计算机的雏形，其设计思想为现代电子计算机的产生奠定了基础。

3. 机电计算工具

1804年，法国机械师约瑟夫·玛丽·雅卡尔（Joseph Marie Jacquard，1752—1834年）发明了可编程织布机，通过读取穿孔卡片上的编码信息来自动控制织布机的编织图案，引起了法国纺织工业革命。雅卡尔织布机虽然不是计算工具，但是它第一次使用了穿孔卡片这种输入方式。如果找不到输入信息和控制操作的机械方法，那么真正意义上的机械式计算工具是不可能出现的。直到20世纪70年代，穿孔卡片这种输入方式还在普遍使用。1886年，美国统计学家霍勒瑞斯（Herman Hollerith，1860—1929年）借鉴了雅卡尔织布机的工作原理，用穿孔卡片存储数据，采用机电技术取代了纯机械装置，制造了第一台可以自动进行加减乘除四则运算、累计存档、制作报表的制表机，如图1-8所示。这台制表机参与了美国1890年的人口普查工作，使预计10年才能完成的统计工作仅用1年就完成了，这是人类历史上第一次利用计算机进行大规模的数据处理。霍勒瑞斯于1896年创建了制表机公司——TMC公司。1911年，TMC公司与另外两家公司合并，成立了CTR公司。1924年，CTR公司改名为国际商业机器公司（International Business Machines Corporation），这就是赫赫有名的IBM公司。

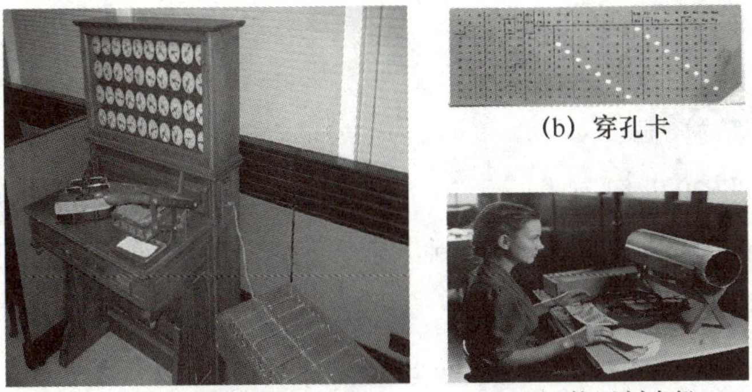

(a) 制表机 (b) 穿孔卡 (c) 使用制表机

图1-8 霍勒瑞斯制表机

1938年，德国工程师楚泽（Konrad Zuse，1910—1995年）研制出Z-1计算机，这是第一台采用二进制的计算机。在接下来的四年中，楚泽先后研制出采用继电器的计算机Z-2、Z-3、Z-4。1941年，楚泽完成了他的图灵完全机电一体计算机Z-3，这是第一部具有自动二进制数学计算特色以及可行的编程功能的计算机，不仅全部采用继电器，而且同时采用了浮点记数法、二进制运算、带存储地址的指令形式等，但它还不是电子计算机。

1944年，美国哈佛大学数学家艾肯（Howard Hathaway Aiken，1900—1973年）在读过巴贝奇和爱达的笔记后，提出用机电的方法，而不是纯机械的方法来实现巴贝奇的分析机。在IBM公司的资助下，1944年他成功研制了机电式计算机Mark-I。如图1-9所示，Mark-I长15.5 m，高2.4 m，由75万个零件组成，使用了大量的继电器作为开关元件，存储容量为72个23位十进制数，采用了穿孔纸带进行程序控制。它的计算速度很慢，执行一次加法操作需要0.3 s，并且噪声很大。尽管它的可靠性不高，哈佛大学仍然使用了它15年。Mark-I只是部分使用了继电器，1947年研制的Mark-Ⅱ增进了其效能，仍然采用继电器，它们并不是现代意义上的电子计算机。随后1949年研制的Mark-Ⅲ部分采用电子元件，而1952年研制的Mark-Ⅳ就全部改用电子元件了。Mark-Ⅲ与Mark-Ⅳ使用磁鼓内存，Mark-Ⅳ同时也使用磁芯内存。

图1-9 Mark-I计算机

1.1.2 现代计算机的问世与发展

1. 电子计算机的问世

在19世纪末和20世纪前半叶，为了满足科学计算的需要，许多有专门用途的、复杂程度不断增长的模拟计算机被研制出来。这些计算机都是用它们所针对的特定问题的机械或电子模型作为计算基础。

1848年，英国数学家布尔（George Boore，1815—1864年）创立了二进制代数学，提前近一个世纪为现代二进制计算机的发展铺平了道路。

1891年，斯特罗格（Almon Brown Strowger，1839—1902年）为一个含有逻辑门电路的设备申请了专利。特斯拉（Nikola Tesla，1856—1943年）在1898年申请了含有逻辑门电路设备的专利。德富雷斯特（Lee De Forest，1873—1961年）于1907年用真空管代替了继电器。

1936年，年仅24岁的英国科学家图灵（Alan Mathison Turing，1912—1954年）发表了著名的论文《论可计算数在判定问题中的应用》，首次提出了一种采用二进制的计算机的抽象模型。该计算机模型现在被大家称为“图灵机”，成为现代通用数字计算机的数学模型。它证明通用数字计算机是可以制造出来的，为计算机的理论和模型奠定了基础。为表彰图灵的贡献，美国计算机协会于1966年设立了一年一度的“图灵奖”，专门用来奖励那些对计算机科学研究与推动计算机技术发展有卓越贡献的科学家。“图灵奖”被誉为计算机界的诺贝尔奖，图灵本人也被誉为“计算机科学之父”和“人工智能之父”（图1-10）。

（a）图灵　　（b）“图灵奖”奖杯

图1-10　图灵和“图灵奖”奖杯

1937年，年仅21岁的麻省理工学院研究生香农（Claude Elwood Shannon，1916—2001年）发表了他的重要论文《对继电器和开关电路中的符号分析》，文中首次提及数字电子技术的应用，向人们展示了如何使用开关来实现逻辑和数学运算。这标志着二进制电子电路设计和逻辑门应用的开始。

这个时候，具有现代意义的计算机设计和构造技术基础基本建立起来，但是，沿着这样一条上下求索的漫漫长途去定义所谓的“世界上第一部电子计算机”可谓相当困难。

1941年诞生的阿塔纳索夫-贝瑞计算机（Atanasoff-Berry Computer，通常简称ABC计算机）是世界上第一部电子数字计算机，如图1-11所示，由美国爱荷华州立大学教授阿塔纳索夫（John Vincent Atanasoff，1903—1995年）和他的研究生贝瑞（Clifford E.Berry，1918—1963年）研制。计算机系统的重量超过320 kg，包含了大约1.6 km的电线、280个双三极真空管、31个闸流管，大小相当于一个书桌，采用二进制数值，以固定在机械旋转磁鼓上的电容器作为记忆器件，可以计算复杂的代数方程。ABC计算机因为缺乏通用性、可变性与存储程序的机制，直到1960年与后来出现的ENIAC陷入了谁才是第一台电子计算机的冲突中才被广为人知。

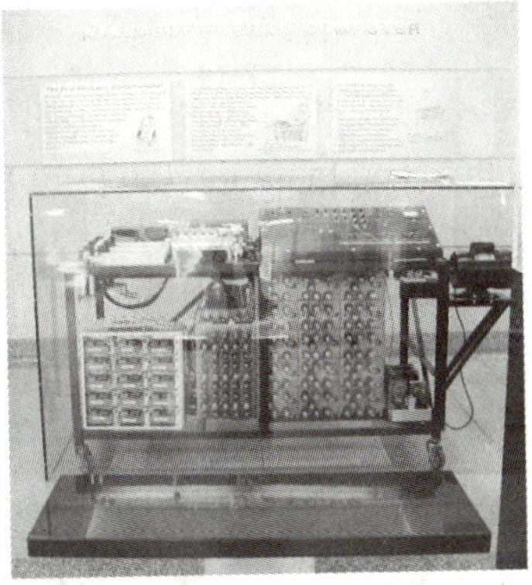

图1-11　ABC计算机

在第二次世界大战中，为训练轰炸机飞行员，美国海军曾向麻省理工学院探询，能否开发出一款可以控制飞行模拟器的计算机。军方当初的设想只是希望通过该计算机将飞行员模拟操作产生的数据实时反映到仪表盘上。和以前的训练系统林克训练机不同，军方计划该计算机系统能尽可能真实地根据空气动力学模型进行模拟，以使其能适用于各种不同类型的飞机。于是麻省理工学院启动了“旋风工程”，制造出世界上第一台能够实时处理数据的旋风计算机，并发明了磁芯存储设备。这为个人计算机的发展做出了历史性的贡献。

第二次世界大战期间，美国陆军资助了一个代号为“PX”的项目，由宾夕法尼亚大学穆尔电气工程学院于1943年开始秘密研制一种新型计算机器。1946年2月14日，世界上第一台普遍意义上的电子数字计算机在宾夕法尼亚大学诞生，取名为ENIAC（译作“埃尼亚克”或“埃尼阿克”），即“Electronic Numerical Integrator and Calculator”的缩写，它是一台电子数字积分计算机，由物理学教授莫齐利（John William Mauchly，1907—1980年）和他年仅25岁的研究生埃克特（John Adam Presper Eckert，1919—1995年）在美国军械部委托下构思并设计，为精确、快速地计算弹道的轨迹问题而研制，用于美国陆军部下属的阿伯丁试验场的弹道研究实验室中，如图1-12所示。

这台计算机一共使用了17 468个电子管、7 200个晶体二极管、1 500个继电器、10 000个电容器，还有大约500万个手工焊接头，重达27 t，体积大约是2.4 m × 0.9 m × 30 m，占地面积167 m²，每小时耗电150 kW（导致有传言说，每当这台计算机启动的时候，整个城市的灯都变暗了）。ENIAC的最大特点就是采用电子器件代替机械齿轮或电动机械来执行算术运算、逻辑运算和存储信息，通过手工搬动开关和拔插电缆来编程，采用十进制运算。因此，同以往的计算机相比，ENIAC最突出的优点就是高速度，每秒能完成5 000次加法运算、300多次乘法运算。ENIAC虽然是第一台正式投入运行且满足“图灵机”要求的电子计算机，但它不具备现代计算机的“存储程序”思想。1973年，美国联邦地方法院裁定，ENIAC的发明者从阿塔纳索夫那里继承了电子数字计算机的主要构件思想，并且注销了ENIAC的专利，然而，公众领域内普遍将ENIAC认定为世界上第一台电子计算机，将莫齐利认定为“电子计算机之父”。从20世纪40年代开始，人类进入了电子计算机时代。

(a)莫齐利（左）和埃克特（右）

(b) ENIAC

图1-12　莫齐利、埃克特和ENIAC

虽然ENIAC显示了电子元件在进行初等运算速度上的优越性，但没有最大限度地实现电子技术所提供的巨大潜力。ENIAC的主要缺点是：第一，存储容量小，至多存储20个10位的十进制数；第二，程序是外插型的，为了进行几分钟的计算，连接各种开关和线路的准备工作就要用几个小时。

新生的电子计算机需要人们用千百年来制造计算工具的经验和智慧赋予更合理的结构，从而获得更强的生命力。

1945年6月，普林斯顿大学美籍匈牙利数学家冯·诺依曼（John Von Neumann，1903—1957年）与同事联名发表了一篇长达101页纸的“关于EDVAC的报告草案”，即计算机史上著名的“101页报告”，提出了一个新机型——离散变量自动电子计算机（Electronic Discrete Variable Automatic Computer，EDVAC）的设计方案，确立了现代计算机的基本结构。这种结构的计算机具有两大基本特征：一是采用二进制进行数据和指令编码，即所有进入计算机的数据和指令都用二进制表示；二是采用“程序存储”和“程序控制”的原理，即按照事先存储的程序，自动、高速地对数据进行输入、计算处理、输出和存储。这两个核心思想对于现代计算机的发展至关重要，成为第一部真正具有运作弹性、一般用途数字计算机的设计基础。采用这种思想构造的计算机被称为冯·诺依曼体系结构计算机，冯·诺依曼也被誉为“现代电子计算机之父”，如图1-13所示。

莫齐利和埃克特认识到ENIAC的局限后，便又着手对其进行改良，开始设计EDVAC。EDVAC于1949年8月交付给弹道研究实验室，如图1-14所示。在发现和解决许多问题之后，直到1951年EDVAC才开始运行，每天运行超过20 h，平均8 h无差错时间，一直运行至1961年。在其运行周期里，EDVAC被证明是一台可靠和可生产的计算机。EDVAC使用了大约6 000个真空管和12 000个二极管，占地45.5 m^2，重达7 850 kg，消耗电力56 kW。EDVAC是二进制串行计算机，使用延迟线存储器，具有1 000个44位（bit）的字，具有硬件加、减、乘和软件除的功能。运行一条加法指令约用时864 μs，运行一条乘法指令约用时2 900 μs（或2.9 ms）。

图1-13　冯·诺依曼

图1-14　安装在弹道研究实验室的EDVAC

需要强调的是，EDVAC方案是集体智慧的结晶，冯·诺依曼的伟大功绩在于他运用雄厚的数理知识和非凡的分析、综合能力，在EDVAC的总体配置和逻辑设计中起到了关键作用。可以说，现代计算机的发明绝不是仅凭杰出科学家的个人努力就能完成的事业，研制电子计算机不仅需要巨大的资金，而且需要数学家、逻辑学家、电子工程师以及组织管理人员的密切合作，需要团队的共同努力。

2. 电子计算机的发展

电子计算机的发展按其使用的主要电子元件，大致可划分成电子管时代、晶体管时代、中小规模集成电路时代、超大规模集成电路时代、超级规模集成电路时代五个阶段，如图1-15所示。

图1-15　电子计算机发展过程中使用的主要元件

（1）第一代计算机（1946—1959年）——电子管计算机

第一代计算机采用电子管（又称真空管）作为基本电子元件。其主存储器采用延迟线、磁鼓，数据表示方式为定点。电子管计算机的主要特点是体积庞大、耗电量大、运行速度慢（5000～40 000次/s）、价格昂贵、可靠性差。代表机器有冯·诺依曼的IAS（1946年）、UNIVAC公司的UNIVAC-I（1951年）、IBM公司的IBM 701（1953年）和IBM 704（1956年），以及我国的103机、104机、119机等。

（2）第二代计算机（1959—1964年）——晶体管计算机

第二代计算机采用晶体管作为基本电子元件。其主存储器采用磁芯，数据表示方式为浮点。晶体管计算机的主要特点是体积小、功耗低、运行速度快（每秒几十万次至一百万次）、可靠性高。第二代计算机另一个很重要的特点是存储器的革命，1951年，当时尚在美国哈佛大学计算机实验室的华人留学生王安发明了磁芯存储器，这项技术彻底改变了继电器存储器的工作方式和与处理器的连接方法，也大大缩小了存储器的体积，为第二代计算机的发展奠定了基础。代表机器有IBM公司的IBM 7090（1959年）、IBM 7094（1962年）和我国的DJS-5（1965年）、DJS-121、DJS-108等。

（3）第三代计算机（1964—1975年）——中小规模集成电路计算机

第三代计算机采用中小规模集成电路作为基本电子元件。其用半导体存储器代替磁芯存储器，使用了操作系统，采用流水线、多道程序和并行处理技术，使得计算机在中心程序的控制协调下可以同时运行许多不同的程序。中小规模集成电路计算机的主要特点是体积更小、功能更强、计算机成本进一步下降，运行速度为每秒一百万次至几百万次。代表机器有IBM公司的IBM 360（1964年，如图1-16所示）、CDC公司的CDC 6600（1964年）、DEC公司的PDP-8（1965年）和我国的150机（1973年）、DJS-130（1974年）等。

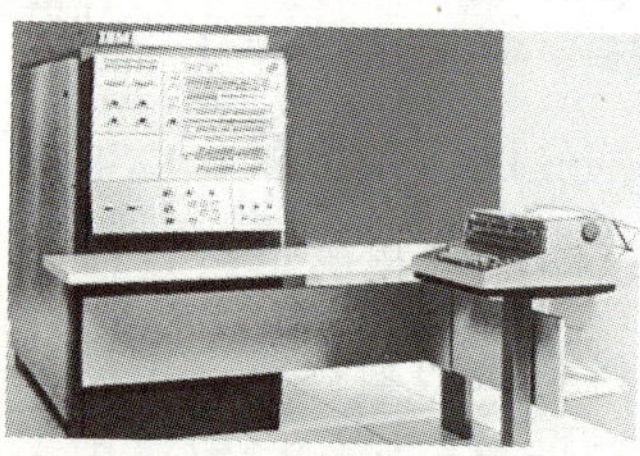
图1-16　IBM 360

（4）第四代计算机（1975—1990年）——超大规模集成电路计算机

第四代计算机采用大规模和超大规模集成电路作为基本电子元件。其主存储器采用半导体存储器，主要特点是运行速度更快、集成度更高、软件丰富、有通信功能、软硬件密切配合，其运行速度达到每秒几百万次至几亿次。代表机器有巨型计算机（简称巨型机，如美国的Cray-I，我国的银河-I、银河-Ⅱ等，图1-17所示为银河-I）、微型计算机（简称微机，如Intel公司的Intel 8080、Intel 8086，Apple公司的Apple Ⅱ，IBM公司的IBM-PC/XT等）、单片机（如Fairchild公司的F8，Intel公司的

图1-17　银河-I巨型计算机

MCS-4系列、MCS-48系列、MCS-51系列、MCS-96系列等）。

（5）第五代计算机（1990年至今）——超级规模集成电路计算机

第五代计算机采用极大、甚大、超级规模集成电路作为基本电子元件。其主存储器采用集成度更高的半导体存储器。代表机器有IBM公司的RS/6000 SP2，我国的银河-Ⅲ、银河-Ⅳ、曙光4000A等。

2016年，国际TOP500组织公布了最新全球超级计算机500强排行榜，由中国国家并行计算机工程技术研究中心（NRCPC）研制、安装在国家超级计算无锡中心的“神威·太湖之光”超级计算机排名世界第一，它有1 000多万个计算核心，INPACK基准测试测得其运行速度达到每秒93千万亿次浮点运算（93 PFLOPS，FLOPS为每秒所执行的浮点运算次数的英文Floating-point Operations Per Second的缩写），如图1-18所示。

图1-18 “神威·太湖之光”超级计算机

3. 我国计算机的发展

（1）第一代国产电子管计算机（1953—1964年）

1953年，数学家华罗庚（1910—1985年）从清华大学电机系物色了闵乃大、夏培肃和王传英三位科研人员，在他任所长的中国科学院数学所内，成立了中国第一个电子计算机科研小组，并于1956年完成了第一台电子计算机运算器和控制器的设计工作，1958年研制成功我国第一台电子管计算机——103机（即DJS-1）。103机共生产36台，字长31位，内存容量为1 024 B，当时运算速度只有每秒几十次浮点运算，后来安装了自行研制的磁芯存储器，运算速度提高到3 000次/s。

1959年，他们又研制成功我国第一台大型通用计算机104机。104机共有4 200个电子管、4 000个晶体二极管，由22个机柜组成，字长为39位，每秒运行1万次浮点运算，共生产7台。1964年，我国第一台自行设计的大型通用数字电子管计算机119机研制成功，平均浮点运算速度为每秒5万次。参加119机研制的科研人员约有250人，有十几个单位参与协作。其间，国家领导人及全国各级行政和科研单位对国产电子计算机发展非常关注。1959年，中国科学院力学研究所所长钱学森（1911—2009年）院士参观了安徽师范大学数学系自制的电子计算机。

我国电子计算机研制起步比美国整整晚一代。当国际上致力于研制第二代计算机产品时，我国正在研制第一代电子管计算机。103机、104机、119机都属于我国第一代电子管计算机，它们的相继推出，标志着我国初生的计算机事业蹒跚起步，并为我国解决了大量过去无法计算的经济、国防等领域的难题，填补了我国计算机技术的空白，是我国计算机工业发展史上第一个里程碑。

（2）第二代国产晶体管计算机（1965—1972年）

1965年，中国科学院计算所研制成功我国第一台大型晶体管计算机——109乙机，共用2万多支晶体管、3万多支二极管，两年后又推出109丙机，运行了15年，有效算题时间10万小时以上，在我国“两弹”试验中发挥了重要作用，被誉为“功勋机”。华北计算所先后研制成功108机、108乙机（DJS-6）、121机（DJS-21）和320机（DJS-8）。

我国的第二代晶体管计算机大部分是“文化大革命”前夕研制的，而那时国外在发展第三代中小规模集成电路计算机，我国基本上已经晚了十年。我国第一、二代计算机的系统软件大多是自己开发的，早期以苏联的算子法为指导思想，1962年以后转为以ALGOL 60为基础的编译技术，开发了BCY、BX119等有影响力的编译系统。但总的来说，我国从研制第一代计算机开始就有重硬件、轻软件的倾向。

（3）第三代国产中小规模集成电路计算机（1973年至20世纪80年代初）

1973年1月，第四机械工业部（简称四机部）在北京召开了“电子计算机首次专业会议”（即“7301会议”），总结了60年代我国计算机研制都是为特定工程任务（主要是国防）服务，不能形成批量生产的教训，决定放弃单纯追求提高运算速度的技术政策，确定了发展系列机的方针，提出联合研制小、中、大三个系列计算机的任务，以中小型机为主，着力普及和运用。“7301会议”在我国计算机发展史上具有重要意义，确定了把发展系列机作为当时的发展方向。会议结束后，四机部立即着手组织DJS-100系列和DJS-200系列计算机的研制工作。

1973年初，由北京大学、北京有线电厂和燃化部等有关单位共同研制成功中国第一台百万次集成电路电子计算机150机，该机字长48位，运算速度100万次/s，主内存130 KB，主要用于石油、地质、气象和军事领域。

1974年，清华大学等单位联合设计、研制DJS-130小型计算机，同年8月，第一台DJS-130机在北京无线电三厂试制成功，并通过鉴定。之后，131、132、135、140、152、153等共13个机型先后研制成功，产量近千台，逐渐形成了我国第一种国产DJS-100系列机。“DJS”即“电子计算机”的汉语拼音首字母缩写。与以往不同的是，DJS-100系列机的应用范围不再局限于军事领域，它在国民经济建设和军事建设中都发挥了重要作用，承担了科学计算、数据处理、工业过程控制、数据采集、信息和事务处理等方面的工作。

与此同时，以华北计算技术研究所为主要基地，全国57个单位联合进行DJS-200系列机设计，同时也设计开发DJS-180系列超级小型机。1976年12月，由华北计算机技术研究所、西北电讯工程学院和西北工业大学联合设计，南丰机械厂试制出第一台DJS-183机，接着又研制出184、185、186和1804机共5个机型。后来，我国又研制了655型（电子部32所）、151机（国防科学技术大学）、1001中型集成电路计算机和运算速度为每秒500万次的HDS-9机（华东计算技术研究所），这标志着中国计算机行业已完成了从第二代向第三代的过渡。

1974年8月，四机部召开了计算机工作会议，会上四机部、一机部、中国科学院、新华社、国家出版事业管理局联合提出“关于研制汉字信息处理工程”的建议，命名为“748工程”，并通过国家计划委员会批准立项。“748工程”小组研制成功了精密型汉字照排系统——方正系统和华光系统。1979年7月27日，中国首次利用自己研发的汉字照排系统输出了报纸样张，这意味着我国自行设计的计算机激光汉字编辑排版系统主体工程研制成功。1985年5月，激光照排Ⅱ型机通过国家级鉴定，成为我国第一个实用照排系统，获得1986年日内瓦国际发明展览会金牌、1997年国家科技进步奖一等奖。这项具有革命性的新技术被中国计算机界称为“中国告别铅与火的技术革命”，“748工程”科研集体也被称为“当代毕昇”。目前，国产照排系统占领我国报纸编辑排版市场的99%，并且出口海外。“748工程”小组同时还研制成功了微型机汉字操作系统、汉字数据库系统、汉字工具软件、汉字全文检索系统、汉字输入设备及汉字输出设备，形成了汉字信息处理产业。直到今天，这一产业仍然是中国计算机产业发展史上最灿烂的一页。

1977年4月，安徽无线电厂、清华大学和四机部六所联合研制成功我国第一台微型计算机DJS-050机，从此揭开了中国微型计算机的发展历史。同月，四机部和中国科学院联合主持召开了全国微型计算机专业会议，会议决定以Intel 8080、Motorola 6800两大芯片研制我国DJS-050和DJS-060两大系列微机产品。1979年，中国研制成功仿8080的4片微处理器和多片6800微处理器，随后研制出单片的仿8080与6800微处理器，并以此为基础，研制出相应型号的微机DJS-050系列及060系列。

1978年3月，研制亿次计算机的任务正式交给了长沙工学院（现国防科学技术大学的前身）计算机研究所，慈云桂被任命为技术总指挥和总设计师。经过五年多的艰苦奋战，1983年12月，银河-I巨型计算机研制成功，其运算速度达1亿次/s。银河-I巨型计算机是我国自行研制的第一台亿次计算机。该计算机的研制成功填补了国内巨型机的空白，同时，银河-I巨型计算机的诞生使我国成为世界上为数不多能研制巨型机的国家之一。在我国计算机研究和制造领域中，银河-I巨型计算机的研制成功，为中国计算机工业写下了最为辉煌的一页，成为中国计算机工业的骄傲。

（4）第四代国产超大、超级规模集成电路计算机（20世纪80年代中期至今）

和国外一样，我国第四代计算机研制也是从微机开始的。虽然早在1977年，清华大学等单位就研制出我国第一台微型计算机DJS-050，但由于技术落后，其中央处理器（Central Processing Unit，CPU）由31块集成电路拼装而成，一直没能大批量生产。

1980年初，我国不少单位也开始采用Z80、X86和M6800芯片研制微机。1984年，国家计算机工业管理局副局长王之，委派卢明等一批青年技术专家在电子工业部六所、738厂、中国计算机服务公司的共同支持下开发出与IBM PC兼容的“长城0520CH”微型计算机。该计算机由13家工厂生产，产量首次突破万台，标志着中国微型计算机事业从科研迈入了产业化的进程，是中国计算机产业跨入市场的第一步。这台计算机不仅是我国第一台商品化个人计算机，而且还催生了一个新兴的计算机产业，中国微机产业的高速发展从此开始。

王之、卢明等人率先组建长城电脑公司，批量生产长城0520CH微型计算机，年产量很快超过万台，为普及计算机立下了汗马功劳。在以后的时间里，长城电脑公司更是在我国微机发展中起到了决定性作用，连续创下了多个第一。1987年，第一台国产286微机——长城286正式推出；1988年，第一台国产386微机——长城386推出；1990年，长城486计算机问世。

1984年，中国科学院计算技术研究所（简称中科院计算所）组建了“中国科学院计算技术研究所新技术发展公司”，这就是后来更名为“联想”的企业集团。“联想”领头人柳传志带领11名员工艰苦创业，从生产汉卡开始，继而转向研制高质量的个人计算机，步步紧跟计算机更新换代的世界潮流——联想386、联想486，直到发展为奔腾系列的联想计算机产品。1995年5月6日，这看似平常的一天，联想第100万台计算机下线；次年，联想计算机击败了国外品牌机的竞争，稳居国内市场第一名。

在长城、联想的带动下，神州大地涌现出一大批计算机制造企业，如四通、方正、同创、实达、浪潮……春潮涌动，百舸争流，这些企业成为带动中国计算机业发展的龙头。

1992年，国防科学技术大学在周兴铭带领下研制成功银河-Ⅱ通用并行巨型机，峰值运算速度达到每秒4亿次浮点运算（相当于每秒10亿次基本运算操作），总体上达到20世纪80年代中后期国际先进水平。

1993年，国家智能计算机研究开发中心研制成功曙光一号全对称共享存储多处理机，这是国内首次以基于超大规模集成电路的通用微处理器芯片和标准UNIX操作系统设计并行计算机，并推向了市场。1995年，该中心又推出了国内第一台具有大规模并行处理机（Massively Parallel Processing，MPP）结构的并行机曙光1000（含36个处理机），峰值运算速度达到每秒25亿次浮点运算，实际运算速度上了每秒10亿次浮点运算这一高性能台阶。

1997年，国防科学技术大学研制成功银河-Ⅲ百亿次并行巨型计算机系统，其采用可扩展分布共享存储并行处理体系结构，由130多个处理结点组成，峰值运算速度达到每秒130亿次浮点运算，系统综合技术达到20世纪90年代中期国际先进水平。

2001年，中科院计算所、曙光公司、上海超级计算中心三方共同启动曙光4000A超级计算机的研制，2003年完成系统设计。在2004年6月22日公布的全球高性能计算机TOP500排行榜中，曙光4000A以每秒11万亿次的峰值运算速度和每秒8万亿次的持续运算速度位列全球第十，这是当时中国超级计算机得到国际同行认可的最好成绩。随着曙光4000A的推出，中国已经成为继美国、日本之后第三个跨越了10万亿次计算机研发、应用的国家。

2010年，国防科学技术大学研制成功国家超级计算天津中心业务主机“天河一号A”，其峰值运算速度为每秒4.7千万亿次，持续运算速度为每秒2.6千万亿次，超越美国橡树岭国家实验室的美洲虎超级计算机，中国自主设计的计算机首次排名世界第一。2013—2015年，其升级版超级计算机“天河二号”以峰值运算速度每秒5.49亿亿次、持续运算速度每秒3.39亿亿次双精度浮点运算的优异性能连续三年蝉联全球最快超级计算机。2016—2017年，“神威·太湖之光”取代了基于英特尔的中国超级计算机“天河二号”，荣登榜首。在2021年TOP500排行榜中，日本超级计算机“富岳”的运算速度约是排名第二的美国“顶点”超级计算机的3倍，继续蝉联冠军，位列榜首，中国的“神威·太湖之光”排名第四，且中国共有186台超级计算机上榜，上榜数量世界第一。

1.1.3 现代计算机的特点与分类

1. 现代计算机的特点

（1）运算速度快

电子计算机的工作基于电子脉冲电路原理，由电子线路构成其各个功能部件，其中电磁场的传播扮演主要角色。电磁场传播的速度是很快的，现在高性能计算机每秒能进行几万万亿次以上的加法运算。如果一个人在一秒钟内能做一次运算，那么一般的电子计算机一小时的工作量，一个人得做几万年。在很多场合下，运算速度起决定作用。例如，计算机控制导航，要求“运算速度比飞机飞得还快”。气象预报要分析大量资料，如用手工计算需要十天半月，就失去了预报的意义，而用计算机，几分钟就能算出一个地区数天内的气象预报。

（2）计算精度高

电子计算机的计算精度在理论上不受限制，一般的计算机可达到十几位甚至几十位有效数字，通过一定的技术手段，可以实现任何精度要求。历史上有个著名数学家挈依列，曾经为计算圆周率π，整整花了15年时间，才算到第707位。现在将这件事交给计算机，几个小时就可计算到10万位。

（3）具有记忆和逻辑判断功能

计算机中有许多存储单元，用以记忆信息。内部记忆能力，是电子计算机和其他计算工具的一个主要区别。由于具有内部记忆信息的能力，计算机在运算过程中就可以不必每次都从外部去取数据，而只需事先将数据输入内部的存储单元中，运算时直接从存储单元中获得数据，从而大大提高了运算速度。计算机存储器的容量可以做得很大，所以它的记忆力特别强。

人是有思维能力的。思维能力本质上是一种逻辑判断能力，也可以说是因果关系分析能力。借助于逻辑运算，可以让计算机做出逻辑判断，分析命题是否成立，并可根据命题成立与否做出相应的对策。例如，数学中有个“四色问题”的猜想，即不论多么复杂的地图，使相邻区域颜色不同，最多只需四种颜色就够了。该猜想提出后的100多年来，不少数学家一直想去证明它或者推翻它，却一直没有结果，它成了著名的数学难题。1976年，两位美国数学家使用计算机进行了非常复杂的逻辑推理，最终验证了这个著名的猜想。

（4）具有自动和连续运行的能力

一般的机器是由人控制的，人给机器一个指令，机器就完成一个操作。计算机的操作也是受人控制的，但由于其具有内部存储能力，可以事先将指令输入进去存储起来，计算机开始工作以后，先从存储单元中依次去取指令，用来控制计算机的操作，从而使人们可以不必干预计算机的工作，实现操作的自动化。

（5）适用范围广，通用性强

计算机的通用性特点表现为其几乎能求解自然科学和社会科学中一切类型的问题，能广泛地应用于生产和生活的各个领域。

2. 计算机的分类

（1）按处理信息形式分类

按处理信息形式分类，计算机可分为模拟计算机、数字计算机和数字模拟混合计算机。模拟计算机以模拟量（如电流、电压等）为处理对象，采用模拟方式来处理信息。数字计算机以数字化信息为处理对象，通常的计算机即为此种计算机。数字模拟混合计算机是把模拟技术和数字技术结合起来的混合式电子计算机，它吸取了模拟计算机和数字计算机两者的优点，神经网络计算机即属此类。

（2）按处理器字长分类

一般说来，在同一时间内处理的一组二进制数称为计算机的一个“字”，而这组二进制数的位数就是“字长”。字长与计算机的功能和用途有很大的关系，是计算机的一个重要技术指标，直接反映了一台计算机的计算精度，字长越大，计算机的精度越高。通常将处理字长为8位数据的CPU称为8位CPU，而32位CPU就是在同一时间内处理字长为32位的二进制数据的CPU。二进制的每一个0或1是组成二进制的最小单位，称为一个比特（bit）。

按处理器字长分类，计算机可分为4位机（如Intel 4004）、8位机（如Intel 8008、Intel 8080、Zilog的Z80、Motorola的6800等）、16位机（如Intel 8086、Intel 80286、Zilog的Z800、Motorola的MC68000等）、32位机（如Zilog的Z8000、Motorola的MC68020、Intel 80386、Intel 80486、Pentium系列等）、64位机（如Intel的Xeon系列，AMD的Athlon 64系列、Athlon FX系列和Opteron系列等）。

（3）按应用范围分类

按应用范围分类，计算机可分为专用计算机和通用计算机。专用计算机是最有效、最经济、最快速的计算机，但它的功能单一、适应性较差。通用计算机功能齐全，适应性较强，但其效率、运算速度和经济性相对要低些。一般使用的计算机都是通用计算机。

（4）按计算机规模分类

按计算规模分类，计算机可分为巨型计算机（或称为超级计算机、巨型机）、大型计算机（大型机）、小型计算机（小型机）、工作站、微型计算机（微型机）、个人计算机、嵌入式计算机及单片计算机（单片机）等，如图1-19所示。这些类型之间的基本区别通常在于其体积大小、结构复杂程度、功率消耗、性能指标、数据存储容量、指令系统和设备、软件配置等的不同。

超级计算机——有极快的计算速度和超强的处理能力，通常用于科学与工程上的计算，例如曙光4000L有644 GB内存，运算速度达3万亿次/s。

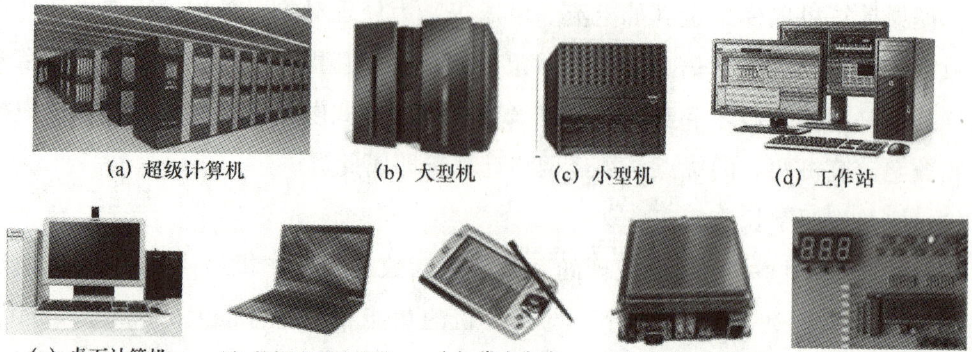

(a) 超级计算机　(b) 大型机　(c) 小型机　(d) 工作站　(e) 桌面计算机　(f) 笔记本式计算机　(g) 掌上电脑　(h) 嵌入式计算机　(i) 单片机

图1-19　各种计算机

大型计算机（大型机）——多用户的通用计算机，可以同时运行多个操作系统，速度较快，可靠性较强，用来处理大容量数据，用作“客户机/服务器”的服务器或“终端/主机”的主机。

小型计算机（小型机）——相对于大型机而言，小型机体积小、成本低、通用性强、规模小、结构简单、设计试制周期短、工艺先进、使用维护简单，一般用作服务器主机。

工作站——拥有高性能处理器，大容量内、外存，高分辨率显示器，性能介于个人计算机与小型机之间，可用作小型服务器和高性能桌面计算机。

个人计算机（Personal Computer，PC）——俗称电脑，又称微机、PC机，成本低、应用广泛，体积小、重量轻、使用方便、价格便宜，如桌面计算机、笔记本式计算机（又称笔记本电脑）、掌上电脑（Personal Digital Assistant，PDA）等。

嵌入式计算机——嵌入式技术就是专用计算机技术，这个“专用”是指针对某个特定的应用，如针对网络、通信、音频、视频、工业控制等。从学术的角度看，嵌入式系统是以应用为中心，以计算机技术为基础，并且软硬件可裁剪，适用于应用系统对功能、可靠性、成本、体积、功耗有严格要求的专用计算机系统，它一般由嵌入式微处理器、外围硬件设备、嵌入式操作系统以及用户的应用程序等四个部分组成。

单片计算机（单片机）——由一片集成电路制成，体积小、重量轻，结构十分简单。

1.1.4　计算机的发展趋势与新技术

在短短的70多年里，计算机从像ENIAC这样笨重、昂贵、容易出错、仅用于科学计算的机器，发展到今天可信赖、通用、遍布现代社会的每一个角落，或许发明第一台计算机的人也没有预测到计算机技术的发展会如此快速。然而，计算机技术在过去

70多年里的发展与未来的变化相比将会相形见绌。将来我们会觉得今天最好的计算机很原始，就像我们今天看70多年前的ENIAC一样。计算机的产生是人类智慧的结晶，计算机的发展也必将随着人类对智慧的不懈追求而不断发展。当前计算机的发展趋势是向巨型化、微型化、网络化和智能化方向发展。

1. 巨型化

巨型化即功能巨型化，是指研制速度更快、存储量更大和功能更强大的巨型（超级）计算机，其运算能力一般在每秒一百亿次运算以上，内存容量在几百吉字节（GigaByte，又称千兆字节）以上。巨型计算机的技术水平是衡量一个国家技术和工业发展水平的重要标志。TOP500排行榜每年公布两次（6月在德国，11月在美国），汇集世界各地运算速度最快、处理功能最强、存储器容量最大的计算机，这类计算机主要用于处理庞大而复杂的问题，例如人类遗传基因、天气预报、地震机理研究、石油和地质勘探、核技术、卫星图像处理、航天飞机和卫星轨道计算等需大量科学计算的高科技领域。

2. 微型化

微型化即体积微型化，是指利用微电子技术和超大规模集成电路技术，使计算机的体积进一步缩小，价格进一步降低。如图1-20所示，计算机微型化已成为计算机发展的重要方向，各种笔记本式计算机和PDA的大量面世，就是计算机微型化的一个标志。计算机微型化能更好地促进计算机的广泛应用，因此，发展体积小、功能强、价格低、可靠性高、适用范围广的微型计算机是计算机发展的一项重要内容。

图1-20　计算机体积微型化趋势

3. 网络化

网络化即资源网络化，是指把整个互联网虚拟成一台空前强大的一体化系统，犹如一台巨型机，在动态变化的网络环境中，实现计算资源、存储资源、数据资源、信息资源、知识资源、专家资源的全面共享，从而让用户享受可灵活控制的、智能的、协作式的信息服务，并获得前所未有的使用方便性，如图1-21所示。

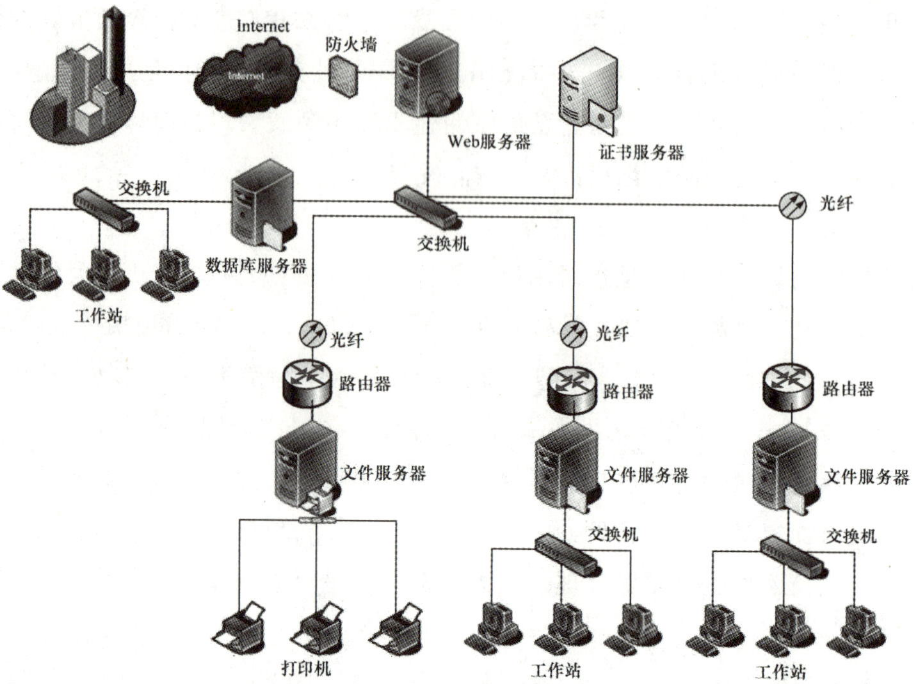

图 1-21　资源网络化

4. 智能化

智能化即处理智能化，是指计算机具有模拟人的感觉和思维过程的能力。智能化的研究包括模式识别、物形分析、自然语言的生成和理解、博弈、定理自动证明、自动程序设计、专家系统、学习系统、智能机器人等。著名数学家笛卡尔曾预言，“总有一天，人类会造出一些举止跟人一样的‘没有灵魂的机械’来”。目前已研制出多种具有人的部分智能的机器人，可以代替人在一些危险的岗位上工作。运算速度约为每秒一百亿次的“深蓝”计算机在1997年战胜了国际象棋世界冠军卡斯帕罗夫。2011年，由IBM公司和美国德克萨斯大学联合研制的超级电脑“沃森”（Watson），在美国最受欢迎的智力竞猜电视节目《危险边缘》中，击败了该节目历史上两位最成功的选手肯·詹宁斯和布拉德·鲁特，成为《危险边缘》节目新的王者。有人预测，智能化的家庭机器人是继个人计算机之后下一个家庭普及的信息化产品。到目前为止，计算机在处理过程化的计算工作方面已达到相当高的水平，是人力所不能及的，但在综合智能性工作方面，计算机还远远不如人脑。如何让计算机具有人脑的智能，模拟人的推理、联想、思维等功能，甚至研制出具有某些情感和智力的计算机，是计算机技术的一个重要发展方向。

现在，我们生活在一个研究型计算机、个人计算机和网络计算机时代，并即将进入一个计算机无处不在的普适计算机时代。技术很难预测，技术带给社会的影响更难预测，正如没人能在20世纪40年代预测到计算机技术会给我们现在的生活带来如此深远的影响。预测未来10～20年计算机技术发展情况最好的办法就是观察目前实验室里的研究成果，虽然我们无法知道实验室里的哪些研究成果最终可以获得成功，也无法知道对未来的预测是否正确，但是有一点是确定的，那就是创造未来完全靠我们自己。

1.2 现代信息技术

1.2.1 信息技术基础知识

1. 信息与数据

（1）信息

信息一词有着很悠久的历史，早在两千多年前的西汉，即有“信”字出现。由于它的极端复杂性，作为一个严谨的科学术语，至今信息还没有一个公认的定义。作为日常用语，信息通常是指人们所关心的事情的消息或知识。同一则消息或知识，对不同的人、群体可能具有不同的意义，只有对接收者的行为或思想活动产生影响时，才能称为信息。日常生活中对信息比较笼统和模糊的理解是：语言、文字、图画、照片等所表达的内容、事实或消息，读书、听课、交谈等所学习和了解的知识、方法和情况，为了做判断、订计划或解决问题等所需要的数据和资料……

信息与物质、能量是客观世界的三大构成要素。没有物质，什么也不存在；没有能量，什么也不会发生；没有信息，任何事物都没有意义。

信息具有如下特征：

①普遍性：凡有事物的地方，就必然存在信息，信息普遍存在。

②动态性：事物是在不断运动变化之中的，信息也必然随之而改变。

③时效性：由于信息的动态性，信息的使用价值会随着时间而衰减。

④依附性：信息依附于语言、文字、声音、图片等载体，同一信息可有不同的表现形式，从而信息又具有多样性。

⑤可感知：信息可以被人直接或间接感知。

⑥可加工处理：信息可被加工处理，从而获取更加有用的信息。

⑦可传递：信息可通过媒体在人-人、人-物、物-物之间传递。信息传递后才能发挥作用。

⑧可共享：信息与物质、能量不同，同一信息在同一时间可被多个主体共有，信

息能无限地进行复制和传递，不因使用而有损耗。

⑨快速增长性：随着社会的发展，信息在快速增长，当前处于一种信息爆炸的社会。

信息的分类也不计其数：电子信息、财经信息、天气信息、生物信息……

信息可以脱离原物质而借助于载体（或称媒体）表示、存储和传输。载体以某种特殊的变化和运动反映信息的内容，并使接收者可以感知。

（2）数据

数据是反映客观事物存在形式和运动状态的记录，是信息的载体。国际标准化组织（International Organization for Standardization，ISO）对数据所下的定义是："数据是对事实、概念或指令的一种特殊表达形式，这种特殊的表达形式可以用人工的方式或自动化的装置进行通信、翻译转换或加工处理。"数据表现信息的形式是多种多样的，不仅包括由数字、字母、文字和其他特征字符组成的文本形式，还包括图形、图像、动画、声音和视频等多媒体形式。数字、文字、图形、声音、活动图像等只有用二进制编码表示后才能由计算机进行加工处理和传输，因此，二进制编码表示的数字、文字、图形、声音、活动图像等都是计算机系统中的数据。

可见，信息与数据两者既有联系，也有区别。数据是信息的表现形式，信息是数据所表达的含义；数据有具体的物理形式，信息是抽象出来的逻辑意义；数据可用多种不同的形式表示同一种信息，信息不随它的数据形式不同而改变，它反映了现实世界中客观存在的知识；数据经过组织、处理并赋予一定意义后才可成为信息。

要严格地区分信息与数据并不容易。通俗地讲，数据是客观存在的事实、概念或指令的一种可供加工处理的特殊表达形式，而信息强调的是对人有用的数据，这些数据将影响到人们的行为与决策。因此，计算机信息处理的本质是数据处理，数据处理的目的是获取有用的信息。在不引起混淆的时候，信息和数据这两个词通常不会严格区分。

2. 信息处理与信息技术

（1）信息处理

信息处理是指信息收集、存储、加工、分类、排序、检索与传输等活动。长期以来，人们一直在追求改善和提高信息处理的技术。文字的创造、造纸术和印刷术的发明是信息处理的巨大飞跃。随着人类社会的发展，信息量越来越大，对信息处理速度的要求也越来越高，大量繁杂的信息处理工作是由计算机来完成的。其特点是数据量大，有大量的运算与判断，结果以表格或文件的形式存储、输出。计算机的出现和普遍使用是信息处理的又一次巨大飞跃。计算机与通信技术结合起来作为信息处理工具，具有极高的信息存储、处理、传输能力，大大地提高了信息的实效性，能够及时地为管理活动中的预测和决策提供可靠的依据。

①信息的采集：就是信息的感知、测量、获取和输入。通过计算机的输入设备可以采集信息，常见的输入方式有键盘输入、语音输入、手写输入以及通过拍摄、扫描得到图像等，还可以通过传感器采集各种信息。

②信息的组织：是为了方便人们检索、获取信息，而将庞杂、无序的信息进行系统化和有序化的过程，包括信息的存储、加工、分类和排序等。

目前通常使用数据库技术进行信息的组织。数据库技术的主要目的是有效地组织和访问大量的数据资源，包括提高数据的共享性，使多个用户能够并发访问数据库中的数据，以提高数据的一致性和完整性，提供数据与应用程序的独立性，从而减少应用程序的维护代价。

③信息的检索：信息检索已经从手动检索、计算机脱机检索、联机检索发展到网络化、智能化阶段，特点是检索的对象扩展到开放、动态、更新快、分布广泛、管理松散的Web内容，采用智能检索技术，利用分词词典、同义词典、同音词典改善检索效果，还可以在知识层面上辅助查询，甚至还包括歧义信息和检索处理，能高效、准确地反馈给用户最需要的信息。

④信息的传输：信息需要交流和共享，网络传输是当前信息传输的重要渠道。计算机网络源于计算机与通信技术的结合，它利用电话线、同轴电缆、光纤、无线电、卫星和微波中继线路等通信手段将地理上分散的计算机有机地连在一起，相互通信，共享软/硬件及数据资源。

（2）信息技术

信息技术（Information Technology，IT），是对管理和处理信息所采用的各种技术的总称。联合国教科文组织对信息技术的定义为："应用在信息加工和处理中的科学、技术与工程的训练方法和管理技巧；上述方面的技巧和应用；计算机及其与人、机的相互作用；与之对应的社会、经济和文化等诸种事务。"它也常被称为信息和通信技术（Information and Communications Technology，ICT）。

3. 信息化与信息化社会

信息化（Informatization）通常指现代信息技术应用，特别是促成应用对象或领域（比如企业或社会）发生转变的过程。中共中央办公厅、国务院办公厅印发的《2006—2020年国家信息化发展战略》指出："信息化是充分利用信息技术，开发利用信息资源，促进信息交流和知识共享，提高经济增长质量，推动经济社会发展转型的历史进程。"作为对发展状况的一种描述，信息化是指一个地理区域、经济体或社会不断发展为以信息为基础的程度，也就是说在其信息劳动力规模方面的提升程度。

信息化社会也称信息社会，是脱离工业化社会以后，信息产业高度发达并且在产业结构中占据优势的一种社会形态，它包含许多只有在充分应用现代信息技术才能达成的新特征。以信息技术为主要驱动力的信息化是当今世界发展的大趋势，对各国的政治、经济、军事、文化、社会等各方面不断产生广泛而深刻的影响，同时也改变了人们生活、学习和工作的方式。在信息化社会中，信息与物质、能源一样重要，是人类生存和社会发展的基本资源之一。

1.2.2 信息技术的发展

1. 信息技术的发展历程

信息技术的发展经历了五次信息革命。

第一次是语言的形成和使用，语言成为人类进行思想交流和信息传播不可缺少的工具。

第二次是文字的出现和使用，使人类对信息的保存和传播取得重大突破，较大地突破了时间和地域的局限。

第三次是造纸术和印刷术的发明和使用，使书籍、报刊成为重要的信息储存和传播的媒体。

第四次是电话、电报、广播、电视、雷达和卫星的使用，使人类进入利用电磁波传播信息的时代。

第五次是计算机与互联网的使用，使人类进入大容量、高效、快速、多媒体的信息传播时代。计算机给人的生产活动和社会活动带来了翻天覆地的变化，并由此引发了深刻的社会变革，成为信息社会中必不可少的工具和人类进入信息时代的重要标志之一。

2. 信息化社会的特点与信息化的内容

在农业社会和工业社会中，物质和能源是主要资源，人们所从事的是大规模的物质生产。而在信息社会中，信息成为比物质和能源更为重要的资源，以开发和利用信息资源为目的的信息经济活动迅速扩大，逐渐取代工业生产活动而成为国民经济活动的主要内容。信息经济在国民经济中占据主导地位，并构成社会信息化的物质基础。以计算机、微电子和通信技术为主的信息技术革命是社会信息化的动力源泉。信息技术在资料生产、科研教育、医疗保健、企业和政府管理以及家庭中具有广泛应用，对经济和社会的发展产生了巨大而深刻的影响，从根本上改变了人们的生活方式、行为方式和价值观念。

（1）信息化社会的特点

①社会经济的主体由制造业转为以高新科技为核心的第三产业，信息和知识产业占据主导地位。

②劳动力主体不再是机械的操作者，而是信息的生产者和传播者。

③交易结算不再主要依靠现金，而是主要依靠信用。

④贸易不再局限于国内，跨国贸易和全球贸易将成为主流。

（2）信息化的内容

①产品信息化：是信息化的基础，包含两个方面，一是产品所含各类信息比重日益增大、物质比重日益降低，产品日益由物质产品的特征向信息产品的特征迈进；二是越来越多的产品中嵌入了智能化元器件，使产品具有越来越强的信息处理功能。

②企业信息化：是国民经济信息化的基础，指企业在产品的设计、开发、生产、管理、经营等多个环节中广泛利用信息技术，并大力培养信息人才，完善信息服务，加速建设企业信息系统。

③产业信息化：指农业、工业、服务业等传统产业广泛利用信息技术，大力开发和利用信息资源，建立各种类型的数据库和网络，实现产业内各种资源、要素的优化与重组，从而实现产业的升级。

④国民经济信息化：指在经济大系统内实现统一的信息大流动，使金融、贸易、投资、计划、通关、营销等组成一个信息大系统，使经济的生产、流通、分配和消费四个环节，通过信息进一步联成一个整体。国民经济信息化是各国亟须实现的近期目标。

⑤社会生活信息化：指包括经济、科技、教育、军事、政务、日常生活等在内的整个社会体系采用先进的信息技术，建立各种信息网络，大力开发有关人们日常生活的信息内容，丰富人们的精神生活，拓展人们的活动时空。等到社会生活极大程度信息化以后，人类也就进入了信息社会。

信息化是一个国家由物质生产向信息生产、由工业经济向信息经济、由工业社会向信息社会转变的动态的、渐进的过程。信息化的本质就是生产力的变革。我国经过40多年的改革开放，经济社会发展进入一个关键时期，粗放型的经济发展模式，消耗了大量的资源，破坏了生态环境，已经难以为继，必须调整产业结构，转变经济发展模式，大力发展信息技术等新兴产业，只有把信息化和工业现代化、农业现代化、城镇化等结合起来，才能重新取得发展的主动权。这也是落实科学发展观，建设美丽中国的必然要求。

3. 信息技术发展趋势

现代信息技术发展日新月异，不断涌现新思路、新特点、新理念，应用范围和规模持续扩大。当前，信息技术发展的总趋势是以互联网技术的发展和应用为中心，从典型的技术驱动发展模式向技术驱动与应用驱动相结合的模式转变，主要包括以下五个方面：

①高速大容量。随着人们要传输和处理的信息量越来越大，高速大容量需求已成为必然趋势。从元器件到计算系统，从处理、存储到传输，从传输到交换，信息技术在向着高速大容量的方向发展。

②综合集成。社会对信息的多方面需求，要求信息技术提供更丰富的产品和服务。信息采集、处理、存储与传输的结合，信息生产与信息使用的结合，各种媒体的结合，各种业务的综合，都体现了综合集成的理念。

③平台化。操作系统、数据库、中间件和应用软件相互渗透，硬件与操作系统等软件整合集成，标志着信息技术在向一体化软件平台方向演变。平台化可降低信息技术应用复杂性，适应用户灵活部署、协同工作和个性应用需求。

④智能化。随着传感技术、通信技术的发展，海量数据汇集将赋予信息技术更多自适应能力，智能化将成为趋势。智能信息技术将综合利用各种网络、自动化等手段提供快捷的智能服务。

⑤多媒体化。在数字媒体技术与终端融合的发展前提下，人们更加注重视听感觉和个体体验，多媒体化是必然趋势。综合处理音频、视频、图形、图像，以及与终端设备交互控制结合的技术，有助于实现人机信息动态、双向交互。

1.2.3 现代信息技术的内容

一般说来，信息技术包括三个层次的内容：信息基础技术、信息系统技术和信息应用技术。现代信息技术的核心主要包括微电子技术、传感技术、通信技术、计算机技术和控制技术等。

1. 信息基础技术

信息基础技术是信息技术的基础。20世纪以来，发展最快、应用最广泛、对现代信息技术的发展影响最大的是微电子技术和光电子技术。

（1）微电子技术

微电子技术是在电子电路和系统的超小型化和微型化过程中逐渐形成和发展起来的。超大规模集成电路促进微电子技术不断发展。它已成为信息技术领域中的关键技术，是发展电子信息产业和各项高技术的基础。微电子技术的核心是集成电路。微电子技术包括系统和电路设计、器件物理、工艺技术、材料制备、自动测试，以及封装、组装等一系列专门的技术。微电子技术是微电子学中的各项工艺技术的总和。

晶体管被发明并大量生产之后，各式固态半导体组件如二极管、晶体管等被大量使用，取代了真空管在电路中的功能与角色。20世纪中后期，半导体制造技术进步，使得集成电路成为可能。1952年，英国科学家达默（Geoffrey William Arnold Dummer，1909—2002年）第一次提出集成电路的设想。1958年，以德克萨斯仪器公司的科学家基尔比（Jack Kilby，1923—2005年）为首的研究小组研制出了世界上第一块集成电路，并于1959年公布了该结果。基尔比也因在集成电路上的贡献于2000年获得诺贝尔物理学奖。1959年，美国仙童公司的诺伊斯（Robert Norton Noyce，1927—1990年）发明了第一块单片集成电路。相对于手工组装电路使用个别的分立电子组件，集成电路可以把很大数量的微晶体管集成到一个小芯片上，这是一个巨大的进步。集成电路的规模生产能力、可靠性、电路设计的模块化方法确保了快速采用标准化集成电路代替了设计使用离散晶体管。

集成电路（Integrated Circuit，IC），或称微电路（Microcircuit）、微芯片（Microchip）、芯片（Chip），是指采用一定的工艺，把一个电路中所需的三极管、二极管、电阻、电容、电感等元器件及导线连在一起，制作在一小块或几小块陶瓷、玻璃或半导体晶片上，然后封装在一起，成为一个能够实现一定电路功能的微型电子器件或部件，如图1-22所示。

图1-22　集成电路

Intel公司创始人摩尔（Gordon Moore，1929—2023年）经过长期观察发现了集成电路的发展规律。集成电路芯片上所集成的晶体管的数目，约每隔18个月就会翻一番，性能提高一倍，而价格下降一半。这就是著名的摩尔定律。

集成电路具有体积小、质量轻、寿命长、可靠性高、成本低、性能高等优点，同时还便于大规模生产。集成电路相比离散晶体管有两个主要优势：成本低和性能高。成本低是由于芯片把所有的组件通过照相平版技术，作为一个单位印刷，而不是在一个时间只制作一个晶体管。性能高是由于组件快速开关，消耗更低能量，而且组件很小且彼此靠近。

集成电路广泛应用在工业、农业、军事、科学、教育、通信等领域，其发展规模和技术水平已成为衡量国家地位和综合国力的重要标志之一。集成电路技术作为推动国民经济和社会信息化建设的关键技术，关系到国家产业竞争力和国家信息安全。

集成电路有如下几种分类方式：

①按电路结构分：集成电路可分为模拟集成电路和数字集成电路。模拟集成电路主要用来产生、放大和处理各种模拟信号。数字集成电路主要用来产生、放大和处理各种数字信号。

②按集成度分：集成电路可分为小规模集成电路、中规模集成电路、大规模集成电路和超大规模集成电路。

③按导电类型分：集成电路可分为双极型集成电路和单极型集成电路。

④按焊接方式分：集成电路可分为直插式集成电路和贴面式集成电路。

集成电路除了在计算机芯片制造中被广泛应用外，在我们的生活中被更加普遍应用的是IC卡。IC卡（Integrated Circuit Card，集成电路卡），又称智能卡、智慧卡、微电路卡等，是将一个集成电路芯片嵌入符合ISO 7816标准的卡基中，做成的卡片。卡片包含了微处理器、输入/输出（Input/Output，I/O）接口及存储器，提供了数据的运算、访问控制及存储功能。

IC卡可分为以下三种类型：

①接触式：读写需要I/O线路接触。

②非接触式：使用射频、红外线、感应电动势、非I/O线路接触。

③混合式：同时拥有接触与非接触接口。

IC卡由于具有便于携带、存储量大、安全可靠、适用范围广等优点，日益受到人们的青睐。人们使用的公交卡、医疗卡，同学们使用的校园一卡通等都是IC卡，它已广泛用于金融、交通、旅游、消费、贸易、医疗、娱乐、小区管理等领域。

（2）光电子技术

光电子技术是由光子技术和电子技术结合而成的新技术，涉及光显示、光存储、激光等领域。在信息技术发展过程中，电子作为信息的载体做出了巨大贡献，但它在速度、存储容量和功耗等方面受到严峻的挑战。采用光子作为信息的载体，其速度比电子快若干数量级，其并行处理能力使其具有远超出电子的信息容量和处理速度的潜力，而且具有较低的功耗。

光电子技术是个庞大的体系，它包括以下几个方面：

①信息传输：光纤通信、空间光通信、海底光通信等。

②信息处理：计算机光互联、光计算、光交换等。

③信息获取：光学传感、遥感、光纤传感等。

④信息存储：光盘技术、全息存储技术等。

⑤信息显示：大屏幕平板显示、激光打印和印刷等。

充分综合地利用光子和电子两大信息载体各自的优点，必将大大改善电子通信设备、计算机和电子仪器的性能，从而促使信息技术进入一个新的阶段。

2. 信息系统技术

信息系统技术是指有关信息获取、存储、传输、处理和控制的技术，核心是通信技术、计算机技术和控制技术。

（1）信息获取技术

信息获取技术是指信息感测与识别技术，其作用是扩展人类获取信息的感觉器官功能。

信息感测技术包括信息提取、信息检测等技术，这些技术总称为传感技术。它可以扩展人类几乎所有感觉器官的传感功能。通过传感技术和计算机处理，人们可以看见肉眼看不见的东西，听到耳朵听不到的声音，等等。

信息识别通常采用模式识别的方法，对文字、语音、图形等进行识别。例如，文字识别中使用扫描后的点阵匹配，语音识别中使用声波匹配，图形识别中使用像素、颜色和灰度匹配等。随着技术的发展，计算机还能对人的指纹、眼睛虹膜和面部特征自动识别。

（2）信息存储技术

广义上讲，纸质图书、电影、录像带、唱片、磁盘和光盘等都是现代信息存储介质，与它相对应的技术就是信息存储技术。

（3）信息传输技术

信息传输技术的主要功能是实现信息快速、准确、可靠、安全地从一个地方传输到另一个地方。各种通信技术都属于信息传输技术。

（4）信息处理技术

信息处理包括对信息编码、压缩、加密等。信息编码就是将文字、声音、图像等按照一定的模式进行数字化编码处理，通常采用模/数（A/D）转换技术。信息压缩是将信息或信息的编码进行转换，减少信息的存储空间，提高传输速度。信息加密也是对信息的编码进行转换，只有知道密钥才能将加密的信息还原，提高信息传输的安全性。

在信息处理的基础上，还可以发现信息内部包含的某种联系，从而形成一些新的更深层次的决策信息，这被称作“数据挖掘”。例如，我们对商场里顾客购物信息的处理，不仅可以为商场补充商品提供清单，还可以通过数据挖掘，分析出不同类型顾客的消费倾向，从而为商场设计针对性服务提供决策依据。

（5）信息控制技术

信息控制技术也称为自动化控制技术，就是利用信息传递和信息反馈实现对目标系统进行控制的技术，广泛应用于工业、农业、军事、科学研究、交通运输、商业、医疗、服务和家庭等领域。采用自动化控制技术不仅可以把人从繁重的体力劳动、部分脑力劳动以及恶劣、危险的工作环境中解放出来，而且能扩展人的器官功能，极大地提高劳动生产率，增强人类认识世界和改造世界的能力。信息控制技术的应用还包括过程自动化、机械制造自动化和管理自动化，如导弹轨迹的控制技术、室温的控制技术等。

目前，人们把通信技术、计算机技术和控制技术合称为3C（Communication，Computer，Control）技术。3C技术是信息技术的核心，传感技术是核心与外部世界的接口。没有3C技术，信息技术就失去了基本意义；没有传感技术，信息技术就失去了基本的作用。

3. 信息应用技术

信息应用技术是针对各种实用目的而发展起来的具体技术，如企业生产自动化、办公自动化、家庭自动化、人工智能和互联网技术等，它是信息技术开发的根本目的。当今社会信息技术在各个领域得到了广泛应用，显示出强大的生命力。

1.2.4 计算机在信息化社会中的应用

计算机已渗透到信息化社会的各行各业，正在改变着传统的工作、学习和生活方式，推动着社会的发展。计算机的主要应用领域有如下几个方面。

1. 科学计算

科学计算是指利用计算机来完成科学研究和工程技术中提出的数学问题的计算。在现代科学技术工作中，科学计算问题是大量的和复杂的。计算机的大存储容量、高速计算和连续运算能力，可以解决人工难以解决的各种科学计算问题。

例如，建筑设计中为了确定构件尺寸，通过弹性力学导出一系列复杂方程，长期以来由于计算方法跟不上而一直无法求解。而计算机不但能求解这类方程，而且引起了弹性理论上的一次突破，出现了有限单元法。

2. 信息处理

信息处理又称数据处理，是对各种数据进行收集、存储、整理、分类、统计、加工、利用、传播等一系列活动的统称。据统计，80%以上的计算机主要用于数据处理，这类工作量大面宽，决定了计算机应用的主导方向。

数据处理系统从简单到复杂，经历了以下三个发展阶段：

①电子数据处理系统（Electronic Data Processing System，EDPS）：以文件系统为手段，实现一个部门内的单项管理。

②管理信息系统（Management Information System，MIS）：以数据库技术为工具，实现一个部门的全面管理，以提高工作效率。

③决策支持系统（Decision Support System，DSS）：以数据库、模型库和方法库为基础，帮助管理决策者提高决策水平，改善运营策略的正确性与有效性。

目前，数据处理已广泛地应用于办公自动化、企事业计算机辅助管理与决策、情报检索、图书管理、电影电视动画设计、会计电算化等各行各业。信息正在形成独立的产业，多媒体技术使信息展现在人们面前的不仅是数字和文字，也有声情并茂的声音和图像信息。

3. 过程控制

过程控制是指利用计算机及时采集检测数据，按最优值迅速地对控制对象进行自动调节或自动控制。采用计算机进行过程控制，不仅可以大大提高控制的自动化水平，而且可以提高控制的及时性和准确性，从而改善劳动条件、提高产品质量及合格率。因此，计算机过程控制已在机械、冶金、石油、化工、纺织、水电、航天等领域得到广泛应用。例如，在汽车工业方面，利用计算机控制机床和整个装配流水线，不仅可以实现精度要求高、形状复杂的零件加工自动化，而且可以使整个车间或工厂实现自动化。

4. 计算机辅助技术

计算机辅助技术包括计算机辅助设计（Computer Aided Design，CAD）、计算机辅助制造（Computer Aided Manufacturing，CAM）、计算机辅助教学（Computer Aided Instruction，CAI）等技术。

（1）计算机辅助设计

计算机辅助设计技术是利用计算机系统辅助设计人员进行工程或产品设计，以实现最佳设计效果的一种技术。它已广泛应用于飞机、汽车、机械、电子、建筑、轻工等领域。例如，在电子计算机的设计过程中，利用CAD技术进行体系结构模拟、逻辑模拟、插件划分、自动布线等，大大提高了设计工作的自动化程度。又如，在建筑设计过程中，可以利用CAD技术进行力学计算、结构计算、建筑图纸绘制等，这样不但提高了设计速度，而且可以大大提高设计质量。

（2）计算机辅助制造

计算机辅助制造是利用计算机系统进行生产设备的管理、控制和操作的过程。例如，在产品的制造过程中，用计算机控制机器的运行，处理生产过程中所需的数据，控制和处理材料的流动以及对产品进行检测等。使用CAM技术可以提高产品质量，降低成本，缩短生产周期，提高生产率和改善劳动条件。

将CAD和CAM技术集成，可实现设计和生产自动化，这种技术被称为计算机集成制造系统（Computer Integrated Manufacturing System，CIMS），它的实现将真正产生无人化工厂（或车间）。

（3）计算机辅助教学

计算机辅助教学是利用计算机系统使用课件来进行教学。课件可以用制作工具或高级语言来开发制作，它能引导学生循序渐进地学习，使学生轻松自如地从课件中学到所需要的知识。CAI的主要特色是交互教育、个别指导和因材施教。

5. 模拟系统

模拟系统是指利用模型来模拟真实系统的特征，建立数学模型并应用数值计算的方法，把数学模型变换成可以直接在计算机中运行的模拟模型。通过对模型的模拟，了解实际系统或过程在各种内外因素变化的条件下，其性能的变化规律。

6. 网络通信

计算机技术与现代通信技术的结合构成了计算机网络。计算机网络的建立，不仅解决了一个单位、一个地区、一个国家中计算机与计算机之间的通信问题，以及各种软硬件资源的共享问题，也大大促进了国际间文字、图像、视频和声音等各类数据的传输与处理。

7. 人工智能

人工智能（Artificial Intelligence，AI）是指计算机模拟人类的智能活动，如感知、判断、理解、学习、问题求解和图像识别等。现在，人工智能的研究已取得不少成果，有些已开始走向实用阶段。例如，能模拟高水平医学专家进行疾病诊疗的专家系统，具有一定思维能力的智能机器人等。

8. 家庭应用

随着计算机的普及和人类生活水平的提高，计算机在家庭中的应用随处可见，家用电器如彩电、洗衣机、冰箱等已经嵌入了各种计算芯片。

1.2.5 信息化生活

计算机及其应用已经渗透到社会的各行各业，正在改变我们传统的工作、学习和生活方式。信息化在当今社会中的作用以及对整个社会生活的冲击，使得人类迎来一个全新的信息化生活时代。

1. 电子商务

电子商务是指在互联网（Internet）、企业内部网（Intranet）和增值网（Value Added Network，VAN）上，基于浏览器/服务器或移动客户端/服务器应用方式，买卖双方不谋面地以电子交易方式实现消费者的网上购物、商户之间的网上交易和在线电子支付，以及各种商务活动、交易活动、金融活动和相关的综合服务活动，这种新型的商业运营模式是传统商业活动各环节的电子化、网络化。电子商务包括电子货币交换、供应链管理、电子交易市场、网络营销、在线事务处理、电子数据交换（Electronic Data Interchange，EDI）、存货管理和自动数据收集。在此过程中利用到的信息技术包括互联网、外联网、电子邮件、数据库、电子目录和移动电话。

电子商务涵盖的范围很广，一般可分为企业对企业（Business to Business，B2B）、企业对消费者（Business to Consumer，B2C）和消费者对消费者（Consumer to Consumer，C2C）三种模式。狭义的电子商务是指利用Internet从事商务或活动。而广义的电子商务是指使用各种电子工具从事商务或活动。这些工具包括从初级的电报、电话、广播、电视、传真到计算机、计算机网络，到国家信息基础设施（National Information Infrastructure，NII）、全球信息基础设施（Global Information Infrastructure，GII）和Internet等现代系统。而商务活动是从泛商品（实物与非实物，商品与非商品化的生产要素等）的需求活动到泛商品的合理、合法的消费除去典型的生产过程后的所有活动。

2. 在线学习

在线学习是一种通过计算机互联网或手机无线网络来学习或训练的方式，它突破了传统教学方式的空间和时间限制，可以通过教育网络随时随地让学习者按照大纲的设定来一步步学习，提供了一系列的在线讲授、交流、作业习题或测验。

最新的在线学习形式是大规模开放在线课堂（课程），又称慕课（Massive Open Online Course，MOOC），是一种针对大众人群的在线课堂，人们可以通过网络来学习在线课程。MOOC是远程教育的最新发展成果，它是通过开放教育资源形式发展而来的。MOOC起源于开放教育资源运动和学习连接主义思潮。大量与MOOC类似的计划已经独立地浮出水面，如Coursera、Udacity、edX和Marginal Revolution University等。中文MOOC自2012年开始布局，如中国大学MOOC、学堂在线、好大学在线（CNMOOC）等，还有像MOOC学院这样的选课平台和社区。MOOC学院是中文互联网内最大的MOOC学习社区。

3. 网络会议、办公和电子政务

网络会议是以网络为媒介的多媒体会议，使用者可突破时间、地域的限制，通过互联网实现面对面般的交流效果。网络会议系统采用先进的音视频编解码技术，保证产品清晰的语音和视频效果；强大的数据共享功能更为用户提供了电子白板、网页同步、程序共享、演讲稿同步、虚拟打印、文件传输等丰富的会议辅助功能，能够全面满足远程视频会议、资料共享、协同工作、异地商务、远程培训以及远程炒股等各种需求，从而为用户提供高效快捷的沟通新途径。此外，办公人员还可通过浏览器在网上办公，这种办公方式与原有的办公方式相比，其好处在于文件集中存储，避免了分散存储的冗余，甚至可以将办公地点搬到家中，不仅减少了员工上下班的奔波，提高了办公效率，还可以缩减办公地点。

电子政务，或称电子政府，是指利用互联网或非互联网的应用程序协助政府工作，提高政府效率，拓宽政府信息和服务发布渠道。除了电话、传真外，电子政府还用到其他电子设备，如监控系统、跟踪系统、无线射频识别（Radio Frequency Identification，RFID）标签等，甚至电视、广播、雷达，将政府的信息和服务及时发布给公众，实现信息公开。此外，无论是在车站，还是在银行、医院，均可以看到来自各部门的大屏幕信息提示，这些信息用计算机处理，更新及时，便于管理，方便用户。

4. 网上预约、咨询和订购

人们可以通过网络向知名专家咨询各类信息，甚至可以预约、解答问题。医疗部门开通预约挂号服务，交通部门开通网上售票服务，酒店提供在线订房服务，电子商务平台支持在线购物和支付等，这些都让人们足不出户就可以满足个人需求。

5. 电子银行

电子银行是指银行业金融机构利用面向社会公众开放的通信通道或开放型公众网络，以及银行为特定自助服务设施或客户建立的专用网络，向客户提供银行业务。电子银行业务主要包括利用计算机和互联网开展的网上银行业务，利用电话等声讯设备和电信网络开展的电话银行业务，利用移动电话和无线网络开展的手机银行业务，以及其他利用电子服务设备和网络，由客户通过自助服务方式完成金融交易的银行业务。

6. 网络广告

狭义的网络广告又被称为在线广告或者互联网广告；而广义的网络广告除了包括以计算机为核心组成的计算机网络为媒介的广告行为外，还包括其他所有以电子设备相互连接而组成的网络为媒介的广告行为，例如以无线电话网络、电子信息亭网络为载体的广告行为。在一般未做特殊说明的情况下，现在各种资料所谈论的网络广告均指狭义的网络广告。

网络广告就是在网络上做的广告，是利用网站上的广告横幅、文本链接、多媒体的方法，在互联网刊登或发布广告，通过网络传递到互联网用户的一种高科技广告运作方式。与传统的四大传播媒体（报纸、杂志、电视、广播）广告及户外广告相比，网络广告具有得天独厚的优势，是实施现代营销媒体战略的一个重要部分。Internet是一种全新的广告媒体，传播速度最快，效果很理想，是中小企业扩展壮大的好途径，对于广泛开展国际业务的公司来说更是如此。

7. 网上娱乐和休闲

在网上可以博览群书、发表自己的见解，可以听音乐、看电影，可以聊天、玩游戏，可以足不出户浏览世界名山大川。

8. 社交网络

社交网络服务的主要作用是为一群拥有相同兴趣与活动的人创建在线社区。这类服务往往基于互联网，为用户提供各种联系、交流的交互通路，如电子邮件、实时通信服务等。此类网站通常通过朋友，一传十、十传百地把网络延展开去，就像树叶的脉络，一般又称为“社交网站”。

社交网络可为用户提供多种交互方式，比如聊天、影音播放、文件分享、博客、新闻组等。社交网络为信息的交流与分享提供了新的途径。作为社交网络的网站一般会拥有数以百万的登记用户，使用该服务已成为用户们每天生活的一部分。知名的社交网站有Google+（已于2022年关闭）、MySpace、噗浪（Plurk）、推特（Twitter）、元宇宙［Meta Platforms，原名脸书（Facebook）］等。在中国大陆地区，以社交网络服务为主的网站有人人网、QQ空间、百度贴吧、微博等。

9. 即时通信

即时通信是一个终端连往即时通信网络的服务。即时通信与电子邮件的不同之处在于它的交谈是实时的。大部分即时通信服务提供了状态信息的特性——显示联系人名单、联系人是否在线、能否与联系人交谈。在互联网上，受欢迎的即时通信服务有Windows Live Messenger、AOL Instant Messenger、Skype、WhatsApp、Yahoo! Messenger、.NET Messenger Service、Jabber、QQ、微信、钉钉等。近年来，许多即时通信服务开始提供视频会议功能，网络电话（VOIP）与网络会议服务集成，兼有视频会议与实时消息的功能。

在信息化社会中，未来的计算机将进一步深入人们的生活，将更加人性化，更加适应人们的生活，甚至改变人类现有的生活方式。

1.2.6 信息产业

信息产业是指国民经济活动中，为满足经济发展和公共社会需求，以信息为主要资源，从事信息资源的研究、开发与利用，以信息及其设备、设施等产品为主要产出，生产信息产品和提供信息服务的各个部门的集合。

1. 信息产业的分类

信息产业涵盖的产业种类有很多，图1-23给出了它的一种分类方式。

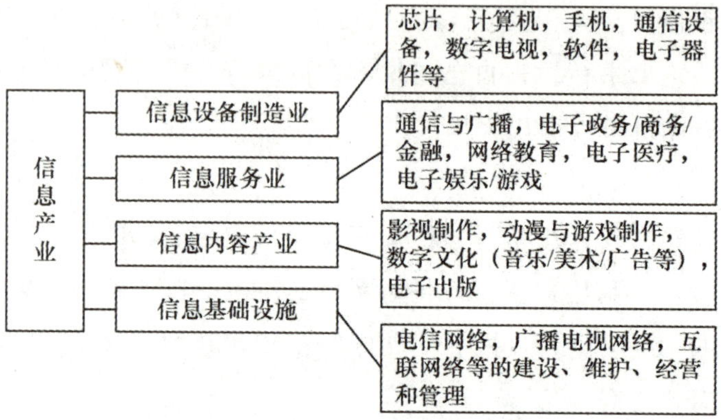

图1-23 信息产业分类

2. 信息产业在国民经济发展中的作用

经过20多年的发展，我国的信息产业已具有很大的规模，在国民经济发展中具有不可替代的作用，主要有以下几个方面。

（1）信息产业的支柱作用

信息产业是国民经济的支柱产业。据国际货币基金组织（International Monetary Fund，IMF）公布的数据，按国际汇率计算，2010年世界总产值达61.96万亿美元，信息产业产值达5.57万亿美元，占世界总产值的9%左右。近年来信息产业以多倍于国民经济的速度发展。2013年，我国规模以上电子信息制造业收入、利润总额和税金占工业总体比重分别达到9.1%、6.6%和4.0%，电子信息产品进出口总额达1.33万亿美元，占全国外贸进出口总额的32.0%，信息产业对国民经济增长的支撑作用在不断增强。

（2）信息产业的基础作用

信息产业是关系国民经济命脉和国家安全的基础性和战略性产业。通信网络是国民经济的基础设施，网络与信息安全是国家安全的重要内容；强大的电子信息产品制造业和软件业是确保网络与信息安全的根本保障，也是国防现代化建设的重要保障。

（3）信息产业的先导作用

信息产业是国民经济的先导产业。信息产业的发展已经成为各国经济发展的主要动力和社会再生产的基础，它是高新技术产业群中的龙头产业，带动着其他高新技术产业的发展，已渗透到国民经济的各个领域，极大地提高了国家的创新能力。

（4）信息产业的核心作用

信息产业是推进国家信息化、促进国民经济增长方式转变的核心产业。通信网络和信息技术装备是国家信息化的物质基础和主要动力；信息技术的普及和信息产品的广泛应用，将推动社会生产、生活方式的转型；信息产业的发展大幅度降低了物质消耗和交易成本，对实现我国经济增长方式向节约资源、保护环境、促进可持续发展的内涵集约型方式转变具有重要推动作用。

3. 我国信息产业的主要发展方向

如今世界主要经济大国之间的竞争越来越集中到对主导产业和战略性新兴产业控制权的争夺上，为了能在全球第三次产业革命中取得先导性技术突破并将其产业化，《中华人民共和国国民经济和社会发展第十四个五年规划和2035年远景目标纲要》为信息产业指明了发展方向。

（1）构筑产业体系新支柱，前瞻谋划未来产业

聚焦新一代信息技术、生物技术、新能源、新材料、高端装备、新能源汽车、绿色环保以及航空航天、海洋装备等战略性新兴产业，加快关键核心技术创新应用，增强要素保障能力，培育壮大产业发展新动能。推动生物技术和信息技术融合创新，加快发展生物医药、生物育种、生物材料、生物能源等产业，做大做强生物经济。深化北斗系统推广应用，推动北斗产业高质量发展。在类脑智能、量子信息、未来网络等前沿科技和产业变革领域，组织实施未来产业孵化与加速计划，谋划布局一批未来产业。

（2）强化数字化转型，加快建设新型基础设施

围绕强化数字化转型、智能升级、融合创新支撑，布局建设信息基础设施、融合基础设施、创新基础设施等新型基础设施。建设高速泛在、天地一体、集成互联、安全高效的信息基础设施，增强数据感知、传输、存储和运算能力。加快5G网络规模化部署，用户普及率提高到56%，推广升级千兆光纤网络。前瞻布局6G网络技术储备。扩容骨干网互联节点，新设一批国际通信出入口，全面推进互联网协议第六版（IPv6）商用部署。实施中西部地区中小城市基础网络完善工程。推动物联网全面发展，打造支持固移融合、宽窄结合的物联接入能力。加快构建全国一体化大数据中心体系，强化算力统筹智能调度，建设若干国家枢纽节点和大数据中心集群，建设E级

和10E级超级计算中心。积极稳妥发展工业互联网和车联网。打造全球覆盖、高效运行的通信、导航、遥感空间基础设施体系，建设商业航天发射场。加快交通、能源、市政等传统基础设施数字化改造，加强泛在感知、终端联网、智能调度体系建设。

（3）加强关键数字技术创新应用，加快推动数字产业化，推进产业数字化转型

聚焦高端芯片、操作系统、人工智能关键算法、传感器等关键领域，加快推进基础理论、基础算法、装备材料等研发突破与迭代应用。加强通用处理器、云计算系统和软件核心技术一体化研发。加快布局量子计算、量子通信、神经芯片、DNA（Deoxyribo Nucleic Acid，脱氧核糖核酸）存储等前沿技术，加强信息科学与生命科学、材料等基础学科的交叉创新，支持数字技术开源社区等创新联合体发展，完善开源知识产权和法律体系，鼓励企业开放软件源代码、硬件设计和应用服务。培育壮大人工智能、大数据、区块链、云计算、网络安全等新兴数字产业，提升通信设备、核心电子元器件、关键软件等产业水平。构建基于5G的应用场景和产业生态，在智能交通、智慧物流、智慧能源、智慧医疗等重点领域开展试点示范。鼓励企业开放搜索、电商、社交等数据，发展第三方大数据服务产业。促进共享经济、平台经济健康发展。实施"上云用数赋智"行动，推动数据赋能全产业链协同转型。在重点行业和区域建设若干国际水准的工业互联网平台和数字化转型促进中心，深化研发设计、生产制造、经营管理、市场服务等环节的数字化应用，培育发展个性定制、柔性制造等新模式，加快产业园区数字化改造。深入推进服务业数字化转型，培育众包设计、智慧物流、新零售等新增长点。加快发展智慧农业，推进农业生产经营和管理服务数字化改造。

（4）加快数字社会建设步伐，提高数字政府建设水平

适应数字技术全面融入社会交往和日常生活新趋势，促进公共服务和社会运行方式创新，构筑全民畅享的数字生活。聚焦教育、医疗、养老、抚幼、就业、文体、助残等重点领域，推动数字化服务普惠应用，持续提升群众获得感。以数字化助推城乡发展和治理模式创新，全面提高运行效率和宜居度。推动购物消费、居家生活、旅游休闲、交通出行等各类场景数字化，打造智慧共享、和睦共治的新型数字生活。将数字技术广泛应用于政府管理服务，推动政府治理流程再造和模式优化，不断提高决策科学性和服务效率。建立健全国家公共数据资源体系，确保公共数据安全，推进数据跨部门、跨层级、跨地区汇聚融合和深度利用。加大政务信息化建设统筹力度，健全政务信息化项目清单，持续深化政务信息系统整合，布局建设执政能力、依法治国、经济治理、市场监管、公共安全、生态环境等重大信息系统，提升跨部门协同治理能力。全面推进政府运行方式、业务流程和服务模式数字化智能化。

1.3　新一代信息技术和产业发展

1.3.1　三网融合

三网融合或三网合一，是指电信网、计算机互联网和有线电视网三者融合发展，互联互通，为客户同时提供语音、数据和广播电视等多重服务。随着通信行业的快速发展，传统的电信网、计算机互联网与有线电视网的融合已经成为网络发展的趋势。三网融合的网络拓扑图如图 1-24 所示。

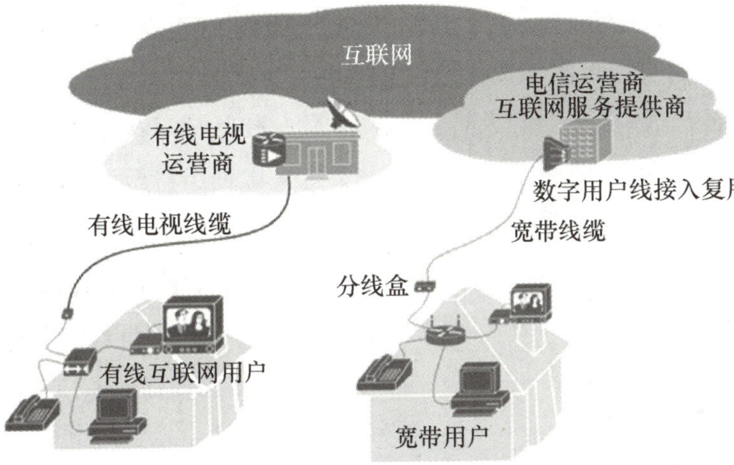

图 1-24　三网融合的网络拓扑图

三网融合业务对网络服务运营商（Internet Service Provider，ISP）有如下要求：

①大宽带的网络；

②业务的质量保障；

③新业务的快速开展。

三网融合和宽带化是网络技术发展的大方向。电信网和有线电视网在技术上都要向互联网技术看齐，其基本特征是采用网际互连协议（Internet Protocol，IP）和分组交换技术，在业务上以语音或单向传输发展成以交互式的多媒体数据业务为主。三网融合不能简单地理解为把三个网合成一个网，但它的确打破了原有的行业界限，将引起产业的重组与政策的调整。随着互联网上数据流量的迅猛增加，特别是多媒体信息的增加，人们对网络带宽的要求日益提高。增大带宽，是相当长时期内网络技术发展的主题。在广域网和城域网上，以密集波分复用（Dense Wavelength Division Multiplexing，DWDM）技术为代表的光网络技术引人注目，带动了光信息技术的发展。宽带接入网技术多种方案展开了激烈的竞争，鹿死谁手尚难见分晓。无线宽带接入技术和建立在第三代移动通信技术之上的移动互联网技术，正向信息个人化的目标前进。

三网融合催生出了移动互联网（Mobile Internet）。移动互联网是指将互联网的技术、平台、商业模式和应用与移动通信技术结合并实践的活动的总称，将个人计算机互联网可以获得的服务扩展到手机、PDA等移动终端上，实现移动社交、移动广告、手机在线游戏、手机电视、移动电子阅读、移动定位、手机搜索、移动电子商务和移动支付等功能和服务。

1.3.2 云计算

云计算（Cloud Computing），是一种基于互联网的计算方式。通过这种方式，共享的软/硬件资源和信息可以按需求提供给计算机和其他设备。云计算是继20世纪80年代大型计算机到客户端-服务器的大转变之后的又一种巨变。2006年3月，亚马逊推出弹性计算云服务，同年，谷歌在搜索引擎大会上首次提出“云计算”的概念。用户不再需要了解“云”中基础设施的细节，不必具有相应的专业知识，也无须直接进行控制。云计算描述了一种基于互联网的新的IT服务增加、使用和交付模式，通常涉及通过互联网来提供动态易扩展而且经常是虚拟化的资源，如图1-25所示。

图1-25　云计算

在云计算环境下，用户通过浏览器、桌面应用程序或移动应用程序来访问云的服务。云计算使得用户能够更迅速地部署应用程序，并降低管理的复杂度及维护成本，允许IT资源的迅速重新分配以应对用户需求的快速改变。

云计算依赖资源的共享达成规模经济。服务供应商集成大量的资源供多个用户使用，用户可以轻易地请求（租借）更多资源，并随时调整使用量，将不需要的资源释放回整个架构，因此用户不需要因为短暂尖峰的需求就购买大量的资源，仅需提升租借量，需求降低时便退租。服务供应商得以将目前无人租用的资源重新租给其他用户，甚至依照整体的需求量调整租金。

云的基本概念是，通过网络将庞大的计算进程自动分拆成无数个较小的子程序，再由多部服务器所组成的庞大系统搜索、计算分析之后将处理结果回传给用户。通过这项技术，远程的服务供应商可以在数秒之内，处理数以千万计甚至亿计的信息，达到和“超级计算机”同样强大性能的网络服务。它可进行DNA结构分析、基因图谱定序、癌细胞解析等高级计算，例如Skype以点对点（Peer to Peer，P2P）方式来共同组成单一系统，又如谷歌通过MapReduce架构将数据拆成小块计算后再重组回来。

当前，一系列公有云、私有云和社区云的建立，为广大云用户提供了如下种类丰富、使用便捷的云服务：

1. 云教育

教育在云技术平台上的开发和应用被称为“云教育”。云教育从信息技术的应用方面打破了传统教育的垄断和固有边界。教育走向信息化，使教育的不同参与者——教师、学生、家长、教育部门等在云技术平台上进行教育、教学、娱乐、沟通等。同时可以通过视频云计算的应用对学校特色教育课程进行直播和录播，并将信息存储至流存储服务器上，便于长时间和多渠道享受教育成果。

2. 云物联

物联网是新一代信息技术浪潮的生力军。物联网通过智能感知、识别技术与普适计算广泛应用于互联网各方面。物联网作为互联网的业务和应用，随着其深入的发展和流量的增加，对数据存储和计算量的要求将带来对云计算的需求增加，并且在物联网的高级阶段，必将需要虚拟云计算技术的进一步应用。

3. 云社交

云社交是一种虚拟社交应用。它以资源分享作为主要目标，将物联网、云计算和移动互联网相结合，通过其交互作用创造新型社交方式。云社交把社会资源进行测试、分类和集成，并向有需求的用户提供相应的服务。用户流量越大，资源集成越多，云社交的价值就越大。目前云社交已经具备了初步模型。

4. 云安全

云安全是云计算在互联网安全领域的应用。云安全融合了并行处理、网络技术、未知病毒等新兴技术，通过分布在各领域的客户端对互联网中存在的异常情况进行监测，获取最新病毒程序信息，将信息发送至服务端进行处理并推送最便捷的解决建议。云计算技术使整个互联网变成了终极安全卫士。

5. 云政务

云计算应用于政府部门中，为政府部门降低成本、提高效率做出贡献。云计算具有集约、共享、高效的特点，其应用将为政府部门降低20%~80%的成本。在电子商务延伸至电子政务的背景下，各国政府部门都在着力进行电子政务改革，研究云计算普遍应用的可能性。伴随政府改革的进行，政府部门也开始从自建平台向购买电信运营商的服务转变，这将促进云计算的进一步发展并为电信运营商带来商机。

6. 云存储

云存储是云计算的一个新的发展浪潮。云存储不是某一个具体的存储设备，而是互联网中大量的存储设备通过应用软件共同作用、协同发展，进而带来数据访问服务。云计算系统要运算和处理海量数据，为支持云计算系统，需要配置大量的存储设备，这样云计算系统就自动转化为云存储系统。故而，云存储是在云计算概念上的延伸。

云计算受到业界的极大推崇并推出了一系列基于云计算平台的服务。然而在用户大量参与的情况下，不可避免地会出现隐私安全问题。用户在云计算平台上共享信息、使用服务，那么云计算平台需要收集其相关信息。实际上，云计算的核心特征之一就是数据的存储和安全完全由云计算提供商负责。对于许多用户来说，这降低了组织内部和个人成本，无须搭建平台即可享受云服务。但是，一旦数据脱离内网被共享至互联网上，就无法通过物理隔离和其他手段防止隐私外泄。因此，许多用户担心自己的隐私权会受到侵犯，其私密的信息会被泄露和使用。云计算的隐私安全问题主要包括：在未经授权的情况下，他人以不正当的方式进行数据侵入，获得用户数据；政府部门或其他权力机构为达到目的对云计算平台上的信息进行检查，获取相应的资料以达到监管和控制的目的；云计算提供商为获取商业利益对用户信息进行收集和处理。

1.3.3 物联网

物联网（Internet of Things，IoT）和云计算作为信息技术新的高度和形态被提出、发展。比尔·盖茨在1995年出版的《未来之路》（*The Road Ahead*）一书中提及物物互联。1998年麻省理工学院提出了当时被称作EPC系统的物联网构想。1999年，在射频识别技术的基础上，Auto-ID公司提出了物联网的概念。2005年11月17日，信息社会世界峰会上，国际电信联盟发布了《ITU互联网报告2005：物联网》，其中指出物联网时代的来临。

物联网是一个基于互联网、传统电信网等信息承载体，让所有能够被独立寻址的普通物理对象实现互联互通的网络。物联网一般为无线网，由于每个人周围的设备可以达到1 000～5 000个，所以物联网可能要包含5亿~10亿个物体。在物联网上，每个人都可以应用电子标签将真实的物体上网联结，在物联网上都可以查找出它们的具体位置。通过物联网可以用中心计算机对机器、设备、人员进行集中管理、控制，也可以对家庭设备、汽车进行遥控，以及搜寻位置、防止物品被盗等，如图1-26所示。

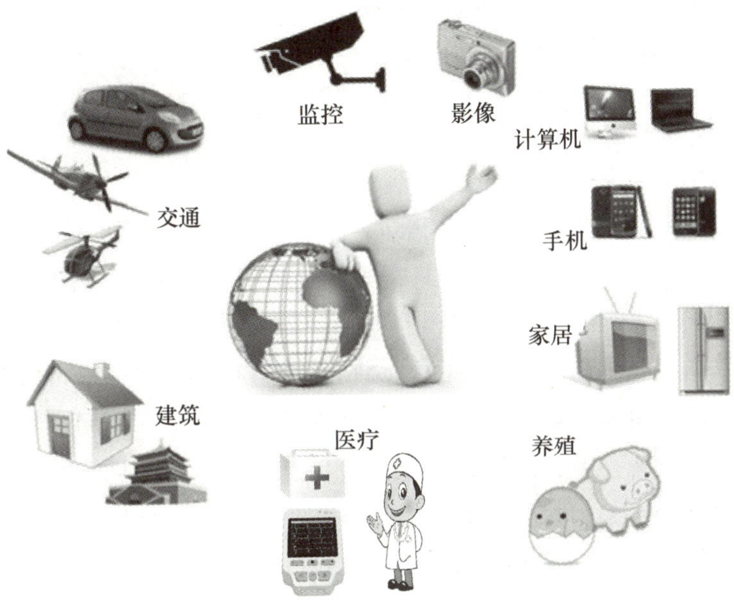

图1-26 物联网

物联网技术的核心和基础仍然是互联网技术，它是在互联网技术基础上延伸和扩展的一种网络技术。其用户端延伸和扩展到了任何物品，物品之间进行信息交换和通信。因此，物联网技术的定义是：通过RFID、红外感应器、全球定位系统、激光扫描器等信息传感设备，按约定的协议，将任何物品与互联网相连接，进行信息交换和通信，以实现智能化识别、定位、追踪、监控和管理的一种网络技术。

和其他新兴产业的成长过程一样，物联网从诞生到成熟经历以下四个阶段：

第一个为朦胧阶段（2000年前后）。这个阶段为事物发展的最初期，只有一个雏形和长远的发展目标，更多的是设想和幻想。

第二个为成长阶段（2010年前后）。技术研发是这个阶段的重要内容。世界各国都在投入巨资深入研究物联网技术。

第三个为过渡阶段（2020年前后）。科学实验是这个阶段的重要内容。这是物联网从理论走向实践最重要的一个阶段，物联网在一定范围内进行检测和试点，实验中大量数据的分析处理以及技术的改进耗费了人们较多的时间和较大的精力。物联网商用初见规模和效益。

第四个为成熟阶段（2020年之后）。物联网在这个阶段全面推广和应用。这也是投入资金最多和效益最显著的时期。这个时期，物联网覆盖了整个社会，成为世界经济新的增长点。

物联网将现实世界数字化，应用范围十分广泛。物联网的应用领域主要包括以下几个方面：运输和物流领域、健康医疗领域、智慧环境（家庭、办公、工厂）领域、个人和社会领域等，具有十分广阔的市场和应用前景。

1.3.4 大数据

2008年9月4日，美国《自然》杂志就如何处理海量数据，做了一个名为“Big Data”的专辑，第一次提出大数据（Big Data或Megadata）的概念；而实际从事大数据技术研究和应用的谷歌（Google）公司当时已成立10周年。通常的观点认为，大数据，或称巨量数据、海量数据、大资料，是指海量资料，规模巨大，无法通过目前主流软件工具在合理时间内达到收集、管理和处理的目标。大数据同时具有数据、技术和思维三层含义，也就是说，除了代表海量数据之外，也指收集、存储、分析等相关技术，以及大数据背景下的新思维方式。在总数据量相同的情况下，与个别分析独立的小型数据集相比，将各个小型数据集合并后进行分析可得出许多额外的信息和数据关系性，可用来察觉商业趋势、判定研究质量、避免疾病扩散、打击犯罪或测定实时交通路况等，这样的用途正是大型数据集盛行的原因。

要理解大数据这一概念，首先要从“大”入手。“大”是指数据规模大，大数据一般指规模在10 TB（TB，太字节，1 TB=1 024 GB）以上的数据量。大数据同过去的海量数据有所区别，其基本特征可以用4个“V”（Volume、Variety、Value、Velocity）来总结，即数据体量大、数据类型繁多、价值密度低、处理速度快，其技术框架如图1-27所示。

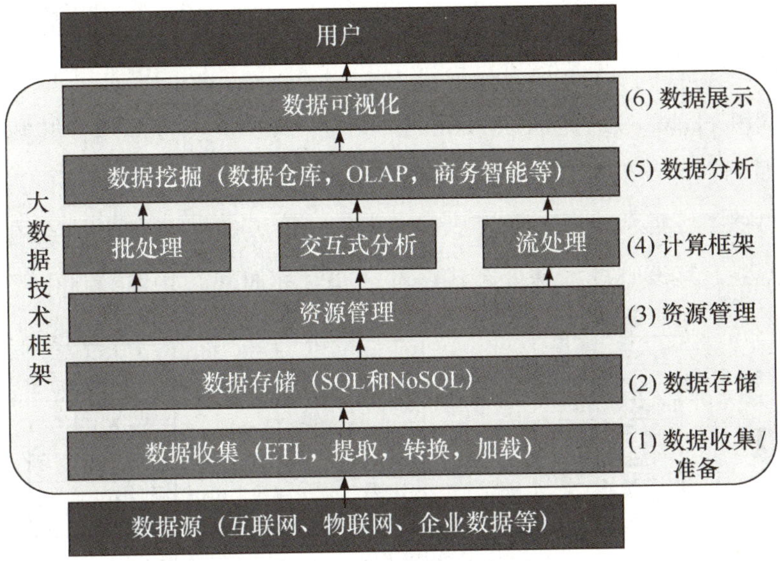

图 1-27　大数据技术框架

①数据体量大（Volume）：从 TB 级别，跃升到 PB（PB，拍字节，1 PB=1 024 TB）级别，即数据的量大。这种“大”已经不仅仅是前面数字的改变或者膨胀，而是后面单位的急剧变化。企业面临着数据量的大规模增长。目前，大数据的规模尚是一个不断变化的指标，单一数据集的规模范围从几十太字节到数拍字节不等。

② 数据类型繁多（Variety）：如网络日志、视频、图片、地理位置等信息。相对于传统的 Web 数据，数据多样性的增加主要是由于产生了新型非结构化数据，包括网络日志、社交媒体、互联网搜索、手机通话记录及传感器网络等数据类型造成的。

③ 价值密度低（Value）：有大量不相关信息，浪里淘沙却又弥足珍贵。以视频为例，连续不间断监控过程中，可能有用的数据仅仅有一两秒。

④ 处理速度快（Velocity）：高速描述的是数据被创建和移动的速度。在高速网络时代，通过基于实现软件性能优化的高速计算机处理器和服务器，创建实时数据流已成为流行趋势。企业不仅需要了解如何快速创建数据，还必须知道如何对其进行快速处理、分析并返回给用户，以满足他们的实时需求。

大数据的应用涵盖了大科学、RFID、传感设备网络、天文学、大气学、基因组学、生物学、大社会数据分析、互联网文件处理、制作互联网搜索引擎索引、通信记录明细、军事侦察、社交网络、通勤时间预测、医疗记录、照片图像和视频封存、大规模的电子商务等领域。

1.3.5 区块链

区块链（Blockchain），是区块（Block）和链（Chain）的直译，其数据结构如图1-28所示，即每个区块保存规定时间段内的数据记录，并通过密码学的方式，构建一条安全可信的链条，形成一个不可篡改、全员共有的分布式账本，有公有链、联盟链和私有链等类型，其核心技术是分布式账本、非对称加密、共识机制和智能合约。

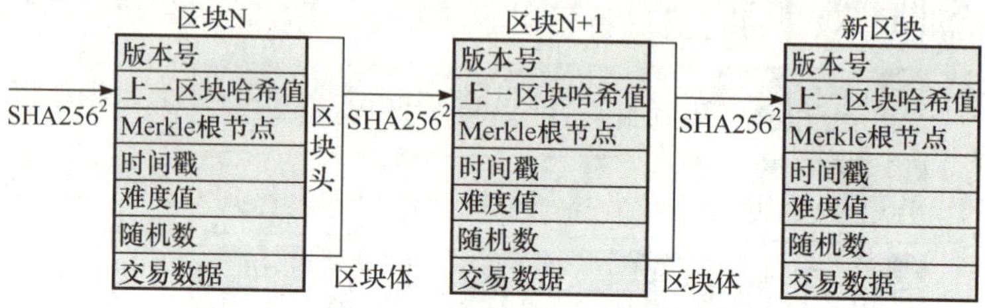

图1-28 区块链的数据结构

区块链起源于比特币，2008年，中本聪（Satoshi Nakamoto）发表了《比特币：一种点对点的电子现金系统》一文，阐述了基于P2P网络技术、加密技术、时间戳技术、区块链技术等的电子现金系统的构架理念，这标志着比特币的诞生。约两个月后理论步入实践，2009年1月3日第一个序号为0的创世区块诞生。几天后，2009年1月9日出现序号为1的区块，并与序号为0的创世区块相连接形成了链，标志着区块链的诞生。

区块链实现了从记录到传输再到存储的全面分布式的模式，数据传输、数据验证、数据存储都去中心化，所有参与者共同构建数据库。区块链采用非对称加密算法以提高数据的可信赖度，非对称加密即指加密和解密使用不同的密码，即公钥和私钥。加密数据所用的密码被称为公钥，是所有人都知道的，可以用来给信息加密的密码；解密数据所用的密码被称为私钥，是只有该信息的接收者知道并用于解密的密码。公钥加密的信息只有使用对应的私钥才可以解密。区块链利用脚本使系统可以直接定义完成价值交换活动所需要的条件，有了脚本，区块链技术就有机会使系统不断成长，去处理一些新出现的交易模式，确保其时效性和实用性。区块链技术具有去中心化、信息不可篡改、信息透明和可共同维护等特点，已经广泛应用于生活中各个领域，例如金融、医疗、内容社交平台、慈善、教育、版权保护、投票等。

1.3.6 虚拟现实与增强现实

虚拟现实（Virtual Reality，VR）技术是虚拟和现实相互结合的技术，是20世纪发展起来的一项全新的实用技术。VR技术囊括计算机、电子信息、仿真技术，其基本实现方式是计算机模拟虚拟环境从而给人以环境沉浸感，如图1-29所示。随着社会生产力和科学技术的不断发展，各行各业对VR技术的需求日益旺盛。虚拟现实技术受到了越来越多人的认可，用户可以在虚拟现实世界体验到真实的感受，其模拟环境的真实性与现实世界真假难辨，让人有种身临其境的感觉。同时，虚拟现实具有一切人类所拥有的感知功能，比如听觉、视觉、触觉、味觉、嗅觉等感知系统。它还具有超强的仿真系统，真正实现了人机交互，使人在操作过程中，可以随意操作并且得到环境最真实的反馈。虚拟现实利用动态环境建模技术、实时三维图形生成技术、立体显示和传感器技术、应用系统开发工具、系统集成技术等关键技术，具有沉浸性、交互性、多感知性、构想性、自主性等特点，在影视娱乐、教育、设计、医学、军事、航空航天等领域被广泛应用。

增强现实（Augmented Reality，AR）技术是一种将虚拟信息与真实世界巧妙融合的技术，广泛运用了多媒体、三维建模、实时跟踪及注册、智能交互、传感等多种技术手段，将计算机生成的文字、图像、三维模型、音乐、视频等虚拟信息模拟仿真后，应用到真实世界中，两种信息互为补充，从而实现对真实世界的“增强”，又称扩增现实，如图1-30所示。与VR相比，AR会触及更多的人，因为它是对人们日常生活的无缝补充。AR是将计算机生成的虚拟世界叠加在现实世界上，医药、教育、工业上的各种实际应用，已经佐证了AR作为工具，对人类的影响更为深远，而不是像VR那样在现实世界之外营造出一个完全虚拟的世界。同时，移动AR的普及和低成本优势也有助于企业采用AR技术，企业AR可以稳定增长。增强现实技术将在制造资源、数字新媒体产业（Technology，Media，Telecom，TMT）、政府（包括军事）、零售、建筑/房地产、医疗保健、教育、交通运输、金融服务等领域得到应用。

图1-29 虚拟现实

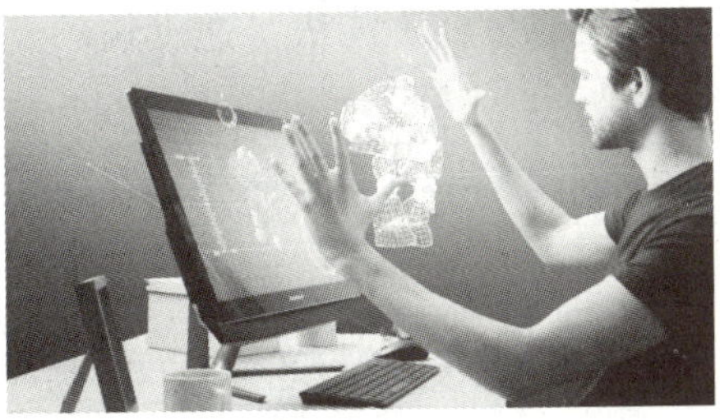

图1-30 增强现实

1.3.7 人工智能

1956年，几个计算机科学家相聚在达特茅斯会议（Dartmouth Conferences），提出了“人工智能”的概念。其后，人工智能就一直萦绕于人们的脑海之中，并在科研实验室中慢慢孵化。之后的几十年，人工智能一直在两极反转，或被称作人类文明耀眼未来的预言。20世纪90年代，国际象棋世界冠军卡斯帕罗夫与“深蓝”计算机决战，“深蓝”获胜，这是人工智能发展的一个重要里程碑。2016年，Google的智能机器人阿尔法狗（AlphaGo）战胜韩国棋手李世石，如图1-31所示，再度引发人工智能热潮。2015年以来，人工智能特别是深度学习、联邦学习等机器学习技术开始大爆发。很大一部分是由于图形处理器（Graphics Processing Unit，GPU）的广泛应用，使得并行计算变得更快、更便宜、更有效。无限拓展的存储能力和骤然爆发的数据洪流（大数据）的组合拳，也使得图像数据、文本数据、交易数据、映射数据全面海量爆发。

图1-31　AlphaGo战胜韩国棋手李世石

总的来说，人工智能是一个融合计算机科学、统计学、脑神经学和社会科学的前沿综合学科。它使得计算机像人一样拥有智能，可以代替人类实现识别、认知、分析和决策等多种功能。该领域的研究包括机器人、语音识别、图像识别、自然语言处理和专家系统等。

1.3.8　未来计算机

1. 光子计算机

现有的计算机是由电流来传递和处理信息的。电场在导线中传播的速度虽然比我们看到的任何运载工具运动的速度都快，但是，从发展高速率计算机来说，采用电流作为运输信息载体还不能满足速度快的要求，提高计算机运算速度也明显表现出能力有限了。

1990年初，美国贝尔实验室制成世界上第一台光子计算机。光子计算机是一种由光信号进行数字运算、逻辑操作、信息存储和处理的新型计算机。它由激光器、光学反射镜、透镜、滤波器等光学元件和设备构成，靠激光束进入反射镜和透镜组成的阵列进行信息处理，以光子代替电子，光运算代替电运算。

光子比电子速度快，光子计算机的运行速度可高达每秒一万亿次运算。它的存储量是现代计算机的几万倍，还可以对语言、图形和手势进行识别与合成。光子计算机还具有与人脑相似的容错性，系统中某一元件损坏或出错时，并不影响最终的计算结果。光子在光介质中传输所造成的信息畸变和失真极小，光子传输、转换时能量消耗和散发热量极低，对环境条件的要求比电子计算机要低得多。

许多国家都投入巨资进行光子计算机的研究。随着现代光学与计算机技术、微电子技术相结合，在不久的将来，光子计算机将成为人类普遍的工具。

2. 生物计算机

生物计算机又称仿生计算机，是在取代半导体硅片的生物芯片上集成数以万计的晶体管制成的计算机。它的主要原材料是生物工程技术产生的蛋白质分子，并以此作为生物芯片。生物芯片本身还具有并行处理的功能，其运算速度要比当今最新一代的计算机快10万倍，能量消耗仅相当于普通计算机的十亿分之一，存储信息的空间仅占百亿亿分之一。

生物计算机中的一个研究热点是DNA计算机，它是利用DNA建立的一种完整的信息技术形式，以编码的DNA序列（通常意义上的计算机内存）为运算对象，通过分子生物学的运算操作以解决复杂的数学难题。未来的DNA计算机在研究逻辑、破译密码、基因编程、疑难病症防治以及航空航天等领域应用的独特优势，是现在电子计算机望尘莫及的，应用前景十分乐观。比如，DNA计算机的出现，使在人体内、在细胞内运行的计算机研制成为可能，它们能够充当监控装置，发现潜在的致病变化，还可以在人体内合成所需的药物，治疗癌症、心脏病、动脉硬化等各种疑难病症，甚至在恢复盲人视觉方面，也将大显身手。

1983年，美国公布了研制生物计算机的设想，立即激起了发达国家的研制热潮。美国、日本、德国和俄罗斯等国的科学家正在积极开展生物芯片的开发研究。目前，生物芯片仍处于研制阶段，但在生物元件，特别是在生物传感器的研制方面已取得不少实际成果。这将会促使计算机、电子工程和生物工程这三个学科的专家通力合作，加快开发研究生物芯片。生物计算机一旦研制成功，可能会在计算机领域内引起一场划时代的革命。

3. 量子计算机

量子计算机是一种使用量子逻辑进行通用计算的设备。不同于电子计算机，量子计算机用来存储数据的对象是量子比特，它使用量子算法来进行数据操作。

半导体靠控制集成电路来记录及运算信息，量子计算机则希望通过控制原子或小分子的状态来记录和运算信息。1994年，贝尔实验室的专家彼得·秀尔（Peter Shor）证明量子计算机能做出离散对数运算，而且速度远胜于传统计算机。量子不像半导体只能记录0与1，它可以同时表示多种状态。如果把半导体比喻成单一乐器，量子计算机就像交响乐团，一次运算可以处理多种不同状况，因此，一个40位的量子计算机，能在很短时间内解决1 024位计算机花上数十年才能解决的问题。

一般认为量子计算机仍处于研究阶段。2011年5月11日，加拿大的D-Wave 系统公司发布了一款号称“全球第一款商用型量子计算机”的计算设备“D-Wave One”。2013年5月，该公司宣称美国宇航局和谷歌共同预定了一台采用512量子位的D-Wave Two量子计算机，在加利福尼亚的量子人工智能实验室发布D-Wave Two。2013年6月，中国科学技术大学潘建伟院士领衔的量子光学和量子信息团队的陆朝阳、刘乃乐研究小组，在国际上首次成功实现用量子计算机求解线性方程组的实验。2018年10月，华为公司公布了在量子计算领域的最新进展：量子计算模拟器HiQ云服务平台问世，平台包括HiQ量子计算模拟器与基于模拟器开发的HiQ量子编程框架两个部分，这是这家公司在量子计算基础研究层面迈出的第一步。2020年9月，百度研究院量子计算研究所所长段润尧讲解了百度量子平台，展示了百度用“量脉+量桨+量易伏”赋能新基建、追逐“人人皆可量子”的愿景。

本章小结

电子计算机问世以来，经历了电子管、晶体管、中小规模集成电路、超大规模集成电路和超级规模集成电路等几代的发展，已经在速度、精度、容量等方面获得了巨大的性能提升，而其成本、功耗、体积在快速下降，在科学计算、信息处理、过程控制、计算机辅助技术、模拟系统、网络通信、人工智能和家庭等方面都得到了广泛应用，并继续向巨型化、微型化、网络化和智能化等方向发展。以计算机技术为核心的信息技术推进了信息产业的蓬勃发展，在信息设备制造业、信息服务业、信息内容产业和信息基础设施等方面支撑了国民经济新增长。三网融合、云计算、物联网、大数据、区块链、虚拟现实、人工智能等新技术，以及光子计算机、生物计算机、量子计算机等新型计算机将掀起信息技术发展的新浪潮。

习题

单项选择题

1. 当今电子计算机基本上都遵循冯·诺依曼体系结构，这是由于它们都是建立在冯·诺依曼提出的（　　）核心思想之上的。

A. 图灵机　　　　B. 二进制编码、程序存储与程序控制

C. 采用大规模集成电路　　　　D. 计算机分五个组成部分

2. 许多企事业单位现在都使用计算机计算、管理职工的工资，这属于计算机的（　　）应用领域。

A. 科学计算　B. 数据处理　C. 过程控制　D. 辅助工程

3. 我国著名数学家吴文俊院士应用计算机进行几何定理的证明，该应用属于计算机应用领域中的（　　）。

A. 科学计算　B. 数据处理　C. 过程控制　D. 辅助工程

4. 英国科学家巴贝奇提出一种通用的计算机设计思想，称为（　　）。

A. 加法器　B. 微型计算机　C. 差分机　D. 分析机

5. 物理器件采用电子管的计算机称为（　　）计算机。

A. 第一代　B. 第二代　C. 第三代　D. 第四代

6. 有关计算机的分类，以下说法正确的是（　　）。

A. 巨型机只用于科学计算　B. 大型计算机体积大

C. 小型计算机体积小　D. 微型计算机又称个人计算机

7. 三网融合不包含（　　）。

A. 计算机互联网　B. 有线电视网

C. 电信网　D. 交通网

8. 云计算的核心特征是（　　）。

A. 云用户可以不用购置任何计算机设备

B. 数据的储存和安全主要由云计算提供商负责

C. 云服务是安全的

D. 云服务是免费的

9. 以下叙述正确的是（　　）。

A. 物联网是借助Internet将物体连接在一起的网络

B. 物联网的核心技术包括RFID、传感器、智能处理和纳米技术

C. 物联网是互联网的组成部分

D. 物联网是三网融合的网络

10. 大数据的特征不包括（　　）。

A. 大量　B. 高速　C. 多变　D. 高效

简答题

1. 计算机的发展经历了哪几个阶段？各阶段的主要技术特征是什么？到百度或维基百科上搜索相关资料，总结计算机的发展过程、类型和特点。

2. 冯·诺依曼体系结构计算机有什么特点？为何现在的计算机称为冯·诺依曼体系结构计算机？

3. 信息与数据有何联系与区别？

4. 信息处理具体包括哪些内容？

5. 什么是信息技术？它主要指哪些技术？

6. 结合所学专业，了解计算机在本专业的应用情况，思考计算机可以解决本专业的哪些问题。

第2章 计算机硬件系统

计算机作为人类发明设计的最复杂的一种设备，由成千上万个小部件按照一定的连接方式组装在一起，准确地接收用户的指令，并按照用户的要求有条不紊地自动进行数据处理和计算，产生并输出用户期望的执行结果。本章主要介绍一种通用的计算机系统结构——冯·诺依曼体系结构，阐释计算机的组成部分主要性能指标，以及工作原理等。

2.1 数据在计算机中的表示与存储

2.1.1 数制的概念

用进位的方法进行计数的数制称为进位计数制，简称数制、进制。如“逢十进一”的十进制，“逢二进一”的二进制。

无论哪种进位计数制，都包含两个基本要素，即“基数”和各数位的“权”。某进制的基数是指该进制中允许使用的数码的个数，而进制中每一固定位置对应的单位值则称为权。如十进制允许使用的数码为0、1、2、3、4、5、6、7、8、9，共10个，其基数为10，各数位的权是以10为底的幂。一个十进制的数可按权展开成为多项式。例如，十进制数168.98按权展开为

$$168.98 = 1 \times 10^2 + 6 \times 10^1 + 8 \times 10^0 + 9 \times 10^{-1} + 8 \times 10^{-2}$$

几种常用进位计数制的简写、基数和数码如表2-1所示。

表2-1　几种常用进制的简写、基数和数码

进制	简写	基数	数码
二进制	B	2	0,1
八进制	Q或O	8	0,1,2,3,4,5,6,7
十进制	D	10	0,1,2,3,4,5,6,7,8,9
十六进制	H	16	0,1,2,3,4,5,6,7,8,9,A,B,C,D,E,F

现代计算机采用二进制对数据和指令进行编码。

2.1.2 数据的表示和存储的单位

在计算机内部，各种数据都是以二进制数的形式出现的。因此存储在计算机内的信息必然是以二进制编码形式存储的，而这些信息在计算机内的多少必须用某个计量单位表达，因此有必要介绍数据存储的单位。

在计算机中，数据的单位常采用位、字节、机器字长等几种。

①位（bit，缩写为b）：度量数据的最小单位，为一位二进制数。它是数据表示中的最小单位，称为“数据基本单位”。如同原子构成物质一样，bit构成计算机虚拟世界中的“物质”。

②字节（Byte，缩写为B）：一个字节由八位二进制数字组成（1 Byte = 8 bit）。字节是数据存储中最常用的单位，是计算机中存储数据的“基本单位”。

计算机的存储器（不管是内存还是外存）通常都是以多少字节来表示它的容量。常用的单位有：

千字节（KB）　　1 KB = 2^{10}字节 = 1 024 B

兆字节（MB）　　1 MB = 2^{20}字节 = 1 024 KB

千兆字节（GB）　　1 GB = 2^{30}字节 = 1 024 MB

太字节（TB）　　1 TB = 2^{40}字节 = 1 024 GB

拍字节（PB）　　1 PB = 2^{50}字节 = 1 024 TB

③机器字长：在讨论数据单位时，还有一个与计算机硬件指标有关的单位，这就是机器字长。机器字长一般是指参加运算的寄存器所含有的二进制数的位数，它表示了一次数据处理的二进制位数和计算机的精度。计算机的功能设计决定了机器字长。目前，一般的大型机字长为128 ~ 256位，小型机字长为32 ~ 128位，微型机字长为16 ~ 64位。随着计算机技术的发展，各型计算机的字长都有所加长。

2.1.3 不同类型数制之间的转换

我们日常生活中使用的是十进制，而在计算机内部，各种信息都是以二进制的形式表示的，但二进制数读写不方便。由于八进制数、十六进制数与二进制数有简单直观的对应关系，在程序开发、调试及阅读机器内部代码时，人们经常使用八进制数或十六进制数来等价表示二进制数，因此要经常进行不同进位计数制之间的转换。

为清晰简便起见，一般在数的后面加一个字母或以基数为下标以区别不同的进制，如表2-1所示。若不加标示，则默认为十进制数，如101101B、256Q、168D或

168、10E6H。

1. 二进制数、八进制数、十六进制数转换为十进制数

将其他进制的数转换为十进制数，采用“按权展开，相加求和”的方法，即用多项式展开，然后逐项累加。

例如，$(1101101.0101)_2 = 1 \times 2^6 + 1 \times 2^5 + 0 \times 2^4 + 1 \times 2^3 + 1 \times 2^2 + 0 \times 2^1 + 1 \times 2^0 +$
$0 \times 2^{-1} + 1 \times 2^{-2} + 0 \times 2^{-3} + 1 \times 2^{-4}$
$= (109.3125)_{10}$

$(3506.2)_8 = 3 \times 8^3 + 5 \times 8^2 + 0 \times 8^1 + 6 \times 8^0 + 2 \times 8^{-1}$
$= (1862.25)_{10}$

$(1EC.2A)_{16} = 1 \times 16^2 + 14 \times 16^1 + 12 \times 16^0 + 2 \times 16^{-1} + 10 \times 16^{-2}$
$= (492.1640625)_{10}$

2. 十进制数转换为二进制数、八进制数、十六进制数

将十进制数转换为基数为R的等效表示时，可将此数分成整数与小数两部分分别转换，然后再拼接起来即可。

将十进制整数转换为R进制的整数时，可用十进制整数连续地除以R直到商为零为止，其余数即为R进制的各位数码。此方法称为“除R取余法”。

例如，将 $(57)_{10}$转换为二进制数。

```
2|57                                余数
2|28   ………………………………………1      低位
2|14   ………………………………………0       ↑
2| 7   ………………………………………0       |
2| 3   ………………………………………1       |
2| 1   ………………………………………1       |
   0   ………………………………………1      高位
```

所以，$(57)_{10}=(111001)_2$

类似地，将$(153)_{10}$转换为八进制数。

```
8|153                               余数
8| 19  ………………………………………1      低位
8|  2  ………………………………………3       ↑
    0  ………………………………………2      高位
```

所以，$(153)_{10}=(231)_8$

将$(286)_{10}$转化为十六进制数。

```
16|286                              余数
16| 17  ………………………………………E     低位
16|  1  ………………………………………1      ↑
     0  ………………………………………1     高位
```

所以，$(286)_{10}=(11E)_{16}$

将十进制小数转换成R进制小数时，可将十进制小数连续地乘以R，直到小数部分为零，或达到所要求的精度为止（小数部分可能永不为零），得到的整数即组成R进制的小数部分。此法称为“乘R取整法”。

例如，将$(0.3125)_{10}$转换为二进制数。

```
 0.3125
×     2                        整数
 0.625 ······························0    高位
×     2                                   │
 1.250 ······························1    │
×     2                                   │
 0.500 ······························0    │
×     2                                   ↓
 1.000 ······························1    低位
```

所以，$(0.3125)_{10}=(0.0101)_2$

要注意的是，十进制小数常常不能准确地换算为等值的二进制小数（或其他R进制小数），有换算误差存在。

例如，将$(0.5627)_{10}$转换为二进制数。

```
 0.5627
×     2                        整数
 1.1254 ·····························1    高位
×     2                                   │
 0.2508 ·····························0    │
×     2                                   │
 0.5016 ·····························0    │
×     2                                   │
 1.0032 ·····························1    │
×     2                                   ↓
 0.0064 ·····························0    低位
```

此过程会不断进行下去（小数部分达不到0），因此只能取到一定精度：

$(0.5627)_{10}\approx(0.10010)_2$

若将十进制数57.3125转换成二进制数，可分别进行整数部分和小数部分的转换，然后再拼在一起。

$(57.3125)_{10}=(111001.0101)_2$

采用上述方法也可以将十进制数转换为八进制或十六进制数，但是这种方法计算比较复杂，通常是先把十进制数先转换为二进制数，再将二进制数转换为八进制或十六进制数。

3. 二进制数、八进制数、十六进制数的相互转换

二进制数、八进制数、十六进制数的相互转换在实际中有重要的应用。由于这三

种进制的权之间有内在的联系，即$2^3=8$，$2^4=16$，因而它们之间的转换比较容易，每位八进制数码用三位二进制数表示，即三个二进制位为一组，如表2-2所示；每位十六进制数码用四位二进制数表示，即四个二进制位为一组，如表2-3所示。

表2-2 八进制数码与二进制数对照表

八进制数码	二进制数
0	000
1	001
2	010
3	011
4	100
5	101
6	110
7	111

表2-3 十六进制数码与二进制数对照表

十六进制数码	二进制数	十六进制数码	二进制数
0	0000	8	1000
1	0001	9	1001
2	0010	A	1010
3	0011	B	1011
4	0100	C	1100
5	0101	D	1101
6	0110	E	1110
7	0111	F	1111

在转换时，以小数点为中心向左右两边延伸进行分组，中间的0不能省略，两头不够时必须补0，补满一组的位数为止。

例如，将$(1011010.100)_2$转换为八进制数和十六进制数。

$$\underline{001}\ \underline{011}\ \underline{010}\ .\ \underline{100}$$
$$1\quad 3\quad 2\ .\ 4\qquad (1011010.100)_2=(132.4)_8$$

$$\underline{0101}\ \underline{1010}\ .\ \underline{1000}$$
$$5\quad A\ .\ 8\qquad (1011010.1000)_2=(5A.8)_{16}$$

将十六进制数F7.28转换为二进制数。

$$F\quad 7\ .\ 2\quad 8\qquad (F7.28)_{16}=(11110111.00101)_2$$
$$\underline{1111}\ \underline{0111}\ .\ \underline{0010}\ \underline{1000}$$

将八进制数25.63转换为二进制数。

$$2\quad 5\ .\ 6\quad 3\qquad (25.63)_8=(10101.110011)_2$$
$$\underline{010}\ \underline{101}\ .\ \underline{110}\ \underline{011}$$

对于十进制数与十六进制数或八进制数之间的转换，通过二进制数来进行转换也很方便，读者可以自己试一试。

2.1.4 数据的表示与存储

在计算机中，信息分为两大类：一类是数值信息，如5、-8、2.68、-135.378等；另一类非数值信息，如文字、声音、图形、图像、动画、视频等。无论是数值信息还是非数值信息，在计算机内部都必须用二进制的0和1两个符号来表示。下面分别介绍数值信息和文字信息在计算机中的表示，至于其他信息在计算机中的表示将在第5章中讲述。

1. 数值信息

（1）符号数的机器码表示

实际的数据有正数和负数，用“+”表示正数，用“−”表示负数，这种带有符号的数称为符号数。因为计算机不能识别“+”和“−”，必须对它们数值化，故用0表示“+”，用1表示“−”，并且将0或1放在二进制数的最高位（符号位）上。这种被符号化后的数可以在计算机中表示，通常称它为机器码。机器码有三种：原码、反码和补码。之所以引入这三种码，是因为计算机的运算器只能做加法运算，不能做减法运算。当做减法运算时，计算机将减数看成负数，用其补码表示，把减法运算转化为加法运算，其结果相同。以下用8个二进制位来表示机器码。

① 原码。

一个符号数的原码如下：如果为正，其符号位为0；如果为负，其符号位为1，其余各二进制位是该符号数的绝对值。在以下叙述中，以$[x]_y$表示x的原码。

例如，写出x1 = +1101001B，x2 = −0111001B的原码。

$[x1]_y$ = 01101001B　　$[x2]_y$ = 10111001B

0在原码中有两种表示：

$[+0]_y$ = 00000000B　　$[-0]_y$ = 10000000B

原码表示虽然直观，但原码在做加减运算时，符号位不能视同数一样参加运算，运算规则复杂，运算时间长，为此再引入反码和补码。

② 反码。

正数的反码与其原码相同，负数的反码是保持其原码符号位不变，其余各位“1”换成“0”，“0”换成“1”而得到的。在以下叙述中，以$[x]_f$表示x的反码。

例如，写出x1 = +1101001B，x2 = −0111001B的反码。

$[x1]_y$ = 01101001B　　$[x2]_y$ = 10111001B

$[x1]_f$ = 01101001B　　$[x2]_f$ = 11000110B

0在反码中有两种表示：

$[+0]_f$ = 00000000B　　$[-0]_f$ = 11111111B

③ 补码。

正数的补码与其原码相同，负数的补码通过在其反码的最低二进制位上加1得到。在以下叙述中以$[x]_b$表示x的补码。如果x为负数，则$[x]_b = [x]_f+1$。

例如，写出x1 = +1101001B，x2 = −0111001B的补码。

$[x1]_y = 01101001B$　　$[x2]_y = 10111001B$

$[x1]_f = 01101001B$　　$[x2]_f = 11000110B$

$[x1]_b = 01101001B$　　$[x2]_b = 11000111B$

0在补码中只有一种表示：

$[+0]_b = 00000000B$　　$[-0]_b = 00000000B$

补码的特点是其符号位能和数值部分一起参加运算。

例如，$x1 = +1101001B$，$x2 = -0111001B$，计算 $x1 + x2$ 的值。

直接计算：$x1 + x2 = +1101001B - 0111001B = +0110000B$

用补码计算：$x1 + x2 = [x1]_b + [x2]_b = 01101001B + 11000111B = 00110000B$

注意：用补码计算时，如果最高位要向前进位，将自动丢弃进位。上述计算结果相同。

（2）定点数的机器码表示

计算机处理的数据不仅有符号，而且大量的数据带有小数。那么小数点在计算机中如何表示？通常是把小数点隐藏在某个固定二进制位上，但小数点并不占二进制的一位，这种表示形式称为定点数。如果小数点的位置在最低的一个二进位之后，则称为定点整数。如：

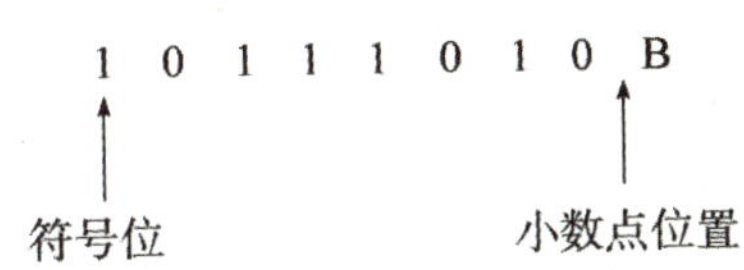

由于该数的符号位是1，且小数点隐含在数的最低位之后，故为负整数，即-0111010B。

如果将小数点隐藏在符号位与有效数值部分的中间，则称为定点纯小数，简称定点小数。如：

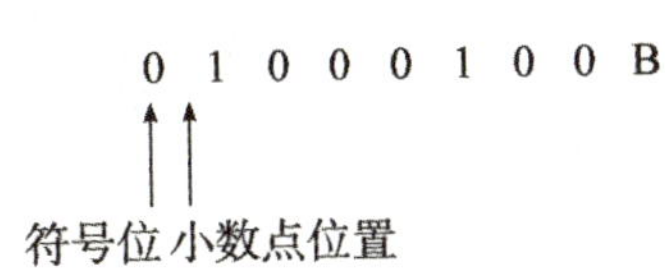

由于该数的符号位是0，且小数点在符号位之后，故为正纯小数，即+0.1000100B。

无论是定点整数还是定点小数，都可以有原码、反码和补码。

（3）浮点数的机器码表示

十进制数如果用科学记数法表示，由指数和尾数两部分组成，如0.00000078用科学记数法表示为 7.8×10^{-7}。浮点数表示数值与科学记数法相似，任意一个二进制数的浮点形式包括阶码和尾数两部分，这里阶码是以2为底的指数的幂，底数2是隐含的，

并不出现。采用这种形式表示的数称为浮点数。记为

$$N = 2^{i} \cdot S$$

上式中，i为N的阶码，是带符号的整数；S为N的尾数，一般规定为带符号的二进制定点纯小数。

例如，浮点数表示为

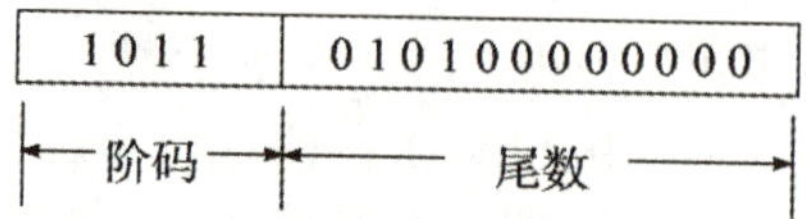

上例中阶码为-011B，尾数为+0.10100000000B。它表示的浮点数是

$+(0.101)\times 2^{-3} = 0.000101\text{B} = 0.078125\text{D}$

多数情况下计算机采用浮点数表示数值，其主要原因是：①用同样多二进制位表示数值，浮点数表示数的范围比定点数大。②浮点数不易丢失有效数字，提高了运算精度。

2. 西文字符编码

（1）ASCII码

ASCII码是美国标准信息交换代码（American Standard Code for Information Interchange）的简称，是目前国际上最为流行的字符信息编码方案，用一个字节表示，它分为标准ASCII码和扩展ASCII码两部分。

①标准ASCII码：最高位为0，低七位二进制数用于编码，所以标准ASCII码最多可表示128个不同的符号。它包括0～9共10个数字、大小写英文字母及专用符号等84种可打印字符，还有34种控制字符（如回车、换行等），如表2-4所示。

例如，数字0～9用ASCII码表示为30H～39H，H表明是十六进制形式。

30H转换为二进制为0110000，这就是机器内数字0的ASCII码表示。

又如，大写英文字母A～Z的ASCII码为41H～5AH。

字母Z的机内表示为

0101	1010
5	A

由于标准ASCII码采用七位编码，没有用到字节的最高位，因此很多系统就利用这一位作为校验码，以便提高字符信息传输的可靠性。

表2-4 标准ASCII字符集

低四位	高三位							
	000	001	010	011	100	101	110	111
0000	NEL	DLE	<空格>	0	@	P	`	p
0001	SOH	DC1	!	1	A	Q	a	q
0010	STX	DC2	"	2	B	R	b	r
0011	ETX	DC3	#	3	C	S	c	s
0100	EOT	DC4	$	4	D	T	d	t
0101	ENQ	NAK	%	5	E	U	e	u
0110	ACK	SYN	&	6	F	V	f	v
0111	BEL	ETB	'	7	G	W	g	w
1000	BS	CAN	(	8	H	X	h	x
1001	HT	EM	)	9	I	Y	i	y
1010	LF	SUB	*	:	J	Z	j	z
1011	VT	ESC	+	;	K	[	k	{
1100	FF	FS	,	<	L	\	l	|
1101	CR	GS	-	=	M	]	m	}
1110	SO	RS	.	>	N	^	n	~
1111	SI	US	/	?	O	—	o	DEL

②扩展ASCII码：最高位为1，扩展部分的范围为128～255，代表128个扩展字符。8位ASCII码总共表示256个符号，其标准ASCII码都是相同的，而扩展ASCII码在不同的计算机上可能会有不同的字符定义。

如果没有特别说明，人们通常所说的ASCII码是指标准ASCII码。

（2）EBCDIC码

EBCDIC码（Extended Binary Coded Decimal Interchange Code）是美国IBM公司在它的各类机器上广泛使用的一种信息编码。

一个字符的EBCDIC码占用一个字节，用八位二进制码表示信息，最多可以表示256个不同代码。

例如，数字0的EBCDIC码为F0H，字母A的EBCDIC码为C1H，即

$$0\quad \frac{1111}{F}\ \frac{0000}{0}\qquad\qquad A\quad \frac{1100}{C}\ \frac{0001}{1}$$

（3）Unicode编码

Unicode编码是由国际组织设计的，它为全世界每种语言中的每个字符设定了统一

并且唯一的二进制编码，以满足跨语言、跨平台进行文本转换、处理的要求。Unicode的学名是Universal Multiple-Octet Coded Character Set，简称为UCS。UCS有两种格式：UCS-2和UCS-4。顾名思义，UCS-2就是用两个字节编码，UCS-4就是用4个字节（实际上只用了31位，最高位必须为0）编码。目前UCS-2格式包含符号6 811个，汉字20 902个，韩文拼音11 172个，造字区6 400个，保留20 249个，共计65 534个。例如，“A”的Unicode编码是4100H，高位41H（转换为ASCII码，即65=“A”），“汉”字的Unicode编码是6C49H。

3. 中文信息编码

（1）汉字输入码（或外码）

汉字的数量繁多，字形复杂，常用的汉字有6 000 ~ 7 000个，比英文的26个字母要多得多。在计算机系统中使用汉字，首先遇到的问题就是如何把汉字输入计算机内。为了能直接使用西文标准键盘进行输入，必须为汉字设计相应的输入码。汉字输入码主要分为三类：数字编码、拼音编码和字形编码。

①数字编码。

数字编码就是用数字串代表一个汉字的输入，常用的是国标区位码。国标区位码将国家标准局公布的6 763个两级汉字分成94个区，每个区又分为94个位，实际上是把汉字表示成二维表的形式，区码和位码各用两位十进制数字表示，因此，输入一个汉字需要按键四次。例如，“中”字位于第54区48位，区位码为5448。

汉字在区位码表的排列是有规律的。在94个分区中，1 ~ 15区用来表示字母、数字和符号，其中10 ~ 15区为空；16 ~ 55区为一级汉字，共3 755个；56 ~ 87区为二级汉字，共3 008个；88 ~ 94区为空。字库中没有的符号或汉字，可通过造字程序创建并填入空的区中。使用区位码方法输入汉字时，必须先在表中查找汉字并找出对应的区位码才能输入。数字编码输入的优点是无重码，而且输入码和内部编码的转换比较方便，但是每个编码都是等长的数字串，代码难以记忆。

②拼音编码。

拼音编码是以汉语读音为基础的输入方法。由于汉字同音字太多，输入重码率很高，因此，按拼音输入后还必须进行同音字选择，影响了输入速度。

③字形编码。

字形编码是以汉字的形状确定的编码。汉字总数虽多，但都是由一笔一画组成，全部汉字的部件和笔画是有限的。因此，把汉字的笔画部件用字母或数字进行编码，按笔画书写的顺序依次输入，就能表示一个汉字，五笔字型、表形码等便是这种编码法，这种方法的缺点也是需要记忆很多的编码。五笔字型编码是最有影响的字形编码方法之一。

（2）汉字国标交换码和机内码

西文处理系统的交换码和机内码均为ASCII码，用一个字节表示，一般只用低七位。1981年我国为国标GB 2312–1980制定了汉字交换码，也称为国标交换码（简称国标码）。在国标码中，一个汉字用两个字节表示，每个字节也只用其中的低七位，每个字节的取值范围和94个可打印的ASCII字符的取值范围相同（21H ~ 7EH），涵盖了一、二级汉字和符号。为了避免ASCII码和国标码同时使用时产生二义性问题，大部分汉字系统一般都将国标码每个字节高位置“1”作为汉字机内码。这样既解决了汉字机内码与西文机内码之间的二义性，又使汉字机内码与国标码具有极简单的对应关系。区位码、国标码和机内码之间的关系可以概括为：区位码的十六进制表示 +2020H = 国标码，国标码 + 8080H = 机内码。以汉字“大”为例，“大”字的区位码为2083，将其区、位分别转换为十六进制表示为1453H，加上2020H得到国标码3473H，再加上8080H得到机内码为B4F3H。

（3）汉字字形码

汉字字形码是表示汉字字形的字模数据，通常用点阵、矢量函数等方式表示。用点阵表示字形时，汉字字形码一般指确定汉字字形的点阵代码。字形码也称字模码，它是汉字的输出形式，随着汉字字形点阵和格式的不同，汉字字形码也不同。常用的汉字字形码的点阵形式有16 × 16点阵、24 × 24点阵、48 × 48点阵等。

字模点阵的信息量是很大的，占用存储空间也很大，以16×16点阵为例，每个汉字占用32（2 × 16 = 32）个字节，两级汉字大约占用256 KB。因此，字模点阵只能用来构成“字库”，而不能用于机内存储。字库中存储了每个汉字的点阵代码，当显示输出时才检索字库，输出字模点阵得到字形。

2.2 计算机系统组成与工作原理

计算机系统是由包括中央处理单元（Central Processing Unit，CPU，又称处理器）、存储器、输入设备、输出设备等硬件系统和包括操作系统、语言处理程序、数据库系统、应用软件等软件系统组成的，具有接收和存储信息、按程序快速计算和判断并输出处理结果等功能的一种智能化自动处理系统。

2.2.1 计算机系统组成

计算机在组成上形式不一，早期计算机的体积足有一间房屋的大小，而今天某些嵌入式计算机可能比一副扑克牌还小。当然，即使在今天依然有大量体积庞大的超级计算机为特别的科学计算或面向大型组织的事务处理需求服务。比较小的，为个人应用而设计的就是微型计算机。我们日常使用的“计算机”一词通常也是指微型计算机，不过现在计算机最为普遍的应用形式却是嵌入式。嵌入式计算机通常相对简单、体积小，嵌入具体产品中，用来控制其他设备。尽管计算机技术自20世纪40年代ENIAC诞生以来有了令人目眩的飞速发展，但是今天微型计算机仍然基本上采用的是存储程序结构，即冯·诺依曼体系结构，其指令和数据统一存储在一个统一编址的存储器中，由处理机也就是CPU从存储区中读取指令，然后分析解释，访问存储器或接收来自输入设备的数据，执行完成相应的功能，并通过输出设备输出结果，实现了实用化的通用计算机。而一些嵌入式计算机则将指令和数据分别存储在指令存储器和数据存储器中，这种结构称为哈佛体系结构。更加强大的小型计算机、大型计算机和服务器可能会与上述计算机有所不同，它们通常将任务分摊给不同的CPU来执行。今天，微处理器和多核个人计算机也在朝这个方向发展。超级计算机通常有着与基本的存储程序计算机显著区别的体系结构，它们有着数以万计的CPU，不过这些设计似乎只对特定任务有用。

一个完整的计算机系统是由硬件系统和软件系统两大部分组成的，如图2-1所示。硬件系统是构成计算机系统的各种物理设备及其控制系统的总称，通常包括主机、输入/输出设备、外存（即外部存储器，也称辅助存储器，简称辅存）、网络设备等，是计算机完成各种任务、功能的物质基础。其中主机主要由CPU和内存（即内部存储器，也称主存储器，简称主存）组成。软件系统是能使计算机硬件系统顺利和有效工作的程序以及文档集合的总称，它可以提高计算机的工作效率，扩大计算机的功能。程序总是要通过某种物理介质来存储的，它们是磁盘、磁带、程序纸、穿孔卡等，但软件并不是指这些物理介质，而是指那些由程序设计人员预先设计编写的存放在存储体中的代码。可靠的计算机硬件如同一个人的强壮体魄，有效的计算机软件如同一个人的聪颖思维。

硬件是计算机的实体，软件是计算机的灵魂，二者缺一不可。软件与硬件在逻辑上等价，即任何一个由软件所完成的操作也可以直接由硬件来实现，任何一个由硬件所实现的功能也能用软件来完成。

- 计算机系统
  - 硬件系统
    - 主机
      - CPU
        - 运算器
        - 控制器
        - 寄存器
      - 内存
        - 随机存储器（RAM）
        - 只读存储器（ROM）
        - 高速缓冲存储器（Cache）
      - 总线及接口
    - 外围设备
      - 输入设备：键盘、鼠标、扫描仪
      - 输出设备：显示器、打印机、投影仪
      - 存储设备：软盘、硬盘、光盘、闪存、磁带
      - 网络设备：集线器、交换机、路由器、调制解调器
  - 软件系统
    - 系统软件
      - 操作系统：Windows、Linux、UNIX、Mac OS
      - 语言处理程序：C、C#、PASCAL、VB、Java
      - 数据库系统：Access、VFP、SQL Server、Oracle
      - 实用工具：诊断程序、排错程序、连接装配程序
    - 应用软件
      - 通用应用软件：Office、Photoshop、3D MAX、Adobe Reader
      - 专用应用软件：工资结算系统、医院管理系统

图2-1　计算机系统主要组成

2.2.2　计算机硬件系统

1. 计算机硬件

计算机硬件（Computer Hardware），是由许多不同功能模块化的部件组合而成的，其在软件的配合下完成输入、处理、存储和输出等四个操作步骤。如图2-2所示，常用的计算机硬件主要包括主机和外围设备（简称外设）两部分。主机主要由CPU和内存组成，外设则包括各种输入设备、输出设备、存储设备（主要是由硬盘等组成的外存设备和像触摸屏一样兼有输入、输出功能的设备）和网络设备等。

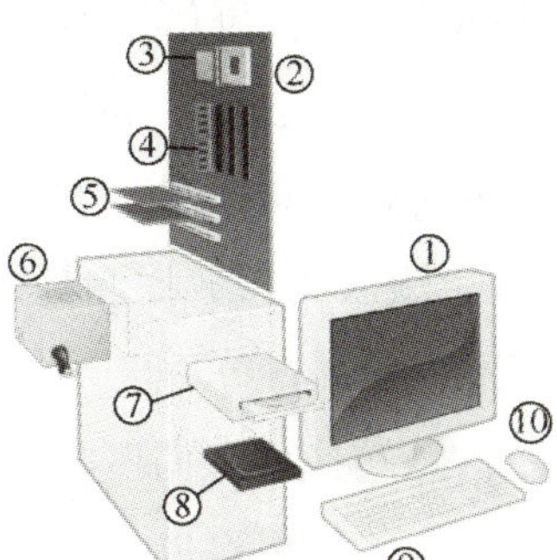

图2-2　计算机硬件主要组成

2. 冯·诺依曼型计算机结构

1946年，冯·诺依曼和他的同事提出了一个完整的现代计算机组成结构的雏形。从ENIAC发明到现在，已经过去大半个世纪了，计算机的系统结构发生了很大的改变，但就其结构原理来说，冯·诺依曼型计算机的体系结构仍然占据主导地位。

冯·诺依曼型计算机以运算器和控制器为核心，以存储程序原理为基础，且在存储器中按顺序存储或读取由指令和数据组成的程序。冯·诺依曼型计算机所具有的特点如下：

（1）计算机硬件由运算器、控制器、存储器、输入设备和输出设备等五个部分组成

按照冯·诺依曼型计算机系统的结构思想，计算机的硬件系统由运算器、控制器（现代计算机将运算器和控制器集成在一个芯片中，即CPU）、存储器、输入设备和输出设备等五大部件组成，如图2-3所示。

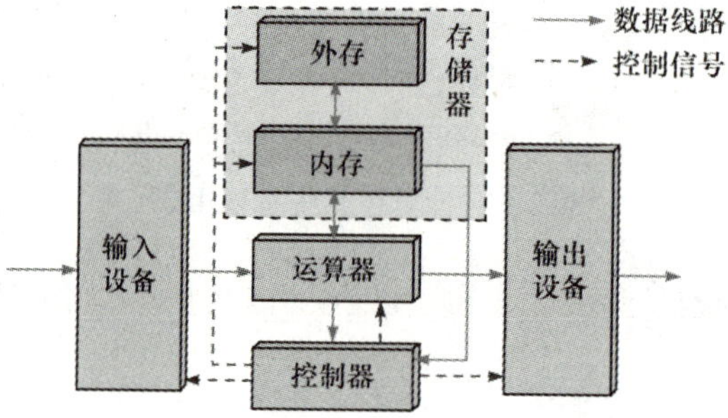

图2-3　冯·诺依曼型计算机硬件示意图

①运算器：是对信息或数据进行处理和运算的部件，也是计算机硬件的中心，主要完成算术运算、逻辑运算、暂存中间结果和数据传递。

②控制器：是计算机的神经枢纽，主要实现计算机本身运行过程的自动化。它的作用是指挥协调并控制计算机的各个部件按程序中排好的指令序列执行指定的操作，主要包括从内存取指令、分析指令和向其他部件发出控制信号等。

③存储器：是具有记忆功能的部件，用来存放程序、参与运算的数据及运算结果，是计算机各种信息的存储和交流中心，包括内存和外存。

④输入设备：是外部向计算机传送信息、输入原始数据和处理这些数据的设备。输入的信息有数字、字符、图形、图像、声音和控制符等。

⑤输出设备：是将计算机内部的二进制信息转换成人们所需要的或能够识别的信息形式，用来输出计算机处理结果的设备。输出的结果可以是数字、字符、图形、图像、声音和控制符等。

（2）程序（指令序列）和数据存储在统一编址的存储器中

这是冯·诺依曼思想的核心内容。它意味着事先编制程序，事先将程序（包含指令和数据）存入存储器中，计算机在运行程序时就能自动地、连续地从存储器中依次取出指令且执行。这是计算机能高速自动运行的基础。计算机的工作体现为执行程序，计算机功能的扩展在很大程度上也体现为所存储程序的扩展。计算机的许多具体工作方式也是由此派生的。

冯·诺依曼型计算机的这种工作方式，可称为控制流（或指令流）驱动方式，即按照指令的执行序列，依次读取指令，然后根据指令所含的控制信息，调用数据进行处理。因此在执行程序的过程中，始终以控制信息流为驱动工作的因素，而数据信息流则是被动地被调用处理。为了控制指令序列的执行顺序，设置一个程序（指令）计数器PC（Program Counter），让它存放当前指令所在的存储单元的地址。如果程序现在是按顺序执行的，每取出一条指令后PC内容加1，指示下一条指令该从何处取得。如果程序将转移到某处，就将转移的目标地址送入PC，以便按新地址读取后继指令。所以，PC就像一个指针，一直指示着程序的执行进程，也就是指示控制流的形成。虽然程序与数据都采用二进制代码，但是仍可按照PC的内容作为地址读取指令，再按照指令给出的操作数地址去读取数据。由于多数情况下程序是顺序执行的，所以大多数指令需要依次地紧挨着存放。除了个别即将使用的数据可以紧挨着指令存放外，一般将指令和数据分别存放在该程序区的不同区域内。

与冯·诺依曼型计算机相对的是哈佛型计算机。哈佛型计算机将指令存储在指令存储器中，数据存储在数据存储器中，CPU首先到指令存储器中读取指令内容，经译码器译码后得到数据地址，再到相应的数据存储器中读取数据，并进行下一步操作（通常是执行）。指令和数据分开存储，可使指令和数据具有不同的编码宽度。

（3）采用二进制编码表示数据和指令

在存储程序的计算机中，数据和指令都是以二进制形式存储在存储器中的。从存储器存储的内容来看两者并无区别，都是由0和1组成的代码序列，只是各自约定的含义不同而已。计算机在读取指令时，把从计算机读到的信息看作指令；而在读取数据时，把从计算机读到的信息看作操作数。数据和指令在软件编制中就已加以区分，所以正常情况下两者不会产生混乱。有时我们也把存储在存储器中的数据和指令统称为数据，因为程序信息本身也可以作为被处理的对象，进行加工处理，例如对程序进行编译，就是将源程序当作被加工处理的对象。

（4）指令由操作码和地址码组成

指令是计算机能够识别并可执行的一个基本操作命令。如图2-4所示，指令由操作码和地址码组成。操作码表示操作性质，地址码表示操作数的位置（可在指令中、CPU的寄存器中或存储器中）。

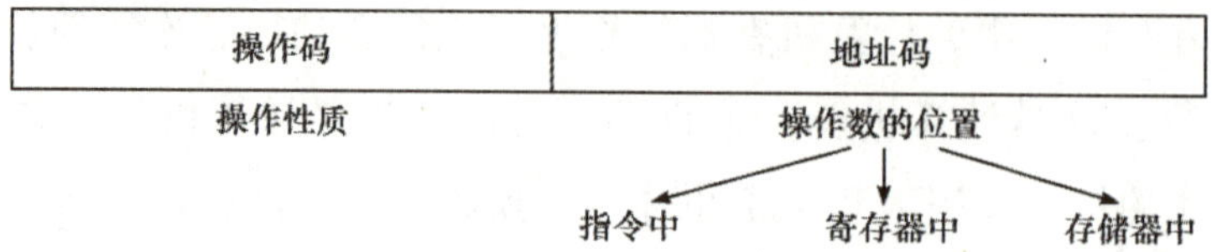

图2-4　指令格式

（5）指令在存储器内按顺序存放

指令在存储器内按顺序存放，如图2-5所示，可被CPU根据PC值作为地址，从主存中将指令取出并存进指令寄存器（Instruction Register，IR），由译码器翻译并产生控制信号，驱动运算部件或其他部件执行指令的功能，在指令执行过程中，可根据运算或设定的条件修改PC值从而改变执行顺序。

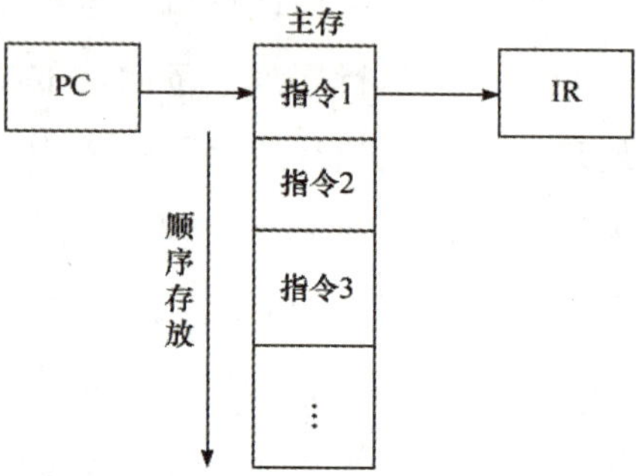

图2-5　指令存储

3. 现代计算机基本工作原理

现代计算机是由传统的冯·诺依曼型计算机改进而成的，以运算器为中心，当外设与存储器交换信息时不经过运算器，从而让运算器专注于处理运算。图2-6为计算机工作与人工作的对照。在现代计算机中，存储器包括主存、辅存等。主存直接和CPU交换信息，且按存储单元读/写数据，速度快。辅存不直接和CPU交换信息，它作为主存的外援，存放暂时不执行的程序和数据，只是在需要时与主存进行批量数据交换，具有容量大、速度慢的特点。

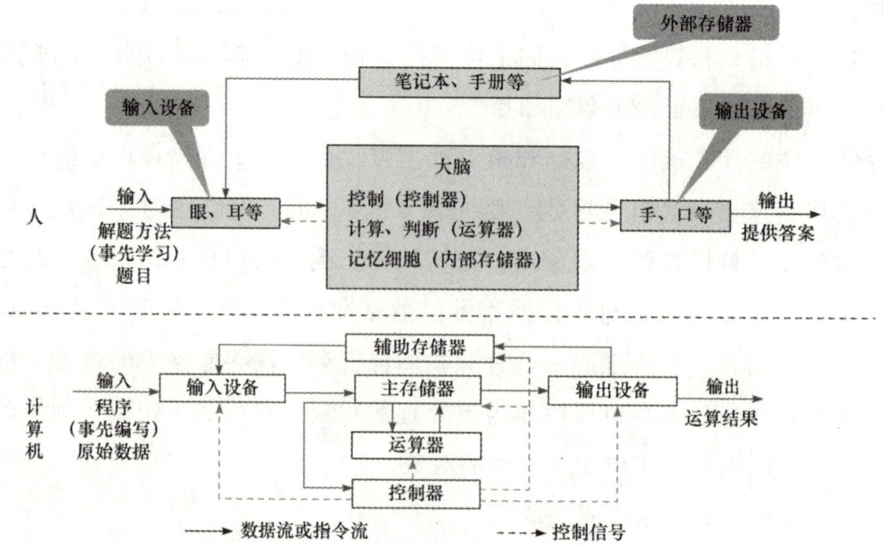

图2-6　人机工作对照

计算机的基本工作原理是程序存储及程序控制。程序是人们为解决某一问题而写的有序指令的组合。要想让计算机能够解决问题，首先必须根据问题的性质、问题的大小编制出相应的程序，并提供必要的数据，和程序一起通过输入设备输入并存放到计算机存储器（主存或辅存）中。计算机的CPU将在程序的控制下自动运行，CPU按照一定的次序依次从主存中取出指令，送入CPU的控制器中，并根据指令的要求产生控制信号，指挥运算器进行运算或指挥其他部件完成相应处理（即执行程序中的指令），这个过程就是程序执行过程。计算机的CPU不断重复取指令、指令译码（分析指令）、执行指令和保存结果这样的过程，直到计算机关机或出现故障为止，如图2-7所示。这表明计算机必须先存储程序，才能在其控制下自动地工作，这就是程序存储和程序控制原理，即冯·诺依曼原理。CPU处理后的结果可以送入存储器中保存，并由输出设备输出。

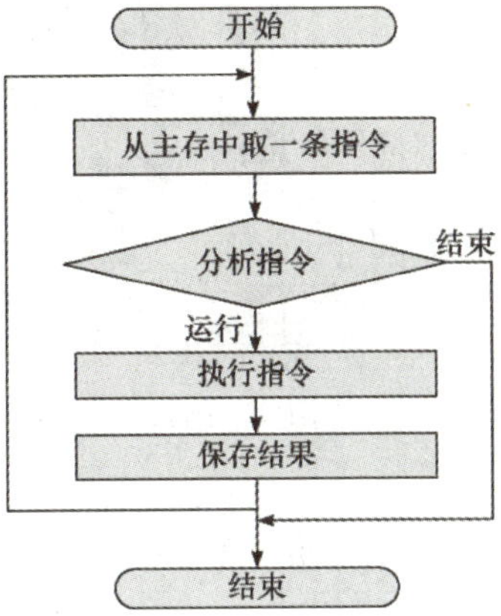

图2-7 程序执行过程

例如，某段程序有四条指令：

MOV A @200

MOV B @201

ADD C←A B

MOV @202 C

首先，执行第一条指令，将编号为200的存储空间中的数据复制到A寄存器，其运行过程如图2-8所示。

然后，执行第二条指令，将编号为201的存储空间中的数据复制到B寄存器，其运行过程如图2-9所示。

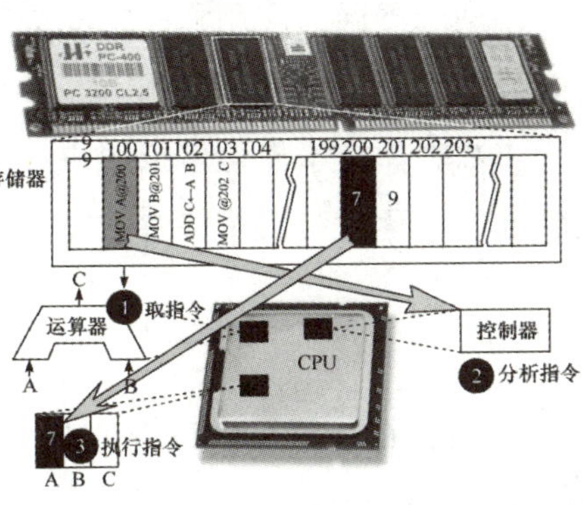

图2-8 指令MOV A @200运行过程

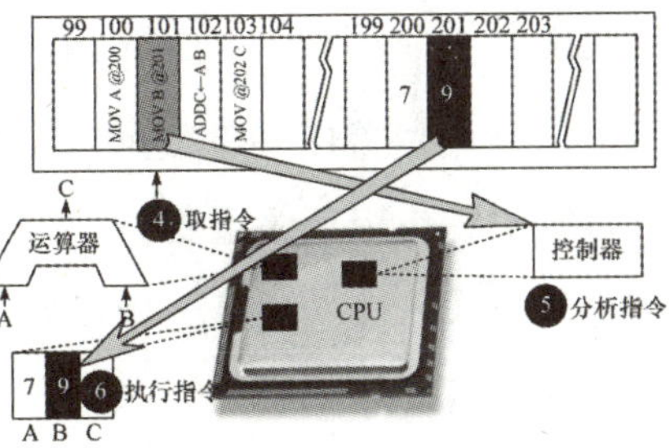

图2-9 指令MOV B @201运行过程

接着，执行第三条指令，将A和B相加，计算结果保存到C寄存器，运行过程如图2-10所示。

最后，执行第四条指令，将C寄存器的数据复制到编号为202的存储空间，其运行过程如图2-11所示。

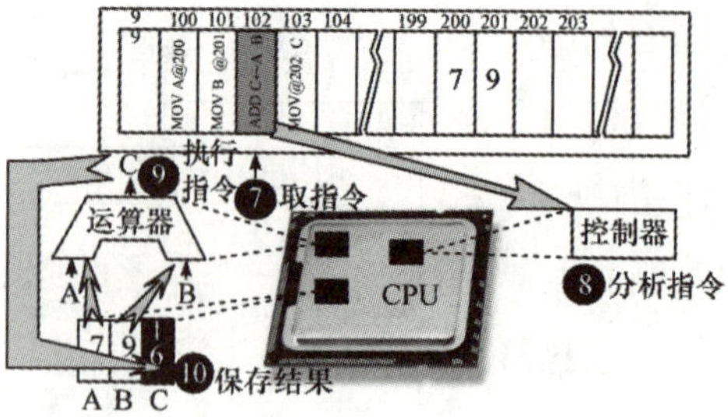

图2-10　指令ADD C←A B运行过程

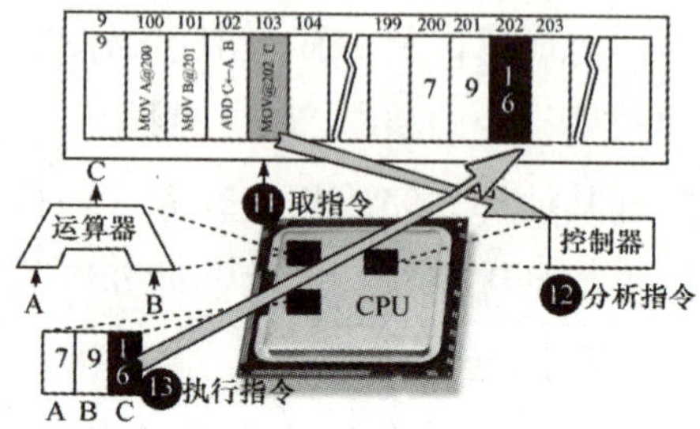

图2-11　指令MOV @202 C运行过程

2.2.3　计算机软件系统

1. 计算机软件

计算机软件（Computer Software）是指能使计算机工作的程序和程序运行时所需要的数据，以及与这些程序和数据有关的文字说明和图表资料，其中文字说明和图表资料又称为文档。软件系统是指计算机所运行的全部程序的总称。程序由一系列的指令按一定的结构组成。文档是软件开发过程中建立的技术资料。程序必须装入机器内部才能工作，文档一般是供用户阅读的，不一定装入机器内部。软件包括系统软件和应用软件。

2. 计算机软件发展

计算机软件发展很快。50年前，计算机只能被高素质的专家使用，今天，计算机的使用非常普遍，甚至没有上学的小孩都可以灵活操作；40年前，文件不能方便地在两台计算机之间进行交换，甚至在同一台计算机的两个不同的应用程序之间进行交换也很困难，今天，网络在两个平台和应用程序之间提供了无损的文件传输；30年前，多个应用程序不能方便地共享相同的数据，今天，数据库技术使得多个用户、多个应用程序可以互相覆盖地共享数据。了解计算机软件的进化过程，对理解计算机软件在计算机系统中的作用至关重要。

（1）第一代软件（1946—1953年）

第一代软件是用机器语言编写的。机器语言是内置在计算机电路中的指令，由0和1组成。例如，计算2 + 6在某种计算机上的机器语言指令如下：

10110000 00000110

00000100 00000010

10100010 01010000

不同的计算机使用不同的机器语言，程序员必须记住每条机器语言指令的二进制数字组合，因此，只有少数专业人员能够为计算机编写程序，这就大大限制了计算机的推广和使用。用机器语言进行程序设计不仅枯燥费时，而且容易出错。想一想如何在一页全是0和1的纸上找一个打错的字符！

在这个时代的末期出现了汇编语言，它使用助记符（一种辅助记忆方法，采用字母的缩写来表示指令）表示每条机器语言指令，例如，ADD表示加，SUB表示减，MOV表示移动数据。相对于机器语言，用汇编语言编写程序就容易多了。例如，计算2 + 6的汇编语言指令如下：

MOV AL，6

ADD AL，2

MOV @5，AL

第一条指令表示将“6”送到寄存器AL中，第二条指令表示将“2”与寄存器AL中的内容相加，结果仍在寄存器AL中，第三条指令表示将AL中的内容送到地址为5的单元中。

由于程序最终在计算机上执行时采用的都是机器语言，所以需要用一种被称为汇编器的翻译程序，把用汇编语言编写的程序翻译成机器代码。编写汇编器的程序员简化了他人的程序设计，是最初的系统程序员。

（2）第二代软件（1954—1964年）

当硬件变得更强大时，就需要更强大的软件工具使计算机得到更有效的使用。汇编语言向正确的方向前进了一大步，但是程序员还是必须记住很多汇编指令。第二代软件开始使用高级程序设计语言（简称高级语言，相应地，机器语言和汇编语言称为低级语言）编写，高级语言的指令形式类似于自然语言和数学语言（例如，计算2 + 6的高级语言指令就是2 + 6），不仅容易学习，方便编程，也提高了程序的可读性。

IBM公司从1954年开始研制高级语言，同年发明了第一个用于科学与工程计算的FORTRAN语言。1958年，麻省理工学院的麦卡锡（John MaCarthy）发明了第一个用于人工智能的LISP（List Processing的缩写）语言。1959年，宾夕法尼亚大学的霍普（Grace Hopper）发明了第一个用于商业应用程序设计的COBOL语言。1964年，达特茅斯学院的凯梅尼（John Kemeny）和库尔茨（Thomas Kurtz）发明了BASIC语言。

高级语言的出现产生了在多台计算机上运行同一个程序的模式，每种高级语言都有配套的翻译程序（称为编译器），编译器可以把高级语言编写的语句翻译成等价的机器指令。系统程序员的角色变得更加明显。系统程序员编写诸如编译器这样的辅助工具。使用这些工具编写应用程序的人，称为应用程序员。随着包围硬件的软件变得越来越复杂，应用程序员离计算机硬件越来越远了。那些仅仅使用高级语言编程的人不需要懂得机器语言和汇编语言，这就降低了对应用程序员在硬件及机器指令方面的要求。因此，这个时期有更多的计算机应用领域的人员参与程序设计。

由于高级语言程序需要转换为机器语言程序来执行，因此，高级语言对软硬件资源的消耗就较多，运行效率也较低。由于汇编语言和机器语言可以利用计算机的所有硬件特性并直接控制硬件，同时，汇编语言和机器语言的运行效率较高，因此，在实时控制、实时检测等领域的许多应用程序仍然使用汇编语言和机器语言来编写。

在第一代和第二代软件时期，计算机软件实际上就是规模较小的程序，程序的编写者和使用者往往是同一个（或同一组）人。由于程序规模小，程序编写起来比较容易，也没有什么系统化的方法，对软件的开发过程更没有进行任何管理。这种个体化的软件开发环境使得软件设计往往只是在人们头脑中隐含进行的一个模糊过程，除了程序清单之外，没有其他文档资料。

（3）第三代软件（1965—1970年）

在这个时期，由于用集成电路取代了晶体管，处理器的运算速度得到了大幅度的提高，处理器在等待运算器准备下一个作业时无所事事，因此需要编写一种程序，使所有计算机资源处于计算机的控制中，这种程序就是操作系统。

用作输入/输出设备的计算机终端的出现，使用户能够直接访问计算机，而不断发展的系统软件则使计算机运转得更快。但是，从键盘和屏幕输入/输出数据是个很慢的过程，比在内存中执行指令慢得多，这就产生了如何充分利用机器越来越强大的功能和越来越快的速度问题。解决方法就是分时，即许多用户用各自的终端同时与一台计算机进行通信。控制这一进程的是分时操作系统，它负责组织和安排各个作业。

1967年，塞缪尔（Arthur Lee Samuel，1901—1990年）发明了第一个下棋程序，开始了人工智能的研究。1968年，荷兰计算机科学家迪杰斯特拉（Edsger Wybe Dijkstra，1930—2002年）发表了论文《GOTO语句的害处》，指出调试和修改程序的困难与程序中包含GOTO语句的数量成正比。从此，各种结构化程序设计理念逐渐确立起来。

20世纪60年代以来，计算机管理的数据规模更为庞大，应用越来越广泛，同时，多种应用、多种语言互相覆盖地共享数据集合的要求越来越强烈。为解决多用户、多应用共享数据的需求，使数据为尽可能多的应用程序服务，出现了数据库技术，以及统一管理数据的软件系统——数据库管理系统。

随着计算机应用的日益普及，软件数量急剧膨胀，在计算机软件的开发和维护过程中出现了一系列严重问题，例如：在程序运行时发现的问题必须设法改正；用户有了新的需求必须相应地修改程序；硬件或操作系统更新时，通常需要修改程序以适应新的环境。上述种种软件维护工作，以令人吃惊的比例消耗资源。更严重的是，许多程序的个体化特性使得它们最终不可维护，“软件危机”就这样开始出现了。1968年，北大西洋公约组织的计算机科学家在联邦德国召开国际会议，讨论软件危机问题，在这次会议上正式提出并使用了“软件工程”这个名词。

（4）第四代软件（1971—1989年）

20世纪70年代出现了结构化程序设计技术，Pascal语言和Modula-2语言都是采用结构化程序设计规则制定的，BASIC这种为第三代计算机设计的语言也被升级为具有结构化的版本，此外，还出现了灵活且功能强大的C语言。

更好用、更强大的操作系统被开发了出来。为IBM PC开发的PC-DOS和为兼容机开发的MS-DOS都成了微型计算机的标准操作系统。Macintosh机的操作系统引入了鼠标的概念和点击式的图形界面，彻底改变了人机交互的方式。

20世纪80年代，随着微电子和数字化声像技术的发展，计算机应用程序中开始使用图像、声音等多媒体信息，出现了多媒体计算机。多媒体技术的发展使计算机的应用进入了一个新阶段。

这个时期出现了多用途的应用程序，这些应用程序面向没有任何计算机经验的用户。典型的应用程序是电子制表软件、文字处理软件和数据库管理软件。Lotus 1-2-3是第一个商用电子制表软件，WordPerfect是第一个商用文字处理软件，dBase Ⅲ是第一个实用的数据库管理软件。

（5）第五代软件（1990年至今）

第五代软件时期中有三个著名事件：在计算机软件业具有主导地位的Microsoft公司的崛起、面向对象的程序设计方法的出现以及万维网（World Wide Web，WWW）的普及。

在这个时期，Microsoft公司的Windows操作系统在个人计算机市场占有显著优势。尽管WordPerfect仍在继续改进，但Microsoft公司的Word成了最常用的文字处理软件。20世纪90年代中期，Microsoft公司将文字处理软件Word、电子制表软件Excel、数据库管理软件Access和其他应用程序绑定在一个程序包中，称为办公自动化软件。

面向对象的程序设计方法最早是在20世纪70年代开始使用的，当时主要是用在Smalltalk语言中。20世纪90年代，面向对象的程序设计逐步代替了结构化程序设计，成为当时最流行的程序设计技术。面向对象的程序设计尤其适用于规模较大、具有高度交互性、反映现实世界中动态内容的应用程序。Java、C++、C#等都是面向对象的程序设计语言。

1990年，英国计算机科学家蒂姆·柏纳斯-李（Tim Berners-Lee）创建了一个全球Internet文档中心，并创建了一套技术规则和创建格式化文档的超文本标记语言（HyperText Mark-up Language，HTML），以及能让用户访问全世界站点上信息的浏览器。此时的浏览器还很不成熟，只能显示文本。

软件体系结构从集中式的主机模式转变为分布式的客户机/服务器模式（Client/Server，C/S）或浏览器/服务器模式（Browser/Server，B/S），专家系统和人工智能软件从实验室走出来进入了实际应用，完善的系统软件、丰富的系统开发工具和商品化的应用程序的大量出现，以及通信技术和计算机网络的飞速发展，使计算机进入了一个大发展的阶段。

在计算机软件发展史上，需要注意“计算机用户”这个概念的变化。起初，计算机用户和程序员是一体的，程序员编写程序来解决自己或他人的问题，程序的编写者和使用者是同一个（或同一组）人；在第一代软件末期，编写汇编器等辅助工具的程序员的出现带来了系统程序员和应用程序员的区分，但是，计算机用户仍然是程序员；20世纪70年代早期，应用程序员使用复杂的软件开发工具编写应用程序，这些应用程序由没有计算机背景的从业人员使用，计算机用户不仅有程序员，还包括使用这些应用软件的非专业人员；随着微型计算机、计算机游戏、教育软件以及各种界面友好的软件包的出现，许多人成为计算机用户；万维网的出现，使网上冲浪成为一种娱乐方式，更多的人成为计算机用户。今天，计算机用户可以是在学习阅读的学龄前儿童，可以是在下载音乐的青少年，可以是在准备毕业论文的大学生，可以是在制订预算的家庭主妇，可以是在安度晚年的退休人员……所有使用计算机的人都是计算机用户。

3. 系统软件

系统软件是指管理、监控和维护计算机资源（包括硬件和软件）的软件，其主要功能是对整个计算机系统进行调度、管理、监视及服务等，主要包括以下几种。

（1）操作系统

操作系统（Operating System，OS）是一组管理计算机并提供交互接口的程序总称。

操作系统用来控制和管理计算机的硬件和软件资源，实现计算机系统运行自动化，通常具有处理机管理、存储管理、作业管理、文件管理和设备管理五个方面的功能。它是系统软件中最核心的组成部分，主要任务有两个：一是管好计算机系统的全部资源，使它们能充分发挥作用，高效率地工作；二是为计算机系统和用户之间提供接口，使用户利用操作系统提供的功能去使用计算机，进而在用户面前展现计算机的强大功能和操作便利。

操作系统的种类相当多，各种设备安装的操作系统从简单到复杂，可分为智能卡操作系统、实时操作系统、传感器节点操作系统、嵌入式操作系统、个人计算机操作系统、多处理器操作系统、网络操作系统和大型机操作系统。按应用领域划分主要有三种：桌面操作系统、服务器操作系统和嵌入式操作系统。

① 桌面操作系统。

桌面操作系统主要用在个人计算机上。个人计算机从硬件架构上来说主要分为PC机与Mac机两大阵营，从软件上主要分为两大类，即类UNIX操作系统和Windows操作系统。类UNIX操作系统包括Mac OS X、Linux发行版（如Debian、Ubuntu、Linux Mint、openSUSE、Fedora、红旗Linux、中标麒麟Linux等）等。Mac OS X是用于苹果计算机的操作系统，该系统是苹果计算机公司开发的。Linux系统的开发是一个开源项目，这意味着很多人都可以参与该系统的开发，并且它的代码是公开的和共享的，因此Linux成为一些专门用户偏爱的系统。Windows操作系统包括Windows 3.1、Windows 98、Windows XP、Windows Vista、Windows 7、Windows 10、Windows 11等，由微软公司为个人计算机系统开发，占据了桌面操作系统市场几乎90%的份额。

② 服务器操作系统。

服务器操作系统一般指的是安装在大型计算机上的操作系统，比如Web服务器、应用服务器和数据库服务器等。服务器操作系统主要有三大类。

· UNIX系列：如SUN Solaris、IBM-AIX、HP-UX、FreeBSD等；

· Linux系列：如Red Hat Linux、CentOS、Debian、Ubuntu等；

· Windows系列：如Windows Server 2003、Windows Server 2008、Windows Server 2008 R2等。

③嵌入式操作系统。

嵌入式操作系统是指应用在嵌入式系统的操作系统。嵌入式操作系统广泛应用在生活的各个方面，涵盖范围从便携设备到大型固定设施，如数码照相机、手机、平板电脑、家用电器、医疗设备、交通灯、航空电子设备和工厂控制设备等。越来越多的嵌入式操作系统安装有实时操作系统。在嵌入式领域常用的操作系统有嵌入式Linux、Windows Embedded、VxWorks等，以及广泛使用在智能手机或平板电脑等消费电子产品中的操作系统，如安卓（Android）、苹果（iOS）、塞班（Symbian）、Windows Phone、黑莓（BlackBerry）和鸿蒙（Harmony）操作系统等。

（2）语言处理程序

语言处理程序一般是由汇编程序、编译程序、解释程序和相应的操作程序等组成。它是为用户设计的编程服务软件，其作用是将高级语言源程序翻译成计算机能识别的目标程序。这些语言处理程序除个别常驻在ROM中可独立运行外，都必须在操作系统支持下运行。计算机语言的发展经历了三代。

第一代：机器语言（Machine Language），是由“0”“1”代码组成的计算机能够直接识别和执行的语言。

第二代：汇编语言（Assemble Language），又称符号语言，它用约定的英语符号（助记符）来表示机器语言中的指令和操作数。

第三代：高级语言（High Level Programming Language），是一种与人的自然语言和数学语言相接近的，且易学、易懂、易书写的语言，如C/C++/C#、Java/JavaScript、PASCAL、VB、Python等。采用高级语言编写的程序不能直接被计算机执行，编译程序负责把用户用高级语言编写的源程序编译成机器所能理解和执行的机器语言。典型的编译程序有Turbo C、C++ Builder、Visual C++、GCC、G++等。

（3）数据库系统

数据库系统是用于支持数据管理和存取的软件，它包括数据库、数据库管理系统等。数据库是常驻在计算机系统内的一组数据，它们之间的关系用数据模式来定义，并用数据定义语言来描述。数据库管理系统是使用户可以把数据作为对象进行存取、使用和修改的软件。

数据库系统一般由四个部分组成。

①数据库。

数据库（DataBase，DB）是指长期存储在计算机内的，有组织、可共享的数据的集合。数据库中的数据按一定的数学模型组织、描述和存储，具有较小的冗余、较高的数据独立性和易扩展性，并可为各种用户共享。

②计算机硬件。

计算机硬件是指构成计算机系统的各种物理设备，包括存储所需的外围设备。硬件的配置应满足整个数据库系统的需要。

③计算机软件。

计算机软件包括操作系统、数据库管理系统及应用程序。

数据库管理系统（DataBase Management System，DBMS）在操作系统的支持下工作，是解决如何科学地组织和存储数据，如何高效地获取和维护数据的系统软件，是数据库系统的核心软件，它对数据库进行统一的管理和控制，以保证数据库的安全性和完整性。用户通过DBMS访问数据库中的数据，数据库管理员也通过DBMS进行数据库的维护工作。它可使多个应用程序和用户用不同的方法同时或在不同时刻去建立、修改和询问数据库。DBMS提供数据定义语言（Data Definition Language，DDL）与数据操作语言（Data Manipulation Language，DML），供用户定义数据库的模式结构与权限约束，实现对数据的追加、删除等操作。典型的DBMS有Oracle、Microsoft SQL Server、Access、MySQL、PostgreSQL、SYBASE、DB2、Visual FoxPro等。

④ 人员。

人员主要有四类。第一类为系统分析员和数据库设计人员：系统分析员负责应用系统的需求分析和规范说明，他们和用户及数据库管理员一起确定系统的硬件配置，并参与数据库系统的概要设计；数据库设计人员负责数据库中数据的确定、数据库各级模式的设计。第二类为应用程序员，负责编写使用数据库的应用程序。这些应用程序可对数据进行检索、建立、删除或修改。第三类为最终用户，他们利用系统的接口或查询语言访问数据库。第四类是数据库管理员（DataBase Administrator，DBA），负责数据库的总体信息控制。DBA的具体职责包括：决定数据库中的信息内容和结构，决定数据库的存储结构和存取策略，定义数据库的安全性要求和完整性约束条件，监控数据库的使用和运行，负责数据库的性能改进、数据库的重组和重构，以提高系统的性能。

（4）分布式软件系统

分布式软件系统（Distributed Software Systems），是支持分布式处理的软件系统，是在由通信网络互联的多处理机体系结构上执行任务的系统。它包括分布式操作系统、分布式程序设计语言及其编译（解释）系统、分布式文件系统和分布式数据库系统等。

（5）网络软件系统

计算机网络系统是由通信子网和资源子网组成的。而网络软件系统和网络硬件系统是网络系统赖以存在的基础。在网络系统中，硬件对网络的选择起着决定性作用，而网络软件则是挖掘网络潜力的工具。

（6）服务程序

服务程序又称实用程序，是为系统提供各种服务性手段而设置的一组程序。服务程序执行的过程和详细功能包括装入计算机、连接程序、编辑程序、数制转换程序、诊断程序。

4. 应用软件

应用软件（Application Software）是用户利用计算机及其提供的系统软件，采用程序设计语言编制，解决特定应用领域实际问题的应用程序和文档的集合。如计算机辅助绘图软件AutoCAD、办公软件Office、图形图像处理软件Photoshop、网络下载软件迅雷等。对计算机软件分类，系统软件和应用软件的划分并不是一成不变的，一些具有通用价值的应用程序也可纳入系统软件之中，作为一种资源提供给用户。

应用软件分为应用软件包和用户程序。应用软件包是利用计算机解决某类共同问题而设计的程序的集合，供用户选择使用。用户程序则是为解决特定问题而设计的，用户面不如应用软件包广。

应用软件按应用领域可分为如下几类：

①办公软件：包括文字处理器、试算表程序、投影片报告、数学程序创建编辑器、绘图程序、基础数据库、文件管理系统、文件编辑器等。

②互联网软件：包括实时通信软件、电子邮件客户端、网页浏览器、FTP客户端（FTP是文件传输协议的英文File Transfer Protocol的缩写）、下载工具等。

③多媒体软件：包括媒体播放器、图像编辑软件、音频编辑软件、视频编辑软件、电脑辅助设计软件、电脑游戏、桌面排版软件等。

④分析软件：包括电脑代数系统、统计软件、数字计算软件等。

⑤协作软件：包括协作产品开发软件、生产过程控制系统等。

⑥商务软件：包括会计软件、企业工作流程分析软件、客户关系管理软件、Back Office、企业资源规划软件、供应链管理软件、产品生命周期管理软件等。

⑦其他专门领域软件。

2.3 微型计算机系统

2.3.1 微型计算机系统及其组成

微型计算机，又称个人电脑，简称微机、微型机或PC机，属于第四代计算机，以1971年世界上第一个微处理器Intel 4004在美国硅谷诞生为标志。1981年美国IBM公司推出第一代微型计算机IBM-PC，开创了微型计算机的新时代，其应用领域从科学计算、事务管理、过程控制逐步走向家庭。微机具有体积小、重量轻、功耗小、可靠性高、对使用环境要求低、价格低廉、易于成批生产等特点。

微型计算机硬件主要由CPU、内存、主板（提供总线和芯片组等）、I/O接口、输入设备、输出设备等组成，与软件一起构成微型计算机系统，其基本结构如图2-12所示。其中，内存由只读存储器（Read-Only Memory，ROM）与随机存取存储器（Random Access Memory，RAM）组成。

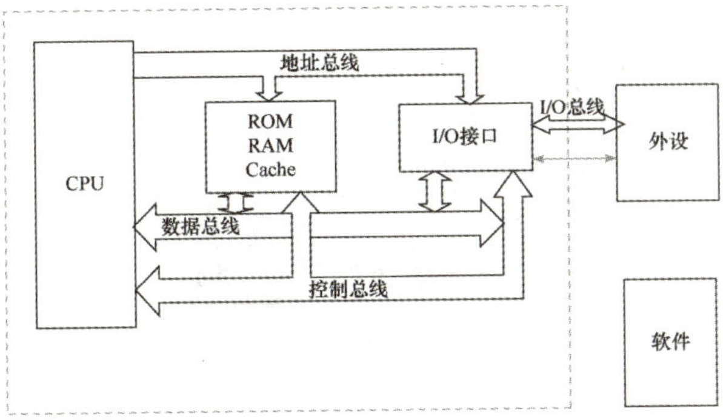

图2-12 微型计算机系统基本结构

从外观上看，一台微机由主机箱、显示器、键盘和鼠标组成，有时还配有打印机、扫描仪等其他外围设备，而且一些新型外围设备还在不断涌现。在主机箱内，有主板、总线扩展槽和各种I/O接口（显卡、声卡、网卡等）、CPU、内存、外存（硬盘驱动器、CD-ROM驱动器）等设备。

2.3.2 主板

主板连接着主机箱内的其他硬件，是其他硬件的载体，因此又称“母板”。CPU、内存、硬盘驱动器、软盘驱动器、光盘驱动器、显卡等都插接在主板上。

主板通常由芯片组、基本输入/输出系统（Basic Input/Output System，BIOS）、并口、CMOS电池、PS/2键盘和鼠标接口、USB接口、扩展插槽组成，如图2-13所示。有时为了减小主板尺寸，节省成本，也通过插到主板的子板来扩充更多扩展槽。主板芯片组（Chipset）是主板的核心组成部分，可以比作CPU与周边设备沟通的桥梁。在电脑界称设计芯片组的厂家为Core Logic，Core的中文意思是核心或中心，仅从字面意思就足以看出其重要性。对于主板而言，芯片组几乎决定了这块主板的功能，进而影响到整个电脑系统性能的发挥。芯片组是主板的灵魂，芯片组性能的优劣决定了主板性能的好坏与级别的高低。目前CPU的型号与种类繁多，功能特点不一，如果芯片组不能与CPU良好地协同工作，将严重影响计算机的整体性能，甚至使计算机不能正常工作。

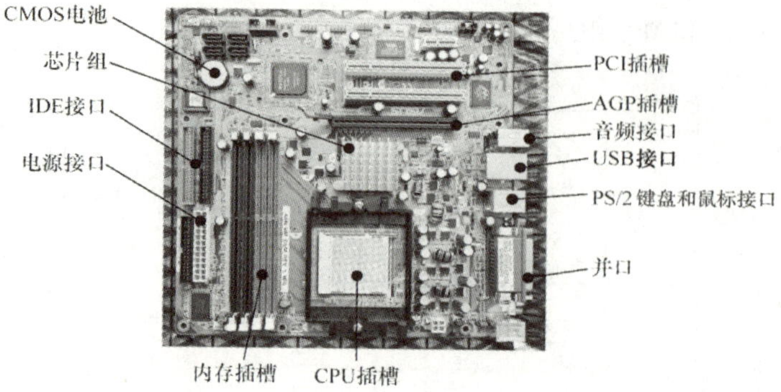

图2-13　主板基本组成

2.3.3　CPU

1. CPU组成

CPU又称为微处理器或微处理单元（Microprocessing Unit，MPU），是计算机完成指令读出、解释和执行的重要部件，其内部微观结构主要包括两大部分，即运算器和控制器，如图2-14所示，其中运算器由算术逻辑单元（Arithmetic Logic Unit，ALU）和寄存器组成。在早期的计算机内，运算器和控制器是分开的。随着计算机电路集成度的提高，现在已把它们集成在一个芯片里。现代微处理器中还包含高速缓冲存储器（Cache），用于缓存来自内存的指令和数据。CPU是整个硬件系统的核心，负责控制和协调整个计算机系统的工作。

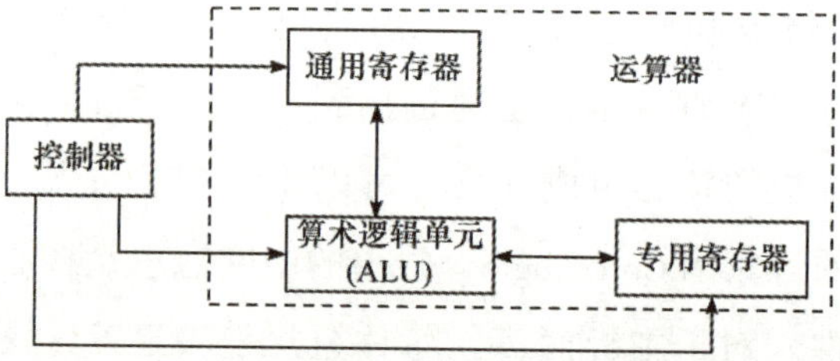

图2-14　CPU内部结构

CPU一般通过专门的CPU插座安置在主板上。目前市场上大多数PC机的CPU是美国Intel和AMD公司生产的，其系列产品由早期的8088/8086到现在的Pentium、Core系列，在性能和功能上都有大幅的提高和改进，但其基本体系结构没有改变，且指令系统保持向上兼容（即在低档处理机上编写的程序不用修改，就可以运行在同一系列更高档次的机器上）。

（1）运算器

运算器是计算机的核心部件，其主要功能是对二进制编码进行算术运算和逻辑运算，它的运算速度几乎决定了计算机的运算速度。

Intel 80486以上的微处理器为了能实现高速运算，均装配一个高性能的ALU和专门用来计算地址的加法器。ALU主要用来完成对二进制信息的定点算术运算、逻辑运算和各种移位操作。算术运算主要包括定点加、减、乘和除运算。逻辑运算主要有逻辑与、逻辑或、逻辑异或和逻辑非操作。移位操作主要完成逻辑左移和逻辑右移、算术左移和算术右移以及其他一些移位操作，如数值的比较、变更数值符号、计算操作数的地址等操作。

寄存器包括标志寄存器、通用寄存器和专用寄存器，其主要功能是暂时存放数据。标志寄存器中存放的数据表征计算机当前的工作状态，如执行的结果具有哪些特征（有无进借位，结果是否为0，有无溢出）等；通用寄存器中存放的数据是参加运算的操作数、运算器运算的中间结果或操作数地址；专用寄存器中一般存放的是一些有特殊用途的数据，如基址和栈顶指针等。

（2）控制器

控制器是分析和执行指令的部件，也是统一指挥和控制计算机各个部件按时序协调操作的部件。计算机之所以能够自动、连续地工作，依赖于人们事先编制好的程序（一组指令序列），而程序的执行则是由控制器统一指挥完成的，它保证计算机内部的数据按照预定的目标和步骤有条不紊地操作和处理。

在PC机工作过程中，控制器指挥着运算器、存储器、输入设备和输出设备等部件工作，其基本功能如下。

①指令处理：包括取指令、分析指令和执行指令。当取指令时，控制器首先发出指令地址及控制信号，然后从存储器中取出一条指令到控制器。分析指令又称为解释指令或指令译码，它指出本条指令要做什么操作，并产生相应的操作控制命令，分析参与这次操作的各操作数所在的地址，即操作数的有效地址。执行指令是根据分析指令时产生的“操作命令”和“操作数地址”形成相应的操作控制信号序列，通过存储器、运算器以及输入/输出设备的执行，实现每条指令的功能。一般情况下，还要形成下一条指令的地址，然后再取下一条指令，经过分析、执行……如此循环，直到程序执行完毕或有外来干预时为止。

②控制程序、数据的输入和结果的输出。程序和数据预先都存放在存储器中，参与运算的数据需要输入，运算结果又要输出，PC机在执行上述操作时，常采用一些相应的指令（如I/O指令），与其他指令一样，它们也由控制器统一指挥，以便完成主机和输入/输出设备之间的信息交换。

③异常情况和某些请求的处理。PC机在运行时往往会遇到一些异常情况（如断电、算术运算溢出或操作错误等）或某些请求（如要求将一行字符打印输出，外存向

主存送一批数据等）。这些异常情况或请求事先无法预测，但是一旦发生，微处理器应该立即对它们做出响应，这就要求控制器具有处理这类问题的功能。通常当这些情况出现时，由相应部件或设备向微处理器发出“中断请求”信号，待执行完当前指令后，微处理器响应该请求，暂停当前执行的程序，转去执行中断程序，以便处理这些请求。当处理完毕后，再返回原程序继续执行。

控制器的组成包含如下部分。

①程序计数器：又称为指令地址寄存器或指令指针，用来存放将要执行的下一条指令在内存中的地址。为了保证程序的连续执行，微处理器必须具备某些手段来确定下一条指令的地址，程序计数器正是为此而设置的，因此又称为指令计数器。在程序开始执行前，将程序的第一条指令所在内存单元的地址送入程序计数器，以便从程序的第一条指令开始执行。在程序执行过程中，微处理器自动修改程序计数器的内容，使其中保持的总是将要执行的下一条指令的地址。

②指令寄存器：用来存放当前正在执行的指令，以便在指令执行过程中，完成一条指令的全部控制功能。执行一条指令时，首先从内存中将指令取出送到指令寄存器。

③指令译码器：主要是对指令寄存器中的操作码进行分析解释，产生相应的控制信号，有的机器还需要对寻址方式字段进行译码，用来产生有效地址所需的信号。译码器的输出反映的是指令功能的一串控制电位序列，而哪些电位信号起作用，应该由指令的操作码和寻址模式决定。至于控制电位什么时候起控制作用，则由时序部件来完成。

④时序部件：是产生各种时序信号的部件。PC 机完成一条指令的过程是通过执行若干个操作步骤（微操作）来实现的，且各个操作步骤的执行顺序又有严格的要求。PC 机之所以能够准确、迅速、有条不紊地工作，是因为控制器中有时序部件。PC 机一旦被启动，时序部件即开始工作，微操作控制信号形成部件根据时序部件产生的时序信号有条理、有节奏地指挥机器工作，规定机器在这个时刻做什么，在那个时刻又做什么，从而按照指令的要求去执行相应的微操作序列。

⑤微操作控制信号形成部件：微操作控制信号形成部件可以根据指令译码器产生的操作控制信号、时序部件产生的时序信号以及其他控制条件，产生整个机器指令系统中所有指令所需的全部微操作。这些控制信号控制 PC 机的各个部件，以控制指令的执行。

⑥中断机构：是专门用于处理 PC 机运行过程中所出现的异常情况和某些请求的部件。中断机构由硬件（如中断控制器）和软件（如中断处理程序）组成。请求中断

的事件称为中断源，如外设引起的中断、运算器产生的中断、存储器产生的中断等。

2. 指令系统

指令系统是指CPU支持的全部指令构成的指令集，它决定了计算机的基本功能，因此指令系统的设计是计算机系统设计的一个核心问题。它不仅与计算机的硬件设计紧密相关，而且直接影响到系统软件设计的难易程度。系统设计人员根据系统的性能和用户需求，研究如何确定CPU的指令系统。硬件设计人员根据确定的指令系统及功能，研究如何利用硬件电路、芯片、设备来设计硬件系统。软件设计人员根据机器提供的指令系统，编写各种程序。

现代计算机系统中，指令是采用二进制进行编码的，指令的编码即指令字（码），是表示一条指令意义的二进制代码。指令码的编码规则称为指令格式。计算机的指令格式与机器的字长、存储器的容量及指令的功能密切相关。一般来说，指令字由操作码字段和操作数地址码字段组成，如图2-4所示。

操作码是指明指令操作性质的命令码，它提供指令的操作控制信息，不可缺少。操作数地址码用来描述该指令的操作对象及其所在位置。指令字长是指令码中二进制码的位数。

指令字长 = 操作码的位数 + 操作数地址个数 × 操作数地址码位数。

一个完善的指令系统应包括的基本指令有数据传送指令、算术逻辑运算指令、移位操作指令、堆栈操作指令、字符串处理指令、程序控制指令、输入输出指令等。

为了使计算机系统具有更强的功能、更好的性能和更高的性能价格比，以满足广泛的或专门的应用需要，在指令系统的设计、发展和改进上有两种不同的途径和方向：复杂指令集计算机（Complex Instruction Set Computer，CISC）和精简指令集计算机（Reduced Instruction Set Computer，RISC）。CISC进一步增强原有指令的功能，并设置更为复杂的新指令取代原先由软件子程序完成的功能，实现软件功能的硬化。按照这种途径和方向来发展，使机器指令系统越来越庞大和复杂。有代表性的CISC有IBM 370、VAX-11/780、VAX 8600、Intel i486、MC68040等。RISC是20世纪80年代提出的一种新的设计思想，选取一些使用频率比较高的简单指令以及很有用又不复杂的指令来构成指令系统，指令数目较少，指令长度固定，指令格式少。典型的RISC有英国Acorn有限公司的ARM，MIPS科技公司的MIPS，美国太阳微系统公司（Sun Microsystems，SUN公司）的SPARC、SuperSPARC、UltraSPARC，美国硅图公司（Silicon Graphics，SGI公司）的R4000、R5000、R10000，IBM公司的Power、Power PC，Intel公司的80860、80960，美国数字设备公司（Digital Equipment Corporation，DEC公司）的Alpha，摩托罗拉公司（Motorola）的88100等。

3. CPU主要性能指标

CPU的品质直接决定了一台计算机的档次。计算机的性能在很大程度上由CPU的性能所决定，而CPU的性能主要体现在其运行程序的速度上。影响运行速度的性能指标包括CPU的工作频率、Cache容量、指令系统和逻辑结构等参数，其中，字长、主频和缓存是反映CPU品质的三个主要指标。

（1）字长

字长是指CPU能同时处理的二进制数据的位数，它决定了计算机的运算精度和运行速度，字长越长，运算精度就越高。例如，Intel Core i7处理器的字长为64位。

（2）主频

主频，又称为时钟频率，是指CPU单位时间内发出的脉冲数，单位是兆赫（MHz）或千兆赫（GHz）。它用来表示CPU运算、处理数据的速度。主频越高，CPU处理数据的速度就越快。例如，Intel Core i7处理器的主频为3.07 GHz。主频和实际的运算速度存在一定的关系，但并不是一个简单的线性关系。CPU的运算速度还要看CPU的流水线、总线等各方面的性能指标。

CPU的主频=外频×倍频系数。

外频是CPU的基准频率，单位是MHz。CPU的外频决定着整块主板的运行速度。绝大部分电脑系统中，外频与主板前端总线的速度不是同步的，而外频与前端总线（Front Side Bus，FSB）频率又很容易被混为一谈。前端总线是将CPU连接到北桥芯片的总线。外频与前端总线频率的区别在于：前端总线的频率指的是数据传输的频率，外频指的是CPU与主板之间同步运行的频率。倍频系数是指CPU主频与外频之间的相对比例。在相同的外频下，倍频越高，CPU的频率也越高。但实际上，在相同外频的前提下，高倍频的CPU本身意义并不大。这是因为CPU与系统之间数据传输速度是有限的，一味追求高主频而得到高倍频的CPU就会出现明显的“瓶颈”效应，因为CPU从系统中得到数据的极限速度不能够满足CPU运算的速度。

（3）缓存

缓存，全称为高速缓冲存储器，即Cache，其大小也是CPU的重要指标之一，而且缓存的结构和大小对CPU速度的影响非常大。CPU内缓存的运行频率极高，一般和处理器同频运作，工作效率远远大于系统内存和硬盘。实际工作时，CPU往往需要重复读取同样的数据块，而缓存容量的增大，可以大幅度提升CPU内部读取数据的命中率，而不用再到内存或者硬盘上寻找，以此提高系统性能。但是从CPU芯片面积和成本的因素来考虑，缓存都很小。

L1-Cache（一级缓存，L1缓存）是CPU第一层高速缓存，分为数据缓存和指令缓存。内置的L1缓存的容量和结构对CPU的性能影响较大，不过高速缓冲存储器均由静态RAM组成，结构较复杂，在CPU管芯面积不能太大的情况下，L1缓存的容量不可能做得太大。一般服务器CPU的L1缓存的容量通常为32～256 KB。

L2-Cache（二级缓存，L2缓存）是CPU的第二层高速缓存，分为内部和外部两种芯片。内部的芯片二级缓存的运行速度与主频相同，而外部的芯片二级缓存的运行速度则只有主频的一半。L2缓存容量也会影响CPU的性能，原则是越大越好。以前家庭用CPU的L2缓存容量最大的是512 KB，笔记本式计算机中可以达到2 MB，而服务器和工作站上用CPU的L2缓存容量更高，可以达到8 MB。

L3-Cache（三级缓存，L3缓存）分为外置和内置两种。早期是外置的，降低内存延迟，同时提升大数据量计算时处理器的性能。降低内存延迟和提升大数据量计算能力对游戏都很有帮助。而在服务器领域增加L3缓存在性能方面仍然有显著的提升。具有较大L3缓存的处理器可提供更有效的文件系统缓存行为及较短的消息和处理器队列长度。

4. 微处理器发展

1971年，英特尔（Intel）公司推出了世界上第一款微处理器Intel 4004，这是第一个可用于微型计算机的四位微处理器，它包含2 300个晶体管。按照其处理信息的字长，CPU可以分为4位微处理器、8位微处理器、16位微处理器、32位微处理器以及64位微处理器等。如今，Intel和AMD公司的CPU及其兼容产品统治着微型计算机的大半江山。除了Intel和AMD公司的CPU外，还有其他一些CPU，如HP公司的PA-RISC、IBM公司的Power 4和Sun公司的UltraSPARC等。

Intel是生产微处理器的第一品牌，Intel公司生产的微处理器成为X86微处理器的技术规范和标准。个人电脑平台最新的Core i9（酷睿i9）成为微处理器的首选，如表2-5所示，Intel公司的微处理器一直在不断发展，图2-15为有代表性的Intel微处理器。

表2-5　Intel微处理器

出货时间	芯片型号	主频	字长/位	晶体管数量/个
1971年	4004	0.74 MHz	4	0.23万
1974年	8080	2 MHz	8	0.6万
1978年	8086	4.77 MHz	16	2.9万
1982年	80286	6～25 MHz	16	13.4万
1985年	80386	12～40 MHz	32	27.5万
1989年	80486	25～100 MHz	32	125万

续 表

出货时间	芯片型号	主频	字长/位	晶体管数量/个
1993年	Pentium	60 ~ 200 MHz	32	310万
1995年	Pentium Pro	66 ~ 233 MHz	32	550万
1997年	Pentium Ⅱ	233 ~ 450 MHz	32	750万
1999年	Pentium Ⅲ	1 GHz	32	900万
2000年	Pentium 4	1.3 ~ 2 GHz	32	4 200万
2001年	Itantium	0.733 ~ 1.6 GHz	64	2.2亿
2005年	Pentium D	2.8 GHz	32	2.3亿
2006年	Core Duo	1 ~ 2.33 GHz	32	1.51亿
2006年	Core 2 Duo	2.66 ~ 3.2 GHz	32/64	2.91亿
2008年	Core i7	2.53 ~ 3.6 GHz	64	3.82亿 ~ 22亿
2009年	Core i5	2.3 ~ 3.6 GHz	64	3.82亿 ~ 7.74亿
2010年	Core i3	2.5 ~ 3.33 GHz	64	3.82亿 ~ 5.04亿
2017年	Core i9	2.6 ~ 3.33 GHz	64	约5.8亿

图2-15 Intel典型微处理器

目前制造CPU的公司除了Intel公司外，最有力的挑战者就是AMD公司，此外还有IBM、SUN、Motorola、ARM、美普思科技（MIPS Technologies，MIPS）及龙芯中科等公司也在从事CPU的设计与制造。CPU目前进入多核心时代。多核心中央处理器是在中央处理器芯片或封装中包含多个处理器核心，以偶数为核心数目较为常见，一般共用二级缓存。现今使用双核心和四核心以上处理器的个人计算机已相当普遍。

虽然设计方式和工作原理有区别，但不同处理器依然有很多相似之处。从外表看来，CPU常常是矩形或正方形的块状物，通过密密麻麻的众多管脚与主板相连。不过用户看到的是CPU的外衣——CPU的封装。而内部，CPU的核心是一片大小通常不到1/4英寸①的薄薄的硅晶片（英文名称为die，核心）。这块小小的硅晶片上，密布着数以百万计的晶体管，它们好像大脑的神经元，相互配合协调，完成各种复杂的运算和操作。

2.3.4 存储器

存储器是指计算机中存放程序和数据的各种存储设备、控制部件，具有存储（又称写入，简称写）和取出（又称读出，简称读）两大功能。

1. 现代存储器的发展过程

1946年RCA公司启动了对计数电子管的研究，这是为早期巨大的电子管计算机配置的存储器，如图2-16所示。一个管子长达10英寸，能够保存4 096 B数据，价格极其昂贵，很快就退出了市场。

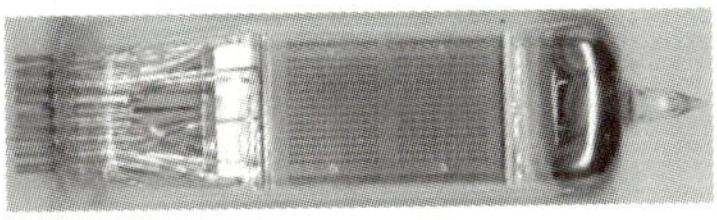

图2-16 计数电子管

延迟线存储器是约翰·埃克特在20世纪40年代中期为EDVAC和UNIVAC-I等计算机发明的，用在早期计算机上。类似于现代的许多电子存储设备，延迟线存储器是一种可以重刷新的存储器，但是与现代的随机存取存储器不同的是，其工作方式为循序存取。在最早的延迟线存储器中，以电脉冲形式存入的数据信息被转换成在媒介（如充满水银的圆柱体、一个磁致伸缩线圈或者一个压电晶体）中传播相对较慢的机械波。传播媒介能够在任何时候支持上千个脉冲。当脉冲到达传播媒介的另一个终端时，机械波又被重新转换为电脉冲，并经过放大、整流等过程还原到其最初的过程，从而重刷新存储器。存取希望得到的信息内容时，必须等候对应的脉冲到达媒介的终端，这个时间通常是微秒级别。1950年，世界上第一台具有存储程序功能的计算机EDVAC由冯·诺依曼领导设计，使用汞延迟线作存储器，指令和程序可存入计算机中，其缺点是这种存储器方式会受各种环境因素影响而不精确。

1932年奥地利的古斯塔夫·陶舍克发明了磁鼓存储器，作为计算机的主存储器。磁鼓存储器广泛用于20世纪五六十年代第一代电子计算机中存储数据与指令，如图2-17所示。UNIVAC计算机采用磁鼓作为主存储器。一个磁鼓长为12英寸，转速为

① 英寸，长度单位，符号in，1 in=2.54 cm。

12 500 r/min。它在IBM 650系列计算机中被当成主存储器，每个可以保存1万个字符。磁鼓最大的缺点是利用率不高，一个大圆柱体只有表面一层用于存储，而磁盘的两面都可用于存储，显然利用率要高得多。因此，当磁盘出现后，磁鼓就被淘汰了。

20世纪50年代，IBM最早把盘式磁带用在数据存储上。1951年，UNIVAC-I第一次采用磁带机UNISERVO作外存储器，首先用奇偶校验方法和双重运算线路来提高系统的可靠性，并最先进行了自动编程的试验。磁带装置是金属，全长1 200英尺[①]（约365 m），因此非常重，有效传输速度大约是每秒7 200个字符。磁带是所有存储器设备发展中单位存储信息成本最低、容量最大、标准化程度最高的常用存储介质之一，现多用于大批量数据备份。图2-18为各式磁带。

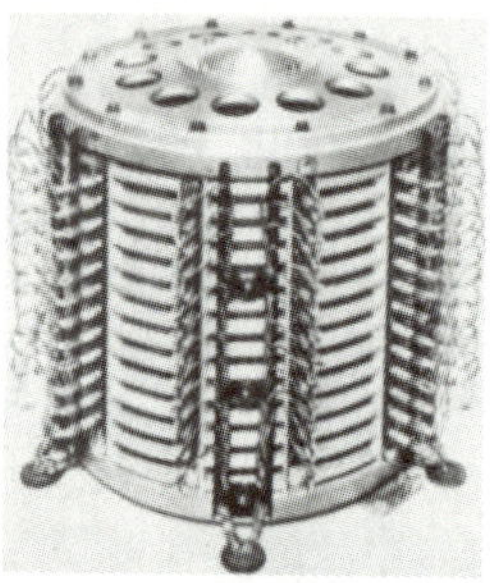

图2-17　磁鼓存储器

①3.5"软盘，②DC磁带（250 MB，6 mm，1 020 ft），③DL磁带（8 mm，367 ft），④DDS 4磁带（20 GB，无压缩，4 mm，492 ft）

图2-18　各式磁带

1950年，美籍华裔物理学家王安提出了利用磁性材料制造存储器的思想。在直径不到1 mm的磁芯里可穿进一根极细的导线，只要有代表“1”或“0”的电流流经导线，就能使磁芯按两种不同方向磁化，信息便以磁场形式被存储。1949年10月，王安为磁芯存储器申请了专利，他后来在磁芯存储器领域的发明专利共有34项之多。王安发明的磁芯存储器是一种单线式的装置，麻省理工学院的杰·弗雷斯特又在此基础上向前发展了一步，他巧妙地把磁芯排列为可以寻址的磁芯阵列，形成了高性能的磁芯存储器阵列，并运用于“旋风”计算机里。英国剑桥大学威尔克斯教授那时正在麻省理工学院访问，他激动地说：“几乎一夜之间就使得存储器变得稳定而可靠。”磁芯存储从20世纪50年代、60年代，直至70年代初，一直是计算机主存的标准方式。图2-19为CDC 6600中使用的64 × 64位磁芯存储器，实际尺寸为10.8 cm × 10.8 cm。

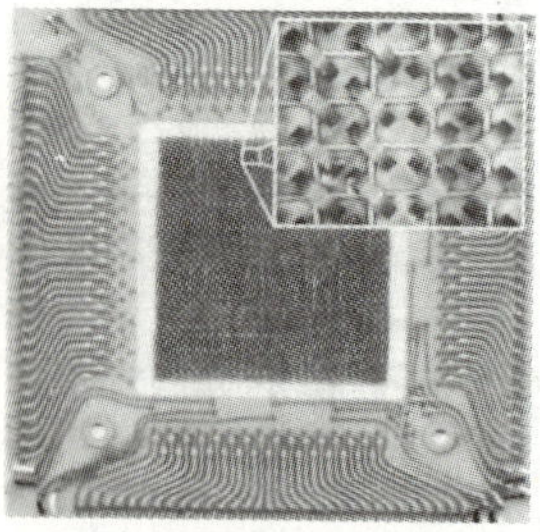

图2-19　CDC 6600的磁芯存储器

随着半导体集成技术的快速发展，美国开始研究军用大规模集成电路计算机。1967年，美国无线电有限公司制成了领航用的机载计算机LIMAC，其逻辑部件采用双极型大规模集成电路，缓冲存储器用MOS大规模集成电路。1969年，美国自动化公司

① 英尺，长度单位，符号ft，1 ft=0.304 8m。

制成计算机D-200，采用了MOS场效应晶体管大规模集成电路，中央处理器由24块大规模集成电路组成；德克萨斯仪器公司也制成机载大规模集成电路计算机。军用机载大规模集成电路试验的成功，为过渡到民用大规模集成电路通用机积累了丰富的经验。1971年，IBM公司开始生产IBM 370系列机，它采用大规模集成电路作存储器，小规模集成电路作逻辑元件，被称为“第三代半电子计算机”，与IBM 360一样著名。随着集成电路工艺的技术进步，超大规模集成电路逐渐成为半导体存储器的主要技术，构成现代计算机的内部存储器。

1956年，IBM 350 RAMAC计算机问世，随之一起诞生的是世界上第一款硬磁盘——IBM Model 350硬磁盘，如图2-20所示。它由50块24英寸磁盘构成，总容量为500万个字符。1980年，第一块容量上GB的硬盘——IBM 3380也诞生在IBM，其容量为2.52 GB，体积大如冰箱，重550 t，造价约10万美元。硬磁盘是现在还在发展中的一种技术，其容量已达1 TB以上。另一种磁盘存储设备是软磁盘，由日本东京帝国大学的中松义郎在1950年发明，其销售权被IBM公司获得。早期的8英寸软磁盘、5.25英寸软磁盘和3.5英寸软磁盘，主要为数据交换和小容量备份之用。其中，3.5英寸1.44 MB软磁盘占据计算机的标准配置地位近20年之久，之后出现过24 MB、100 MB、200 MB的高密度过渡性软磁盘和软磁盘驱动器。然而，由于USB接口的闪存出现，软磁盘作为数据交换和小容量备份的统治地位已经动摇，逐渐退出存储器发展历史舞台。

图2-20 IBM Model 350硬磁盘

20世纪60年代，荷兰飞利浦公司的研究人员开始使用激光光束进行记录和重放信息的研究。1972年，他们的研究获得了成功，1978年产品投放市场。最初的产品就是大家所熟知的激光视盘（Laser Vision Disc，LD）系统。从LD的诞生至计算机用的CD-ROM，经历了三个阶段，即LD-激光视盘、CD-DA激光唱盘、CD-ROM。20世纪80年代中期，光盘存储器设备发展速度非常快，先后有WORM光盘、磁光盘（MO）、相变光盘（Phase Change Disk，PCD）等新品种。20世纪90年代，DVD-ROM、CD-R、CD-R/W等开始出现和普及。

2. 存储器的层次和分类

计算机技术的发展，使存储器的地位不断得到提升，系统由最初的以运算器为核心逐渐变成了以存储器为核心。现代计算机要求存储器满足大容量、高速度和低成本三项基本要求。这就对存储器技术提出了更高的要求，不仅要使每一类存储器能够具有更高的性能，而且希望通过软件、硬件或软硬件结合的方式将不同类型的存储器组合在一起，从而获得更高的性价比，这就是存储器系统。它和存储器是不同的概念。

由于制造工艺限制，很难在同一存储器中都达到要求，三者不可兼得，为此采用分层（级）存储，把各种不同存储容量、不同存取速度、不同价格的存储器，组成层次结构，并通过管理软件和辅助硬件将不同性能的存储器组合成有机整体，称为计算机的存储层次或存储体系。

如图2-21所示，整个系统可以分为五个层次，最上一层是位于微处理器内部的通用寄存器，用于暂存中间运算结果及特征信息。第二层是高速缓冲存储器Cache。Cache又称快存，容量一般为32～256 KB，由SRAM构成，速度快，容量小，用来临时存放指令和数据。第三层的主存储器就是通常所说的内存，用来存放运行期间的大量程序和数据。联机外存储器和脱机外存储器是大容量存储器，即辅助存储器（简称辅存），用来存放系统程序、大型文件、数据库等，属于外围设备范畴，它们与CPU的通信需要经过专门的接口。联机外存储器主要是指硬盘，脱机外存储器是指光盘、磁带、移动硬盘和U盘等。

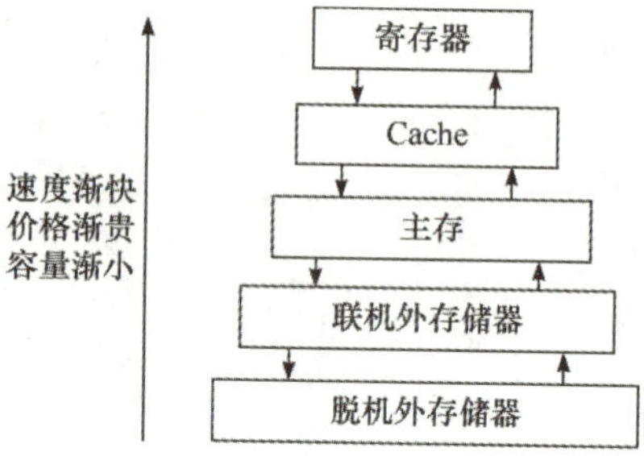

图2-21　存储体系的层次结构

现代计算机的存储体系具有如下特点：

①在存储体系结构中，各层之间的信息调度是由辅助硬件或软件直接完成的。

②存储体系结构能发挥整个存储系统的最大效能，有最佳的性能价格比。

③存储体系结构的工作原理是：CPU首先访问Cache，如果Cache中没有CPU要访问的内容，则存储系统通过辅助硬件，到主存储器中去找；如果主存中没有CPU要访问的内容，则存储系统通过辅助硬件或软件，到辅存中去找，然后把找到的数据逐级上调。

3. 存储器的主要性能指标

（1）存储容量

存储一位二进制代码的存储元件称为基本存储单元（或存储元），8位二进制代码构成一个字节。存储容量是指一个功能完备的存储器所能容纳的二进制信息总量，即可存储多少位二进制代码。

（2）存储器速度

①存储器取数时间（Memory Access Time）。

从存储器读出/写入一个存储单元信息，或从存储器读出/写入一次信息（信息可能是一个字节或一个字）所需要的平均时间，称为存储器取数时间/存数时间，记为t_A，也称为取数时间。t_A对于随机存储器一般是指：从中央处理器CPU的地址寄存器门输出端发出地址并通过读写控制线发出读请求时起，到所要求的读出信息出现在存储器输出端为止，这期间所需要花费的时间值。

②存储器存取周期（Memory Cycle Time）。

存储器进行一次完整的读写操作所需要的全部时间，称为存取周期。具体地说，存取周期是启动两个独立的存储器操作（如两个连续的读操作）之间所需要的最小时间间隔，用t_M或t_{RC}表示，包括存储器取数时间t_A和复原时间。

破坏性读出方式：$t_M = 2t_A$。

非破坏性读出方式：$t_M = t_A$ +稳定时间。

③ 数据传输率（Data Transfer Rate）。

单位时间可写入存储器或从存储器读出的信息的最大数量，称为数据传输率，或称为存储器传输带宽，单位为B/s（字节/秒）。

4. 主存储器

（1）主存储器的功能和构成

主存储器位于系统主板上，用来存放正在执行程序的指令和数据，并直接与运算器、控制器联系、交换信息。其功能是保存大量信息，这就是通常说的计算机的“记忆”能力。主存由许多存储单元组成，每个单元能存放二进制数信息，它可以是一个二进制数据，或一条由二进制代码表示的指令（即让计算机执行的基本操作）。一个存储单元中可存放一个字节的内容，一个字节包含8个二进制位数。主存中可包括成千上万个存储单元，它表明了存储容量的大小。主存中每个单元有自己的编号或号码，称为“地址”，从存储器中找出一个字节或存放一个字节，就必须知道它所在单元的地址，然后按指定的地址存入或取出信息。

（2）主存储器的分类

主存储器可以分为只读存储器（ROM）和随机存储器（RAM）两类。

①ROM。

ROM一旦有了信息，就不能轻易改变，也不会在断电时丢失，传统意义上的ROM在计算机系统中是只供读出的存储器。计算机系统中，ROM常常用来存放系统启动程序和参数表，也用来存放常驻内存的监控程序或者操作系统的常驻内存部分，甚至还可以用来存放字库或者某些语言的编译程序及解释程序。

根据其中信息的设置方法，ROM可以分为掩膜ROM、可编程只读存储器（Programmable Read Only Memory，PROM）、可擦除可编程只读存储器（Erasable Programmable Read Only Memory，EPROM）、可用电擦除的可编程只读存储器（Electrically Erasable Programmable Read Only Memory，EEPROM）等。掩膜ROM是由制造厂家按计

算机设计者的要求进行编程的，一经制造完毕就不能更改其内容；EPROM和EEPROM不但可以进行编程，而且可以用特定设备对它们进行多次擦除和再写入。

ROM的特点是其内容一旦写入就不能改变或不借助专门的设备不能改变。由于它的结构较为简单，芯片中的位密度比RAM高，因此每位的价格也较低。ROM是非易失性存储器，且十分可靠。但是，它只能用于不需要在工作时进行写入操作的场合，即适用于存放永久性的程序或数据表格之类的内容。

②RAM。

RAM一般分为两类：动态随机存储器（Dynamic RAM，DRAM）和静态随机存储器（Static RAM，SRAM）。由于SRAM的读写速度远快于DRAM，所以PC机中SRAM大都作为高速缓存使用，DRAM则作为普通的内存条和显示内存使用。RAM的特点是可以随时存取数据，但是一旦断电，保存在其中的数据就会全部丢失。衡量RAM的重要指标是RAM芯片的存取时间，通常用纳秒（ns）表示，常见的有60 ns、70 ns和80 ns，数值越小，速度越快。

如图2-22所示，从接口形式上分，RAM有早期使用的双列直插式封装（Double Inline Package，DIP）、后来多采用的单列直插式内存条模块（Single Inline Memory Module，SIMM）和当前最流行的双列直插式内存条模块（Dual Inline Memory Module，DIMM）。现在Pentium级主板一般提供SIMM和DIMM两种RAM插槽。

图2-22　各式接口的RAM

内存条模块有统一的引线标准，有30线与72线的SIMM模块及目前新型168线与200线的DIMM模块，分别用于不同档次的计算机。早期DIP内存由于容量小（256 KB、1 MB）不便于扩展，现已淘汰。DIMM是指双在线模块，与早期的SIMM单在线模块有很大区别。最早的30线SIMM模块的内存条插槽都必须插有相同容量的模块。30线内存条的数据是8位，因此，当用于286、386SX等16位数据线的电脑时，必须成对使用；当用于386DX、486等32位数据线的电脑时，必须四个完全一样的内存条一起组成一个整体使用，否则计算机将因位数不齐无法传输数据而死机。由于奔腾系列机具有64位数据线，因此若用30线内存条，每次至少要用两个BANK即8条，故在586主板上已不用此形式，而直接使用72线和168线内存条。而72线SIMM模块数据线为32位，在486计算机上可以每个插槽为一组，对于586计算机，仍需两个插槽为一组。186线DIMM内存条为目前较新的内存条，其特点是长度增加不多而模块的总线宽度增加一倍；另一个优点是可制成体积非常小的32位模块即SODIMM，为笔记本式计算机所采用内存条的标准模式。DIMM内存条可单条使用，不同容量的标准条可以混用。

另外，需要注意的是内存条的工作时钟，一般168线DIMM内存条的工作时钟可为60 MHz、67 MHz、75 MHz和83 MHz，而200线DIMM内存条的工作时钟可为77 MHz、83 MHz和100 MHz。

常见一条SIMM内存条的容量为4 MB、8 MB和16 MB，最大可支持到64 MB，一条168线DIMM内存条的容量为8 MB、16 MB、32 MB、64 MB、128 MB、256 MB、512 MB，甚至1 GB等。

当前微机中流行的标准内存类型是SDRAM（Synchronous DRAM），它在一个CPU时钟周期内可完成数据的访问和刷新，即可与CPU的时钟同步工作。SDRAM的工作频率目前最大可达150 MHz，存取时间为5～10 ns，最大数据率为150 MB/s。双倍数据速率（Double Data Rate，DDR）SDRAM是对SDRAM的改进，在时钟的上升沿和下降沿都可以传送数据，其数据率可达200～800 MB/s，主要应用在主板和高速显示卡上。

DDR2（Double Data Rate 2）SDRAM是由电子设备工程联合委员会（Joint Electronic Device Engineering Council，JEDEC）开发的新生代内存技术标准，它与上一代DDR内存技术标准最大的不同是，虽然同是采用了在时钟的上升/下降延同时进行数据传输的基本方式，但DDR2内存却拥有两倍于上一代DDR内存的预读取能力（即4比特数据读预取）。换句话说，DDR2内存每个时钟能够以4倍于外部总线的速度读/写数据，并且能够以内部控制总线4倍的速度运行。

DDR3（Double Data Rate 3）SDRAM是第三代双倍数据速率同步动态随机存取存储器，提供了相较于DDR2 SDRAM更高的运行性能与更低的电压，是DDR2 SDRAM的后继者（增加至8倍），也是现时流行的存储器产品。

此外，DDR4和DDR5是正在发展的先进SDRAM技术，其带宽更高，功耗更低。

5. 辅助存储器

辅助存储器通常是磁性介质或光盘，如硬盘存储器（简称硬盘）、软盘存储器（简称软盘）、磁带存储器（简称磁带）、光盘存储器（简称光盘）等，能长期保存信息，并且不依赖于电来保存信息，但是由机械部件带动，速度与CPU相比就显得慢得多。

（1）硬盘存储器

硬盘是电脑上使用坚硬的合金基底旋转盘片为基础的非易失性存储设备，于1956年由IBM公司的雷伊·约翰逊发明，如图2-23所示。它在平整的磁性表面存储和检索数字数据，信息通过离磁性表面很近的写头，由电磁流来改变极性方式被电磁流写到磁盘上，信息可以通过相反的方式回读，例如磁场导致线圈中电气的改变或读头经过它的上方。

图2-23　硬盘

目前硬盘的容量有若干GB到若干TB等多种规格，硬盘驱动器的尺寸有0.85英寸（多用于手机等便携设备）、1英寸（多用于数码照相机）、1.8/2.5英寸（多用于笔记本式计算机及外置硬盘盒）、3.5英寸（多用于台式计算机）、5.25英寸（多为早期台式计算机使用）。硬盘每分钟旋转的圈数（revolutions per minute，rpm）有4 200 rpm、5 400 rpm、5 900 rpm、7 200 rpm、10 000 rpm、15 000 rpm等几种规格。转速越高，通常数据传输速度越快，但同时噪音、耗电量和发热量也较高。

由于硬盘容量较大，一般使用分区编辑器在磁盘上划分几个逻辑部分，盘片一旦被划分成数个分区（Partition），不同类的目录与文件就可以存储进不同的分区。分区越多，也就有越多不同的地方，可以将文件的性质区分得更细，按照更为细分的性质，存储在不同的地方以管理文件，但分区太多也会造成麻烦。空间管理、访问许可与目录搜索的方式，依属于安装在分区上的文件系统。当改变大小的能力依属于安装在分区上的文件系统时，需要谨慎地考虑分区的大小。

（2）光盘存储器

光盘存储器以光信息作为存储物的载体，用来存储数据，由光盘和光盘驱动器（简称光驱）组成，如图2-24所示。依其能够读取或读写的光盘，常见的主要分为CD、DVD与BD三类，再细分为CD-ROM、CD-RW、DVD-ROM、DVD-R、DVD-RAM、DVD-RW、DVD+RW、DVD-RAM等。ROM表示只读，RW表示可重复读写，R表示写一次、重复读。

(a) 台式计算机用　　(b) 笔记本式计算机用

图2-24 光盘和光盘驱动器

计算机的光盘（Compact Disc，CD）与音乐光盘很相似，CD直径12 cm，厚度1.2 mm，光道深0.12 μm，宽0.6 μm，光道间距1.6 μm，存储容量通常为650～900 MB。CD经过烧制，以二进制数的形式保存数据。在烧制CD时，在CD表面烧制一个极其微小的凹点表示1，而平整光滑的地方表示0。这种形式的数据通过一束细小低能量的激光读取。当激光束照射到光滑平面时，其反射强度很大，而当激光束照射到凹点时，反射强度很小。最后使用一个传感器来判断当前区域表示的是1还是0。

CD也在迅速发展，现在绝大多数个人计算机都配有CD-Recordable（CD-R）光驱。CD-R可用于制作音乐CD或用作一般的计算机存储设备。CD-R可以使用户进行一次性的数据烧录，也就是用户可以将各种类型的数据烧录到CD-R光盘中，使其能在普通光驱中使用。但是CD-R光盘一旦被烧录，所保存的内容就不可更改。在商店中购买的光盘如音乐CD是在模子中制作的，而CD-R光盘的烧录则是用激光实现的。

另一种新型CD是CD-ReWritable（CD-RW），这种光盘可以由用户擦写和重用。它的特点是将普通CD表面的平面和凹点由一层附着在CD-RW表面的特殊材料来模拟。这种材料加热到一定温度时将变成无特定形态的混沌状（因而无反射性），当加热到另一不同的温度时则将变成晶体状（从而有反射性），这样就能产生反光和不反光两种效果。CD-RW光盘并不能在所有的播放器中播放，但CD-RW光盘和CD-R光盘都可以在CD-RW光驱中录制。

DVD最早是指数字影像光盘（Digital Video Disc）或数字通用光盘（Digital Versatile Disc），最早的DVD用于视频影像，但是现在DVD这一缩写词代表它本身。DVD光道间距仅为0.74 μm，比CD有着更高密度的压缩格式，每平方英寸可容纳更多的信息，容量有4.7 GB、8.5 GB、9.5 GB，甚至17 GB。现在已出现蓝光光盘（Blu-ray Disc，BD）技术，利用波长为405 nm的激光，产生新的BD、HD DVD光盘，其单片层单面光盘的存储容量会达到50 GB或者更多。

光驱的存取速度用X的倍数表示，即倍速。对于CD，X表示150 KB/s的数据传输速度，如24X光驱，其数据传输速度即为3 600 KB/s；对于DVD，X表示1 350 KB/s的数据传输速度，等于CD的9倍；对于蓝光光盘，X表示约3倍于DVD的数据传输速度，即4.5 MB/s的数据传输速度。

（3）移动存储器

目前移动存储器逐渐成为存储交换的主要设备，包括大容量的移动硬盘和一般容量的优盘等。

移动硬盘原是用于笔记本式计算机的专用小型硬盘，由于其轻便、易携的特点，也用于不同电脑之间传送文件。另外，普通的电脑硬盘通过硬盘盒或其他转换接口设备，也能做到移动硬盘的效果，通常采用USB或IEEE 1394接口与计算机连接，如图2–25所示。移动硬盘可以较高的速度与系统进行数据传输，主流2.5英寸品牌移动硬盘的读取速度为15～25 MB/s，写入速度为8～15 MB/s。

优盘，又称U盘，全称为USB闪存驱动器，由中国朗科公司发明，是一种使用USB接口的无须物理驱动器的微型高容量移动存储产品，通过USB接口与电脑连接，即插即用，如图2–26所示。

图2–25　移动硬盘

图2–26　U盘

2.3.5　总线与接口

1. I/O总线

任何一个微处理器都要与一定数量的部件和外围设备连接，但如果将各部件和每一种外围设备都分别用一组线路与CPU直接连接，那么连线将会错综复杂，甚至难以实现。为了简化硬件电路设计和系统结构，常用一组线路与各部件和外围设备连接，这组共用的连接线路称为总线（Bus）。因此，总线是连接PC机的各部件如CPU、存储器和外围设备的能够有效高速传输各种信息的公共通道。它是一种内部体系结构，计算机的控制信号和处理的数据通过总线从系统的一部分传送到另一部分。采用总线结构便于部件和设备的扩充，尤其制定了统一的总线标准可以很容易地实现不同设备间的互连。总线可以分为传输数据的数据总线（Data Bus，DB）、传输地址信息的地址总线（Address Bus，AB）和用于传输控制信号、时序信号以及状态信号的控制总线（Control Bus，CB）。三者在物理上做在一起，但工作时各司其职。总线可以单向传送，也可以双向传送。总线技术是微机系统结构的一个重要方面。

PC机中的总线一般有内部总线、系统总线和外部总线三类，这三类总线都是由DB、AB和CB组成的。内部总线是PC机内部各外围芯片与微处理器之间的总线，用于芯片一级的互连；系统总线是PC机中各插件板与系统板之间的总线，用于插件板一级的互连；外部总线则是PC机和外围设备之间的总线，PC机作为一种设备，通过该总线和其他设备进行信息与数据交换，它用于设备一级的互连。

随着微电子技术和计算机技术的发展，总线技术也在不断地发展和完善，从而使计算机总线种类繁多、各具特色。下面仅对目前PC机的各类总线中比较流行的几种加以介绍。

（1）内部总线

①I^2C总线。

I^2C总线最早由Philips公司推出，是近年来在微电子通信控制领域广泛采用的一种新型总线，具有接口线少、控制方式简单、器件封装体积小、通信速率较高等优点。在主从通信中，可以有多个I^2C总线器件同时接到I^2C总线上，通过地址来识别通信对象。

②SPI总线。

串行外部设备接口（Serial Peripheral Interface，SPI）总线是Motorola公司推出的一种同步串行接口总线。Motorola公司生产的绝大多数MCU（微控制器）都配有SPI硬件接口，如68系列MCU。SPI总线是一种三线同步总线，因其硬件功能很强，所以与SPI有关的软件就相当简单，使CPU有更多的时间处理其他事务。

③ SCI总线。

串行通信接口（Serial Communication Interface，SCI）总线也是由Motorola公司推出的一种通用异步通信接口UART。

（2）系统总线

①ISA总线。

ISA总线又称AT总线，是由IBM公司为个人计算机推出的总线，面向单用户主机，它是对XT总线的扩展，以适应8/16位数据总线要求。它在80286至80486时代应用非常广泛，以至于现在奔腾机中还保留有ISA总线插槽。1SA总线共有62或98只引脚，带宽达5 MB/s。

②EISA总线。

EISA总线是1988年由Compaq等9家公司联合推出的总线。它在ISA总线的基础上使用双层插座，在原来ISA总线的98条信号线上又增加了98条信号线，也就是在两条ISA信号线之间添加一条EISA信号线。在实用中，EISA总线完全兼容ISA总线信号，其带宽达32 MB/s。

③VESA总线。

VESA（Video Electronics Standard Association，VESA）总线是1992年由60家附件卡制造商联合推出的一种局部总线，简称VL总线（VESA Local Bus）。它的推出为微机系统总线体系结构的革新奠定了基础。该总线系统考虑到CPU与主存和Cache的直接相连，通常把这部分总线称为CPU总线或主总线，其他设备通过VL总线与CPU总线相连，所以VL总线被称为局部总线。它定义了32位数据线，并且可通过扩展槽扩展到64位，使用33 MHz的时钟频率，最大传输率达到132 Mbps，可与CPU同步工作，是一种高速、高效的局部总线，可支持386SX、386DX、486SX、486DX及奔腾微处理器。

④PCI总线。

PCI（Peripheral Component Interconnect，PCI）总线是当前最流行的总线之一，它是由Intel公司推出的一种局部总线。它定义了32位数据总线，且可扩展到64位。PCI总线主板插槽的体积比原ISA总线插槽还小，其功能比VESA、ISA有极大的改善，支持突发读/写操作，带宽达132～4 264 MB/s，可同时支持多组外围设备。PCI局部总线不能兼容现有的ISA、EISA、MCA（Micro Channel Architecture，MCA）总线，但它不受制于处理器，是基于奔腾等新一代微处理器而发展的总线。

（3）外部总线

①RS-232总线。

RS-232是美国电子工业协会（Electronic Industry Association，EIA）制定的一种串行物理接口标准。RS是英文“推荐标准”的缩写，232为标识号。RS-232总线设有25条或9条信号线，包括一个主通道和一个辅助通道，在多数情况下主要使用主通道。RS-232标准规定的数据传输速度为50 bps、75 bps、100 bps、150 bps、300 bps、600 bps、1 200 bps、2 400 bps、4 800 bps、9 600 bps、19 200 bps。RS-232标准规定，驱动器允许有2 500 pF的电容负载，通信距离将受此电容限制。另外，RS-232属于单端信号传送，存在共地噪声和不能抑制共模干扰等问题，因此一般用于短距离的通信。

②RS-485串行总线。

RS-485串行总线广泛应用于远距离的通信中，它采用平衡发送和差分接收，因此具有抑制共模干扰的能力。RS-485标准采用半双工工作方式，任何时候只能有一点处于发送状态，因此，必须对发送方加以控制。RS-485用于多点互联时非常方便，可以节省许多信号线。

③IEEE-488总线。

IEEE-488总线是并行总线接口标准。IEEE-488总线用来连接系统，如个人计算机、数字电压表、数码显示器等设备及其他仪器仪表均可用IEEE-488总线装配起来。它按照位并行、字节串行双向异步方式传输信号，连接方式为总线方式，最大传输距离为20 m，信号传输速度一般为500 kbps，最大传输速度为1 Mbps。

④USB总线。

通用串行总线（Universal Serial Bus，USB）是计算机与外围设备连接的最新一代标准，1996年USB论坛提出，支持各种外围设备，带宽达12 MB/s或480 MB/s。现在的计算机连接端口各有各自不同的接头，而USB可以将所有支持USB规格的外围设备直接串接起来，最多可串接127个外围设备，同时具有即插即用的便利性，即计算机不必重新启动就可将外围设备与计算机连接或拆卸。

⑤IEEE 1394总线。

IEEE 1394的前身为1986年Apple公司草拟的Fire Wire，是为了增加外部多媒体设备与电脑连接性能而设计的高速串行总线。IEEE 1394理论上可以将64台设备串接在同一网络上。传输速度有100 Mbps、200 Mbps、400 Mbps和800 Mbps，目前已经制定出1.6 Gbps和3.2 Gbps的规格。

现在，个人计算机正在向通信、多媒体功能扩展，高速的CPU、性能更加优异的各种外围设备以及丰富多彩的应用软件大量涌现，而突出的问题是总线传输数据的速度受到限制，由此推动着总线技术的不断发展。在一个个人计算机系统中，由于总线的协调作用，各部件得以协调地执行CPU发出的指令。CPU相当于总指挥部，由各类存储器提供具体信息，包括数据和程序，而输入/输出设备承担着计算机的联络任务，对信息进行输入或输出，并由总线沟通所有部件之间信息的交流。

2. I/O接口

如图2-27所示，输入/输出接口（I/O接口）是微处理器与外围设备之间交换信息的连接电路，它们通过总线与CPU相连。输入/输出接口有时也称为设备控制器或适配器。由于主机是由集成电路芯片连接而成的，而输入/输出设备通常是由机械和电子结合的装置，因此主机与外围设备之间存在着速度、时序、信息格式和信息类型等方面的不匹配。接口的功能就是要解决上述不匹配，使主机与输入/输出设备能协调地工作。例如，我们通过键盘、鼠标、扫描仪等设备向计算机输入需要处理的信息，通过显示器、打印机、绘图仪等设备查看处理的结果，这些设备与CPU之间的信息交换都是通过输入/输出接口来实现的。输入/输出接口在CPU和外设之间的数据通信过程中起着“桥梁”作用。如果一台计算机没有I/O接口，它就不具备输入/输出信息的能力，这样的计算机是没有意义的。

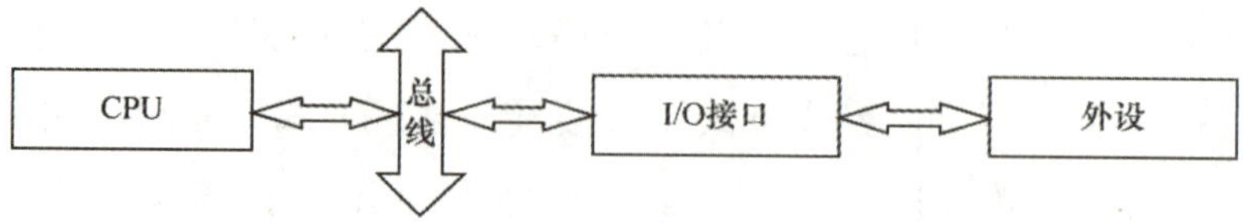

图2-27　CPU与外设的连接示意图

接口按其在系统中扮演的角色可以分为输入接口和输出接口。输入接口用于连接输入设备，负责将数据送入主机，而输出接口用于连接输出设备，负责将数据输出到输出设备。由于这些I/O接口一般是做成电路板卡的形式，所以常把它们称为“适配卡”，通常简称“××卡”。

常用的I/O接口有：

（1）显示器适配卡和视频图形阵列（Video Graphics Array，VGA）接口

显示器适配卡又称显卡，其功能是把显示器同主机连接起来，如图2-28所示。它一般插在系统主板的扩展槽中。显卡上的连接器是与显示器连接的。显卡可以分为独立显卡和集成在主板芯片组上的集成显卡两类。一般而言，同一时期的独立显卡在性能上要明显优于集成显卡，在功耗及发热量上也大于集成显卡。

图2-28　显卡

VGA是IBM公司于1987年提出的一个使用模拟信号的电脑显示标准。VGA接口即电脑采用VGA标准输出数据的专用接口。如图2-29所示，VGA接口有公口和母口，均共有15针/孔，分成3排，每排5针/孔，是应用最为广泛的接口类型，绝大多数显卡都带有此种接口。它传输红、绿、蓝模拟信号以及同步信号（水平和垂直信号）。

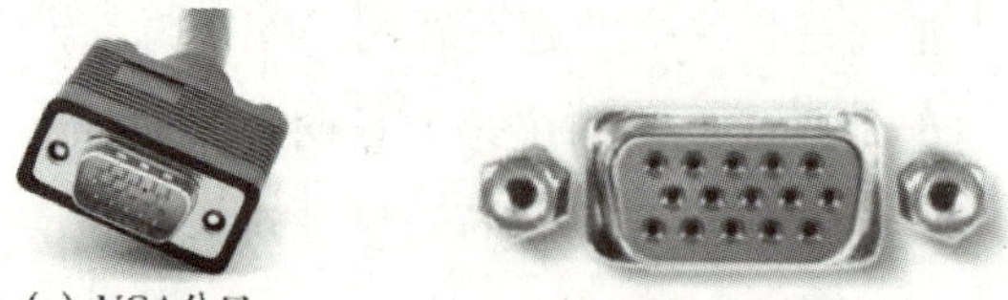

(a) VGA公口　　(b) VGA母口

图2-29　VGA接口

（2）声卡

声卡又称音频卡，是多媒体技术中最基本的组成部分，是实现声波/数字信号相互

转换的一种硬件，如图2-30所示。声卡的基本功能是把来自话筒、光盘的原始声音信号加以转换，输出到耳机、扬声器、扩音机、录音机等声响设备，或通过音乐设备数字接口（Musical Instrument Digital Interface，MIDI）使乐器发出美妙的声音。

（3）网络适配器和RJ-45网络接口

计算机与外界局域网是通过主机箱内插入的一块网络接口板（或者是在笔记本电脑中插入一块PCMCIA卡）连接的，如图2-31所示。网络接口板又称为通信适配器、网络适配器（Network Adapter）、网络接口卡（Network Interface Card，NIC），但是现在更多的人愿意使用更为简单的名称“网卡”。每个网卡都有一个介质访问控制地址（Media Access Control Address，MAC地址）。MAC地址是48位串行号，被写在网卡上的一块ROM中。在网络上的每一个计算机都必须拥有一个独一无二的MAC地址。没有任何两块网卡拥有同样的地址。这是因为电气和电子工程师协会（Institute of Electrical and Electronis Engineers，IEEE）负责为网络接口控制器销售商分配唯一的MAC地址。

图2-30 声卡

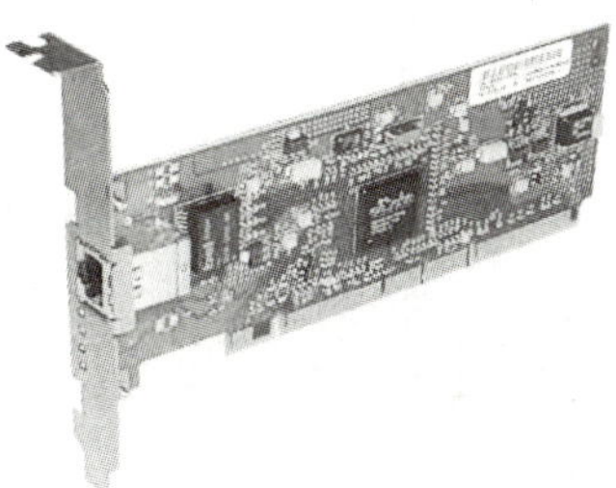

图2-31 网卡

RJ-45网络接口如图2-32所示，可用于连接RJ-45接头，适用于由双绞线构建的网络。双绞线的两端必须都安装RJ-45插头（水晶头），以便插在网卡、集线器（Hub）或交换机（Switch）的RJ-45网络接口上进行网络通信。

(a) 水晶头　(b) 网络接口

图2-32 RJ-45网络接口

（4）硬盘驱动器接口

最常见的硬盘驱动器接口类型有小型计算机系统接口（Small Computer System Interface，SCSI）和电子集成驱动器（Integrated Drive Electronics，IDE）接口等。

SCSI是一种高速磁盘接口卡，可以连接不同的设备，如硬盘驱动器、扫描仪等，它的传输速度可以达到10 Mbps或更高。

目前硬盘的接口主要为IDE接口，这是Compaq公司为解决老式硬盘接口存在的速度慢、成本高等问题而开发出的接口，亦即高级技术附件规格（Advanced Technology Attachment，ATA）接口。由于有IDE接口的硬盘具有价格低廉、稳定性好、标准化程度高、支持光盘存储器等优点，因此得到广泛的应用。IDE接口经历ATA、ATA/33、ATA/66、ATA/100、ATA/133、ATA/167等几种速度规格发展到今天的Ultra ATA。后面的数字标明了这种接口的传输速度，比如ATA/100接口可以达到100 Mbps的速度。

传统的IDE接口硬盘俗称并行ATA（Parallel ATA，PATA）硬盘，如图2-33所示。从数据的传输上来看，这种IDE接口硬盘有一些滞后，因为主流的PATA硬盘仅能支持ATA/100和ATA/133两种数据传输规范，传输速度最高只能达到100 Mbps或133 Mbps。另外，硬盘所使用的80-pin数据线在机箱内部杂而乱，会阻碍空气在机箱里的流动，从而影响到系统的散热。虽然劣势明显，但由于原有的主板平台并不支持串行ATA（Serial ATA，SATA）接口，这种IDE接口的PATA大容量硬盘还是首选。还有一些用户认为这种类型的硬盘在技术上成熟、稳定，所以也选择这种类型的PATA硬盘。

（a）硬盘PATA接口　（b）PATA接口数据线　（c）主板PATA数据接口

图2-33　PATA接口

现在，SATA硬盘已经逐渐取代了传统的PATA硬盘，成为市场的主流。目前在SATA标准中只需要四线电缆就可完成所有工作（第1针供电，第2针接地，第3针为数据发送端，第4针为数据接收端），如图2-34所示。这样的架构还能降低系统能耗，减小系统复杂性。其次，SATA的起点更高、发展潜力更大，SATA 1.0定义的数据传输率可达150 Mbps，这比目前的PATA（即ATA/133）所能达到的最高数据传输率（133 Mbps）还高，而SATA 2.0定义的数据传输率达到300 Mbps，SATA 3.0可实现600 Mbps的数据传输率。由于SATA使用点对点的协议，采用这种接口，一台计算机同时连接两个硬盘时就没有主、从硬盘之分了，免去了用户设置硬盘主从跳线的麻烦。此外，SATA接口不再受单通道只能连接两块硬盘的限制，它可以同时连接多个硬盘，这一点也是传统PATA接口无法相比的。同时它不但支持硬盘，还支持CD、DVD等存储设备。目前SATA接口已经进入实用阶段，有的主板芯片已经开始支持SATA接口。希捷等公司已研制出320 GB SATA接口的硬盘。在实际使用中，SATA硬盘使用7芯数据线和15芯SATA专用电源线。考虑到兼容性，SATA硬盘还提供IDE硬盘标准电源接口。

(a) 硬盘SATA接口　(b) SATA接口数据线　(c) 主板SATA数据接口

图2-34　SATA接口

（5）RS-232C串行接口

RS-232C串行接口是目前较为常用的一种串行通信接口。串行接口在一个方向上一次只能传送一位二进制数据，而并行接口一次可传送一个字节的八位二进制数据。常见的DB-9针型和DB-25针型接口如图2-35所示，可用于连接调制解调器等通信设备。

(a) DB-9母口　(b) DB-9公口　(c) DB-25母口　(d) DB-25公口

图2-35　各型RS-232C串行接口

（6）USB接口

USB接口如图2-36所示，是一种遵循USB总线传输协议的通用串行通信接口，可用于连接鼠标、键盘、打印机、扫描仪、调制解调器、移动硬盘、摄像头、手机等众多外围设备。

（7）PS/2接口

PS/2接口是一种兼容型电脑系统上的接口，如图2-37所示，可以用来连接键盘及鼠标。PS/2的命名来自1987年IBM公司推出的个人计算机——PS/2系列。PS/2鼠标连接通常用来取代旧式的序列鼠标接口（DB-9 RS-232），而PS/2键盘连接则用来取代为IBM PC/AT设计的大型5芯DIN接口。PS/2的键盘及鼠标接口在电气特性上十分类似，其中主要的差别在于键盘接口需要双向传输。早期，如果对调键盘和鼠标的插槽，则大部分台式计算机主板将不能识别出键盘及鼠标。

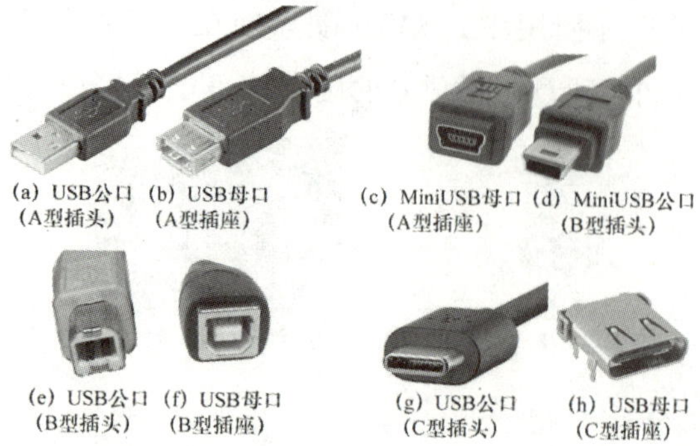

图2-36　USB接口

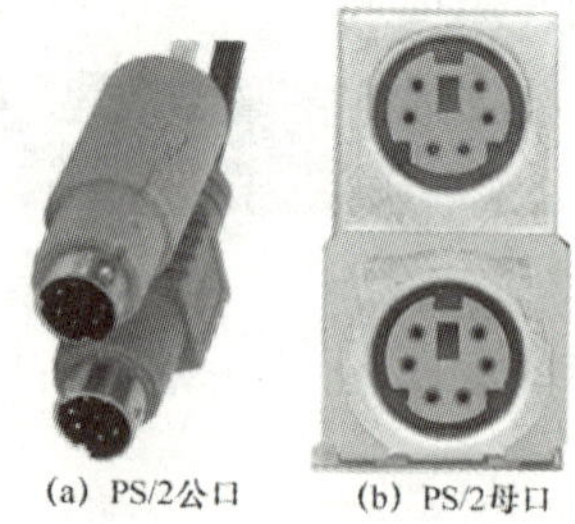

图2-37　PS/2接口

目前PS/2接口已经慢慢地被USB接口所取代，只有少部分台式计算机仍然提供完整的PS/2接口，较多机器则已无PS/2接口，或仅提供一组键盘及鼠标可以共用或是仅可供键盘使用的PS/2接口。有些鼠标及键盘可以使用转换器将接口由USB转换成PS/2，亦有可从USB接口分接成PS/2接口的转接线。PS/2接口支持热插拔（相对于传统AT键盘而言），但插入后需先重新启动，有别于现在的热插拔。原来的PS/2接口是黑色的，或与连接线颜色相同（主要是白色）。后来PC97标准中引入了一个颜色代码：键盘的接口以及兼容的键盘的接口和插头是紫色的，鼠标的接口和插头是绿色的。

2.3.6　输入设备

输入设备用来接收操作者输入的原始数据或程序，并按某种形式存放到存储器中。输入的信息有数字、符号、字母、图像、声音和控制符等。目前常用的输入设备有键盘、鼠标、扫描仪、麦克风、手写笔、摄像头、数码照相机、条形码读取器等。

1. 键盘

键盘是计算机系统中最常用的输入设备，我们所做的文字编辑、表格处理以及程序的编辑、调试等工作，绝大部分都是通过键盘完成的。老式的键盘用电缆通过一个六芯圆形PS/2插头与主机箱中的内键盘控制电路接出的六芯插座相连，新式的键盘则多采用USB连接线与主机的USB接口相连。当用户按下某个按键时，键盘内的控制电路根据该键的位置把该字符信号转换为二进制所表示的键码，再通过电缆传送给主机。

键盘上的字母是按照字母使用频率的高低来排列的。19世纪70年代，肖尔斯公司是当时最大的专门生产打字机的厂家。由于当时机械工艺不够完善，使得字键在击打之后的弹回速度较慢，一旦打字员击键速度太快，就容易发生两个字键绞在一起的现象，必须用手很小心地把它们分开，从而严重影响了打字速度。为此，公司时常收到客户的投诉。

为了解决这个问题，设计师和工程师伤透了脑筋。后来，有一位聪明的工程师提出：打字机绞键的原因，一方面是字键弹回速度慢，另一方面是打字员速度太快了。既然我们无法提高弹回速度，为什么不想办法降低打字速度呢？这无疑是一条新思路。降低打字员的速度有许多方法，最简单的方法就是打乱26个字母的排列顺序，把较常用的字母摆在笨拙的手指下，比如，字母"O""S""A"使用频率很高，放在最笨拙的右手无名指、左手无名指和左手小指来击打；使用频率较低的"V""J""U"等字母由最灵活的食指负责。于是，这种"QWERTY"式组合的键盘诞生了，并且逐渐定型。后来，由于材料工艺的发展，字键弹回速度远大于打字员击键速度，但键盘字母顺序却没有改动。至今出现过许多种更合理的字母顺序设计方案，但都无法推广，可见习惯的力量是多么强大。

键盘的按键数曾出现过83键、93键、96键、101键、102键、104键、107键等。常用的键盘是增强型的101键盘，也有微软自然键盘，它有104个键，是在原101键盘的基础上增加了3个用于Windows操作系统的按键。

2. 鼠标

鼠标又称鼠标器，是一种用于图形用户界面使用环境的、带有按键的手持输入设备，它比键盘更灵活、更方便。美国科学家道格拉斯·恩格尔巴特于1968年制作了第一只鼠标。这种设备使用户能够通过手的运动来操作屏幕上的对象，例如Windows图形环境中的基本操作就是使用鼠标来选取、移动和激活显示在屏幕上的元素。它以其快捷、准确、直观的屏幕定位能力而受到用户的喜爱，已成为计算机不可缺少的输入设备。

鼠标一般通过RS-232C串行口、PS/2接口或USB接口与主机连接，也可以通过红外线或蓝牙与主机连接。鼠标上的按键有两键、三键的。三键的鼠标一般在中间有一个滚轮或按键，通过它可以直接滚动来浏览页面。常用的鼠标有机械式和光电式两种，如图2-38所示。

(a) 机械式鼠标 (b) 光电式鼠标

图2-38 鼠标

①机械式鼠标。在机械式鼠标下面有一个可以滚动的小球，当鼠标在桌面上移动时，小球与桌面摩擦转动，带动鼠标内的两个带齿轮的圆盘转动，从而得出屏幕上鼠标的位置。机械式鼠标价格便宜，但故障率较高。

②光电式鼠标。在光电式鼠标下面有平行放置的作为光电转换装置的小发光管，当鼠标移动时，光源发出的光经反射后由鼠标接收再转换为移动信号送入计算机，从而得出屏幕上鼠标的位置，并使光标随着移动。光电式鼠标价格较贵，但性能较可靠，故障率较低。

3. 扫描仪

扫描仪是常用的图像输入设备，如图2-39所示。它一般通过RS-232C接口或USB接口与主机相连。在实际工作中可能有大量的图片、照片和各种各样的图表需要输入到计算机里进行处理，但是图片、照片等资料不能直接依靠键盘和鼠标来输入。扫描仪是一种纸面输入设备，可以通过专用的扫描程序直接把一整幅图形、图片和文字材料等快速地输入计算机，形成数据文件后在屏幕上显示出来。然后我们就可以使用一些图形、图像处理软件，对图片等资料进行编辑及后期加工处理了。

图2-39　扫描仪

2.3.7　输出设备

输出设备用来将保存在存储器中的计算机处理结果以某种形式输出，可以输出字母、数字、表格和图形等。目前常用的输出设备有显示器、打印机、音箱、投影仪及绘图仪等。

1. 显示器

显示器是一种字符、图形等的输出设备，主要用于显示计算机的运行结果。显示器按所采用的显示器件可分为阴极射线管（Cathode Ray Tube，CRT）显示器、液晶显示器（Liquid Crystal Display，LCD）等，如图2-40所示。当前计算机上所配备的显示器大多数为液晶显示器。液晶显示器有几个非常显著的特点：超薄、完全平面、无电磁辐射、功耗小等。显示器按照其屏幕类型又分为球面、平顶直角和纯平面等，其尺寸有14英寸、15英寸、17英寸和19英寸等；按照其扫描方式又可分为隔行扫描和逐行扫描两种。

(a) CRT显示器　　(b) 液晶显示器

图2-40　显示器

显示器有以下三个重要指标。

①分辨率：是衡量显示器的一个常用指标，表示为水平分辨率（一个扫描行中像素的数目）和垂直分辨率（扫描行的数目）的乘积，如 1 024 × 768。它在硬件许可范围内是可调节的，分辨率越高图像就越清晰。

②点距：是指屏幕上相邻的两个荧光点之间的最小距离，是不可调节的。点距越小，显示器的分辨率就越高，在有限的屏幕尺寸内，就可以容纳更多的图像点，从而更精确地描述其细节，显示的图像质量也越高。点距的单位为 mm。目前显示器的点距有 0.22 mm、0.25 mm、0.28 mm、0.31 mm 等。

③刷新率：是指显示屏上像素每秒更新的次数，分为垂直刷新率和水平刷新率。其中垂直刷新率又称为帧频或画面刷新率，帧频越高，图像的稳定性越好。计算机显示器的帧频一般在 85 Hz 以上。

2. 打印机

打印机是将计算机的运行结果或中间结果打印在纸张上的常用输出设备。按打印的颜色有单色、彩色之分，按工作方式可分为击打式打印机和非击打式打印机。击打式打印机中用得最多的是点阵打印机，非击打式打印机中用得最多的是喷墨打印机和激光打印机，如图 2-41 所示。另外还有 3D 打印机，可以打印立体模型。

(a) 点阵打印机　(b) 喷墨打印机　(c) 激光打印机

图 2-41　打印机

①点阵打印机：也称针式打印机，它由走纸部件、打印头和色带组成。打印头由 24 根打印针纵向排列组成点阵，通过打印头的左右移动，根据所打印字符的数据使打印头部分针击打色带，最后在纸张上形成字符。它的优点是价格便宜、耐用，可以打印蜡纸和多层压感纸，缺点是噪声大、打印速度慢，将逐渐被淘汰。

②喷墨打印机：使用喷墨来代替打印针，将墨水通过精制的喷头喷射到纸面上形成输出字符或图形。喷墨打印机体积小、无噪声、打印质量高、价格便宜，适于个人购买，但它对纸张要求高，墨水消耗大，不能打印蜡纸。

③激光打印机：结合了激光技术与电子照相技术。激光打印机打印质量高、无噪声、打印速度快，现在的许多报纸、图书的初稿都是由激光打印机打印的，但它对纸张要求高，价格较昂贵，不能打印蜡纸。

3. 绘图仪

打印机能打印出字符和一般的图形（包括汉字），但是面对复杂、精确的图形则显得力不从心，而绘图仪能绘制各种平面的、立体的图形。绘图仪是一种能按照人们要求自动绘制图形的设备，它可将计算机的信息以图形的形式输出。绘图仪主要可绘制各种管理图表和统计图、大地测量图、建筑设计图、电路布线图、机械图与计算机辅助设计图等。作为一种常用的图形输出设备，绘图仪在气象、测绘、服装、机械、电子等图形输出较多的行业中有着广泛的应用。现代的绘图仪已具有智能化的功能，它自身带有微处理器，可以使用绘图命令，具有直线和字符演算处理以及自检测等功能。

绘图仪一般由驱动电机、插补器、控制电路、绘图台、笔架、机械传动等部分组成。除了必要的硬件设备之外，绘图仪还必须配备丰富的绘图软件。只有软件与硬件结合起来，才能实现自动绘图。绘图仪的种类很多，按结构和工作原理可以分为滚筒式和平台式两大类，如图2-42所示。

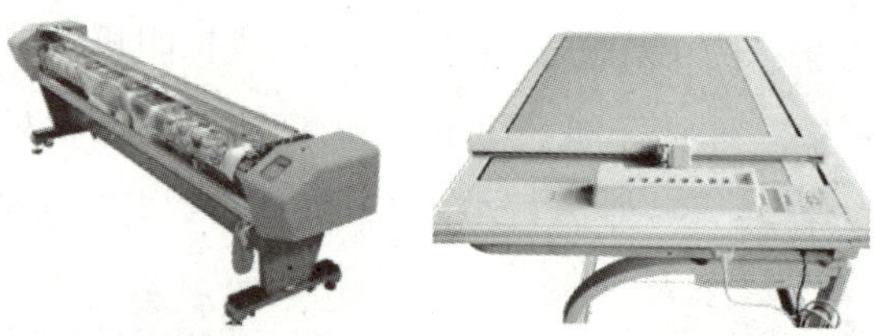

(a) 滚筒式绘图仪　　(b) 平台式绘图仪

图2-42　绘图仪

①滚筒式绘图仪。当X方向步进电机通过传动机构驱动滚筒转动时，链轮就带动图纸移动，从而实现X方向运动。Y方向的运动，是由Y方向步进电机驱动笔架来实现的。这种绘图仪结构紧凑，绘图幅面大，但它需要使用两侧有链孔的专用绘图纸。

②平台式绘图仪。绘图平台上装有横梁，笔架装在横梁上，绘图纸固定在平台上。X方向步进电机驱动横梁连同笔架，作X方向运动；Y方向步进电机驱动笔架沿着横梁导轨，作Y方向运动。图纸在平台上的固定方法有三种，即真空吸附、静电吸附和磁条压紧。平台式绘图仪绘图精度高，对绘图纸无特殊要求，应用比较广泛。

2.3.8　微型计算机选配

选配微型计算机包括硬件选配和软件选配。硬件选配主要指选配CPU、主板、内存、硬盘、显卡和显示器等硬件部件，软件选配主要指选配操作系统等软件系统。

表2-6和表2-7为两套典型的来自http://zj.zol.com.cn的ZOL模拟攒机的硬件配置单。

表2-6 中低端计算机标准配置

配置	品牌型号
CPU	AMD A10-6700
主板	映泰A88M金刚版
内存	金士顿骇客神条8 GB DDR3 1600(时空裂痕游戏版)
硬盘	希捷Barracuda 1 TB 7 200转 64 MB单碟(ST1000DM003)
机箱	游戏悍将终结者4RTX
电源	游戏悍将红警X4 RPO 400X
显示器	AOC E2460SWD
键鼠装	双飞燕N9100针光键鼠套装

表2-7 高端计算机标准配置

配置	品牌型号
CPU	Intel 酷睿i7 4790K
主板	技嘉GA-Z97X-Gaming 3(rev.1.0)
内存	金士顿骇客神条8 GB DDR3 1600(时空裂痕游戏版)
硬盘	希捷Barracuda 1TB 7 200转 64 MB单碟(ST1000DM003)
固态硬盘	浦科特PX-128M6S(128 GB)
显卡	Inno3D GTX970游戏至尊版
机箱	鑫谷战舰EVO豪华版
电源	鑫谷GP700G黑金版
散热器	Tt Water 3.0 Performer (2014版)
显示器	三星S27D390H
键鼠装	罗技G100S键鼠套装

微型计算机的操作系统目前选择较多的是Windows 7、Windows 10，也有一些微型计算机上安装Mac OS、Linux等操作系统。另外，为了在计算机上完成一些任务，还需要安装办公软件（如Microsoft Office、WPS Office）、阅读软件（如Adobe Reader）、图形图像处理软件（如Photoshop）、软件开发平台（如Microsoft Visual Studio）等。

本章小结

计算机中的信息表示和存储的基本形式是由0和1组成的二进制数字编码，其他进制可以使用二进制按照一定的转换规则互相转化。计算机中用二进制为数值、字符、图形、图像、声音、视频等信息进行编码。

现代计算机基本遵循冯·诺依曼体系结构。计算机系统由计算机硬件系统和计算机软件系统两部分组成，具有接收和存储信息、按程序快速计算和判断并输出处理结果等功能。

计算机硬件系统是借助电、磁、光、机械等原理构成运算器、控制器、存储器（包括主存储器和辅助存储器）、输入设备和输出设备等各种物理部件的有机组合，是计算机系统赖以工作的物质实体。运算器和控制器是构成CPU的重要部件。CPU是计算机硬件系统的核心，它从主存储器中读取程序的每条指令，并且每次执行一条指令，直到程序结束。存储器用于存储程序、数据和文件，常由快速的主存储器和慢速海量的辅助存储器组成。中央处理器和存储器构成主机。各种输入/输出设备是人机间交互的信息转换器，由输入/输出控制系统管理外围设备与主机之间的信息交换。

计算机软件系统是程序及程序执行所需要的数据（文档）的集合，包括系统软件和应用软件。程序就是一系列的指令，由硬件一条条地执行。系统软件由操作系统、语言处理程序、数据库系统以及其他支撑软件系统等组成，是软件系统的最内层。操作系统实施对各种软硬件资源的管理控制并提供用户界面。语言处理程序的功能是把用户用汇编语言或某种高级语言所编写的程序，翻译成机器可执行的机器语言程序。数据库系统是用于支持数据管理和存取的软件，它包括数据库、数据库管理系统等。应用软件是用户按其需要编写的专用程序，借助系统软件和支援软件来运行，是软件系统的最外层。

习题

单项选择题

1. 冯·诺依曼型计算机的体系结构主要分为（　　）五大组成部分。

A. 外部存储器、内部存储器、CPU、显示器、打印机

B. 运算器、控制器、存储器、输入设备、输出设备

C. 输入、输出、控制、存储、外设

D. 以上都不是

2. 个人计算机的硬件配置主要包括（　　）。

A. 主机、键盘、电源、CPU

B. 主机、电源、CPU、键盘、鼠标

C. CPU、内存、主板、显示器、硬盘、键盘、鼠标等

D. CPU、键盘、显示器、打印机、Office

3.（　　）是计算机系统的标准输出设备。

A. 光驱　　B. 软驱

C. 硬盘　　D. 显示器

4. 下列设备中不能作为个人计算机的输入设备的是（　　）。

A. 打印机　　B. 鼠标

C. 键盘　　D. 扫描仪

5. 下列各选项，都是硬件的是（　　）。

A. 硬盘、光盘和软盘　　B. Windows、ROM和CPU

C. WPS、RAM和显示器　　D. ROM、RAM和UNIX

6. 计算机软件系统主要分为两大类，如常用的Windows、Linux、Netware等操作系统属于（　　）。

A. 应用软件　　B. 系统软件

C. 工具软件　　D. 开发软件

7.（　　）是控制和管理计算机硬件和软件资源、合理地组织计算机工作流程、方便用户使用的程序集合。

A. 操作系统　　B. 监控程序

C. 应用程序　　D. 编译系统

8. 下列软件中属于应用软件的是（　　）。

A. Visual FoxPro 6.0　　B. Java编译器

C. Linux　　D. WPS

9. 计算机指令由操作码和（　　）组成。

A. 地址码　　B. 二维码

C. 操作数　　D. 存储码

10. 指令执行过程的顺序是（　　）。

A. 取指令、指令译码、存储结果、执行指令

B. 指令译码、取指令、存储结果、执行指令

C. 指令译码、取指令、执行指令、存储结果

D. 取指令、指令译码、执行指令、存储结果

11. 计算机中能传输状态信号的是（　　）。

A. 数据总线　　B. 地址总线

C. 控制总线　　D. 状态总线

12. 下面对控制器描述错误的是（　　）。

A. 是计算机的神经中枢　　B. 协调计算机中各个部件

C. 存储程序结果　　D. 实现计算机运行过程的自动化

13. 内存的大部分由RAM组成，RAM中存储的数据在断电后将（　　）丢失。

A. 不会　　B. 部分　　C. 完全　　D. 大部分

14. 从移动硬盘上把数据传回到计算机，称为（　　）。

A. 写盘　　B. 读盘　　C. 显示　　D. 输出

15. 目前市场上流行的打印输出设备有针式打印机、喷墨打印机、（　　）等。

A. 中文打印机　　B. 激光打印机　　C. 扫描打印机　　D. 传真机

16. 下列参数中，（　　）不是显示器的主要性能指标。

A. 分辨率　　B. 耗电量　　C. 点距　　D. 刷新率

17. 连接主机箱内其他硬件使这些硬件协调一致工作的设备是（　　）。

A. CPU　　B. 主板　　C. 显卡　　D. 内存

18. 用户在Word中进行存盘操作时，实际上是把数据保存到了（　　）中。

A. 高速缓冲存储器　　B. 外存　　C. 内存　　D. CMOS

19. 下列存储设备中容量最大的是（　　）。

A. 硬盘　　B. 内存　　C. Cache　　D. 软盘

20. 一个字节包括（　　）个二进制位。

A. 8　　B. 16

C. 32　　D. 64

21. 1 MB等于（　　）字节。

A. 100 000　　B. 1 024 000

C. 1 000 000　　D. 1 048 576

22. 下列数据中，有可能是八进制数的是（　　）。

A. 488　　B. 317

C. 597　　D. 189

23. 与十进制数36.875等值的二进制数是（　　）。

A. 110100.011　　B. 100100.111

C. 100110.111　　D. 100101.101

24. 与八进制数64.3等值的二进制数是（　　）。

A. 110100.011　　B. 100100.111

C. 100110.111　　D. 100101.101

25. 与十六进制数26.E等值的二进制数是（　　）。

A. 110100.011　　B. 100100.111

C. 100110.111　　D. 100101.101

26. 下列逻辑运算结果不正确的是（　　）。

A. 0 + 0 = 0　　B. 1 + 0 = 1

C. 0 + 1 = 0　　D. 1 + 1 = 1

27. 下列不同进制的四个数中，最小的一个数是（　　）。

A. $(1101100)_2$　　B. $(65)_{10}$

C. $(70)_8$　　D. $(A7)_{16}$

28. 32位微处理器中的“32”表示的技术指标是（　　）。

A. 字节　　B. 容量

C. 字长　　D. 二进制位

29. 存储容量为1 KB，可存入（　　）个二进制的信息。

A. 1 024　　B. 8 × 1 024

C. 8 × 8 × 1 024　　D. 1 024 × 1 024

简答题

1. 什么是进制？日常使用的进制有哪些？不同进制的数值是如何相互转换的？
2. 冯·诺依曼体系结构计算机由哪些组成部分？各自有什么功能？
3. 现代计算机的基本工作原理是什么？
4. 软件有哪些类型？
5. 什么是CPU？其组成结构和功能是什么？
6. 存储器的层次有哪些？组装计算机需要配置哪些存储器？
7. 什么是总线？为什么需要总线？常见总线有哪些类型？
8. 什么是接口？为什么需要接口？常见接口有哪些类型？
9. 列举常用的输入设备、输出设备和输入/输出设备。
10. 试配置一款个人计算机，列出其主要硬件的名称、型号、性能参数。

第3章 操作系统

操作系统（Operating System，OS）是计算机硬件上的第一层软件，其主要作用是有效地组织和管理计算机硬件和软件资源，以方便用户使用。从超级计算机、中小型计算机、微型计算机（包括个人计算机和笔记本电脑等）到PDA、移动智能手机等各类计算机都配备了操作系统（如Windows、MacOS、UNIX、Linux、Android、鸿蒙等）。其他所有软件，如数据库管理系统、编译软件等系统软件和WPS、有道词典、微信等大量的应用软件都依赖于操作系统的支持。

3.1 操作系统概述

3.1.1 操作系统的基本概念

1. 操作系统的定义

计算机系统有一位“管家”，这个“管家”就是操作系统。操作系统是一种特殊的计算机系统软件，能控制和管理计算机系统内的所有软硬件资源，通过对它们合理调度、分配和管理，使计算机内所有系统资源最大化地发挥作用，并且能合理组织计算机工作流程，实现用户的要求。可以说，操作系统是计算机的灵魂。常用的操作系统有Windows、MacOS、Linux、UNIX、智能手机操作系统（Android、iOS、鸿蒙等）等。

2. 操作系统的作用

操作系统是配置在裸机上的第一层系统软件，是对裸机功能的第一次扩充，是计算机中不可缺少的一部分，是用户和用户程序与计算机物理设备之间的接口。其他所有软件都是在操作系统基础上运行的。

操作系统在整个计算机系统中的地位如图3-1所示。

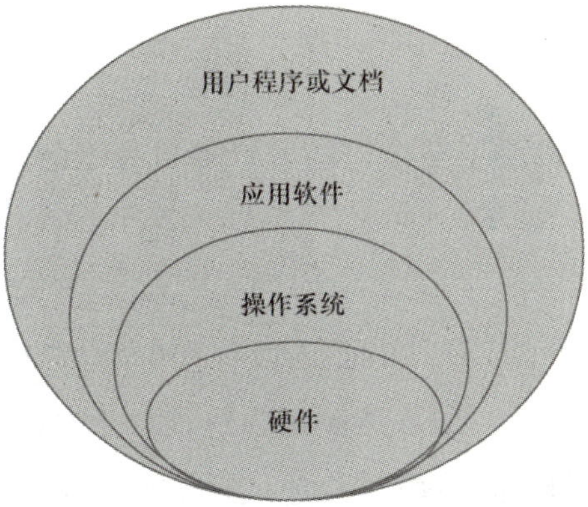

图3-1 操作系统在计算机系统中的地位

操作系统主要有五大基本功能，具体如下。

（1）处理器管理

处理器是计算机的主要核心资源。处理器管理的主要任务是对处理器进行有效的控制和管理。由于传统的多道程序系统中，处理器的分配和运行都是以进程为基本单位，所以处理器管理又称进程管理，主要涉及进程控制、进程同步、进程通信和进程调度。

（2）存储器管理

存储器是计算机用来存储用户的程序和数据的设备。存储器管理的主要目的是为程序提供良好的运行环境，以方便用户使用并提高存储器的利用率，主要涉及内存分配、内存回收、内存保护、地址映射和内存扩充等。

（3）设备管理

一台完整的计算机常连接多个I/O设备，如鼠标、键盘、显示器和打印机等，这些设备来自不同的厂家，有着众多的型号。为了提高设备的利用率和满足用户的设备请求，需要设计一个简洁可靠的设备管理系统。设备管理系统主要涉及缓冲管理、设备分配回收、设备驱动程序、设备独立性和虚拟设备。

（4）文件管理

文件管理又称信息管理。计算机中的所有数据都是以文件的形式进行存储的。为了方便用户对文件进行管理并保证文件的安全性，操作系统提供了文件管理功能，其主要包括：文件存储空间管理、目录管理、文件的读写管理和文件保护等。

（5）用户接口

操作系统为用户提供了“用户与操作系统的接口”，以方便用户使用计算机，主要包括用户接口和程序接口。用户接口便于用户直接或间接控制程序的运行，程序接口可使用户在编程的时候获得系统服务。

3.1.2 操作系统的形成

从1945年第一台计算机诞生至今，随着计算机技术的发展，操作系统从无到有，逐步演化而来。

1. 人工操作阶段

从诞生第一台计算机开始，到20世纪50年代中期为第一代计算机阶段，第一代计算机的主要元器件是电子管，运算速度仅为每秒数千次运算，没有操作系统，甚至没有任何软件。用户通过机器语言编写程序，采用手工操作的方式使用计算机。使用计算机前，用户首先将程序（二进制）打点在纸带/卡片上，再将已打点的纸带/卡片装入纸带/卡片输入机，接着启动输入机将程序和数据输入计算机，通过手工控制台开关启动程序。程序运行完毕，将计算结果打印输出后，用户卸下并取走含有计算结果的纸带/卡片。当一个用户程序运行完毕并将计算结果取走后，下一用户才能装入程序运行。当前使用计算机的用户在此期间要独占整台计算机全部资源，严重降低了计算机资源利用率。随着计算机运算速度的提高和系统规模的扩大，人工操作方式严重降低了计算机系统处理速度，影响了计算机资源利用率，即人机矛盾日趋严重。

2. 单道批处理系统

20世纪50年代中期，计算机的主要元器件为晶体管，即第二代计算机，它的运算速度更高、体积更小、功耗更低、可靠性更好，但计算机系统仍然非常昂贵。为了提高计算机资源的利用率，解决人工操作效率低下的问题，系统中配置了监督程序，让多个作业能够自动依次地连续处理，由此形成了单道批处理系统。其自动批处理过程为：先将多个作业以脱机方式输到磁带上，监督程序将磁带上第一个作业调入内存，并把运行控制权交给该作业；当作业处理完成后，又把控制权交还给监督程序，监督程序再将第二个作业调入内存，如此继续，使得这批作业能够一个接一个地连续处理，直到磁带上的所有作业全部处理完成。单道批处理系统处理流程如图3-2所示。

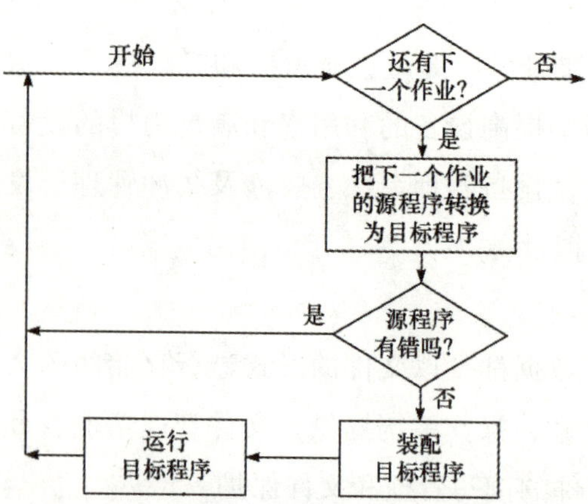

图3-2 单道批处理系统处理流程

单道批处理系统是最早出现的一种操作系统，让磁带上各道作业能够按顺序进入内存并自动地依次运行。虽然单道批处理系统的内存中仅有一道程序，系统资源利用率不高，但相比人工操作方式已有很大的进步。

3. 多道批处理系统

20世纪60年代中期，中小规模集成电路开始取代晶体管作为计算机的主要元器件，计算机在速度、可靠性、功耗和体积方面都有了显著的改善。为了进一步提高资源利用率和系统吞吐量（单位时间内所完成的作业总量），人们引入了多道程序设计技术，由此形成了多道批处理系统。典型的多道批处理系统是IBM公司的OS/360。

在多道批处理系统中，用户将准备好的作业提交给计算中心的操作员，但操作员并不立即输入作业，而是将用户所提交的作业排成一个队列，等到作业达到一定数量后才进行成批输入，同时计算结果也成批输出。

多道批处理系统有以下主要特征：

①用户脱机使用计算机。用户提交作业后直到获得结果之前就不再和计算机打交道。

②成批处理。用户提交的作业由操作员分批进行处理，提交作业后用户不能与其作业发生交互，由操作系统负责自动调度每批作业执行。

③多道程序运行。系统内可同时容纳多个作业放在外存，组成一个后备队列，从这批作业中选取多道作业调入内存并组织它们运行。

多道批处理系统的优点：多个作业共享计算机系统资源，由操作系统自动调度作业执行，用户在运行过程中不干预自己的作业，提高了系统资源的利用率和系统吞吐量。

多道批处理系统的缺点：无人机交互能力，平均周转时间长，一旦提交作业，用户就不能对其运行进行干预；由于是批处理，通常需要几个小时或几天的作业周转时间（从作业提交到执行完毕并退出系统所经历的时间），用户等待时间很长。

4. 分时操作系统

为了满足用户对人机交互的需求并提高资源利用率，人们在一台主机上连接多个带有显示器和键盘的终端。多个用户通过自己的终端，以交互方式使用计算机，共享主机中的资源。分时操作系统把处理机的运行时间分成很短的时间片，按时间片轮流把处理机分配给各联机作业使用。若某个作业在分配给它的时间片内不能完成计算，则该作业暂时中断，把处理机让给另一作业使用，等待下一轮再继续运行。分时操作系统采用时间片轮流法，同时为多个终端用户服务，保证每个用户有足够快的响应时间，并在可能条件下尽量提高系统资源的利用率。

分时操作系统具有以下特点：

①多路性：同时有多个用户使用一台计算机。宏观上是多个人同时使用一个处理机，微观上是多个人在不同时刻轮流使用处理机。

②交互性：用户通过终端与系统进行人机对话，并根据响应结果提出新请求。

③独立性：每个用户独占一个终端，且感觉不到计算机为其他人服务。

④及时性：系统对用户提出的请求能在很短的时间内响应，时间由用户数和时间片大小确定。

5. 实时系统

计算机应用范围日益扩大，尽管多道批处理系统和分时操作系统在科学计算和数据处理领域拥有较高的资源利用率和较短的系统响应时间，但扩大到飞机飞行控制、导弹发射、冶炼轧钢等设备控制，工业生产，火车、汽车订票以及银行业务等实时处理领域却不能满足要求。于是就出现了实时系统，即操作系统拥有能够及时响应随机发生的外部事件，并在严格的时间范围内完成对该事件处理的能力。典型的实时系统主要分为三种：

①实时控制系统：用于飞机飞行、导弹发射以及工业生产等自动控制，它从被控过程按时获得输入。

②信息查询系统：主要特点是配置有大型文件系统或数据库，并具有向用户提供简单、方便、快速查询的功能。

③事务处理系统：能对终端设备发来的服务请求及时予以正确的回答，系统的特点是数据库中的数据随时都可能更新，用户和系统之间可以频繁地进行交互。

在实时系统中配置的操作系统称为实时操作系统，目前广泛应用的是嵌入式操作系统。

现代大多数操作系统，如Linux、UNIX和Windows等都兼有批处理系统、分时系统和实时系统的特点，属于通用操作系统。

3.1.3 操作系统的进一步发展

随着计算机硬件和体系结构的发展，操作系统进一步发展，形成了微机操作系统、网络操作系统和分布式操作系统。

1. 微机操作系统

配置在微型计算机上的操作系统称为微机操作系统。根据其运行方式，微机操作系统可以进一步分为：

①单用户单任务操作系统：在任何时刻只允许一个用户在同一时间执行单个任务，如MS-DOS、CP/M。

②单用户多任务操作系统：在任何时刻只允许一个用户上机执行任务，但是允许在同一时间执行多个任务，如Windows 95、Windows XP等。

③多用户多任务操作系统：同时允许多个用户上机执行任务，并且每个用户在同一时间可执行多个任务，如UNIX OS。

2. 网络操作系统

为了实现网络中软硬件资源的共享，人们通过网络将分布在不同地理位置的计算机系统连接起来构成计算机网络。网络操作系统为计算机网络提供各种服务，实现计算机之间的通信和资源的共享，使得网络中的每一台计算机都具有强大的处理能力。常用的网络操作系统有Windows Server 2008、Unix和Linux等。

3. 分布式操作系统

分布式操作系统是指支持处理分布式系统资源以及控制分布式任务的软件系统。它与集中式操作系统的主要区别在于资源管理、进程通信和系统结构。多部计算机结合为分布式操作系统，并具有以下特点：①分布式操作系统任务分配的并行性，即将多个任务分配到多个处理单元上，使任务并行执行；②分布式操作系统处理和控制功能分布性，即各台计算机无主次之分，既没有控制整个系统的主机，也没有受控于其他计算机的从机；③分布式操作系统的共享性，即任意两台计算机数据共享、设备共享和网络通信；④分布式操作系统的透明性，即系统内部的实现细节通常能被很好地隐藏起来；⑤分布式操作系统处理和控制功能具有很好的可靠性和可用性，即健壮性。

3.2 操作系统的基本功能

操作系统是对计算机软件和硬件资源进行管理和控制的系统软件，其主要包括以下功能：进程管理、存储器管理、设备管理和文件管理等基本功能。同时，为了方便用户使用操作系统，向用户提供了方便的用户接口。

3.2.1 进程管理

1. 多任务

现在的操作系统都是多用户多任务操作系统，即在同一时间段内一台计算机可以由多个用户使用，且同时可以执行多个用户提交的多个任务。这些任务程序和操作系统共享计算机的资源，让处理器和外围设备尽可能地处于工作的状态，提高系统的资源利用率。例如用户可以在计算机上一边听音乐，一边编辑文档等，如图3-3所示。

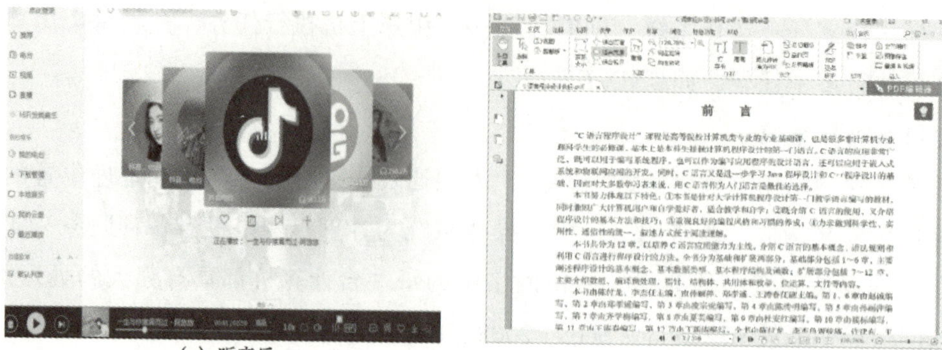

(a) 听音乐　　(b) 编辑文档

图 3-3　操作系统的多任务

2. 进程

（1）进程的引入

传统的计算机应用程序是一组指令的集合体，是一个静态的概念，一般以文件形式保存在硬盘中。计算机需要将程序调入内存中，才能在CPU上运行。在多任务操作系统中，当多道程序执行时，需要共享系统资源，从而导致各程序在执行过程中出现相互制约的关系，程序的执行表现出间断性的特征，程序的运行是异步的、动态的。因此，程序这个静态概念已不能如实反映程序并发执行过程的特征。为了深刻描述程序动态执行过程的性质，人们引入“进程”（Process）概念。

（2）进程的定义

进程是具有独立功能的程序关于某个数据集合在计算机系统中的一次执行过程，是系统进行资源分配和调度的、一个可并发执行的独立单位。

进程在结构上包括程序、数据和进程控制块（Process Control Block，PCB）。其中，进程控制块是操作系统为了描述和控制进程的运行而为每一个进程定义的一个数据结构，它记录了操作系统用于描述进程和控制进程所需的全部信息。系统根据PCB而感知进程的存在。PCB是进程存在的唯一标志。每个进程有且仅有一个进程控制块。进程控制块常驻内存。

（3）进程的状态转换

进程从创建到消亡的整个生命周期中一直处于不断变化的过程中，一般用进程状态转换描述这个变化过程。进程的状态分为五种：创建态、就绪态、运行态、阻塞态和终止态，如图3-4所示。

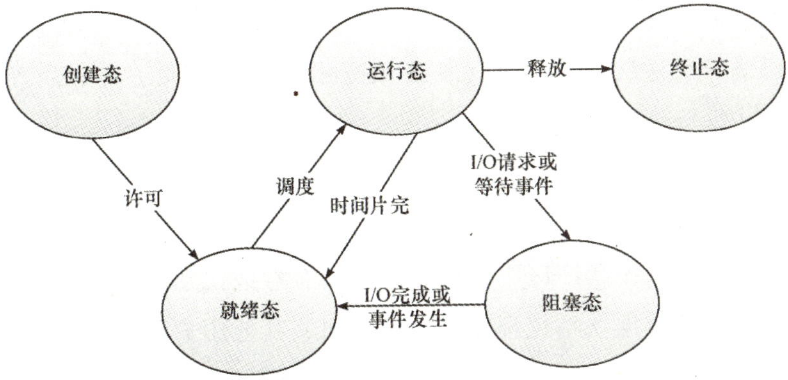

图3-4 进程状态转换图

进程控制是进程管理中最基本的功能，主要包括创建新进程、终止已完成的进程、将因发生异常情况而无法继续运行的进程置于阻塞状态、负责进程运行中的状态转换等功能。

3.2.2 存储器管理

存储器管理为多道程序的运行提供良好的环境，方便用户使用，提高存储器的利用率，主要功能包括内存分配和回收、地址映射、扩充主存、内存保护。

1. 内存分配和回收

内存分配和回收是存储器管理的主要功能之一。当应用程序并发执行需要内存时，存储器管理模块将外存中的程序和数据调入内存；当应用程序执行完毕不需要内存时，存储器管理模块又及时地将分配给该应用程序的内存资源进行回收，以便能将其分配给其他应用程序。内存分配可采用静态分配方式和动态分配方式。

2. 地址映射

目标程序所访问的地址是逻辑地址集合的地址空间，而内存空间是内存中物理地址的集合。在多道程序环境下，每道程序形成的可装入程序的地址从“0”开始，而装入内存的初始地址不可能从“0”开始，所以各程序的逻辑地址与其在内存中的物理地址是不一致的，因此，存储器管理必须提供地址映射功能，用于把程序地址空间中的逻辑地址转换为内存空间中对应的物理地址，以保证程序能够正确运行。

3. 扩充主存

扩充主存不是从物理上增加内存的容量，而是借助虚拟存储技术从逻辑上来扩充内存容量，使用户感觉到的内存容量比实际内存容量大得多。基于程序运行的局部性原理，应用程序运行前不需要将其全部装入内存，而只要将当前要运行的少数页（段）先装入便可运行，其余部分暂时保留在磁盘中。若程序要访问的页（段）不在内存中，则发出缺页（段）中断请求，操作系统利用请求调页（段）功能将其调入内存；若内存已满，无法装入新的页（段），则操作系统利用页（段）的置换功能，将暂时不用的页（段）调至磁盘上。

4. 内存保护

内存保护是存储器管理的重要任务，其目标是使所有程序都在自己的内存空间运行，互不干扰，保护系统程序区不被用户访问（有意或无意），阻止用户程序读写不属于自己地址空间的数据（系统程序区地址空间、其他用户程序的地址空间）。内存保护通常采用的方法有越界检查、存取控制检查和环保护机构。

3.2.3 设备管理

在使用计算机时，使用键盘、鼠标输入命令，显示器显示运行结果，通过打印机打印文档，用音箱听音乐等，这些输入/输出设备，以及用于存储数据的磁盘驱动设备，是计算机系统的重要组成部分。由于设备种类繁多，特性各异，操作方式的差异很大，从而使操作系统的设备管理变得十分繁杂，因此设备管理是操作系统中最繁杂且与硬件紧密相关的部分。设备管理主要包括缓冲区管理、设备分配、设备处理、虚拟设备以及实现设备独立性等。

外围设备的类型非常多，且彼此间在多方面都有差异，如它们接收和产生数据的速度、传输方式、粒度、数据的表示形式及可靠性等方面。对于这些差异，很难有一种统一的方法管理各种外围设备。因此，需要为用户设计一个简洁、可靠、易于维护的设备管理系统。设备管理负责各种外围设备与处理器、内存之间的通信，根据需求把设备接口控制器和外围设备分配给请求输入/输出操作的程序，并启动设备完成操作。此外，还常采用虚拟技术和缓冲技术，尽可能地使设备和主机并行工作。设备管理的主要任务是完成用户提出的输入/输出请求，为用户分配输入/输出设备，提高输入/输出速度和设备的利用率。

3.2.4 文件管理

计算机在信息处理过程中需要将执行的指令和数据存放在内存中，但内存有限且关闭电源或重启系统后其信息将会丢失。为了能够长期保存数据和指令，现代计算机系统都是将数据和程序以文件的形式存储在磁盘上。为了方便用户使用并保证文件的安全性，需要对用户文件和系统文件进行管理。文件管理的主要功能包括：文件存储空间管理、目录管理、文件读写管理以及文件共享与保护等。

文件是指由创建者所定义的、具有文件名的一组相关元素的集合，可分为有结构文件和无结构文件两种。有结构文件由若干个相关记录组成，无结构文件则被看成一个字符流。文件通过系统的规则进行命名，同时存储在外部存储器上（如磁盘、光盘）。系统通过文件目录实现对文件的有效管理和组织。为了能对文件进行正确的存取，必须为文件设置用于描述和控制文件的数据结构，称为文件控制块（File Control Block，FCB），文件管理程序可借助文件控制块中的信息，对文件施加各种操作。文件与文件控制块一一对应，人们把文件控制块的有序集合称为文件目录，一个文件控制块就是一个文件目录项。通常，一个文件目录也可被看成一个文件，称为目录文件。文件控制块包含基本信息、存取控制信息、使用信息。文件名和文件目录提供了“按名”引用文件的手段。操作系统提供一组文件操作命令供外部用户实现对文件的操作，如建立文件、打开文件、读文件、写文件、关闭文件、删除文件、文件改名等；还提供系统调用供用户使用，实现对文件的各种内部操作。执行读/写操作时，操作系统负责数据的逻辑结构和物理结构之间的相互转换。此外，操作系统还提供文件共享功能，负责维护文件的安全。

3.2.5 用户接口

从用户的角度来看，操作系统是用户与计算机系统之间的接口，称为用户界面，又称为用户接口，方便用户使用操作系统。操作系统提供了两类接口：命令接口和程序接口。

命令接口是用户通过输入设备，如键盘、鼠标、触摸屏等发出一系列命令，向操作系统提出各种服务请求。命令接口通常有命令行接口和图形用户接口两种方式。

①命令行接口是指在操作系统提示符下直接输入符号形式的操作命令，操作系统通过对命令进行解释执行，最终完成用户请求的任务，如图3-5所示。具有命令行接口的操作系统有DOS和Linux等，在Windows中可以通过运行cmd进入命令行界面。

图3-5 操作系统的命令行接口

②图形用户接口是指在操作系统提供的窗口中，通过菜单或按钮完成命令的提交，用户不需要记忆命令，只要从窗口选择操作命令即可，这使得系统界面更具友好性和易用性，如图3-6所示。典型的具有图形用户接口的操作系统为Windows操作系统。

图3-6　操作系统的图形用户接口

程序接口是提供给程序员的编程接口，通过在程序中使用一组系统调用命令来请求操作系统提供服务。

3.3　常用操作系统

3.3.1　Windows操作系统

Microsoft Windows操作系统是目前普通用户使用最多的操作系统，是由美国微软公司研发的视窗操作系统。微软公司从1983年开始研发Windows操作系统，1985年正式发布Windows 1.0操作系统，其设计思路是在MS-DOS使用命令行接口执行用户指令的基础上提供一个多任务的图形用户界面。1987年微软公司推出了Windows 2.0版本，相较于上一版本，它最大的改进是增加了相互叠盖的多图形化窗口样式，但没有受到广泛关注。直到1990年Windows 3.0版本问世，Windows操作系统开始普遍被人们使用，此后微软公司还发布了Windows 3.X系列版本。1995年微软公司推出了首个不需要安装DOS的16/32位混合型操作系统Windows 95。1998年对Windows 95进行改进，增加了Web集成和活动桌面，推出操作系统Windows 98，使得用户能够方便快捷地使用个人电脑及网络。2000年推出的Windows 2000操作系统，是一个可中断的、图形化的、面向商业环境的操作系统。2001年10月推出的Windows XP操作系统，是继Windows 2000及Windows ME之后的下一代Windows操作系统，也是微软公司首个面向消费者且使用Windows NT架构的操作系统。此后又推出了Windows Vista、Windows 7、Windows 8、Windows 8.1、Windows 10操作系统。当前个人计算机的主流操作系统为

Windows 7和Windows 10。图3-7为Windows系统图标。

图3-7 Windows系统图标

Windows操作系统的主要特点如下：

①多任务并行执行能力。Windows操作系统可以同时执行多个应用程序，并且可以在开启的任务之间方便快捷地切换。不同任务之间也可以方便地进行数据通信，这是由于其提供了任务和任务之间进行动态数据连接的协议（Object Linking Embedding，OLE）和动态数据交换的协议（Dynamic Data Exchange，DDE）。

②面向对象的图形用户界面，易学易用。Windows操作系统绝大部分功能都可以通过操作鼠标点击和键盘输入在图形界面上完成，以直观的方式对计算机的资源进行管理，使得用户的操作更加便捷，学习和使用更加方便。

③操作方式灵活多样。Windows操作系统提供了多种操作方式，除了传统的鼠标和键盘操作方式外，还提供了图标操作方式、菜单操作方式、工具按钮操作方式等。资源和数据的选择方式也有很多种，有列表选择方式、单按钮或多按钮选择方式等。

④外围设备即插即用。

在Windows操作系统中，外围设备如U盘、打印机等只需要与系统建立物理连接，便可以使用，但前提是操作系统中已经预装了外围设备的驱动程序。

⑤应用程序功能强大。Windows操作系统中内置了很多实用的应用程序，如IE浏览器、记事本、截图工具等。由于系统使用用户多，系统生态完善，开发者们开发了非常多的优秀应用程序，大部分应用程序都可以在Windows环境下流畅运行且兼容性较好。

⑥文件命名直观。Windows操作系统可以方便地修改文件名和文件类型，其中文件名可以长达255个字符（最多127个汉字），也可以选择显示或隐藏文件的后缀名，还可以通过直接修改文件后缀名修改文件类型。

⑦系统配置个性化。Windows用户可以对系统配置进行个性化设置，基本的设置有背景、颜色、锁屏界面、主题、字体、“开始”菜单、任务栏等，也可以安装第三方软件管理配置，如启用护眼模式，整理桌面，数据流量监控等。

⑧联网手段方便快捷。Windows操作系统中内置了TCP/IP协议和拨号上网软件，

用户无须进行过多的操作就可以进行本地网络连接或者无线网络连接，从而进行浏览网页、发送邮件等操作，但前提是有适当的联网硬件（网卡、Modem等）。

⑨多媒体表现能力强大。利用Windows多媒体功能可以播放动画和影视，处理图像，录制或播放语音、音乐，支持多种多媒体软件的运行。

⑩数据安全措施得力。Windows操作系统提供了许多支撑软件，保证系统的正确运行和数据的安全，提高系统效率。例如，Windows回收站是对已删除文件的一种保护，防止操作失误引发的损失；磁盘扫描、磁盘碎片整理、磁盘清理程序能对磁盘空间进行优化，诊断磁盘错误并进行适当的修复；提供数据备份和恢复操作。

在Windows 7操作系统之后，微软公司推出的Windows 8操作系统由于在用户操作上改动较大而没有被消费者普遍接受。Windows 10操作系统是Windows 7操作系统和Windows 8操作系统的混合改良版本，在大幅改变操作界面的基础上也增加了一些新功能。由于微软公司停止对Windows 7的更新，并且在2015年5月的微软Ignite开发者大会上，微软公司高层主管杰瑞·尼克逊透露，不会再推出新的Windows版本，Windows 10将会是Windows操作系统的最后一个版本，所以Windows 10操作系统会逐渐成为使用最多的系统。Windows 10操作系统的硬件配置需求如表3-1所示。

表3-1　Windows 10操作系统的硬件配置需求

设备名称	标准配置	备注
CPU	1 GHz及以上处理器	Windows 10包括32位及64位两种版本，如果安装64位版本，则需要支持64位运算的CPU
内存	≥1 GB	Windows 10 64位版本内存要求大于等于2 GB
硬盘	≥16 GB	Windows 10 64位版本硬盘要求大于等于20 GB
显卡	有WDDM驱动程序的微软DirectX9图形设备或更高版本	要求分辨率在1 024×600及以上
其他设备	DVD R/RW驱动器或者U盘等其他存储介质	

Windows 10操作系统的主要新特性如下：

①“开始”菜单和通知中心。被用户喜爱的Windows 7操作系统“开始”菜单重新回归并结合了Windows 8操作系统的风格，支持“开始”菜单个性化。同时可以快速调整一览通知和设置。其中个性化“开始”菜单设置方法为单击“开始”按钮，在“开始”菜单中选择“个性化”选项，在菜单中选择“开始”。

②虚拟桌面和任务视图。增加了虚拟桌面功能。这一功能可以在当前操作系统下创建多个相同桌面，用户可以将不用应用程序开启在不同的桌面环境下，并加入“任务视图”模式。可以单击桌面左下角“任务视图”→“创建桌面”，桌面创建的快捷

组合键为【Windows+Ctrl+D】，桌面切换的快捷组合键为【Windows+Ctrl+←或→】，切换任务视图的快捷组合键为【Alt+Tab】。

③窗口化程序。程序窗口可以任意拖拽改变位置和调整大小，同时增加了分屏的功能，增强了屏幕的分割能力。可以选中程序窗口向屏幕的任意边框拖拽实现分屏，并且可以调整比例，最多可以同时设置四个窗口。

④命令提示符（CMD）。命令提示符程序中增加了粘贴键的功能，快捷组合键为【Ctrl+V】。可以选中内容后右击弹出快捷菜单，选择“复制”选项进行内容复制，选中其他位置后右击弹出快捷菜单，选择“粘贴”选项进行内容粘贴。

⑤Continuum模式。Windows 10操作系统兼顾其他设备增加了Continuum模式。如果用户的设备为平板电脑等其他设备，这一模式可以让触控设备上的Windows操作更加方便快捷，即使用户的设备没有触控功能也能执行这一模式，如果用户不想使用鼠标和键盘可以设置此模式。

⑥Windows Hello。Windows 10操作系统增加了个性化的设备登录功能Windows Hello。这一功能可以让带有指纹识别器的电脑通过指纹登录设备。目前已兼容绝大部分指纹识别器。

⑦Microsoft Edge。Microsoft Edge是由微软公司开发的基于Chromium开源项目及其他开源软件的网页浏览器。Microsoft Edge可以实现直接在Web页面中书写文字或涂鸦，没有触屏功能的设备可以通过鼠标书写。对于喜欢的或修改的内容，可以单击“添加到收藏夹和阅读列表”→“阅读列表”→“添加”，阅读时转到“中心”→“阅读列表”。它还支持和Cortana结合。

⑧兼容性。Windows 10操作系统系统不仅兼顾不同版本之间的衔接，还重视不同设备之间的协调，用户可以在安装了Windows系统的不同设备或者智能移动设备之间移植程序。

⑨墨水工作区（Windows Ink Workspace）。这是Windows 10版本1607中推出的系统功能，目的是简化电脑上使用触控笔的体验，具有多重书写工具等功能。

⑩微软小娜（Microsoft Cortana）。微软小娜语音助手，可以查找文件、程序等。

3.3.2 UNIX操作系统

1. UNIX简介

UNIX操作系统，目前使用较多的主要是开发人员和相关技术工作者。在操作系统的分类中，UNIX操作系统属于分时操作系统，同时它还支持多种处理器架构，是一个强大的多用户多任务操作系统。1969年肯·汤普逊和丹尼斯·里奇（图3-8）在

AT&T的贝尔实验室开发了UNIX最初的版本。目前UNIX的版本很多，值得注意的是，能够使用UNIX这一名称的系统必须符合单一的UNIX规范，否则只能称为类UNIX。

图3-8　肯·汤普逊(左)与丹尼斯·里奇(右)

2. UNIX的发展

初创期：UNIX起初是1969年肯·汤普逊和丹尼斯·里奇开发的，当时受到由通用电气、麻省理工学院和隶属于AT&T的贝尔实验室共同进行的名为Multics计划的启发，这一计划要设计一款运行在大型主机GE-645上的操作系统。由于实现难度过高、项目计划过于庞大等原因，AT&T最终撤出了投入Multics项目的资源。当时的贝尔实验室有丹尼斯·里奇、道格拉斯·麦克罗伊、乔伊·欧桑纳等人。肯·汤普逊是由于Multics项目被招募进来的，虽然退出了此项计划，但是项目使用到的机器仍然保存在贝尔实验室，肯·汤普逊进行了一系列实验，并在1969年让原先的Multics成员及Rudd Canady加入他提出的在PDP-7上开发一个全新的阶层式操作系统的计划。这一计划最终取得成功并诞生了第一版的UNIX，所以第一版的UNIX是用PDP-7汇编语言编写的，这使得其对系统编程能力不够强大。于是汤普逊和里奇对其进行了改造并发明了著名的C语言，1973年，两人共同用C语言重新编写了UNIX，这便是第三版的UNIX。

发展期：1974年，汤普逊和里奇在《ACM通讯》上共同发表了有关UNIX的文章，受到了社会各界的关注，这也是UNIX首次走出贝尔实验室。在此后的一年里他们发布了UNIX 4、UNIX 5、UNIX 6三个版本，1979年发布了UNIX 7，此前的UNIX系统都是研究型并且广泛发布的。1982年，商业版本的UNIX被开发出来，并且不再包含源代码。这也促成了BSD UNIX的继续开发，并且实现了TCP/IP协议。此后很多公司也在改进UNIX并为自己的工作站和小型机开发商用UNIX版本。其中比尔·乔伊在加州大学柏克利分校的BSD基础上开发了SunOS，创办了SUN公司。1987—1989年，AT&T决定将Xenix、BSD、SunOS和System V融合为System V Release 4（SVR4）。1993年以后，大多数商业UNIX发行商都基于SVR4开发自己的UNIX变体。

3. UNIX的特点

目前，UNIX操作系统与早期版本相比，已发生巨大变化，但UNIX的基本特点仍然被保留下来。其主要特点表现在以下几方面：

①可靠性高。具有强大的错误处理能力，能够进行长时间不间断工作，稳定性高。

②多用户多任务的分时操作系统。允许多个用户同时使用，并且允许多个任务同时运行。

③移植性好的开放式系统。UNIX操作系统的绝大部分源码都是使用C语言编写的，所以能够方便地移植到其他计算机上，并且由于初期的UNIX源码管理宽松，使得UNIX可应用到各种机型上并且目标代码执行效率较高。

④向用户提供两种友好的界面。第一种是操作级界面，UNIX中内置了很多系统命令，程序员可以使用高级语言调用这些命令，为用户提供交互功能。第二种是程序级界面，也就是系统调用，使用户能充分利用系统的功能。它是程序员的编程接口，程序员可直接使用这些标准子程序。

⑤采用树状目录结构。采用树状目录结构能够及时方便地检索文件，且具有良好的安全性和保密性。

⑥设备具有文件属性。UNIX将外围设备都当成文件，用户可以在不了解外围设备内部特性的情况下像使用文件一样使用外围设备。

⑦可伸缩性和互操作性强。所谓可伸缩性是指性能和配置在硬件上运行的范围大小。互操作性是指系统运行在不同生产商制造的机器中时的通信和运行能力。开放的UNIX这两种属性都很强。

⑧容纳新技术的能力强。UNIX操作系统几乎可以容纳所有新技术。几乎所有软件新技术和产品的开发都是在UNIX上进行的，如面向对象的技术和产品绝大多数都是在UNIX上开发和运行的。再如C/S结构中，服务器的首选平台也是UNIX。其主要原因是UNIX的结构灵活、精巧，功能强大，加上UNIX可在大多数平台上运行，性能价格比又好，因而成为新技术、新产品的主要平台。

⑨网络功能强。目前仍广泛使用的TCP/IP协议就是在UNIX上开发成功的。它还提供了一系列网络通信工具和协议。此外，UNIX还支持其他一些网络协议，如NFS、NUC、IPX/SPX、SLIP、SUP/PPP等。

3.3.3 Linux操作系统

1. Linux概述

Linux是类UNIX操作系统，它的图标名为tux，是一只企鹅。之所以用这一图标，被公众接受的一个说法是企鹅是南极动物，而南极是世界共有的陆地，人人都可以使用Linux，因为它的源码是自由开源的。

图3-9 林纳斯·托瓦兹

1991年，还在赫尔辛基大学上学的林纳斯·托瓦兹（图3-9）便对操作系统产生了浓厚的兴趣，但是由于当时MINIX不允许被用于任何商业用途，仅能够在教育方面使用，他便开始写他自己的操作系统，于是便产生了后来的Linux内核。起初它在MINIX上进行Linux内核的开发，此后又使用GNU系统代替了MINIX。有趣的是，GNU是GNU's Not Unix的缩写。使用GNU系统可以用源代码的形式发送或者复制软件，这对Linux的发展非常有帮助，后来的发展也证明了这一点。由于Linux有诸多优点，随后在不到三年的时间内，得到众多热心读者和程序高手的帮助，整个Linux操作系统得到迅速扩充和发展，并成为一个稳定可靠、功能日臻完善的操作系统，很快赢得了众多公司的支持，其中包括提供技术支持，为其开发基于Linux的应用软件，并将这些应用推向各个领域。

Linux发行版：目前Linux发行版有300多个，它们都是为了不同的需求和目的而被提出并制作的。Linux发行版一般是指Linux操作系统，可以由个人、组织、公司等发行。Linux发行版通常包括Linux内核、一系列GNU软件和将软件安装到电脑的安装工具。Linux发行版中只有十几个被普遍使用，例如，应用最为广泛的Redhat、拥有特有的图形化配置工具和优秀的图形化桌面环境的Mandrake、历史最悠久的SUSE、完全由热心读者和程序高手开发维护的Debian、亚洲地区较为出名的TurboLinux等。中国也开发了基于Linux内核的众多操作系统，其中影响较大有中标软件有限公司开发的麒麟操作系统和中科红旗软件技术有限公司开发的红旗Linux。

2. Linux的特点

Linux的爱好者众多，是由它的以下特点决定的。

①免费，源代码开放。Linux可以轻松地从网络上下载，并且源代码是开放的，用户可以根据自己的需求随意移植、搭配和增加部件，建立自定义扩展。

②具有出色的稳定性和高速性。Linux具有超高的稳定性，可以持续运行数个月甚至数年无须重启，与其他系统相比这一优点尤为突出。在连接网络打印机方面，它可

以轻松地连接上百台网络打印机。

③功能丰富。Linux拥有人们在使用操作系统时几乎所有需要的功能，特别是网络功能丰富。常见的功能主要包括多任务、多用户、页式虚存、库的动态链接（共享库）、文件系统缓冲区大小的动态调整等。

④硬件需求低。Linux对机器的内存和处理器等硬件的要求非常低，甚至可以轻松地在仅有4 MB内存的Intel 386处理器上运行。

⑤用户应用程序众多，硬件支持广泛，程序兼容性好。由于Linux是一种UNIX平台，因此大多数UNIX用户程序都可在Linux下运行。

⑥用户界面漂亮。Linux提供两种用户界面：字符界面和图形化界面。熟悉Linux的用户更加青睐于字符界面，因为字符界面的处理效率高且窗口简洁，只需要输入相关命令就能完成相关操作，大多为开发者使用。Linux也为普通用户提供优美的图形化界面。用户可以选择自己喜欢的桌面环境进行安装。常见的Linux桌面环境有KDE、GNOME、Unity、MATE、Cinnamon等。

3.3.4 智能手机操作系统

目前，主流的智能手机操作系统有Android、iOS和鸿蒙系统。

1. Android操作系统

早在2017年3月，Android全球设备已经超过了Microsoft Windows，正式成为全球第一大操作系统。Android操作系统是基于Linux内核的移动操作系统，它的源代码也是开放自由的。Android操作系统设计之初是Android Inc为了数字照相机开发的操作系统，但并没有取得成功。后来手机行业的兴起带动了Android操作系统的广泛使用。2005年，Google公司收购了Android Inc。2007年11月，Google公司与84家硬件制造商、软件开发商及电信营运商成立开放手持设备联盟来共同研发改良Android。随后，Google公司以Apache免费开放源代码许可证的授权方式，发布了Android的源代码。开放源代码加速了Android的普及，让生产商推出搭载Android的智能手机，Android后来逐渐拓展到平板电脑及其他领域。目前最高的版本是Android 11，增加了一些新功能以及API，用于5G、共享、连接、NNAPI以及生物识别等方面，同时还推出了新的隐私保护措施。图3-10为Android操作系统界面。

图3-10 Android操作系统界面

目前绝大部分手机厂商采用的都是Android操作系统，例如，我国的小米、OPPO、魅族、vivo，韩国的LG、三星（SAMSUNG）等采用的都是基于Android操作系统的深层开发版本。

Android操作系统采用的是分层架构，主要分为四层，由低到高分别是Linux核心层、系统运行库和运行环境层、应用程序框架层以及应用层。

①Linux核心层：这一层又包括Linux内核（Linux Kernel）和硬件抽象层两个部分。Linux内核是Android操作系统的基础，与硬件有直接关联，硬件驱动、进程管理、内存管理、网络管理的功能在这里实现。硬件抽象层的主要功能是实现上层每个硬件的界面显示功能。

②系统运行库和运行环境层：主要包括原生C/C++库（Native C/ C ++ Libraries）和Android运行环境（Android Runtime）。

③应用程序框架层：这一层包括常用的组件和服务。

④应用层：是一些内置在Android操作系统中的应用，可以类似于调用应用程序框架层一样调用系统应用。

Android操作系统的主要特点有：

①开放性。Android操作系统允许任何移动终端厂商加入Android联盟中，显著的开放性使其拥有更多的开发者。

②丰富的硬件选择。由于Android操作系统的开放性，众多厂商会推出种类各异、各具功能特色的多种手机产品。

③开源免费。用户可以获得免费的Android源代码。

④无缝结合的Google应用。Android平台手机将无缝融合Google各种服务，如地图、邮件、搜索等。

2. iOS操作系统

图3-11　iOS 13操作系统界面

全球第二大受欢迎的操作系统是iOS操作系统。其原名为iPhone OS，是苹果公司为其移动设备所开发的专有移动操作系统，目前所支持的设备有iPod touch、iPad、iPhone和Apple Watch等。目前的最新版本是2019年6月推出的iOS 13操作系统，它在原有的基础上增加了深色模式和用户隐私保护功能。图3-11为iOS 13操作系统界面。

iOS操作系统的结构分为四个层次，即核心操作系统层（Core OS Layer）、核心服务层（Core Services Layer）、媒体层（Media Layer）、Cocoa触摸框架层（Cocoa Touch Layer）。

①核心操作系统层：这一层是整个结构的最底层，也

更接近硬件，提供了包括内存管理、硬件驱动、线程管理（POSIX）、程序管理、文件系统、网络（BSD Socket）等iOS操作系统基础功能，同时Core OS层的驱动也提供了硬件和系统框架之间的接口。

②核心服务层：这一层多是用C语言为苹果公司移动设备编写的基础接口，包括Bonjour服务接口、底层数据类型的接口、用来访问文件的接口、网络接口等。

③媒体层：提供了图像、音乐、影片、动画等多媒体功能。图像分为2D图像和3D图像，前者由Quartz 2D支持，后者由OpenGL ES支持；音乐由Core Audio和OpenAL支持；影片用Media Player播放；动画由Core Animation支持。

④Cocoa触摸框架层：提供了应用程序的基础架构。这些基础架构提供了集合、文件管理、网络操作等的面向对象支持。

3. 鸿蒙操作系统

鸿蒙操作系统（Harmony OS）是第一款基于微内核的全场景分布式操作系统，是华为公司自主研发的操作系统。

2019年8月9日，华为公司在开发者大会（HDC. 2019）上正式发布了鸿蒙操作系统。该系统将率先部署在智慧屏、车载终端、穿戴等智能终端上，未来会有越来越多的智能设备使用开源的鸿蒙操作系统。

鸿蒙操作系统拥有以下四大技术特性。

① 实现不同终端间的无缝协同，首次在终端操作系统中使用了分布式架构。鸿蒙操作系统拥有分布式能力调度、分布式数据管理、公共通信平台和虚拟外设这四大功能，这是由分布式软总线技术和分布式操作系统架构提供的。这就使得开发者可以不用关心分布式应用的底层技术实现，只需要关心开发应用的业务逻辑，让开发者在不同终端开发的体验就像在同一终端开发。

② 高性能进程间通信技术和确定时延引擎实现鸿蒙系统的高流畅性。鸿蒙操作系统通过高性能进程间通信技术和确定时延引擎解决了目前操作系统性能不足的问题。拥有确定时延引擎就能够分配系统中要执行任务的优先级以及在任务执行前进行及时调度。相比其他系统，鸿蒙操作系统中应用的响应时延大大降低。鸿蒙微内核结构小巧的特性使进程间通信性能大大提高，进程通信效率较现有系统提升5倍。

③ 通过微内核架构实现终端设备的安全。鸿蒙操作系统拥有低时延性和高安全性等特性，主要是因为它采用了全新的微内核设计。鸿蒙操作系统的微内核设计的想法是简化内核功能，将尽可能多的系统服务都在内核外的用户态中实现，与此同时更加注重它们相互的安全保护。微内核只提供系统中较少的基本服务，如多进程通信和多进程调度等。在可信执行环境（Trusted Execution Environment，TEE）下应用微内核是

鸿蒙操作系统的一大特点，通过一些数学方法等形式化方法，从源头验证系统正确，从而重新塑造可信安全，这些方法是无漏洞的有效方法。相比模拟攻击、功能验证等传统验证方法只能进行有限场景的验证，形式化方法则可以通过数据模拟验证所有软件运行的路径。这也是鸿蒙操作系统首次将这种方法用于终端可信执行环境下。由于鸿蒙操作系统微内核的代码量很少，仅仅只有Linux宏内核的千分之一，所以该系统的安全性更高，更加不容易受到攻击。

④ 使统一的集成开发环境支持一次开发，可跨终端生态共享，多端部署。华为方舟编译器可以让开发者在所在的开发环境中将所写的高级语言一次性编译成机器代码。图3-12为方舟编译器架构图。方舟编译器是首个取代Android虚拟机模式的静态编译器。鸿蒙操作系统实现多语言统一编译、多终端的集成开发平台、分布式架构配套工具，同时在交互方面支持控件的自由拖拽和自动适配，并且提供面向预览的可视化编程，这使得开发者于同一工程中高效构建多端自动运行软件，从而真正实现一次开发、多端部署，同时在跨设备之间实现共享生态。

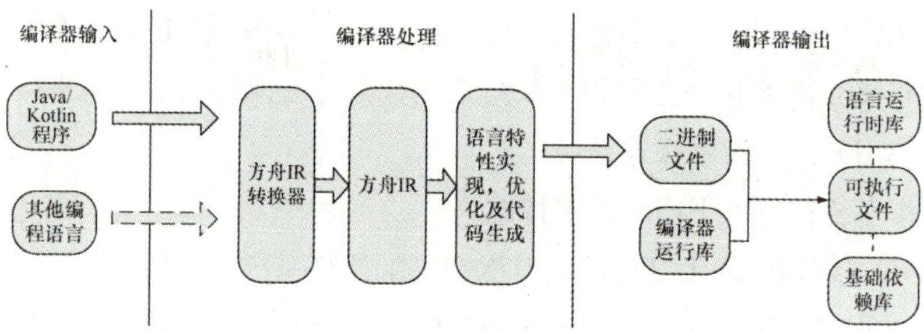

图3-12 方舟编译器架构图

3.4 Windows 10操作系统

3.4.1 Windows 10进程管理

Windows 10操作系统与Windows 7一样都是利用任务管理器进行进程管理，实现进程创建、进程查询、终止进程、设置进程优先级等。不同的是，Windows 10的进程管理界面更加美观、人性化。它将进程分为应用、后台进程以及Windows进程，并在进程的前端显示进程图标方便用户管理。

在Windows 10任务栏右击弹出快捷菜单，选择“任务管理器”，或者按组合键【Ctrl+Shift+Delete】打开“任务管理器”窗口，选择“进程”便可以实现对进程的管理，如图3-13所示。

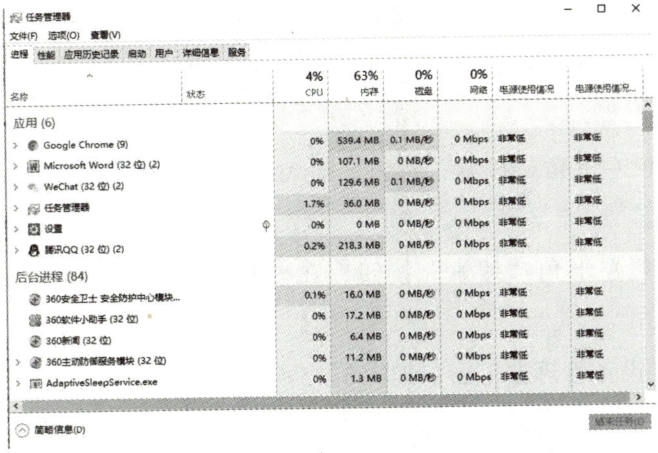

图3-13 Windows 10“任务管理器”窗口

3.4.2 Windows 10设备管理

Windows 10利用“设备和打印机”窗口和设备管理器进行设备管理。

1.“设备和打印机”窗口

在Windows 10中单击“开始”→“设置”→“设备”→“设备和打印机”，或者“控制面板”→“设备和打印机”可以打开“设备和打印机”窗口。在这里可以看到所有连接的设备和打印机，右击某设备可查看设备的属性，如图3-14所示。

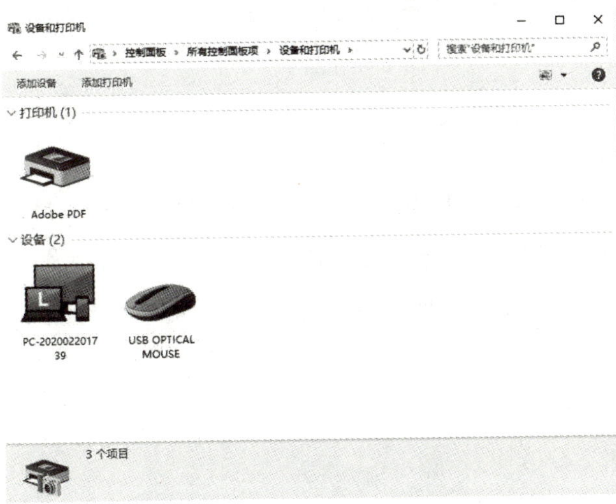

图3-14 “设备和打印机”窗口

2. 设备管理器

在设备管理器中可以扫描新添加的硬件，查看每个设备的驱动程序安装情况以及对设备进行高级设置。

打开“设备管理器”的方法有以下三种：

① 在桌面右击“此电脑”图标，弹出快捷菜单，或者双击图标进入“此电脑”窗口，选择“管理”选项，在打开的“计算机管理”窗口的左侧边栏选择“设备管理器”选项。

② 单击任务栏左下角“搜索”按钮，输入“设备管理器”，单击寻找到的“设备管理器”进入。

③ 单击任务栏左下角“搜索”按钮，在搜索框中输入“devmgmt.msc”，然后按【Enter】键。

Windows 10“设备管理器”窗口如图3-15所示。

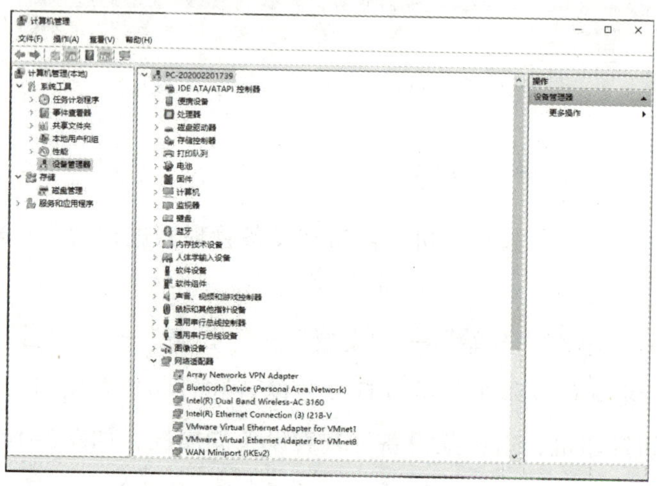

图3-15 Windows 10“设备管理”窗口

3.4.3 Windows 10文件管理

“资源管理器”是Windows 10用来进行文件管理的主要工具，在“资源管理器”中可以查看树形的文件系统结构，对文件和文件夹进行各种操作，如打开、复制、移动、删除、重命名等。Windows 10“资源管理”窗口如图3-16所示。

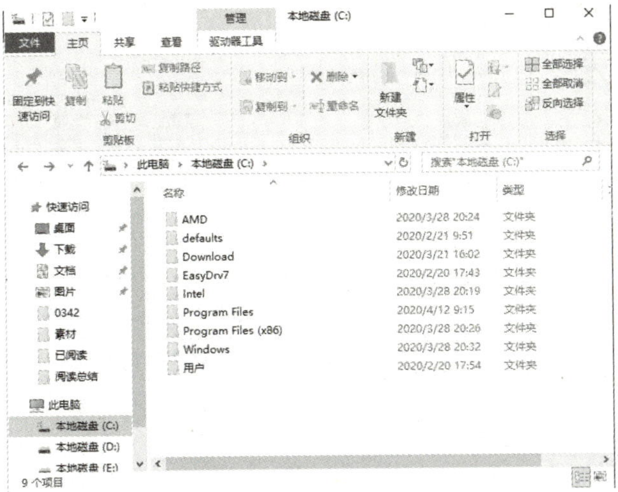

图3-16　Windows 10"资源管理"窗口

3.4.5　Windows 10控制面板

Windows 10控制面板主要用于设置Windows的操作环境，根据应用情况、软硬件状况和个人习惯来设置键盘、鼠标、显示器、桌面、字体、系统、日期和时间、声音、添加/删除程序、用户账户和家庭安全等。Windows 10"控制面板"界面如图3-17所示。

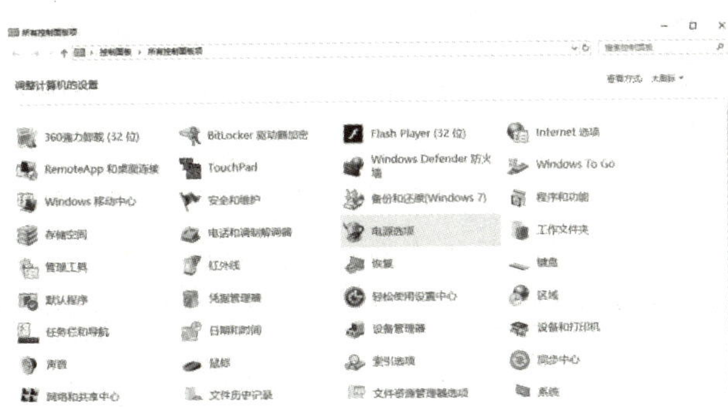

图3-17　Windows 10"控制面板"界面

图3-18所示为控制面板中的"程序和功能"界面，这里主要用于卸载或者更改程序。

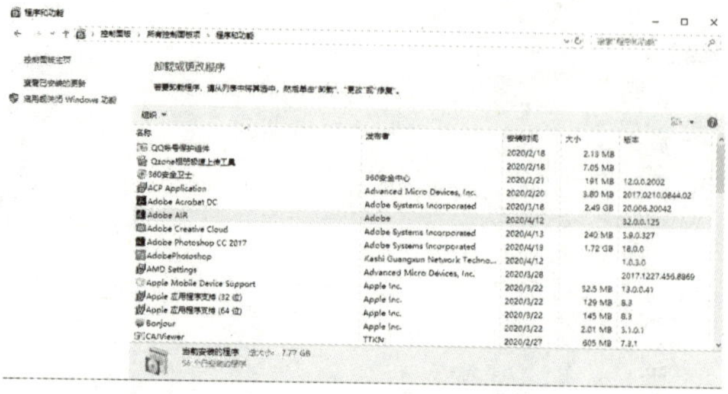

图3-18 Windows 10“程序和功能”界面

3.4.6 Windows 10计算机管理

Windows 10操作系统的计算机管理功能非常强大，集成了“系统工具”“存储”“服务和应用程序”三大功能。常用的“系统工具”有“任务计划程序”“事件查看器”“共享文件夹”“本地用户和组”“性能”“设备管理器”等。“存储”功能主要是进行磁盘管理，用户可以查看磁盘的分区，进行格式化磁盘或者修改盘符等。“服务和应用程序”中最常用的功能是“服务”功能，这里可以进行启用或者禁用服务等操作。Windows 10“计算机管理”界面如图3-19所示。

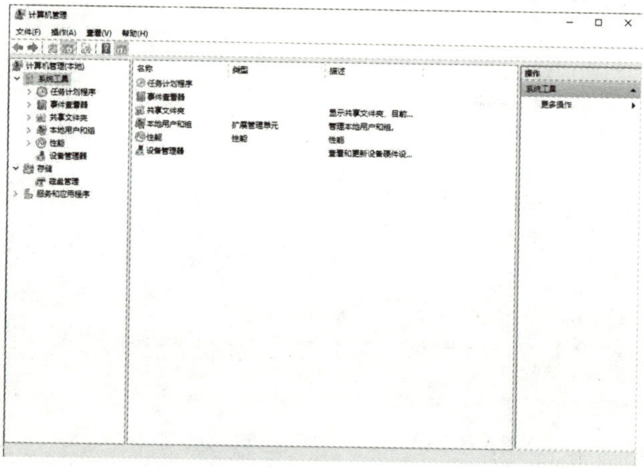

图3-19 Windows 10“计算机管理”界面

3.4.7 Windows 10任务管理器

Windows 10的任务管理器进行了较大的更新，将原来Windows 7中的“应用程序”选项集成在了“进程”选项里，并且优化了图标显示。在任务管理器中也可以管理系统开启的服务。Windows 10“任务管理器”界面如图3-20所示。

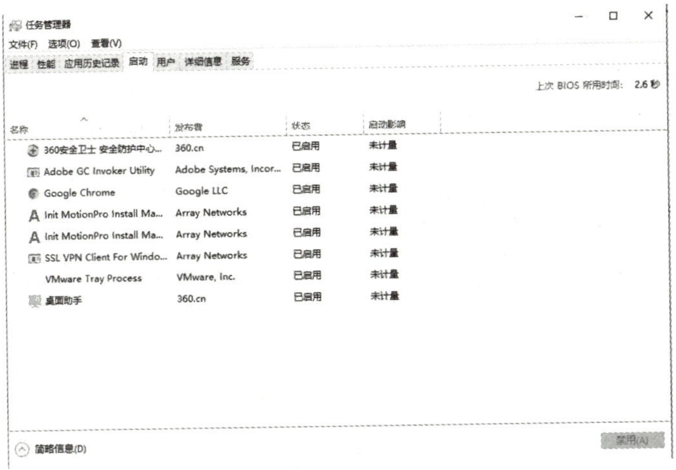

图3-20 Windows 10“任务管理器”界面

Windows 10操作系统对查看“性能”方面也进行了改动，可以看到CPU、内存、磁盘、以太网GPU等相关资源的使用状况。它优化了界面显示，使得比Windows 7能够展示的资源使用状态更多并且更加美观。Windows 10任务管理器中的“性能”界面如图3-21所示。

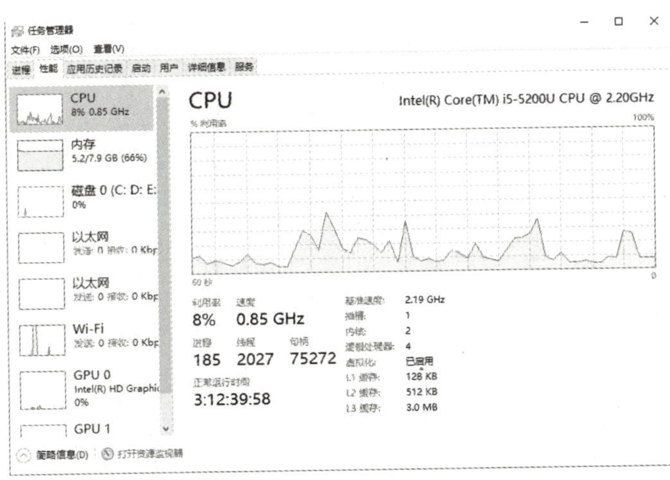

图3-21 Windows 10“性能”界面

本章小结

操作系统是计算机中最基础的也是最重要的系统软件。操作系统能够管理和控制计算机中的软件和硬件资源，是用户与计算机的接口。用户通过操作系统可以方便地使用计算机。也正是由于有了操作系统，计算机的各个组成部分才能在操作系统的统一指挥下协调配合地进行工作。

本章首先介绍了目前比较流行的操作系统，如Windows操作系统、UNIX操作系统、Linux操作系统、智能手机操作系统等，其次介绍了各自的发展历程以及特点，最后着重介绍了时下使用最为广泛的Windows 10操作系统的具体功能，使读者能初步了解操作系统的基本概念和基本工作原理。

习题

单项选择题

1. 现代OS具有并发性和共享性，是（　　）的引入导致的。

A. 单道程序　　B. 磁盘　　C. 对象　　D. 多道程序

2. 操作系统的主要功能有（　　）。

A. 进程管理、存储器管理、设备管理、处理器管理

B. 存储管理、处理器管理、进程调度、文件系统

C. 处理器管理、存储器管理、设备管理、文件系统

D. 进程管理、中断管理、设备管理、文件系统

3. 操作系统是对（　　）进行管理的软件。

A. 硬件　　B. 软件　　C. 计算机资源　　D. 应用程序

4. （　　）对多用户分时系统最重要。

A. 实时性　　B. 交互性　　C. 共享性　　D. 运行效率

5. （　　）对实时系统最重要。

A. 实时性　　B. 交互性　　C. 共享性　　D. 运行效率

6. 下面不是程序在并发系统内执行的特点的是（　　）。

A. 程序执行的间断性　　B. 相互通信的可能性

C. 产生死锁的必然性　　D. 资源分配的动态性

7. 下面关于并发性的叙述中正确的是（　　）。

A. 并发性是指若干事件在同一时刻发生

B. 并发性是指若干事件在不同时刻发生

C. 并发性是指若干事件在同一时间间隔内发生

D. 并发性是指若干事件在不同时间间隔内发生

8. Windows NT是一种（　　）。

A. 单用户多进程系统
B. 多用户多进程系统
C. 单用户单进程系统
D. 多用户单进程系统

9. 下列各项中，（　　）不是现代操作系统的主要特征。

A. 并发性　B. 共享性　C. 确定性　D. 虚拟性

10. 下面不是引入操作系统的主要目的的是（　　）。

A. 方便用户使用
B. 更有效地利用软硬件资源
C. 及时响应用户请求
D. 改善系统性能

11. 多道批处理系统的主要缺点是（　　）。

A. CPU利用率低
B. 缺少交互性
C. 不能并发执行
D. 以上都不是

12. 多道批处理系统的发展是建立在（　　）硬件支持上的。

A. 集成电路
B. 高速缓存
C. 通道和中断机构
D. 大容量硬盘

13. 设计实时操作系统时，首先要考虑系统的（　　）。

A. 灵活性和可移植性
B. 实时性和灵活性
C. 灵活性和可靠性
D. 实时性和可靠性

14. 在操作系统中，（　　）部分属于微内核。

A. 作业调度软件
B. 用户命令解释程序
C. 磁盘文件目录管理软件
D. 进程通信服务例程

15. 分时系统响应时间与（　　）有关。

A. 每个应用进程分配的时间片长度
B. 就绪进程数目和时间片长度
C. 进程大小
D. 就绪进程数目

简答题

1. 什么是操作系统？它有什么基本特征？
2. 计算机在启动进入操作系统前需要做哪些工作？
3. OS的作用表现在哪几个方面？
4. 什么是多道程序设计技术？它的主要优点是什么？

5. 从交互性、及时性、可靠性三个方面比较分时系统和实时系统。
6. 操作系统的主要功能有哪些？
7. 文件与目录的区别是什么？目录主要承担操作系统的什么任务？
8. 什么是微内核OS？
9. 鸿蒙操作系统是由哪个公司开发的？其技术特性有哪些？

第4章 办公自动化

古代，人们在办公时习惯使用笔、墨、纸、砚，人工手抄笔录，主要借助信鸽和马作为传递工具。近代，电磁及机械制造技术的发展，使得机械设备在办公中得到应用，如机械打字机、电话、电报等。如今，现代通信技术和手段的广泛应用，使得计算机、打印机、复印机、扫描仪、传真机等先进的设备成为日常办公的重要工具。随着经济和技术，特别是信息技术的飞速发展，办公室自动化早就超出了狭窄的办公室范围，渗透到管理的范畴，逐渐形成了新型的综合学科——办公自动化（Office Automation，OA）。OA大大提高了办公的效率、质量和智能化程度，并逐渐向着移动化、协同化和知识化的方向发展，继续为人们的生活、工作和学习做出巨大的贡献。

4.1 办公自动化概述

4.1.1 办公自动化的定义

办公自动化源于办公室自动化。20世纪40年代，美国的部分企业开始使用机器来处理办公室内的业务，人们把这种办公手段称为办公室自动化。最早提出办公室自动化概念的人是美国通用汽车公司的一名职员D.S.Hart。从20世纪50年代开始，办公室自动化在美国和日本兴起。20世纪60年代后，它的主要建设内容是管理层办公室自动化系统——管理信息系统（Management Information System，MIS）的开发和应用。20世纪70年代后期，发达国家办公业务量迅速增加，办公室自动化进入大发展时期。随着计算机的普及，20世纪80年代至90年代办公室自动化飞速发展，人们可以随意携带一个现代化的活动“办公室”，随时随地进行信息管理，提供或享受信息服务。办公室自动化已经超越了办公室的界限，更多地包含了办公和管理的范畴，开始被称作办公自动化。

现在，办公自动化越来越受到人们的重视，其内涵和外延不断扩大，但到目前为止关于什么是OA系统，专家、学者们认识不一，至今没有统一定义。20世纪70年代，美国麻省理工学院教授M.C. Zisman为办公自动化下了一个较为完整的定义：办公自动化就是将计算机技术、通信技术、系统科学及行为科学应用于传统的数据处理难以处理的数量庞大且结构不明确的、包括非数值型信息的办公事务处理的一项综合技术。1985年，我国第一次OA规划讨论会给出的定义为：办公自动化是指办公人员利用先进的科学技术，不断使人的办公业务活动物化于人以外的各种设备中，并由这些设备与办公室人员构成服务于某种目标的人机信息处理系统，以达到提高工作质量、工作效率的目的。目前，一种得到普遍认可的定义是：办公自动化是指办公人员利用现代科学技术的最新成果，借助先进的办公设备来实现办公活动的科学化、自动化和办公处理业务的自动化，可以最大限度地提高工作效率、改进办公质量、改善办公环境和条件，以辅助行政决策、减少或避免各种差错和弊端、缩短办公处理周期，并借助科学的管理方法和各种先进技术，提高管理的科学化水平。

4.1.2 办公自动化的要素

办公自动化的要素包括人员、业务、办公机构、办公制度、办公技术设备、办公环境等。早期的办公自动化主要是进行大量文件的处理，起草文件、通知、各种业务文本，接收外来文件存档，查询本部门文件和外来文件，产生文件复件等。一般采用计算机文字处理技术生产各种文档，存储各种文档；采用复印机、传真机等设备复制、传递文档；采用计算机网络技术传递文档，这是早期办公自动化的基本特征。随着网络通信、计算机和数据库技术的成熟，办公自动化的内容更为丰富，包括了文字处理、报表处理、数值和非数值计算、图形图像处理、语言处理、通信、信息存储与管理、日程管理和辅助决策等多个方面。当前移动通信、人工智能和大数据技术在OA中的应用，使得OA可以处理的内容向着协同化、智能化、移动化发展，涉及协同处理、移动办公、全自动分析及智能决策等。图4-1为办公自动化的系统架构。

办公自动化从功能上可以分为三个层次，或者三个子系统，分别是事务处理、信息管理和决策支持。在三个层次中，事务处理是最基础的层次，信息管理是第二层次，而决策支持则处于最高层次。它们之间相互依存、相互联系。决策支持层依赖于信息管理层提供的信息，信息管理层又依赖于事务处理层对信息的采集、处理和筛选。三个层次之间的联系可以由计算机数据和程序的调用来实现。

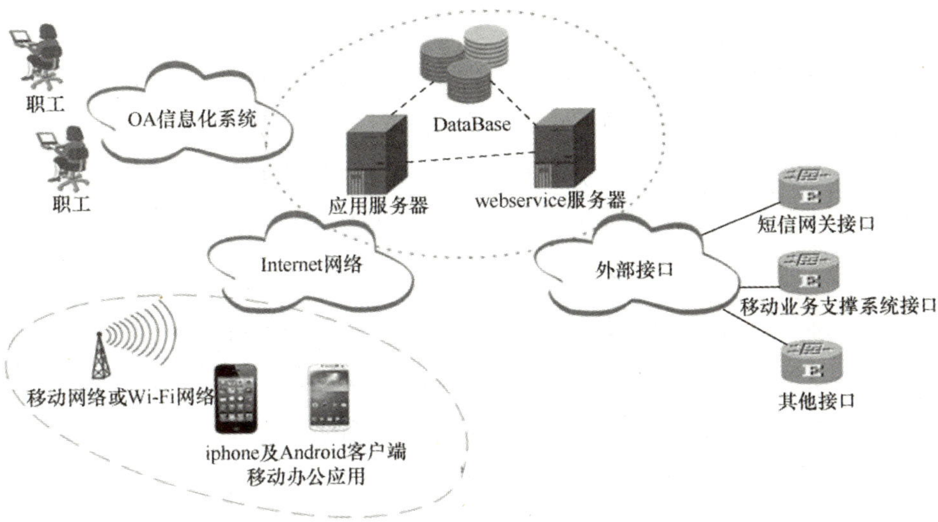

图 4-1　办公自动化的系统架构

4.1.3　办公自动化的特点

办公自动化是信息化社会最重要的标志之一，它具有以下特点。

1. 一门综合多种技术的学科

办公自动化的理论基础是行为科学、系统科学、管理科学、系统工程学、社会学、人机工程学等，它的技术基础是计算机技术、通信技术、自动化技术等，其中计算机技术、通信技术、行为科学、系统科学是办公自动化的四大支柱。综合起来看，办公自动化是以行为科学为主导，系统科学为理论基础，综合运用计算机技术和通信技术完成各项办公业务。办公自动化不是简单的自动化科学的一个分支，而是一个信息化社会的时代产物，是一门综合的学科技术。

2. 人机信息系统

在办公自动化系统中，“人”是决定性因素，是信息加工的设计者、指导者和成果享用者；而“机”是指办公设备，是办公自动化的必要条件，是信息加工的工具和手段；“信息”是办公自动化中被加工的对象。办公自动化综合并充分体现了人、机和信息三者的关系。一个典型的OA系统应包括信息采集、信息加工、信息传递、信息保存四个基本环节。

3. 信息一体化处理

信息通常有如下形式：

①文字：指各种文件、信函、档案、手稿等；

②语言：包括电话、声音邮递、声音文件等；

③数据：包括数据文件、报表、记录等；

④图像：包括电视会议、电视监督等动态图像；

⑤图形：包括样品照片、统计图表、传真图像等静态图形。

办公系统把基于不同技术的办公设备用联网的方式联成一体，以计算机为主体将各种形式的信息组合在一个系统中，使办公室真正具有综合处理这些信息的功能。

4. 优质高效的办公信息和事务处理

办公自动化是人们产生更高价值信息的一个辅助手段，使办公室用具成为智能的综合性工具。办公自动化将许多独立的办公职能一体化，并提高自动化程度，从而提高办公效率，获得更大效益，对信息社会产生积极影响。

4.1.4 办公自动化的发展历程

办公自动化设备的使用经历了单机、局部网络、大规模计算机网络、世界性计算机网络四个阶段。

1. 第一阶段（1975 年以前）

办公自动化处于单机设备阶段，主要以单项数据处理为主，如工资结算、统计报表、档案检索、档案管理、文书写作等。使用的设备有小型机、微机、复印机、传真机等，用以完成单项办公室事务的自动化。

2. 第二阶段（20 世纪 70 年代后期至 80 年代初期）

办公自动化步入了局部网络阶段，以单位为中心向单位内联机发展，建立了局部网络。网络中可以连接几台、几十台甚至上千台微机。网络中的计算机以联机和脱机两种方式工作，实现了资源共享。如 1987 年美国筹建的白宫执行办公业务信息系统，旨在提高办公室日常事务的处理效率及信息处理能力。该系统通过局域网连接了 1 000 多个处理终端，十分庞大。

3. 第三阶段（20 世纪 80 年代中期至 90 年代中期）

设备使用由电脑局部网络向跨单位、跨地区联机系统发展的阶段。1993 年 9 月，美国政府宣布了“国家信息基础设施（NII）”计划，以光纤网技术为先导，谋求实现政府机关、科研院所、学校、企业、商店乃至家庭之间的多媒体信息传输，使办公系统与其他信息系统集成在一起，形成一个高度自动化、综合化、智能化的办公环境。

4. 第四阶段（20 世纪 90 年代中期至今）

办公自动化从一体化阶段迈向了全面实现办公自动化阶段，从跨单位、跨地区的联机访问发展为利用数据、文字、声音、图像等多媒体载体的综合信息处理平台，实现了更大范围内的资源共享，将世界变成了地球村。

在我国，办公自动化从20世纪80年代初进入启蒙阶段。虽然起步较晚，但国家和各级地方政府对这项工作十分重视。1983年，国家开始大力推行计算机在办公中的应用，1985年我国制定了办公自动化的发展目标与远景规划，确定了相关政策，为全国OA系统的初创与发展奠定了基础。20世纪80年代末，我国陆续建立了一批能体现国家实力的国家级办公自动化系统，同时做了一定的标准化工作，为建立自上而下的网络办公自动化系统打好了基础。1987年10月，上海市政府办公信息自动化管理系统通过鉴定并取得了良好的效果，在全国具有一定的示范性。20世纪90年代中期至今，随着网络技术、数据库技术的广泛应用，同时由于国内经济飞速发展引发激烈的市场竞争和政府管理职能的扩大与优化，政府和企业的办公自动化产品需求快速增长，我国的OA系统发展呈现综合化、网络化的趋势。我国办公自动化发展的特点是起步晚、发展迅猛，首先是为政治、经济、国防服务。国家投资建设的经济、科技、银行、铁路、邮电、交通、电子、能源、气象、军事、公安和国家高层领导机关12个大的信息管理系统，具有规模大、体系完整、高技术和现代化的管理效能，是代表我国一级水平的OA系统。

4.1.5 办公自动化的发展趋势

随着移动通信技术的发展，移动办公与移动商务出现了，人们对OA提出了新的要求，这也决定了OA的发展趋势。

1. 低碳OA

2010年的OA国际研讨会提出“现代OA是低碳办公、智能办公，是对在宽带网络基础上实现战略性新兴产业：物联网、医疗信息化、教育信息化、智能家居、智能电网、智能交通、智能物流等发挥重要作用的办公自动化，实现物联网时代OA创新应用与低碳发展”的理念。低碳发展需要大量的电子政务和电子商务的开发应用。仅就低碳交易而言，全部是电子交易、虚拟交易。低碳经济离不开电子商务的业务支持，离不开电子政务的政府管理，OA是电子政务与电子商务的基础，所以低碳发展离不开OA。同时，OA本身也必须低碳，要研发应用低能耗、智能环保的OA系统，要大力解决各类电子信息系统和机房设备数据中心的节能减排问题。

2. 协同OA

协同的基本含义是协同工作，指多个人相互配合完成同一目标。就该定义来说，协同办公早就出现了，如E-mail、即时通信、VoIP、电话会议、视频会议等。在新的技术条件下，协同办公具有整合、个性化、标准化、实时、新架构等特征，其新的内涵主要反映在以下方面：

①传统OA与业务处理的整合；

②跨部门、跨单位的信息共享和业务整合；

③新技术、新架构的应用。

协同OA的指导思想是信息互联、流程整合、应用协作。企业的分析决策要依据准确、完整和及时的信息，就要让不同业务功能、数据信息之间都能互联，对于较复杂的业务的管理必须对有关工作业务的流程进行分析、设计，整合成信息集成平台，使处于不同组织部门、不同地理位置的应用人员共同协调工作。所以，协同OA就是要在不同应用系统之间、不同数据之间、不同终端之间进行全面协同，以业务目标为中心，消除信息孤岛，从而达到全系统的集中集成。

3. 移动OA

过去人们说的SOHO（Small Office，Home Office），发展为移动办公（Mobile Office）、居家办公（Home Office）并已快速发展，大大提高了办公效率。移动办公是当今高速发展的通信业与IT业融合的产物。通信业在沟通上的便捷性与IT业完美结合到一起，使之成为继互联网远程办公之后的新一代办公模式。移动办公系统是以笔记本电脑、手机等便携终端为载体实现的移动信息化系统。该系统将智能手机、无线网络、OA系统三者有机结合，实现任何办公地点和办公时间的无缝接入，极大地提高了办公效率。它可以连接客户原有的各种IT系统，包括OA、邮件、ERP以及其他各类业务系统，用以操作、浏览、管理全部工作事务，提供了在无线环境下的新特性功能。

4. 智能化OA

人工智能是当前计算机技术研究的热点，办公自动化系统的智能包括手写输入识别、语音输入识别、多语互译、基于自学习的专家系统等。这些成果虽然还远未达到让机器像人一样思考和工作的程度，但已经可以在很多方面辅助办公。

4.2 办公自动化软件及系统

4.2.1 个人办公自动化

个人办公自动化主要进行文字处理、数据处理、图形图像绘制及处理、音视频的剪辑处理等，它们分别对应不同的办公自动化软件或系统。另外还需熟悉一些常用的办公软件。

1. 文字处理

个人办公自动化中的一个重要应用就是文字处理。文字处理软件从20世纪80年代的WordStar、WPS到目前的Office 2019，处理功能和处理效果发生了翻天覆地的变化。目前在计算机上进行文字处理主要运行Office套件中的Word组件，可以进行文字录入、编辑、排版，可以插入图形图像，并可进行图文混排操作。排版的最后结果可以从打印机输出形成正式的书面文档。我国自行开发的、具有独特中文处理功能的WPS也是流行的文字处理软件。

2. 数据处理

办公自动化中的数据处理是指对日常工作中的数据如工资表、年度报表、调查数据等进行加工、分析、统计和输出。使用Office套件中的Excel组件可以完成一些简单的数据处理操作，对一些较为复杂但数据量不是很大的数据处理工作，则可使用Office套件中的Access组件进行编程，对一些大型数据的处理则需要使用诸如FoxPro、SQL Server数据库系统进行管理。

3. 图形图像绘制及处理

办公自动化中的图形图像绘制主要包括简单的流程图、框架图以及各类静态、动态图的绘制。图形图像处理主要涉及数码照相机照片、扫描图像的编辑、修改和输出等操作。计算机上较流行的静态图的绘制及处理软件是Photoshop、Visio等，较流行的动态图的绘制工具是Flash。

4. 音视频的剪辑处理

这包含对AVI、MP4、FLV、MOV、RMVB、3GP、WMV、MP3、WAV、WMA、AAC等常用格式的音视频进行任意时间段的剪切、合并，片头、片尾的制作添加，特效制作，背景音乐添加等。主要音视频剪辑处理软件包括会声会影、爱剪辑、Adobe Audition、Cool Edit Pro等。图4-2为用爱剪辑软件为视频添加字幕的界面。

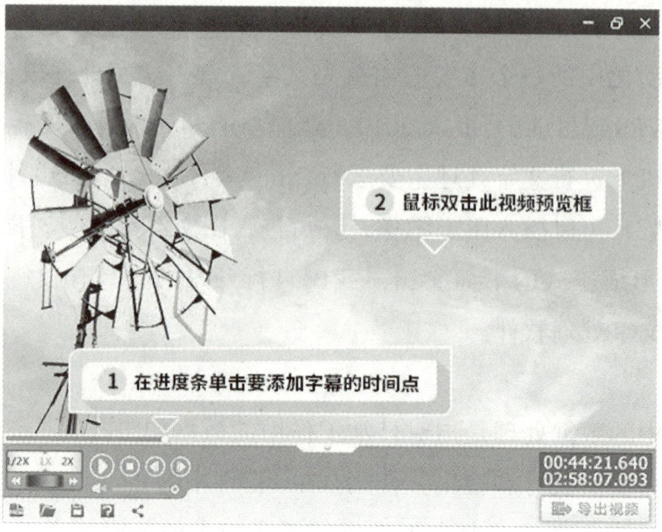

图4-2 用爱剪辑软件为视频添加字幕界面

5. 常用软件

常用软件包括压缩与解压缩软件和PDF阅读软件。WinRAR是一款非常优秀的压缩与解压缩软件。该软件支持鼠标拖放及外壳扩展；内置程序可以解压ZIP、CAB、ARJ、LZH、TAR、GZ、ACE、UUE、BZ2、JAR、ISO、Z和7Z等多种类型的档案文件、镜像文件和TAR组合型文件，压缩率高，使用简单方便。便携文件格式（Portable Document Format，PDF）是目前电子文档的流行格式，国际上很多重要文档都以该格式发布。Adobe Acrobat Reader是一个查看、阅读和打印PDF文件的软件。

4.2.2 校园办公自动化

实施校园办公自动化，是学校办公管理工作的一场革命，是学校走向教育现代化的必然选择，它不仅改变了传统的办公习惯、方式和方法，更对学校行政管理和教职工的工作提出了更高、更严格的要求，使过去许多能做却做不好、想做却不能做的事情在校园办公自动化管理平台上实现，将学校的管理和服务职能转移到网络上完成，同时实现工作流程的顺畅流通，突破时间、空间和部门分隔的制约，提高单位信息透明度和单位工作效率。实施校园办公自动化，是希望通过这个过程建立新型的教育教学管理机制，进一步提高学校的管理效能。

校园办公自动化系统需要在传统办公自动化系统的基础上增加校园独有的管理模块，如校务管理和教务管理，同时在工作流程上强调校园特色。图4-3展示了校园办公自动化系统的主要功能。

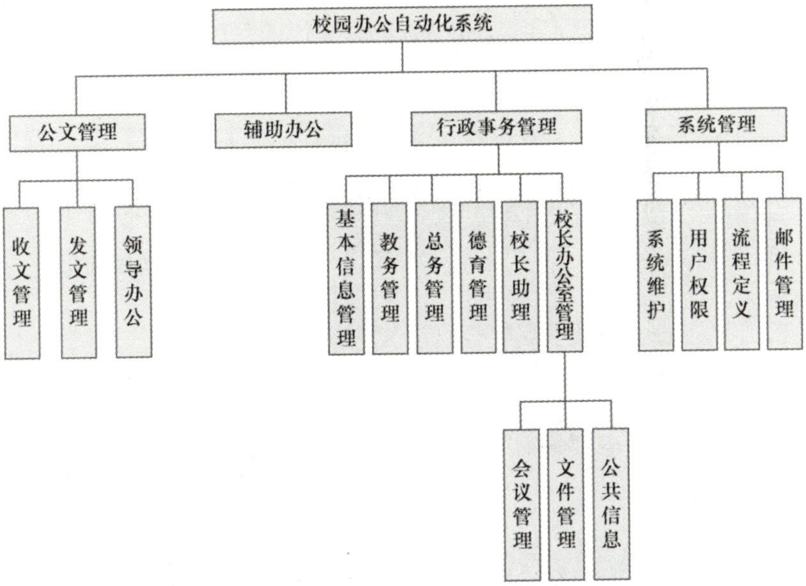

图4-3 校园办公自动化系统的主要功能

图4-4为西安交通大学办公自动化系统，主页为醒目的最新公告和最新会议安排，每个学校都会根据自己的业务研发不同的模块，但主要的基本模块都类似。

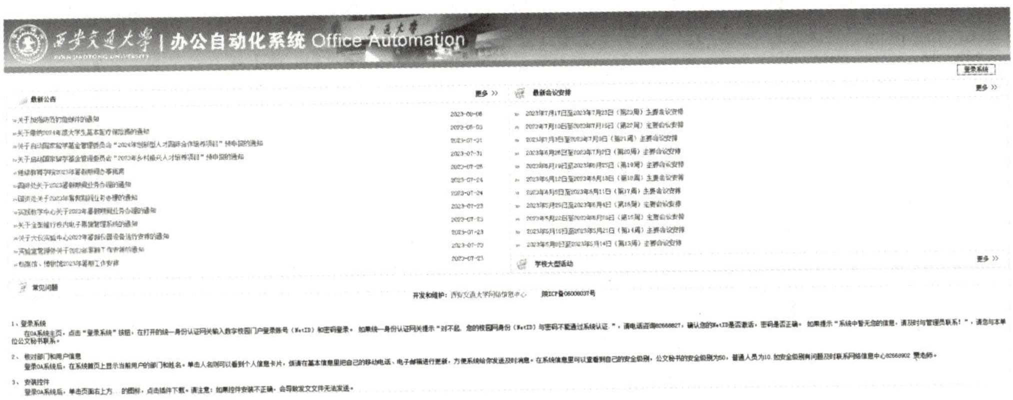

图4-4 西安交通大学办公自动化系统

4.2.3 企业办公自动化

当前，越来越多的企业为了适应信息革命的要求，提高自身的竞争力，建立了符合企业特色的办公自动化系统。企业办公自动化一般紧密结合企业业务，全面贯通企业内部经脉，通过对企业各部门办公要素的整合，实现对工作流、信息流和知识流的整合管理，旨在为企业建立起一种开放的、网络化的、高效的办公新环境，支持群体协作、流程控制、信息发布及控制，为企业内部管理和外部交流提供全面信息的传递、处理渠道。企业办公自动化系统的主要功能如图4-5所示。

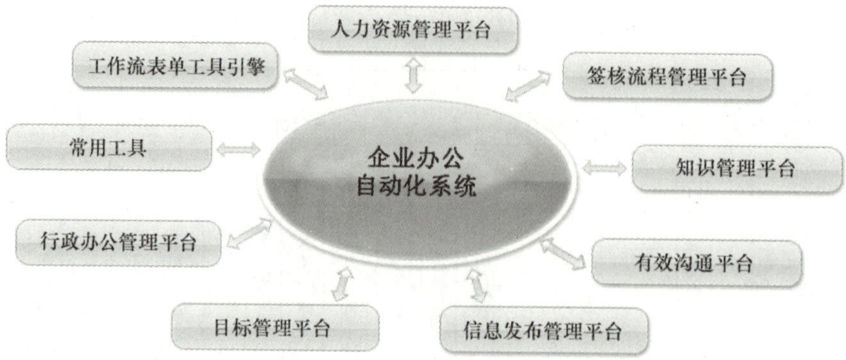

图4-5　企业办公自动化系统的主要功能

一些公司根据自己的需要设计了符合企业特色的办公自动化系统，图4-6所示是某企业办公自动化系统。

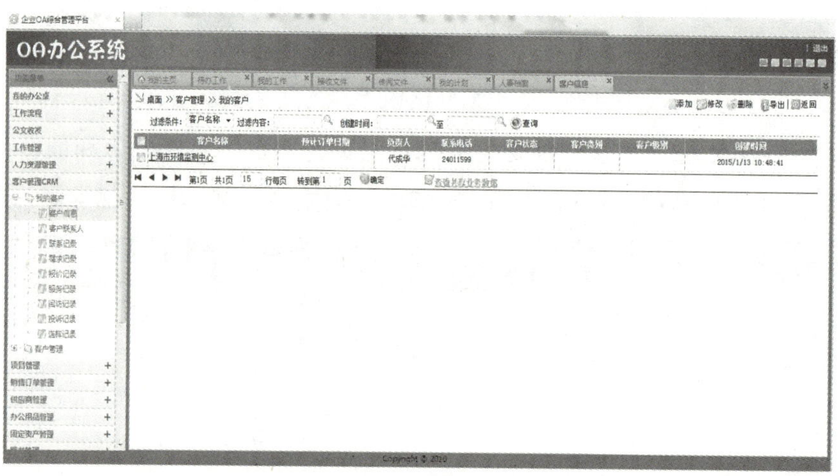

图4-6　某企业办公自动化系统

随着企业办公自动化需求的增大，一些实力雄厚的科技公司研发了通用性强的企业办公自动化系统，这些系统可配置性强，功能丰富，比较知名的有以下几个。

1. IBM办公自动化系统

IBM全面的办公自动化解决方案旨在为企业打造一个高效的OA系统平台，通过规范作业流程，减少重复劳动，帮助企业加快流程处理速度，提高工作效率和市场竞争力。该系统的主要特色是：客户端浏览器操作，零安装、免维护，支持远程办公和VPN访问；提供对个人待办事务的实时提醒和催办督办，并且可以结合手机短信进行异地信息的互动；提供面向非技术人员的，从系统界面到业务、文件表格、流程、档案分类和报表格式的零编程、自定义设置；支持各种业务流程，支持多表单、分支表单与汇总表单；提供基于知识治理的工作流应用，能够实现审批过程的知识应用和知识归档；提供支撑平台，实现统一用户治理、统一权限治理、工作流和表单治理、报表治理等应用支撑服务；基于“平台+应用”结构，具有良好的稳定性、扩展性、安全性及二次开发特性，支持用户宏，能合理整合企业资源，实现系统互连、信息共享，加强沟通与协作；支持SSL协议传输加密，支持多种级别的文件存储128位加密，支持指纹、加密机、IC卡、密码锁等加密设备等。

2. 用友办公自动化系统

用友办公自动化系统包含了九大应用模块，满足个人和企业的办公应用需求，还提供了丰富的插件，满足个性化需求，帮助企业通过网络技术，建立一个高质量、高效率的信息网络，实现移动办公、资源共享、高效协同的事务处理机制，为员工提供一个即时有效的信息交流通道，为领导提供一个方便有效的事件跟踪和监督手段，从而实现办公现代化、信息资源化、传输网络化和管理人性化。该系统遵循了2∶8原则，即以20%左右的核心主导性功能完成或满足占客户日常工作总量的80%的经常性、关键性应用。

3. 金蝶K/3办公自动化系统

金蝶K/3办公自动化系统是实现企业基础管理协作平台的知识办公系统，主要面向企事业单位部门、群组和个人，进行事务、流程和信息及时高效、有序可控的协同业务处理，创建企业电子化的工作环境，通过可视化的工作流系统和知识挖掘机制建立企业知识门户。该系统既可独立运行，也可与金蝶K/3其他产品无缝集成，为企业提供更完整、更全面的企业应用解决方案，如图4–7所示。

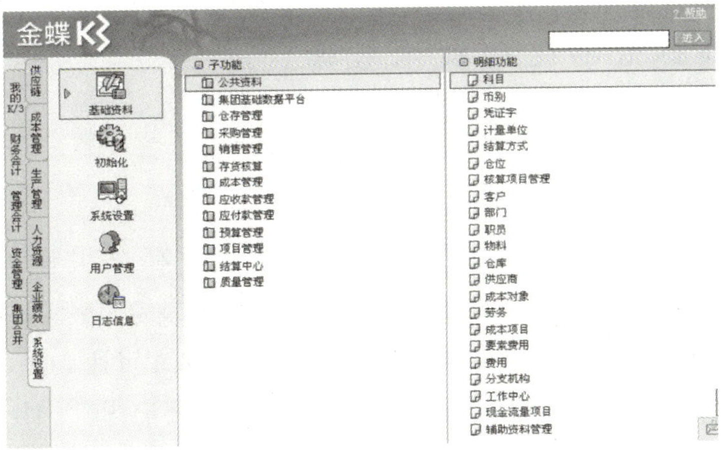

图4–7　金蝶K/3客户端工具包

4.2.4　移动办公自动化

进入21世纪以来，随着信息的膨胀和工作节奏的加快，移动办公自动化系统作为提高工作效率、规范办公制度、方便领导决策的重要工具，越来越受到人们的重视。

它特别为那些办公地点分散，而有大量信息需要进行流动处理的公司、企业而设计，是建立在远程连接和移动通信基础上的全自动工作系统。移动办公自动化将原有OA系统上的公文、通讯录、日程、文件管理、通知公告等功能迁移到移动终端上，用户可以随时随地进行掌上办公，如图4-8所示。

移动办公自动化系统摆脱了必须在固定场所固定设备上进行办公的限制，为管理者和商务人士提供了极大便利，使得用户无论身处何种紧急情况下，都能高效迅捷地开展工作，对于突发性事件的处理、应急性事件的部署有极为重要的意义。图4-9展示了手机端移动办公自动化系统界面。

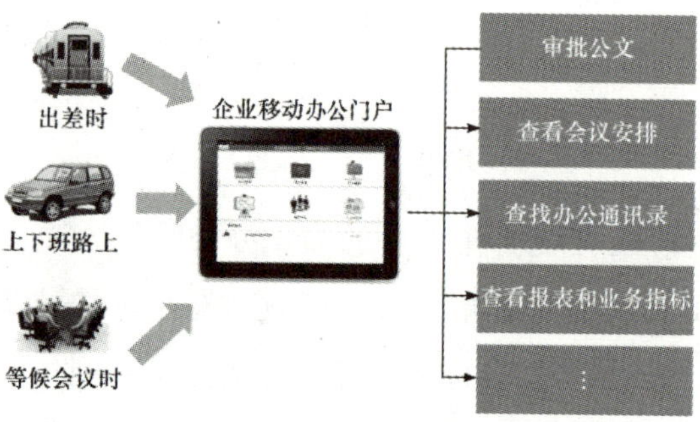

图4-8　移动办公自动化系统功能图

图4-9　手机端移动办公自动化系统界面

4.3　办公自动化的技术基础

4.3.1　个人计算机的作用

自从IBM公司于1981年10月正式推出个人计算机以来，与其相关的硬件和软件技术得到了飞速的发展。计算机的快速发展为办公自动化奠定了坚实的基础。

目前计算机的CPU普遍采用双核甚至更多核，时钟频率可达4 GHz以上，处理字长可为64位，内存可使用8 GB以上的，硬盘则可根据需要配备到1 TB以上，达到TB级，CPU的处理速度也更快。目前流行的操作系统仅Windows系列就有Windows 7、Windows 8、Windows 10、Server 2016、Server 2019等，应用软件更是覆盖所有应用领域，如微软公司的Office软件是计算机安装得最多也是使用人数最多的集成软件。

计算机配套的各类输入/输出设备功能也更加强大，图像扫描仪、打印机、传真机、摄像头以及各类影音设备的发展大大提高了办公的效率。

4.3.2 计算机网络的作用

计算机网络在办公自动化中的应用，使办公自动化发生了本质的变化，个人办公模式转变成群体的协同办公模式。日常办公中，涉及最多的是办公局域网，它分布在一个楼层或一个到几个建筑物范围内，可由一个单位或多个单位使用与管理。办公局域网由通信设备和处理设备两部分组成。通信设备包括网线（同轴电缆、双绞线和光纤等）、集线器、交换机、路由器和网卡等。处理设备包括计算机、打印机等其他共享设备，其中，计算机又分为工作站和服务器。个人计算机要成为办公局域网的成员必须满足两个条件：一是通过网线连入局域网，二是安装相关的网络协议并进行正确的设置。

网络服务分为对等网模式和客户机/服务器模式（C/S模式），在办公局域网中可以兼顾这两种运作模式。在C/S模式中，客户机通过授权账号登录到服务器中，共享服务器的资源和服务。在对等网模式中，各联网的计算机将各自的资源共享出来以提供服务，通过“网上邻居”查找网络中的工作组、计算机及共享文件夹，找到可用的资源、可获取的服务。

因特网（Internet）的应用使办公自动化从一个单位的办公室延伸到全社会，从而使电子政务成为可能。在因特网的使用中，要正确理解IP地址、域名、端口和URL等基本概念。Internet提供的服务主要有五类：WWW服务、FTP服务、电子邮件、远程登录和新闻组，需要重点掌握WWW服务、FTP服务及电子邮件的使用。

4.3.3 软件技术的支撑

实现数字化办公必须有良好的技术支撑，考虑到办公自动化的授权和开放这两个特点，首选技术应该是互联网技术及标准（如Web、HTML、ML、TCP/IP、ObjectWeb等），在此基础上采用相关技术，如工作流技术。目前比较流行的是以邮件系统为基础的工作流技术（如Lotus Notes、MS Exchange、Novell roupwise等），或称群件技术。现在随着Web技术的发展，基于Intranet模式下的工作流软件也越来越多，这种类型的工作流直接使用消息传递中间件作为消息传递手段，不需使用专用的邮件系统做消息平台。整个工作流软件负载轻、开放性好、维护方便，并且易于和网上其他业务系统结合。这种技术和电子商务所使用的技术方向是一致的。因此，基于Web的工作流软件将在未来的数字化办公领域占主导地位。

4.4 办公自动化的安全问题及防范

4.4.1 办公自动化的安全问题

办公自动化的数据流程是一个完整的数据链条，任何一个环节被破坏，必将影响工作安全性和效率，如果办公的服务器遭到连续不断的攻击，办公自动化的效率将大打折扣。办公自动化存在的主要安全问题有：

1. 网络病毒的传播与感染

伴随着计算机及网络的快速发展，计算机木马程序不断出现和升级，其破坏性也随之增加。其一，网络病毒较其他计算机病毒更具有传染性，且有很强的再生和扩散能力；其二，具有隐蔽性，计算机病毒是一段没有文件名的程序，通常隐藏在正常程序中，潜伏起来，在其发作之前很难被发现；其三，具有激发性，计算机病毒发作都有一个特定的激发条件，当外界条件满足计算机病毒发作的条件时，病毒才被激活，并开始传染和破坏；其四，具有破坏性，网络病毒会破坏系统的部分或全部数据，可篡改一些数据从而扰乱系统的正常工作，甚至可以彻底破坏整个计算机系统。

2. 黑客网络技术的入侵

目前的办公自动化网络都是采用了以广播为技术基础的以太网。在同一以太网中，任何两个节点之间的通信数据包，不仅可以为这两个节点的网卡接收，同时可以为处在同一以太网上的任何一个节点的网卡所截取，因此，外网及互联网中的黑客只要侵入办公自动化网络中的任意节点，就可以捕获到在这个以太网上的所有数据包，并对其进行解包分析，从而窃取相关信息，造成信息的失窃。

3. 外力作用

自然灾害、突然停电、强烈地震、误操作等都会造成数据的破坏和丢失，这也是办公自动化中较常见的安全问题。

4.4.2 办公自动化的安全防范

办公自动化网络应加强安全防范。

1. 内网安全控制

（1）加强网络服务器的安全

对网络服务器一般要做磁盘镜像、磁盘双工、服务器镜像等工作。所谓磁盘镜像就是服务器上同一块磁盘控制卡带一对硬盘，数据被写到一个硬盘后再被复制到另一个硬盘，如果一个硬盘失效，镜像功能自动使用另一个硬盘，不会使数据丢失。所谓磁盘双工就是同一个服务器上安装两个硬盘系统，同时工作，实现数据双重备份，一个硬盘系统失效，另一个立即接管网络运行。所谓服务器镜像，即建立配置相同的两台服务器，一台为主服务器，另一台为从服务器，当主服务器出故障时，从服务器立即自动接管，不影响网络运行。

（2）加强软件系统的安全

用户尽量使用设计完善的安全控制功能程序的应用软件。用户对数据的存取应有明确的授权策略，以保证用户只能打开自己权限范围之内的文件。系统中的重要数据在数据库中应有加密和验证措施，如用户身份、访问控制、对用户权限以及用户账户进行维护和管理、设置相应口令并定期更换、加密与密钥管理，监视和控制网上破坏安全系统的行为，以防止口令泄露可能带来的损失。

2. 外网非法入侵的防范

办公自动化网络最安全的保密方法莫过于不与外网联网，但是由于工作的需要，局域网与广域网的连接是大势所趋，因此，必须防止办公自动化网络与外部网络连接后保密信息的外泄和来自外网的非法入侵。

（1）在办公自动化网络中安装杀毒软件

在网络环境中，病毒的传播很迅速，仅单机防杀很难消除网络病毒，必须选择适用于局域网、广域网，全面的反病毒产品。为了达到预防和控制计算机病毒的病毒预警和入侵检测，可以在办公自动化网络中安装网络版杀毒软件。本地网络和其他网络数据交换，本地网络工作站和服务器之间数据交换，本地网络之间数据交换，每个工作站都必须通过检测和过滤网络防病毒服务器，这样可以保证实时网络病毒查杀和预防。

（2）加强重要数据的备份

办公自动化系统数据受到破坏之后，最主要依赖于数据备份方案。数据备份的目的在于尽可能快地全盘恢复运行计算机系统所需的数据和系统信息。备份不仅在网络系统硬件故障或认为失误时起到保护作用，也在入侵者非授权访问或对网络进行攻击及破坏数据完整性时起到保护作用，同时是系统灾难恢复的前提之一。

（3）加强预防网络操作过程中的病毒传染

相对于单机病毒的防护来说，网络预防病毒最大的特点在于网络的管理功能。办公自动化系统的网络病毒防治难度更大，应与网络管理紧密结合。网络病毒可以通过网络资源共享、电子邮件发送、FTP下载、WWW浏览以及系统漏洞进行攻击。因此，在网络操作过程中应该特别注意防范网络上（特别是Internet上）病毒的传播，这是当前保护办公自动化系统正常运行的手段之一。

3. 内外网间的病毒防治

（1）加强内外网隔离

在办公自动化局域网和外网之间，设置物理隔离，是保护办公自动化网络安全的最主要、有效、经济的办法之一。隔离路由器以及借助防火墙进行隔离，用于阻止外部入侵者进入局域网内部，只允许局域网内部用户访问外部网络，通过允许或拒绝寻址到计算机的通信来保护计算机。

（2）加强访问控制

整个网络结构分为三部分：内部网络、隔离区以及外网。每个部分设置不同的访问控制方式。办公自动化网络重点设置的是内部网络和隔离区。其中，内部网络是不对外开放的区域，它不对外提供任何服务，所以外部用户检测不到它的IP地址，也难以对它进行攻击。隔离区对外提供服务，系统开放的信息都放在该区。它的开放性使它成为黑客们攻击的对象，但由于它与内部网络是隔离开的，所以即使受到了攻击也不会危及内部网络，这样就双重保护了内部网络的资源不受侵害，也方便管理员监视和诊断网络故障。

4.5 办公自动化实用技能

在应用办公自动化工具进行各类文件处理工作中，为什么不同人完成的速度不同？除了基本的功能外，很多实用的技能是拉开差距的关键，需要多多总结，多多应用，从而让办公效率大大提高。本节将列举一些实用技能。

4.5.1 文字处理

文字处理常用技巧如表4–1所示。

表4–1 文字处理常用技巧

功能项	低效率操作	高效率技巧
选择文档某处后面所有内容	按住左键向下拖动来选择后面的内容	按【Ctrl+Shift+End】组合键
另起一页	不停地按回车键直到新一页	按【Ctrl+Enter】组合键
文字批量转成表格	建立表格，一个个单元格复制、粘贴	将文字分隔好并选中，“插入”→“表格”→“文字转换成表格”
多次复制、粘贴	两个文档间来回复制、粘贴	一直复制，打开剪贴板，再全部粘贴

续 表

功能项	低效率操作	高效率技巧
批量删除所有图片	逐个找到图片并删除	“查找替换”→“替换”，在“查找内容”中单击“特殊格式”→“图形”，“替换为”中留空，单击“全部替换”
转换为PDF文档	安装专用转换软件	“文件”→“另存为”，类型选择PDF
多个文档批量合并到一个文档中	逐个复制、粘贴到同一个文档	“插入”→“文本”→“对象”→“文件中的文字”，找到需要合并的所有文档，全部选中后单击“插入”
保存文档	每次手动保存	“文件”→“选项”→“保存”，设置自动保存文档的时间间隔及路径位置
快速设置跨页表格重复标题行	每一页都手动设置标题行	第一个标题行任意单元格，“布局”→“重复标题行”

4.5.2 数据处理

数据处理常用技巧如表4-2所示。

表4-2 数据处理常用技巧

功能项	低效率操作	高效率技巧
使表格日期规范	一个一个修改	“数据”→“数据工具”→“分列”→“下一页”，勾选“日期”，默认的“YMD”
使表格行、列整齐	逐项调整	按【Ctrl + A】全选表格，“开始”→“单元格”→“格式”→“自动调整行高”，再选择“自动调整列宽”
加单位并使用公式运算	去掉单位，运算完后再加上单位	“设置单元格格式”→“自定义”→“类型”→“G/通用格式”，后面加上一个单位或字符
表格太宽，在一张纸上打印	手动一点点调整	“页面布局”→“调整为合适大小”，将“宽度”设为“1页”
快速跳到指定单元格	手动拖动，眼睛判断	按下【F5】键，然后输入所要定位到的单元格
表格转置，行变列，列变行	重做表格	复制原表格，右击弹出快捷菜单，“选择性粘贴”→“转置”
保留格式将Excel表格放到Word中	复制、粘贴后再调整	选中Excel中表格区域，然后将光标移动到边缘处，按住【Ctrl】键不松，将表格拖拽到Word窗口
隔行求和	一部分一部分求和或空白处填0	选中表格，按【F5】键，选择“定位条件”→“空值”→“确定”，按组合键【Alt + =】
批量录入相同数据	复制、粘贴	选中表格区域，按【F5】键，选择“定位条件”→“空值”→“确定”，输入内容后，按下组合键【Ctrl +回车】

4.5.3 图片处理

1. 裁剪图片形状

在PPT中，单击“插入”，然后找到需要插入的图片文件，插入一张幻灯片中，单击插入的图片，有一个裁剪的按钮，单击“裁剪”。单击下拉选项，选择“裁剪为形状”，就可以在列出的形状中，将目标图片裁剪为需要的形状，如图4-10所示。将图片裁剪完成之后，通过单击图片所在的位置，使用鼠标调整图片的大小，达到需要的效果。

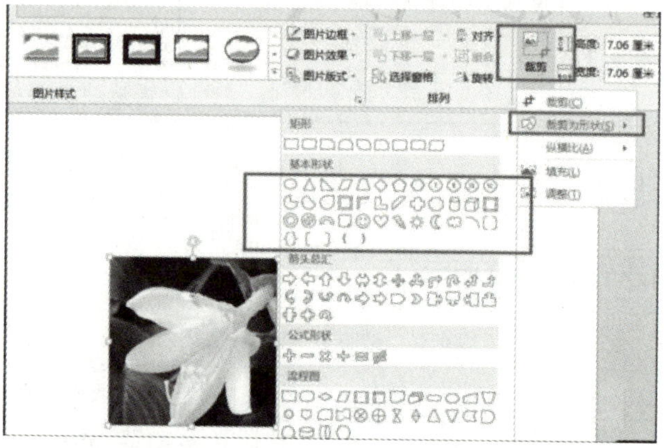

图4-10 裁剪图片形状

2. 去除背景

插入一张图片，单击“格式”标签下的“颜色”命令，在下拉菜单中单击“设置透明色”选项，然后使用鼠标在图片黑色背景区域单击一下鼠标完成操作，如图4-11所示。

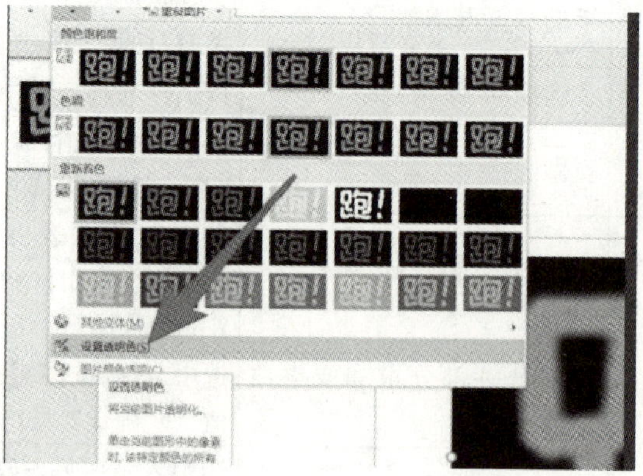

图4-11 去掉图片背景色

3. 电子签名

在一张空白的纸上签上名字，用扫描仪将它储存成“*.jpg”格式的文件。将名字文件插入Word文档中，双击图片，切换至图片格式设置，单击“颜色”，选择“设置透明色”，效果如图4-12所示，然后另存为图片，以后可以在各类文档或系统中使用该电子签名。

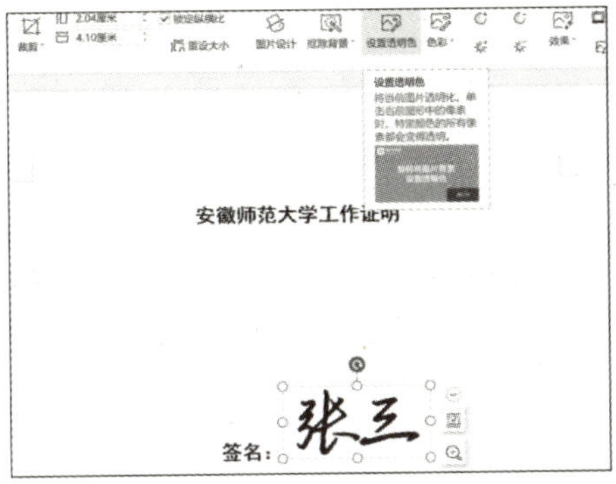

图4-12　电子签名

4.5.4　影音处理

1. 制作简易视频

在PPT内设计好需要添加到视频的素材，根据需要排版，设计好幻灯片切换和自定义动画，提前测试麦克风是否正常，调节麦克风音量。选择“幻灯片放映”→“录制幻灯片演示”→“从头开始录制/从当前幻灯片开始录制”，如图4-13所示。

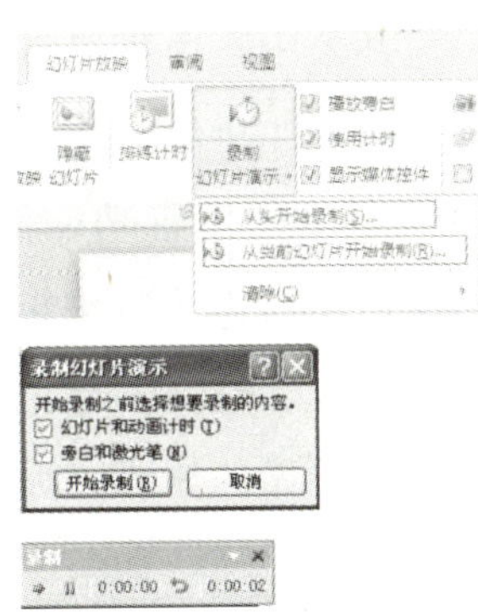

图4-13　录制幻灯片

开始录制后左上方有个时间提示框，第一个按钮为“下一项”即下一张幻灯片，第二个按钮为暂停。完成此页录制后可按空格键或单击“下一项”。注意每张幻灯片录制开始需在开始计时1～2秒后再开始录音，结束时最好预留一点时间，以便与其他幻灯片录音区分开来。每个幻灯片之间的录音最好别相差太长时间。导出视频选择“文件”→“保存并发送”，创建视频选择“计算机与HD显示”，视频会更清晰，有录音的选择“使用录制计时与旁白”，导出完成后，就能看到用PPT录制的视频。

2. 转换视频格式

大部分电脑都安装有视频播放软件，如暴风影音，可以利用这些播放软件进行视频转码。打开安装好的暴风影音软件，左下角有一个小盒子形状的图标，单击之后会出现一个界面，找到转码选项，单击就会弹出对话框。对弹出的对话框首先进行设置，单击图片位置，弹出对话框，有输出类型、品牌型号等设置。如果是手机mp4格式的话，还可以选择对应的手机转码，如图4-14所示。

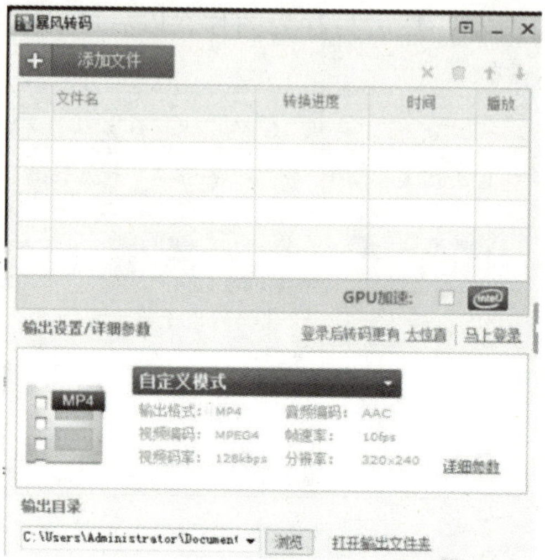

图4-14　使用暴风影音进行视频转码

4.5.5　协同编辑

办公中难免需要与同事协同编辑一份文档。如何清晰、不混乱地协同编辑呢？

1. 修订功能

Word的修订功能使用方法如图4-15所示，单击“修订”按钮，进入修订状态，对文档进行修改、编辑。在修订状态下，可以增加、删除内容。完成修订后，会显示修订标记，且文字标记是不相同的。当收到一份他人修订过的文档时，可以查看他人对文档所做的修订。如果同意他的修改，可以接受每一条修订。接受修订后，文档的格式就统一了。如果收到的文档有太多的修订，可以选择接受所有修订，则文档就完成了编辑修改。

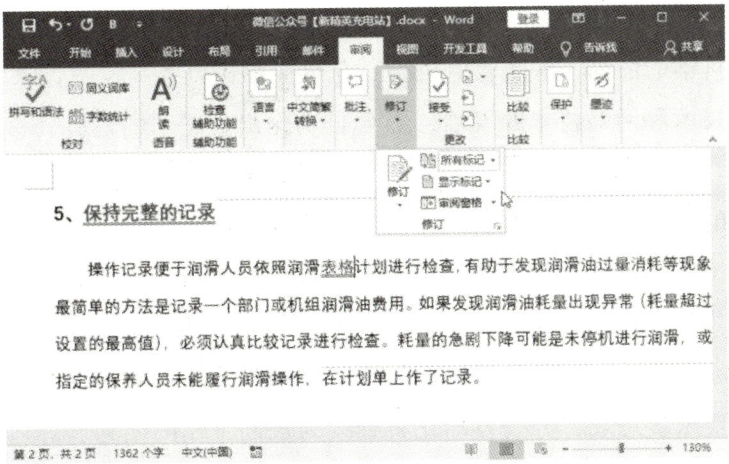

图4-15 文档修订

2. 批注功能

批注与修订不同，修订是直接对原文内容进行修改，而批注是对文档特定的内容进行注释、说明、提问、提出要求等。批注只需要指出哪里需要修改即可，保留批注，有问题则修改，没问题可在批注下面使用“答复”功能进行答复。解决批注后，再将文档反馈给批注方。这时，对方就可以对照每一个批注，看看修改是否完成，如图4-16所示。

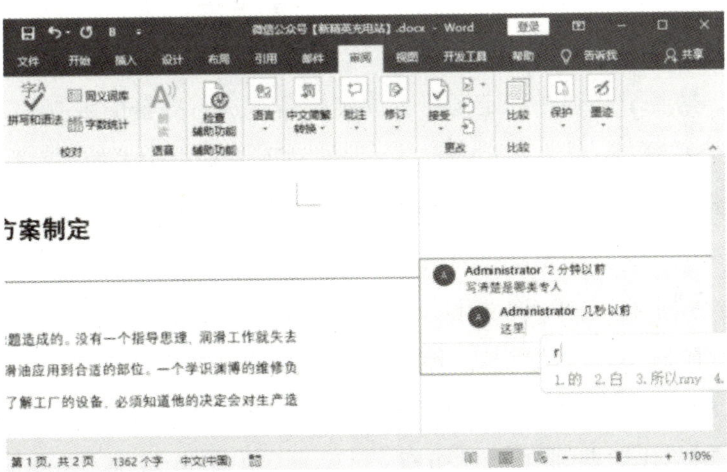

图4-16 文档批注

本章小结

利用技术手段可提高办公效率，进而实现办公自动化。它采用Internet/Intranet技术，基于工作流的概念，使内部使用人员方便快捷地共享信息，高效地协同工作，改变过去复杂、低效的手工办公方式，实现迅速、全方位的信息采集、信息处理，为管理和决策提供科学的依据，深受政府机构、企事业单位以及高校的青睐。

随着通信技术和网络技术的发展，办公自动化出现了新的趋势，移动办公成为新一代办公模式，它摆脱了必须在固定场所、固定设备上进行办公的限制，为办公的人们提供了极大的便利。基于办公自动化的应用，人们可以选择丰富的办公自动化软件和系统，包括个人办公自动化系统、校园办公自动化系统、企业办公自动化系统以及移动办公自动化系统，其中既有根据自身特色定制的软件或系统，也有通用化的软件或系统。无论哪一款办公自动化系统都具有复杂的逻辑关系和设计需求，对设计者也提出了更高的要求。总之，办公自动化将继续为人们工作的便利、舒适和高效率提供基础和支撑。

习题

单项选择题

1. 下列不属于个人办公软件或系统的是（　　）。

A. Word　　B. WPS

C. 高校财务系统　　D. Photoshop

2. （　　）摆脱了必须在固定场所、固定设备上进行办公的限制。

A. 个人办公系统　　B. 企业办公系统

C. 移动办公系统　　D. 校园办公系统

3. 下列不属于办公自动化新特点的是（　　）。

A. 便捷化　　B. 移动化　　C. 智能化　　D. 协同化

4. （　　）阶段办公自动化从一体化阶段迈向了全面实现办公自动化的阶段。

A. 20世纪80年代中期到90年代中期　　B. 20世纪90年代中期至今

C. 20世纪70年代后期到80年代初期　　D. 1975年以前

5. （　　）的指导思想是信息互联、流程整合、应用协作。

A. 低碳OA　　B. 协同OA　　C. 智能OA　　D. 移动OA

6. 下列不属于办公自动化系统运作项的是（　　）。

A. 信息采集　　B. 信息加工　　C. 信息传输　　D. 信息公开

7. 下列不属于对办公自动化技术支持的是（　　）。

A. 高性能计算机　　B. 光纤网

C. 高档光电鼠标　　D. 数据库

8. 下列选项中，（　　）可用在办公自动化的数据处理中。

A. SQL Server　　B. Photoshop　　C. Outlook　　D. Word

9. 下列不能有效防范外网非法入侵的是（　　）。

A. 安装杀毒软件　　B. 做好数据备份

C. 加装不间断电源　　D. 预防病毒传染

10. 下列选项中，（　　）属于信息存储设备。

A. 显示器　　B. 打印机　　C. 交换机　　D. 光盘

简答题

1. 什么是办公自动化和办公自动化系统？
2. 办公自动化的特点有哪些？
3. 简述自动化的发展历程。
4. 简述自动化的发展趋势。
5. 办公自动化面临哪些安全问题？
6. 简述办公自动化系统的功能。

第5章 多媒体技术

多媒体技术是20世纪80年代发展起来的一门综合技术，是计算机技术发展的一次飞跃。它以数字技术为基础，融合了计算机技术、通信技术、数字图像处理技术、语音处理技术、视频处理技术、数据压缩与存储技术以及微电子技术，使计算机的应用领域及功能得到了极大的扩展，拓展了计算机技术在国民经济各个领域的广泛应用。多媒体技术加速了计算机进入普通家庭和社会各个方面的进程，改变着人们的工作、学习与生活的方式，给人们的工作、学习和生活带来了一场革命。

多媒体技术就是通过计算机对文本、图形、图像、音频、视频等各种多媒体信息进行采集、存储、传输和处理的综合性技术，它使用户能够通过多种感官跟计算机进行实时信息交流。通过计算机进行综合处理和控制，多媒体技术能支持完成一系列的交互式操作。

5.1 多媒体概述

多媒体来自英文单词multimedia，该词由英文单词multiple（多）和media（媒体）复合而成，是指两个或两个以上媒体的有机合成。常见的基本媒体元素有文本、图形、图像、声音、动画和视频等。计算机中的多媒体就是指将以上基本媒体元素以不同形式组合以处理信息的有机综合。多媒体具有多样性、集成性、交互性、实时性等基本特征。

①多样性：是指多媒体技术具有的处理信息范围的空间扩展和放大能力，使其能够综合处理文本、图形、图像、声音、动画、音频和视频等媒体信息，使得信息的表现方式不再单调，而是有声有色、生动逼真。

②集成性：多媒体是结合各种基本媒体元素的一种应用，是一个利用计算机技术来整合各种媒体的系统。集成性就是指将不同的媒体信息有机地组合在一起，形成多媒体信息集成以及多媒体设备集成。

③交互性：是指用户的行为与计算机的行为互为交流沟通的关系，即用户可以介

入各种媒体加工、处理的过程中，从而使用户能够有效地控制和使用各种媒体信息。

④实时性：是指当多种媒体集成时，需要考虑时间特性、存取数据的速度、解压缩的速度以及最后播放速度的实时处理。

5.1.1 多媒体技术的历史

1. 启蒙发展阶段

20世纪80年代初，人们致力于研究将声音、图形和图像作为新的信息媒体输入、输出计算机，这使得计算机能够逐渐进入普通大众的生活。1984年苹果公司推出Macintosh系列个人计算机，首先引进了位图（Bitmap）概念来描述和处理图形图像，并使用由窗口（Window）和图标（Icon）构筑的图像用户界面（Graphical User Interface，GUI），用户接口开始使用鼠标驱动的输入设备操作计算机，这样不具备专业知识的普通大众也能够方便地使用计算机。1985年美国Commodore公司的Amiga计算机问世，成为多媒体技术先驱产品之一。同年，激光只读存储器CD-ROM问世，为大容量多媒体数据的存储和处理提供了条件。1986年Philips和Sony两家公司联合推出了交互式光盘系统CD-Ⅰ，同时公布了一种新的CD-ROM存储格式。CD-Ⅰ系统能够把高质量的声音、数据和计算机程序以数字形式存储在容量为650 MB的5英寸光盘上。它是集文字、图像和声音于一体的多媒体系统。1987年，美国的RCA公司制定了交互式数字视频系统（Digital Visual Interface，DVI）标准，规范化和标准化交互式视频技术，在CD-ROM上存储静止、活动的图像和声音等。同年，苹果公司在Macintosh机上开发出多媒体开发工具HyperCard（超级卡），并安装在计算机中，使用户能方便地集成、综合处理多种媒体。1989年，Intel、IBM公司推出了DVI技术的第一代产品Action Media 750。

2. 标准化阶段

多媒体技术的快速发展已使其成为当时世界高技术竞争的焦点，对多媒体技术标准的制定也迫在眉睫，备受重视。1990年，美国Microsoft、Philips和NEC等公司成立了多媒体个人计算机市场协会（Multimedia PC Marketing Council），负责多媒体计算机的规范化管理和多媒体计算机标准的制定，对多媒体个人计算机及其相应的多媒体硬件规定了必需的技术规格。同年，该协会制定了多媒体个人计算机的基本标准MPC LEVEL 1。多媒体个人计算机市场协会在1991年推出了MPC 1标准，这是全球计算机业界共同遵守的标准，促进了MPC的标准化和生产销售，使多媒体个人计算机成为一种新的流行趋势。1993年，MPC 2标准问世。同年，多媒体个人计算机市场协会改名为多媒体个人计算机工作组（Multimedia PC Working Group）。1995年，多媒体个人计算机工作组推出了MPC 3标准。该标准制定了视频压缩技术MPEG的技术指标，使视频播放技术更加成熟和规范化。该标准还制定了采用软件进行视频数据解压缩等技术标准。同年，Microsoft公司的Windows 95操作系统问世，用户界面全面图形化，功能更强，操作更方便，个人计算机占据主导地位。1996年以后，新的个人计算机均支持基本多媒体功能。

3. 普及应用阶段

多媒体技术是当今信息时代的代表性技术。它是当今信息技术领域发展最快、最活跃的技术，使信息交流更加直观、形象和自然。多媒体技术是声像技术与计算机技术的结合，具有强烈的渗透能力，它已经扩展到各个领域，应用于社会生活的方方面面，如教育、信息服务、商业、医疗、旅游、数据通信、娱乐、大众媒体传播、广告、GIS与数字地球、智能家居和多媒体远程监控等。多媒体技术正在改变人类的生活和工作方式。

5.1.2 多媒体技术的应用

1. 生物特征识别技术

身份认证自古有之，其很大程度上关系到社会的安全问题。传统的身份认证大致可分为两类：一是通过实物鉴别身份，如身份证、护照、钥匙、智能卡等；二是通过约定相关口令鉴别身份，如口令、密码、暗号等。这些方式存在容易丢失、遗忘、被复制和破解等不安全、可靠性差的问题。在实践中人们发现，每个人所特有的生物特征具有唯一性，且在一定时间内较为稳定，并且不会丢失也不会轻易被伪造和假冒，所以在身份认证中生物特征识别技术这种独特的优势使其被认为是一种终极的身份认证技术。

生物特征识别技术克服了许多传统身份认证方法的缺点，且识别正确率较高，使用方便。人体指纹具有与生俱来、终身不变、唯一性、高防伪性和使用便利等优点，使得指纹识别技术成为应用最好的生物特征识别技术，已经逐步在智能安防、考勤、金融交易、公共交通、公共安全、个人隐私和数据保护、医疗和电子商务等领域得到广泛应用。

生物特征是指人体所固有的生理特征或行为特征。生理特征有指纹、人脸、虹膜、掌纹、指静脉等；行为特征有语音、步态、签名、按键力度等。生理特征直接从人体采集，在固定形成之后通常不易变化，稳定性较高。行为特征通常采集自人的行为过程，在实际应用中具有交互能力。此外，人的行为特征还会受到其生理特征的影响，如声纹特征依赖于声道的生理构造，签名特征依赖于手的形状和大小等。总之，在具体应用中生理特征和行为特征各有其优缺点，需要结合具体应用场景选择。

（1）指纹识别技术

指纹作为一种生物特征用于身份认证已经由来已久。早在公元前7000年到公元前6000年，指纹就作为身份鉴定的工具在古代中国和古叙利亚使用。1880年，英国人亨利方德首先对指纹作为人体生物特征的唯一性作出了科学阐述，奠定了现代指纹识别技术的基石。

最初的指纹识别采用人工的方式。手工获取指纹按印并整理存放到指纹库，需要认证时再从指纹库查找比对。近年来，随着多媒体技术的快速发展和普及，使用计算机进行自动指纹识别已很常见。人们运用采集设备采集指纹并存储，使用数字图像处理、模式识别、人工智能等技术开发自动指纹识别系统，完成基于指纹的用户身份识别和认证。自动指纹识别系统的研究主要涉及指纹图像分割、指纹方向场估计、指纹图像增强、指纹图像分类、指纹图像细化、指纹细节点提取和指纹匹配等关键技术。

（2）人脸识别技术

人脸识别，特指利用分析比较人脸视觉特征信息进行身份鉴别的计算机技术，主要包括人脸检测、人脸配准、人脸属性识别、人脸特征提取、人脸比对和人脸验证等关键技术。人脸识别技术最早起源于20世纪60年代，到90年代进入初级应用阶段。近年来，随着计算机视觉技术、大数据、人工智能、机器学习等技术的极速发展，人脸识别已经得到了较为广泛的应用，给人们的工作和生活带来了极大便利。但是现阶段的人脸识别主要是基于室内环境条件下的应用，室外条件下由于人脸图像受光照、人的姿态等变化的影响，使识别面临许多困难。另外，人脸的外形很不稳定，容易受到表情、遮盖物（如口罩、眼镜、头发、胡须等）、观测角度、年龄等多方面因素的影响而使识别率降低。

（3）虹膜识别技术

虹膜是位于眼角膜之后，晶状体之前，巩膜和瞳孔之间的环形可视薄膜，包含纹理、血管和斑点等多个细微特征。虹膜具有唯一性和稳定性的特征，其在人一岁之后几乎不再变化，所以，虹膜识别技术成为一种较好的生物特征识别技术。每个人的虹膜都具有不同的特征，任意两个虹膜，其纹理相同的概率小于10^{-35}。

虹膜识别的精度很高，目前主要应用于对安全性要求高的领域中。但其对采集设备的精度要求很高，使它的推广应用受到了很大的限制。

（4）指静脉识别技术

指静脉识别技术是利用近红外线穿透手指后所得的静脉纹路影像来进行个人识别。它通过指静脉识别仪采集得到手指静脉图像，并将手指静脉的数字图像存储在计算机中，提取并存储静脉特征值。实际上它和早期指纹识别的方式相似，采用的是图像特征比对的方式来进行认证和识别。指静脉比对识别时，实时采集静脉纹路影像，通过特征提取算法实时提取静脉特征，将提取到的静脉特征与存储在计算机中的静脉特征进行比对，依据匹配算法进行匹配打分，从而完成对个人身份的鉴定，确认比对者的身份。

指静脉属于内生理特征，不会磨损，较难伪造，具有很高的安全性。一般情况下，血管特征比较明显，容易辨识，抗干扰性好。此外，指静脉识别可实现非接触式采集，卫生性好，易被用户接受，并且不易受手指皮肤表面伤痕或油污的影响。指静脉识别系统安全等级高，适用于安全性要求高的领域。

（5）语音识别技术

语音识别技术的基本任务是将人说话发出的声波信号转换成一种能够表达口语消息的符号序列。在一般情况下，这种符号序列即是语言的词汇序列。

语音识别是涉及心理学、生理学、声学、语言学、信息理论、信号处理、计算机科学、模式识别等多个学科的交叉学科，具有广阔的应用前景，如语音听写、语音转写、语音检索、命令控制、自动客户服务、机器自动翻译等。

比尔 · 盖茨曾说过："语音技术将使计算机丢下鼠标、键盘。"近年来，语音识别技术取得了重大进展，并已开始从实验室走向人们的生活。预计在未来10年内，语音识别技术将进入各个领域，如工业、家用电子产品、通信、汽车电子等。国内的科大讯飞、腾讯、百度等在语音识别领域都有不俗表现。

2. 医学图像处理技术

医学图像处理的对象是各种不同成像机理的医学影像，临床广泛使用的医学成像种类主要有计算机断层摄影（Computerized Tomography，CT）、核磁共振成像（Magnetic Resonance Imaging，MRI）、核医学成像（Nuclear Medicine Imaging，NMI）和超声波成像（Ultrasonic Imager，UI）四类。在基础医学研究和临床医疗诊断领域中，通常结合图像处理与分析技术，进行疾病的分析与诊断。医学图像处理技术包括医学图像基础知识和医学图像增强、医学图像分割、医学图像配准和医学图像可视化等技术。

在目前的医学图像诊断中，主要是通过对一组二维切片图像进行分析来检测有无病变体，这往往需要借助医务人员的临床经验来判定。利用医学图像处理技术可对二维医学图像切片进行分析和处理，实现对人体器官、软组织和病变体的分割、提取、三维重建和三维显示，可以辅助医生对病变体及其他感兴趣的区域进行定性甚至定量的分析，从而大大提高医疗诊断的准确性和可靠性。目前，医学图像处理技术主要包括病变检测、图像分割、纹理分析、图像配准及图像融合等方面。

随着医疗技术和计算机科学技术的快速发展，对医学图像处理提出的要求也越来越高。为有效提高医学图像处理技术水平，与多学科理论交叉融合，医务人员和医学图像处理技术研发人员之间的交流显得越来越重要。医学图像处理技术作为提升现代医疗诊断水平的有力依据，为实施低风险、创伤性小的手术方案提供了技术保障，必将在医学信息研究领域发挥更大的作用。

3. 遥感图像处理技术

遥感（Remote Sensing）一词产生于20世纪60年代初期，意思是遥远的感知。遥感技术是高新技术领域中的一个重要分支。遥感影像（Remote Sensing Image）是指记录各种地物电磁波大小的胶片或照片，主要分为航摄像片和卫星照片。无论是航空遥感还是卫星遥感，都需要使用图像处理技术加工处理并提取有用的信息。

遥感图像处理技术可用于矿产资源勘探、生态环境监测、自然灾害预警、气象卫星云图处理、地面目标识别，以及森林、水利、海洋、农业等资源的调查等。遥感图像具有宏观性、客观性、周期性、便捷性等特点，已经在各个领域大显身手，为人类社会的发展和繁荣提供了有力的支持。

遥感图像处理技术主要包括图像采集与管理、图像校正、辐射校正、图像变换、图像信息分析、图像增强、特征提取、图像分类等。

4. 智能机器人视觉技术

随着信息技术的发展，人们正在努力地将人类视觉能力赋予计算机、机器人及各种智能设备。人工智能的核心是希望机器能够像人类一样进行思考和行动。因此，要实现人工智能，首先要帮助机器“看懂这个世界”。机器视觉技术作为实现智能机器人的关键核心技术，正成为人工智能发展最快的一个分支。

智能机器人性能的一个关键组成部分就是机器视觉技术。机器视觉技术是一门涉及人工智能、神经生物学、心理物理学、计算机科学、图像处理、模式识别等诸多领域的交叉学科。机器视觉主要是用计算机来模拟人的视觉功能，从客观事物的图像中提取信息，进行处理并加以理解，最终实现对事物的观察、检测、测量和控制。简单来说，机器视觉就是用机器代替人眼，对客观世界中的事物进行观察、测量、分析和决策。智能机器人视觉技术可划分为六个主要部分：传感、预处理、分割、描述、识别以及知识表达和解释。

近年来，智能机器人视觉技术发展迅速，已应用于可行走机器人、装配机器人以及其他种类的机器人，为智能机器人解决视觉问题提供了强力的技术支撑。目前，拥有视觉能力的智能机器人在军事侦察、危险环境作业、自动流水线上装配工件的识别和定位、医疗、智能家居等各个领域都发挥了巨大作用。

5. 视频处理技术

随着计算机技术、微电子技术的快速发展，视频处理技术得到了全面发展，而互联网的普及更为视频处理技术的广泛应用提供了条件。目前，视频处理技术已遍布社会生产、生活的各个角落。新形势下视频处理技术的应用和发展问题也得到了人们越来越多的关注。

现代视频处理技术是在传统的数字图像处理学科基础上发展起来的，也被称为“智能视频分析技术”，它综合了图像处理、视频跟踪、数据压缩传输、图像模式识别及计算机视觉等多学科的研究成果。现代视频处理技术的快速发展，离不开数字信号处理、计算机技术和移动互联网技术的发展，现已呈现出如下特点：高速、高分辨率、立体化、综合多媒体、智能化、标准化以及移动终端互联网的应用。

近年来，视频处理技术的应用已从传统的基于个人计算机的应用，向以智能手机为代表的移动智能终端快速发展。视频处理技术与网络技术结合，可以实现各类新闻直播、体育赛事直播、大型活动直播、企业远程培训、线上教育教学、远程视频监控、远程医疗和虚拟漫游等功能，为人们的工作和生活带来了极大的便利。

5.2 文本

“文本”一词来自英文单词text，有正文、本文（并非附注、图片等）、文本、文档、文稿等含义，可以表示任何由书写所固定下来的话语。文本是人类社会较早使用的信息表示方式，它是外观的，即用一定的符号来表示。文本是现实生活中使用最多的一种信息表示、存储和传递方式。文本信息在多媒体技术中指的是文字在计算机中的表现形式。

在多媒体作品中，文本是最基本也是最常用的素材，主要用于记载和存储文字信息。一个好的多媒体作品离不开组织合理、内容丰富、逻辑清晰和表达精准的文字辅助。作为多媒体系统的重要组成元素，文本和其他多媒体素材相比，具有信息表达准确、内容丰富、存储容量小、处理简单、传输便捷等优势。

文本是文字、字母、数字和各种功能符号的集合。在现实生活中，人们对客观世界的记录、内在情感的表达、求解问题的逻辑推理、自然科学中公理和定理的表述等都主要用文字和符号来准确地表示。在多媒体应用系统中，在面对现实世界中一些复杂而抽象的事件时，图像、图形、音频、视频等多种媒体形式往往无能为力，但文本却依然能很好地表达。因此，文本有它不可替代的独到之处。文本素材的处理包含文本的采集、录入、编辑和加工。

5.2.1　常见文本文件的格式

目前流行的文字处理软件种类繁多，不同的软件生成的文件格式各不相同。当使用不同的文本编辑软件编辑文本时，系统通常会采用默认的文本文件格式来保存文档。例如，文字处理软件Microsoft Word的默认文档格式为“DOCX”，Windows记事本程序编辑的文档默认格式为“TXT”。下面是几种比较流行的文本文件格式。

1. TXT格式

TXT是Windows操作系统自带的一种纯文本文件格式，仅包含自动换行和字体两种格式信息，主要用来存储文本信息。其字符编码可以是ANSI、Unicode、Unicode big endian等，如图5-1所示。

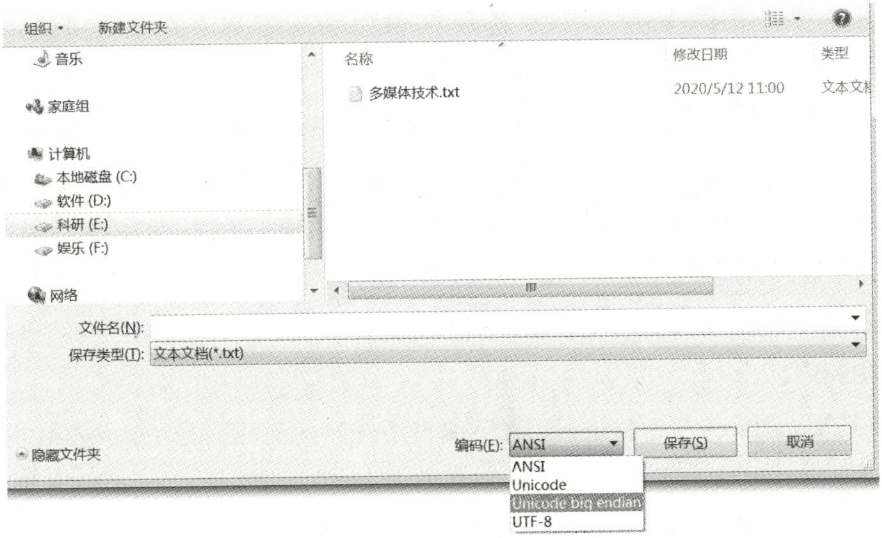

图5-1　TXT格式文件的保存

几乎所有的文字编辑软件和多媒体集成软件均可读取TXT格式文件，如记事本、写字板、Microsoft Word以及各类浏览器等。因此，一般认为TXT格式是通用的、跨平台的。TXT格式的电子书是手机等移动设备普遍支持的一种文本格式，这种格式的电子书具有容量大、所占存储空间小、下载速度快等优点，受到广大电子书籍爱好者的普遍欢迎。

2. RTF格式

RTF是Rich Text Format的缩写，意为多文本格式，也是Windows操作系统自带的一种跨平台文档格式。RTF格式有很好的兼容性，是一种便于不同设备、系统查看的文本和图形文档格式。RTF格式文件类似于DOC（或DOCX）格式的文件（Word文档），有很好的兼容性，使用Windows“附件”中的“写字板”就能打开RTF格式文本并进行编辑。RTF格式文本可以包含文字、图片等多种信息，是一种非常流行的文件格式，很多文字编辑软件都支持它。一般的格式设置，如字体、段落设置、页面设置等在RTF格式文件中都可以完成。

3. DOCX格式

DOCX格式是Microsoft Office Word文字处理软件所使用的默认文件格式。Microsoft Office Word在当前文字处理软件的使用中占有绝对的优势，这使得Word专用的文件格式（DOC或DOCX，DOCX是Microsoft Office 2007之后版本使用的）成为事实上最通用的标准，也使得其他与Word竞争的文字处理软件一般都必须支持Word专用的文件格式。

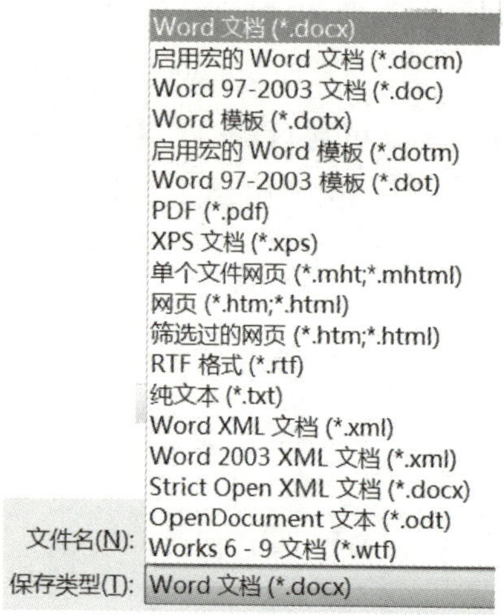

图5-2　Word文件的保存

新版Word中增加了PDF的编辑功能。在新版Word中编辑的文件，不需任何外挂，就可以将文件转换为PDF文件，让用户可以轻易制作这个常见的格式文件。另外，通过文件保存时的类型选项设定，Word可以将文档转换为网页、TXT、RTF等，如图5-2所示。此外，Word还具有轻松审阅和阅读协作、快速查找并修复文稿问题、方便地将文字转成图形等优点。

4. WPS格式

WPS是Word Processing System（文字编辑系统）的简称，是一款由金山公司开发的办公软件，由WPS文字、WPS表格和WPS演示三大模块构成。从1988年到现在，WPS经历了几十年的发展，已从中文字处理软件延展为一套WPS Office办公软件，可以实现办公软件所必备的多种功能。WPS有内存占用低、运行速度快、体积小巧、强大插件平台支持、提供海量在线存储空间及文档模板等优点。

WPS支持阅读和输出PDF文件，兼容微软的DOCX格式，不但可以在Windows系统下运行，也可以在其他系统下运行，如Linux、Android、iOS等多个平台。WPS Office支持桌面和移动办公。其中包含特有的换行和排版信息，称为格式化文本，通常只在WPS编辑软件中使用。

5. PDF格式

PDF是Portable Document Format（便携文件格式）的简称，是Adobe公司开发的电子文件格式，是由Adobe Systems用于与应用程序、操作系统、硬件无关的方式进行文件交换所发展出的文件格式。这种文件格式与操作系统平台无关，也就是说，PDF文件在Windows、Unix、Android、iOS操作系统中都是通用的。这一特点使它成为在Internet上进行电子文档发布和数字化信息传播的理想文档格式。越来越多的电子图书、产品说明、公司文案、文献资料、电子文档等都选择使用PDF格式。PDF格式目前已成为数字化信息事实上的一个工业标准。

Adobe公司设计PDF格式的目的是让文档能够跨平台使用，以方便多媒体集成的信息出版和发布，尤其是提供对网络信息发布的支持。为了达到此目的，PDF格式具有许多其他电子文档格式无法相比的优点。PDF格式可以将文字、字型、格式、颜色及独立于设备和分辨率的图形图像等封装在一个文件中。该格式文件还可以包含超文本链接、声音和动态影像等电子信息，支持特长文件，集成度和安全可靠性都较高。

PDF格式文件较小，页面独立，阅读效果好。用户可以通过Adobe Acrobat Reader、Adobe Acrobat Reader DC、CAJViewer、网页浏览器等工具阅读PDF格式文件。图5-3所示为用Adobe Acrobat Pro DC打开的PDF格式文件。

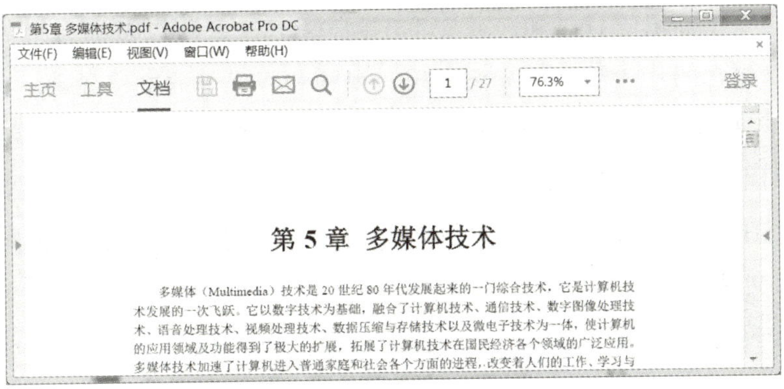

图5-3　用Adobe Acrobat Pro DC打开的PDF格式文件

6. CAJ格式

CAJ为中国学术期刊全文数据库英文China Academic Journals的缩写，同时也是中国学术期刊全文数据库中文件的一种格式，可以使用CAJ全文浏览器（CAJViewer）来阅读。CAJ全文浏览器是由光盘国家工程研究中心、清华同方知网（北京）技术有限公司开发的，CAJ格式是一种同PDF类似的文件格式，网络上许多供用户浏览的电子图书文献均使用这种格式。用户可以通过CAJViewer等工具阅读CAJ文件，如图5-4所示。

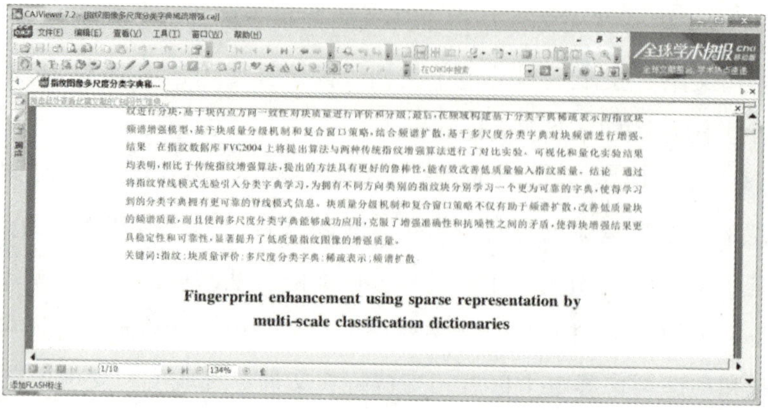

图5-4　用CAJViewer打开的CAJ格式文件

7. HTML格式

HTML是Hyper Text Marked Language（超文本标记语言）的缩写，是一种用来制作超文本文档的简单标记语言。和普通文本不同，HTML之所以被称为超文本，是因为其页面内可以包含图片、链接，甚至音乐、视频和程序等非文字元素。HTML的出现由来已久，自1990年以来，HTML就一直被用作WWW的信息表示语言，1993年HTML首次以因特网的形式发布。使用HTML语言描述的文件需要通过WWW浏览器显示出效果。HTML语言不含任何与平台和程序相关的信息，可以被任何文本编辑器读取。HTML文档制作不是很复杂，但功能强大，支持不同数据格式的文件嵌入，这也是它在万维网盛行的原因之一。它具有简易性、可扩展性、平台无关性和通用性等特点。HTML文件如图5-5所示。

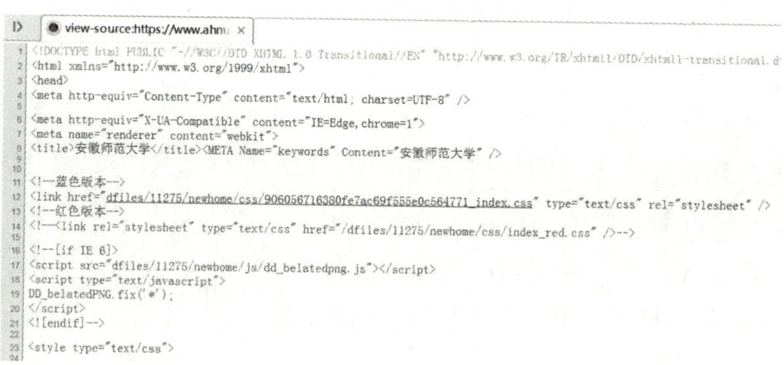

图5-5　HTML文件示例

HTML文件是一种静态的网页文件，其中的文字包含可以链接到其他位置或者文档的链接，允许从当前阅读位置直接切换到超文本链接所指向的位置。HTML的普遍应用带来了超文本技术，即通过单击鼠标从一个主题跳转到另一个主题，从一个页面跳转到另一个页面。

5.2.2 文本录入方式

多媒体计算机系统中，文本资料可以用多种方式录入。

1. 键盘输入

键盘输入是最早也是使用最普遍的文本录入方式。通过键盘输入文字时，英文字符和数字字符可以直接输入，而汉字则需用中文输入法来输入。中文输入法编码规则有多种，如音码（拼音输入法）、形码（五笔输入法）、音形码（自然码输入法）、数字编码（区位码输入法）等。目前广泛使用的中文输入法有拼音输入法、五笔输入法和郑码输入法等。

2. OCR 输入

在实际工作中，如果需要大量录入一些已有文献或印刷品上的文本内容，则手工录入的方式显然非常麻烦，工作量太大。此时可以采用扫描仪、数码照相机等多媒体系统输入设备对文本资料进行扫描或拍照，然后对图像文件进行分析处理，获取相关的文字信息。光学字符识别（Optical Character Recognition，OCR）技术就是这种能够把印刷品类纸张上的文字以图像的方式扫描到计算机中并借助识别软件加以识别转换，生成电子文档并保存的技术。基于OCR技术的应用非常多，比如票据信息识别、车牌识别、PDF文档转Word、图片转文字等。目前市场上有很多OCR软件，其中比较成熟的产品有汉王和清华紫光。

3. 语音识别输入

语音识别输入是将要输入的文字内容用规范的读音朗读出来，通过麦克风等输入设备送到计算机中，由计算机的语音识别软件对语音进行识别，将语音转换为相应的文字而完成输入的一种文本输入方法。利用语音识别技术，计算机能迅速、准确地把输入计算机的声音信息转换成计算机中的文本。语音识别技术涉及的领域包括信号处理、模式识别、概率论和信息论、发声机理和听觉机理、人工智能等。随着计算机相关学科技术的飞速发展，语音识别技术取得了许多成果并且发展飞速，在个人计算机及移动智能设备上都得到了广泛应用。现在流行的四大语音识别输入法有讯飞输入法、百度输入法、搜狗输入法和苹果自带输入法。

4. 联机手写文字识别输入

联机手写文字识别输入又称“笔（式）输入”。顾名思义，这是用笔把文字“写”入计算机，而不是用键盘“敲”入计算机，迎合了许多不喜欢用键盘打字用户的需求。联机手写文字识别输入，是指书写者通过物理设备（如数字笔、数字手写板或者触摸屏）在线获取书写的文字信号，将书写的轨迹通过定时采样即时输入计算机中进行识别并输出预先设置好的标准字体文字的过程。手写输入方法使用的输入笔一般有两种，一种是与写字板相连的有线笔，另一种是无线笔。用户一边书写，计算机一边采集并识别，符合人们用笔书写文字的习惯，人们不用专门学习训练，并且识别率较高。但是与键盘输入相比，联机手写文字识别输入的录入速度较慢，而且不规范的书写可能会影响系统的识别率。目前比较知名的手写识别品牌有汉王、清华紫光、方正等。

随着智能手机、掌上电脑等移动信息工具的普及，手写文字识别技术也进入了规模应用时代。如今，手写板已经广泛融入生活中，受到了很多人的喜爱，尤其对于一些无法打字的场景（比如线上教学PPT授课时的板书），用手写板是最合适不过的。

5.3 图形、图像

图形、图像已经成为人们表达思想、交流情感的一种重要的信息载体。在面对图文并茂的作品时，人们总能感受到图形、图像的特殊魅力。因此，利用图形、图像恰当地表现和传达信息，已成为当今利用多媒体方式交流信息的重要需求和手段。

5.3.1 图形和图像的基本概念

多媒体中的图分为图形和图像两大类。图形（Graphics）一般是指通过绘图软件绘制的由直线、圆、圆弧和任意曲线等图元组成的画面，以矢量图形文件形式存储。矢量文件中存储的是一组描述各个图元的大小、位置、形状、颜色和维数等属性的指令集合。通过相应的绘图软件读取这些指令，可将其转换为输出设备上显示的图形。矢量图形文件的最大优点是可以不失真地对图形中的各个图元进行缩放、移动和旋转，并且占用存储空间小。

图像（Image）是由扫描仪、数字照相机和数字摄像机等输入设备捕捉到的真实场景画面产生的映象，数字化后以位图形式存储。位图文件中存储的是构成图像的每个像素点（像素是指能被计算机显示设备和打印机处理的最小单元）的亮度、颜色。位图文件的大小与分辨率和色彩的颜色种类有关，其放大和缩小后会失真，占用空间比矢量图形文件大。

1. 矢量图形

矢量图形（有时称作矢量形状或矢量对象）是由被称为矢量的数学对象定义的直线和曲线构成的。矢量根据图像的几何特征对图像进行描述。用户可以任意移动或修改矢量图形，而不会丢失细节或影响清晰度。矢量图形是与分辨率无关的，即当调整矢量图形的大小，将矢量图形打印到PostScript打印机上，在PDF文件中保存矢量图形，或将矢量图形导入基于矢量的图形应用程序中时，矢量图形都将保持清晰的边缘，但存在色彩表现力相对较差的缺点。

2. 位图图像

位图图像（在技术上称作栅格图像）使用图片元素的矩形网格（像素）表现图像。每个像素都分配有特定的位置和颜色值。在处理位图图像时，所编辑的是像素，而不是对象或形状。它们可以有效地表现阴影和颜色的细微层次，有时也需要占用大量的存储空间。

位图图像与分辨率有关，也就是说，它们包含固定数量的像素。因此，如果在屏幕上以高缩放比例对它们进行缩放或以低于创建时的分辨率来打印它们，则将丢失其中的细节，并会呈现出锯齿。

5.3.2 常见的图像文件格式

图像文件格式是指计算机存储图像文件的方法和图像信息的格式。从20世纪70年代图像开始进入计算机以来，许多图像文件格式被开发出来供人们使用。不同图像文件格式所包含的信息不同，文件大小也存在很大的差别。常见的图像文件格式如下：

1. 位图文件格式（.bmp）

位图文件格式是一种与设备无关的图像文件格式，是Windows环境中经常使用的一种格式。这种格式的特点是包含的图像信息较丰富，几乎不进行压缩，占用磁盘空间大，目前在单机上比较流行。

2. JPEG文件格式（.jpg或.jpeg）

JPEG文件格式是利用JPEG编码压缩技术压缩的图像文件格式，是一种有损压缩。JPEG文件格式具有压缩比高的优点，但压缩/解压缩算法复杂，存储和显示速度慢，适合处理大幅面图像。JPEG文件格式是Internet上广泛采用的图像文件格式。JPEG 2000是JPEG的升级版，其压缩比比JPEG高30%左右。与JPEG不同的是，JPEG 2000同时支持有损和无损压缩。

3. GIF文件格式（.gif）

GIF文件格式的全称是图形交换文件格式（Graphics Interchange Format），它的特点是压缩比高，占用存储空间小，但不能存储超过256色的图像，是Internet上广泛采用的文件格式。GIF有两个主要规范，即GIF87a和GIF89a，前者用于静态图像，后者支持图像内的多画面循环显示，可用来制作小型动画。

4. TIFF 文件格式（.tif 或 .tiff）

TIFF是标记图像文件格式，由Aldus公司和Microsoft公司联合开发的。最早是为了存储扫描仪图像而设计的，几乎所有的桌面扫描仪都可以生成TIFF图像。该格式支持的颜色深度可达24位，因此存储质量高，细微层次的信息多。TIFF文件格式还可以加入作者、版权、备注以及其他用户信息。该格式采用的压缩方法是LZW无损压缩或JPEG有损压缩。

5. PSD 文件格式（.psd）

PSD（Photoshop Document，PSD）文件格式是著名的Adobe公司的图像处理软件Photoshop的专用格式。PSD格式文件中保存了各个图层的信息。在Photoshop中编辑图像时，需要使用PSD格式保存图像的图层信息，以便下次打开文件时可以修改上一次的设计。合并图层后最终结果图像常用JPEG或GIF格式保存。

5.3.3 数字图像的获取

获取图像是进行数字图像处理的前提。数字图像的获取可以通过绘图软件、扫描仪、数码照相机等方式完成。未来随着硬件设备的发展，可能出现更多获取数字图像的方式。

1. 使用绘图软件获取

Adobe Photoshop、Jasc Paint Shop Pro和Windows的画图程序等软件提供了绘图，形状填充，添加阴影或设置油画、炭笔画、水彩画等效果的工具，用户可以直接使用以绘制出各种各样的图像。

2. 使用扫描仪获取

扫描仪是一种光机电一体化的典型静态图像输入设备，本质上是把图像分割成很多单元格，并把每个单元格的颜色赋予数字信息，在扫描过程中，这些数值被传送到计算机中，并以图像文件的形式存储。

3. 使用数码照相机获取

使用数码照相机拍摄自然界的真实图像是获取图像最简单、最快捷的手段。数码照相机可以将真实的物体数字化，直接以数字形式拍摄照片。拍摄的照片可以直接传送到计算机中，或直接用照片打印机打印出来。

5.3.4 数字图像处理技术

将客观世界中原来存在的物体映象处理成新的数字图像所使用的技术就是数字图像处理技术。数字图像处理技术已成功应用于许多领域，给人们带来了巨大的社会价值和经济价值。常见的图像处理技术有图像数字化、图像增强、图像复原、图像重建、图像分割、图像识别等。

1. 图像数字化

现实中的图像是一种模拟信息，需要对其进行数字化处理，转换成计算机能够接收的数字形式。图像数字化需要经过采样、量化以及编码压缩三个主要过程。

（1）采样

图像的采样就是将连续的图像转换成离散点（像素点）的过程。采样的实质就是用若干个像素（Pixel）点来描述图像，称为图像的分辨率。数字图像的分辨率是指数字图像的大小，以水平和垂直方向的像素点数（列数 × 行数）来表示。分辨率越高，图像越清晰，数据量也越大。

（2）量化

量化是在图像经采样离散化之后，用二进制数来表示这些离散点对应的颜色信息的过程。一般用8位、16位、24位、32位等来表示图像的颜色。24位可以表示2^{24}种（即16 777 216种）颜色，称为真彩色。

在多媒体计算机中，图像的色彩值称为颜色的深度，有多种表示色彩的方式。

①黑白图：用1位来表示颜色，即用一个二进制位1和0表示纯白和纯黑两种颜色。

②灰度图：用1个字节即8位来表示颜色，通过调整黑、白两色的程度（称为颜色灰度）来有效显示单色图像。灰度级别为2^8级，即256级。

③RGB-24位真彩色：彩色图像显示时，由红（Red）、绿（Green）、蓝（Blue）三基色通过不同的强度混合而成。如果每种基色强度用8位二进制数表示，则可分成2^8级，即256级（十进制值为0～255），共占24位，就构成了2^{24}种颜色的“真彩色”图像。

（3）编码压缩

通过对图像进行采样，得到离散的若干个像素点，通过量化，用二进制数表示这些像素点的颜色信息，就可以得到图像的数字化结果。因此，图像的分辨率和像素位数决定了图像文件的大小。例如，要表示一个分辨率为640 × 480像素的24位真彩色图像，需要640 × 480 × 24 ÷ 8 B ≈ 1 MB的存储空间。

由此可见，数字化后的图像数据量十分巨大，必须采用编码压缩技术来压缩信息。压缩是图像存储和传输的关键。以下是几种常用的压缩技术。

①无损压缩和有损压缩。

压缩分为无损压缩和有损压缩两种。无损压缩又称为冗余度压缩，对图像中的重复信息压缩，利用无损压缩技术压缩的图像解压后不会失真。

大多数图像含有的内容比视觉能辨认的要多。如果将图像中的一些像素信息去掉，人眼是分辨不出来的，有损压缩就利用了这一点，它通过去掉图像细节来压缩图像。

当然，有损压缩的图像在还原后无法完全恢复原来图像的质量，但一般不影响观看质量。常见的JPEG编码压缩就是一种有损压缩。

②JPEG编码压缩。

JPEG是联合图像专家组（Joint Picture Expert Group）的英文缩写，是国际标准化组织（ISO）和国际电话电报咨询委员会（CCITT）联合制定的静态图像的编码压缩标准。它采用一种特殊的有损压缩算法，将不易被人眼察觉的图像颜色删除，从而能够将图像压缩在很小的存储空间中。这种压缩方法虽然也会造成图像数据的损伤，但失真度较小。JPEG还是一种很灵活的格式，允许用不同的压缩比对文件进行压缩，压缩比通常在1：10到1：40之间。

除了JPEG编码压缩技术外，还有RLE、LZW、CCITT和ZIP编码等压缩技术。常用的GIF和TIFF图像格式采用的是LZW无损压缩。

2. 图像增强

图像增强是以人或机器分析、理解图像内容为主要目标的改善图像质量的方法。图像增强通过突出图像中人感兴趣的信息，弱化或去除不需要的信息，从而使感兴趣的目标信息得到加强。常用的方法有灰度变换增强、直方图增强等。图像增强的目的是改善图像的视觉效果，提高图像成分的清晰度，使图像变得更有利于计算机处理，便于进一步进行区分或解释。

3. 图像复原

在实际应用中，一些原因经常会导致获取的清晰图像变模糊，或者原图像没有达到应有的质量而形成降质图像（退化图像）。例如，卫星、航空测绘、遥感、天文学中所获得的照片，由于大气湍流、光学系统的相差及数字摄像机与物体之间的相对运动等，会使图像降质；打印出来的照片由于磨损等原因导致图像降质等。图像复原（恢复）就是尽可能地减少或者去除图像在获取过程中的降质（干扰和模糊），恢复被退化图像的本来面貌，从而改善图像质量。通常使用纠正几何失真、各种滤波方法来复原图像。与图像增强不同，图像复原是利用退化过程的先验知识，来建立图像的退化模型，再采用与退化相反的过程来恢复图像，而图像增强一般无须对图像降质过程建立模型；图像复原是针对图像的整体，改善图像的整体质量，而图像增强是针对图像的局部，改善图像的局部特性。

4. 图像重建

图像重建是从数据到图像的处理，即输入的是某种数据，而处理得到的结果是图像。图像重建技术开始是在放射医疗设备中应用，显示人体各部分的图像，即计算机断层摄影技术，简称CT技术，后逐渐在许多领域获得应用。图像重建主要有投影重建、明暗恢复形状、立体视觉重建和激光测距重建等。

5. 图像分割

图像分割是把图像分成若干个特定的、具有独特性质的区域并提取出感兴趣目标的技术和过程，它是由图像处理到图像分析的关键步骤。现有的图像分割方法主要有以下几类：基于阈值的分割方法、基于区域的分割方法、基于边缘的分割方法以及基于特定理论的分割方法等。近年来，研究人员不断改进原有的图像分割方法并把其他学科的一些新理论和新方法用于图像分割，提出了不少新的分割方法。

6. 图像识别

图像识别是利用计算机识别出图像中的目标并分类，用机器的智能代替人的智能。它所研究的领域十分广泛，如机械加工中零部件的识别和分类；从遥感图片中分辨农作物、森林、湖泊和军事设施；根据气象观测数据或气象卫星照片预报天气；从X光照片判断被检查者是否有肿瘤；从心电图的波形判断被检查者是否患有心脏病；在交通中心实现交通管制、识别违章行驶的汽车及司机等。

5.4 音频

声音是携带信息的重要媒体。计算机与人实现交互的传统方式是通过鼠标、键盘和显示器。人们通过鼠标或键盘输入，通过视觉接收显示器的信息。而今天的多媒体计算机可以为计算机增加音频通道，采用人们最熟悉、最习惯的方式与计算机交换信息。随着多媒体信息处理技术的发展、计算机数据处理能力的增强，音频处理技术也越来越受到重视，并得到了广泛的应用。例如，视频图像的配音、配乐，静态图像的解说、背景音乐，可视电话、电视会议中的语音，游戏中的音响效果，虚拟现实中的声音模拟，用声音控制Web页面，电子读物的有声输出等。

5.4.1 声音信号的数字化

人们听到的声音是由物体振动引起空气振动而产生的声波作用于耳膜产生的。物体振动的强弱与产生的声音大小有关，强度越大，声音越大。物体振动的频率与发出的声音音调的高低有关，频率越高，音调越高。

由物理学知识可知，复杂的声波由许多具有不同振幅和频率的正弦波组成。声波在时间上和幅度上都是连续变化的模拟信号，可用模拟波形来表示，如图5-6所示。

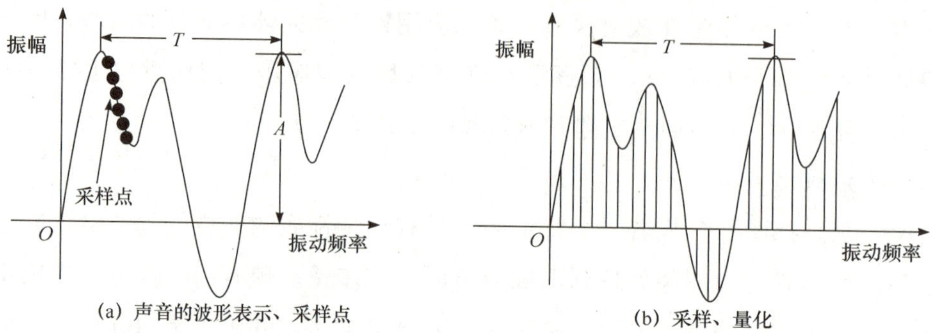

图5-6 声音的波形表示、采样点、采样与量化

波形相对基线的最大位移称为振幅，如图5-6（a）中的A，反映音量的大小。波形中两个相邻的波峰（或波谷）之间的距离称为振动周期，如图5-6中的T。周期的倒数$1/T$称为频率f，以赫兹（Hz）为单位，反映音调的高低。正常人能听到的声音频率范围为20 Hz ~ 20 kHz。模拟声音信号在时间上连续，在幅度上也连续。而计算机只能处理0和1两种状态值，所以必须对连续的模拟声音信号数字化（离散化）。声音的模拟信号数字化主要包括以下三个过程（图5-7）。

图5-7 声音的模拟信号数字化基本过程

1. 采样

采样是每隔一定的时间间隔在模拟波形上取一个幅度值，从而得到一系列的声音采样值，如图5-6（a）所示的采样点。这样就把时间上的连续信号变成时间上的离散信号。采样的时间间隔称为采样周期。采样周期的倒数就是采样频率，即每秒取得声音样本的次数。采样频率越高，声音的质量越好，但数据量越大。

2. 量化

量化是将每个采样点的幅度值以数字存储，如图5-6（b）所示。量化的位数（即采样精度）表示存放采样点幅度值的二进制位数。通常量化的位数有8位、16位等。在相同的采样频率下，量化位数越大，则采样精度越高，音质越好，信息的存储量也相应越大。

3. 编码

编码就是将采样和量化后的数据以一定的格式记录下来。编码的方式很多，常用的编码方式有脉冲编码调制（Pulse Code Modulation，PCM），其主要优点是抗干扰能力强，失真小，传输特性稳定。数据编码信息量大，必须经压缩后存储。

5.4.2 数字音频的存储

现实世界中的各种声音必须转换成数字信号并经过编码压缩，才能被计算机接收和处理。这种数字化的声音信息以文件的形式存储，即通常所说的音频文件或声音文件。常见的音频文件的类型主要有以下几种。

1. WAVE文件（.wav）

WAVE是Microsoft公司和IBM公司联合开发的音频文件格式，是一种最直接的表达声波的数字形式，它记录了波形声音经过采样和量化后的数据信息。计算机通过声卡对自然界的真实声音进行采样和编码，形成WAVE格式的声音文件。由于它记录的是数字化的声波，所以也被称为波形文件，文件扩展名为.wav。文件的大小由采样频率、采样位数和声道数共同决定。

通过Windows的对象连接与嵌入（Object Linking and Embedding，OLE）技术，WAVE文件可以嵌在其他Windows应用系统中使用。由于WAVE文件记录的是数字化音频信号，因此可由计算机对其进行处理和分析，如放慢或加快放音速度，将声音重新组合或抽取出一些片段单独处理等。Windows中的“录音机”（Sound Recorder）就是一个方便的工具。

2. MIDI文件（.mid）

乐器数字接口（Musical Instrument Digital Interface，MIDI）是在音乐合成器、乐器和计算机之间交换音乐信息的一种标准协议。MIDI文件就是一种能够发出音乐指令的数字代码，文件扩展名为.mid。由于MIDI文件记录的不是声音本身，因此它比较节省空间。与波形文件不同的是，MIDI文件并不对音乐进行采样，而是将每个音符记录为一个数字。MIDI标准规定了各种音调的混合及发音，通过输出装置就可以将这些数字重新合成为音乐。与波形文件相比，MIDI文件要小得多。例如，同样是半小时的立体声音乐，MIDI文件大小只有200 KB左右，而波形文件大小则有差不多300 MB。在多媒体应用中，一般用WAVE文件存放解说词，MIDI文件存放背景音乐。

缺乏重现真实自然声音的能力是MIDI文件的主要限制，因此MIDI文件不能直接用在需要语音的场合，这时要与波形文件合用。此外，MIDI只能记录标准所规定的有限种乐器的组合，而且回放质量受到声卡上合成芯片的严重限制，难以产生真实的音乐演奏效果。近年国外流行的声卡普遍采用了波表法进行音乐合成，大大提高了MIDI音乐的质量（效果接近CD音质）。

3. CD文件（.cda）

CD是一种音质最好的音频格式。CD光盘可以在CD唱机中播放，也可以用电脑里的各种播放软件来播放。一个CD音频文件是一个.cda文件，它只是一个索引信息，并不真正包含声音信息，不能直接复制CD格式的.cda文件到硬盘上播放，而是需要使用像精确音频复制（Exact Audio Copy，EAC）这样的抓音轨软件把CD格式的文件转换成WAVE格式，再复制到硬盘上后才可以使用。CD-DA音频格式文件是标准激光盘文件，文件数据量大、音质好，在Windows环境中，使用CD播放器进行播放。

4. MP3文件（.mp3）

MP3是MPEG Audio Layer 3音频文件的缩写。MP3文件采用了国际标准MPEG Audio Layer 3的技术，以1：10～1：12的压缩比对原先的音频信号进行压缩，在保持较好声音质量的同时实现高压缩比。正因为MP3音频文件具有体积小、音质高的特点，使得其在网上非常流行。

5. WMA文件（.wma）

WMA的全称是Windows Media Audio（Windows媒体音频），是微软公司力推的一种可以与MP3格式齐名的音频格式。WMA文件的压缩比一般可以达到1：18，在压缩比和音质方面都超过MP3和RealAudio，即使采样频率较低也能产生很好的音质。另外，WMA文件还支持音频流（Stream）技术，即可以一边下载一边收听，适合网上的在线播放。

6. RealAudio文件（.ra）

RealAudio是Real Network公司推出的一种新型流式音频文件格式，具有体积小巧的特点，在网络上颇为流行。与WMA相同，它可以实现边下载边收听，随着网络带宽的不同来调整声音的质量，给带宽充裕的听众以更好的听觉感受。

5.4.3 数字声音的处理

数字声音处理技术的发展必须依赖声卡的支持。在还没有发明声卡的时候，计算机的扬声器里只能发出“滴里嗒啦”的刺耳声，声卡的诞生使人们摆脱了那个“哑巴计算机”的年代。如今，任何一台能处理声音的多媒体计算机都具有声卡，几乎所有计算机都配备了音频功能，还有一些系统出售时本身就带有音频功能。另外，多媒体计算机系统一般配有可扩展的音频端口（可连到计算机的并行口上）或音频卡。

音频卡又称声音卡，简称声卡，主要功能有以下几点。

1. 录制、编辑和回放数字声音文件

声音源可以是话筒、收录机或者激光盘等。在声音处理软件的控制下，经过声卡采样，数字化成数字语音文件，并可以播放这些文件或对它们进行编辑等操作。不同音频卡和软件驱动程序录制的语音文件格式可能不同，但它们之间可以相互转换。例

如，Creative Labs 用 VOC 作为数字语音文件的扩展名，而在 Microsoft 的 Windows 下则以 WAV 为扩展名，它们之间就可以相互转换。WAV 文件可通过 OLE 加入其他 Windows 应用程序中。

2. 控制声音源的音量，混合后再数字化

音频卡驱动程序中通常有 Mixer 程序，可以用来控制音频卡上的混合器。

3. 在记录和回放数字声音文件时进行压缩和解压缩，以节省空间

对于立体声，如果不进行压缩的话，则数字化播放每分钟的数据量要占据 10 MB 的磁盘空间，即使是单声道，也不会少于 1 MB。常见的自适应脉冲编码调制压缩方法一般能达到 2∶1 的压缩比，而且不会明显失真。

4. 文语转换与语音识别

有些音频卡在出售时还捆绑了文语转换软件和语音识别软件。

（1）文语转换软件

文语转换（Text to Speech）就是把计算机内的文本转换成声音。一般音频卡都提供英语文语转换软件，如 Sound Blaster。

（2）语音识别软件

有的音频卡提供语音识别软件，如 Sound Blaster 卡上的 VoiceAssist、Microsoft Sound System 卡上的 Voice Pilot。这两个软件都是特定人的命令识别系统，通过它们可以利用语音来控制计算机或执行 Windows 下的命令。

5. MIDI 接口和音乐合成

MIDI 规定了电子乐器与计算机之间相互数据通信的协议。通过软件，计算机可以直接对外部电子乐器进行控制和操作。

音乐合成功能和性能依赖于合成芯片。目前 Yamaha 的合成芯片占有率最高，其中主要是 FMOPL 系列。这种芯片采用调频（Frequency Modulation，FM）方式合成音乐，有的音频卡带有波形表音乐合成。如 Sound Blaster Ave32 采用 EMU 的 EMU800 数字信号处理器，达到真实乐器效果的 CD 质量音响。它支持 32 复音的多音色 MIDI 通道。

音频卡的其他功能接口还有以下几种：

（1）CD-ROM 接口

目前音频卡的 CD-ROM 接口有多种，如 Sound Blaster 专用 CD-ROM 接口、Sony、Mitsumi CD-ROM 接口和 SCSI-Ⅰ标准 CD-ROM 接口。

（2）游戏棒接口

标准的计算机游戏棒接口，可连接一个或两个游戏棒。

5.4.4 语音识别

在当今的信息时代，随着计算机处理和存储信息能力的不断增强，如何把大量信息输入计算机成为日益突出的问题，而语音识别就提供了一种最自然、最方便的方法。此外，随着计算机的普及，如何给不熟悉计算机的人提供一个友好的人机交互手段，也逐渐引起人们的重视。而语音识别技术就是其中最自然的一种交流手段。随着计算机技术的发展，语音识别也引起了越来越多的人关注。

当前，语音识别领域的研究正方兴未艾，在这方面的新算法、新思想和新的应用系统不断涌现。同时，语音识别领域也正处在一个非常关键的时期，世界各国的研究人员正在向语音识别的最高层次应用——非特定人、大词汇量、连续语音的听写机系统的研究和实用化系统进行冲刺。

对于语音识别的分类，存在多种方法，主要的分类标准如下：

1. 按可识别的词汇量多少来分类

按可识别的词汇量多少来分，语音识别系统可分为小、中、大词汇量三种。一般来说，能识别词汇数量小于100的，称为小词表语音识别；大于100小于1 000的称为中词表语音识别；大于1 000的称为大词表语音识别。词表越大，识别困难越大。

2. 按语音的输入方式来分类

按语音的输入方式来分，语音识别的研究集中于对孤立词、连接词和连续语音的识别。词表中的每个条目，无论是单音节还是短语，发音时都是以条目为单位的，条目间有明显的停顿，而条目内的音节要求连续，这就是孤立词语音识别，如识别0～9十个数字、人名、地名、控制命令、英语单词、汉语音节或短语等。

对于连呼词表中的几个条目，识别时进行切分，最后给出连呼词的识别结果，这种识别需要用到词与词之间的连接信息，所以称为连接词识别，如连呼数字串的识别。自然语言的特点是使用连续自然的语音。语音识别的目标是让计算机能理解自然语言，这是语音识别中最困难的课题，如听写机、翻译机、智能计算机中人机语音对话都需要连续语音识别。

3. 按发音人来分类

按发音人来分，语音识别可分为特定人、限定人和非特定人语音识别三种。对于特定人进行语音识别的系统，使用前需由特定人对系统进行训练。具体方法是由特定人口呼待识词或指定字表，系统建立相应的特征库，之后，特定人即可口呼待识词由系统识别，这样的系统只能识别训练者的声音；如果需要限定的几个人使用同一系统，则可以研制成限定人识别系统。如果一个系统不必经使用者训练就可以识别各种发音者的语音，则称为非特定人语音识别系统。语音识别研究的最终目标是实现大词汇量、非特定人连续语音的识别，这样的系统才有可能完全听懂并理解人类的自然语言。

4. 按说话人的声文进行识别

对说话人的声文进行识别，称为说话人识别。这是研究如何根据语音来辨别说话人的身份，确定说话人的姓名。

5.5 视频

视频（Video）是日常生活中最常见的多媒体表现形式。视频技术一般指一系列静态影像以电信号的方式加以捕捉、记录、处理、存储、传送与重现的各种技术。当连续的图像变化每秒超过24帧（Frame）画面时，根据人类视觉暂留原理，此时人眼将无法辨别单幅的静态画面，从而形成了看上去是平滑连续的视觉效果，这样连续的画面称为视频。

视频技术最早是为了电视系统而产生并发展的，但现在已经发展为各种不同的形式以利于消费者将视频记录下来。网络技术的发达也促使视频的纪录片段等以流媒体的形式存在于因特网之上的资源可被计算机接收与播放。这无疑大大扩展了视频的传播范围。事实上，随着视频技术的发展，视频已经成为多媒体技术中最活跃、最具代表性的技术。

然而，视频往往容易和电影相互混淆，两者存在很多共性的元素，但是视频与电影属于不同的技术，两者存在一定的差异，前者是利用帧频的变化将多幅静态图像资源转变成动态变化的连续画面，而后者是利用照相术将动态的影像捕捉为一系列的静态照片。

5.5.1 视频分类

根据视频信号的不同，视频可以分为模拟视频和数字视频，它们的区别如表5-1所示。

表5-1 视频的分类及特点

类别	模拟视频	数字视频
内容	连续变化的电信号	数字化的图像序列
存储介质	盒式磁带	磁盘、光盘等
传输	模拟调幅手段在空间传播 受距离限制，容易受到干扰	有线、无线 无距离限制，不易受干扰

续 表

类别	模拟视频	数字视频
复制	失真	无损失
编辑	线性编辑	非线性编辑

5.5.2 视频格式

视频文件一般都经过了压缩编码，要打开视频文件进行编辑或播放，必须安装相应的解码程序，即数字视频格式，如 DVD、QuickTime、MPEG-4、MKV、AVI、MOV、FLV、RA、WMV 等。表 5-2 列出了常见的视频格式文件以及它们的特点。

表 5-2　常见的视频格式文件及其特点

格式文件	特点
MPEG/MPG/DAT	MPEG 是 Motion Picture Experts Group 的缩写，包括 MPEG-1、MPEG-2 和 MPEG-4 在内的多种视频格式。MPEG-1 被广泛用于 VCD 的制作和一些视频片段下载的网络应用中。MPEG-2 用于 DVD 的制作，同时在一些 HDTV（高清晰电视广播）和一些高要求视频编辑、处理上也有相当多的应用。MPEG-4 简称 MP4，是一种描述较为全面的容器格式，被认为可以在其中嵌入任何形式的数据，包括编码的视频、音频等，不过常见的大部分 MP4 文件存放的是 AVC（H.264）或 MPEG-4（Part 2）编码的视频和 AAC 编码的音频
AVI	Audio Video Interleaved，音频视频交错，是 Microsoft 公司推出的视频音频交错格式，是一种桌面系统上的低成本、低分辨率的视频格式。它的一个重要特点是具有可伸缩性，性能依赖于硬件设备。它的优点是可以跨多个平台使用，缺点是占用空间大
RA/RM/RAM	Real Media 是 Real Networks 公司所制定的音频/视频压缩规范，是视频流技术的始创者，但是图像质量不高
MOV	苹果公司推出的视频格式文件，画质较高，主要在苹果 Mac 机中广泛应用
ASF	Advanced Streaming Format，高级流格式，SF 是微软公司为了和 Realplayer 竞争而开发出来的一种可以直接在网上观看视频节目的文件压缩格式。ASF 采用 MPEG-4 的压缩算法，压缩率和图像的质量都很不错，由于它是基于流技术的视频格式，所以整体画面质量不如 MPEG-4
RMVB	由 RM 视频格式升级延伸出的新视频格式，它的先进之处在于 RMVB 视频格式打破了原先 RM 格式那种平均压缩采样的方式，在保证平均压缩比的基础上合理利用比特率资源，静止和动作场面少的画面场景采用较低的编码速率
WMV	一种独立于编码方式的在 Internet 上实时传播多媒体的技术标准，微软公司希望用其取代 QuickTime 之类的技术标准以及 WAV、AVI 之类的文件扩展名。WMV 的主要优点在于可扩充的媒体类型、本地或网络回放、可伸缩的媒体类型、流的优先级化、多语言支持、扩展性等

5.5.3 视频开发工具

常见的视频开发工具包括如下几种：

①Movie Maker：Windows系统自带的、具有影视编辑功能的小、非专业软件。

②Adobe Premiere：Adobe公司开发的专业视频软件，有电影制作大师之称，具有音视频同步处理能力。Premiere中使用的素材来源大体可以分为三类：通过视频采集以及音频录制得到的素材；现有的素材，如通过网络下载以及通过视频光盘或其他途径得到的文件；利用非线性编辑软件自身创作的素材，如使用Premiere创建的字幕文件等。图5-8所示为Adobe Premiere CC的界面。

图5-8 Adobe Premiere CC的界面

③会声会影：功能强大的视频编辑国产软件。

④Final Cut Pro：苹果公司开发的一款专业视频非线性处理软件，但是仅适用于苹果的Mac操作系统。

5.6 计算机动画

5.6.1 动画的基本概念

动画，其本质就是一系列连续播放的画面，利用人眼视觉的暂留效应呈现出的动态影像。

电影胶片，从表面上看，它们像一堆画面串在一条塑料胶片上。每一个画面成为一帧，代表电影中的一个时间片段。这些帧的内容总比前一帧稍有变化，当连续的电影胶片画面在投影机上放映时，就产生了运动的错觉。

Flash动画播放原理与影视播放原理是一致的，产生动画最基本的元素也是一系列静止的图片，即帧。在Flash的时间轴上每一个小格就是一帧。按理说，每一帧都需要制作，但Flash具有自动生成前后两个关键帧之间过渡帧的功能，这就大大提高了Flash动画的制作效率。比如要制作一个10帧的从圆形到多边形的动画，只要在第1帧绘制圆形，在第10帧绘制多边形，然后利用“创建补间形状”命令，就会自动添加出两帧之间的其余帧。

Adobe Flash作为一款多媒体动画制作软件，优势是非常明显的。Flash动画具有以下特点：

①矢量绘图。使用矢量图的最大特点在于无论画面放大还是缩小，画面永远都会保持清晰，不会出现类似位图的锯齿现象。

②生成的文件体积小，适于在网络上进行传播和播放。一般几十MB的Flash源文件，输出后只有几MB。

③图层管理使其操作简便、快捷。比如制作人的动画时，可将人的头部、身体、四肢放到不同的层上分别制作动画，这样可以有效避免所有图形元件都在一层内，修改起来费时费力的问题。

5.6.2　动画的分类

在传统影视动画中，其类型主要包括二维动画（平面动画）、三维动画（立体动画）。根据动画播放形式的不同，动画又可分为顺序动画和交互式动画。根据动画播放帧数的不同，动画又可分为全动画（逐帧动画）和半动画（只绘制12帧或8帧画面，播放时每一帧重复播放1次或2次）。

计算机动画作为新一代的动画形式，根据表现形式可分为几大类，即关键帧动画、路径动画、变形动画、粒子动画等。

关键帧是指在连续变化的画面中动作变化出现转折点的画面。计算机中一般只绘制关键帧，关键帧之间的画面则由计算机自动生成。

路径动画是指预先画出一条运动的路线，使场景中的对象沿指定的路线运动。

变形动画需要定义图像的特征结构，按照特征结构进行变形的技术被广泛应用在电影特技处理上。

粒子动画常用于模拟一些随机场景如雨雪、火焰和气流。通过控制粒子系统中的粒子数和粒子运动速度、加速度、生命周期等参数可以生成粒子的动画效果。

此外，根据动画播放方式，计算机动画又可以分为TV动画、剧场动画、OVA动画、Web动画、实验动画。TV动画指在电视机上播放的动画作品；剧场动画则是在电影院公映的作品；OVA动画是以录像带或者DVD形式直接发售的动画作品；Web动画是以互联网上公开为前提而创作的动画，播放形式为在线观看或者下载观看；实验动画指在学术研讨会或者电影节上展示的动画，包括新的制作方式或者技巧的、非营利的动画作品。

5.6.3 计算机动画制作

1. 制作软件

计算机动画可以分为二维动画和三维动画。二维动画的主要制作软件有Toon Boom Studio、Softimage TOONZ、Adobe Flash Professional。三维动画常用的制作软件有AutoDesk 3DS Max、AutoDesk Maya。

2. 文件格式

常见的计算机动画格式包括GIF、SWF、AVI、MOV、QT、FLIC等。GIF格式是计算机动画的主要格式，采用了LZW无损压缩方法，文件较小，是一种适用于互联网的动画格式，也是目前最常用的计算机动画格式。SWF格式是Adobe Flash默认的动画格式，它的优点是缩放时文件内容不会失真。

3. 制作过程

计算机动画制作过程大致可以分为以下几个阶段。

①背景和关键画面的制作：制作整体动画背景，包括内容的选定、素材的编辑等。

②普通画面的设计：指制作普通的连续画面。

③不同的对象组合。

④后期制作：包括给动画添加音乐和特效、剪辑、合成、导出等工作。

5.6.4 计算机动画主要应用领域

对于普通用户来说，只要掌握了Flash动画的基本制作方法和技巧，就能制作出丰富多彩的动画效果。这就使得Flash具有广泛的用户群，在诸多行业中得到广泛应用。其主要应用领域包括网络广告、电视电影、音乐MTV、教学（见图5-9）、游戏等领域。

图5-9　利用Flash制作的电子课件效果

Flash强大的交互功能搭配其优良的动画能力，使得它在游戏领域中占有一席之地。使用Flash中的影片剪辑、按钮、图形元件进行动画制作，再结合动作脚本的运用，就能制作出精致的Flash游戏，如图5-10所示。

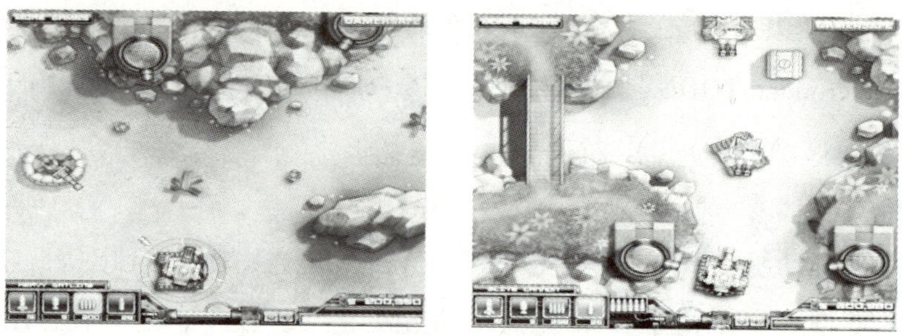

图5-10　利用Flash制作的游戏画面效果

5.7　虚拟现实技术

5.7.1　什么是虚拟现实

虚拟现实（Virtual Reality，VR）技术，又称灵境技术，是21世纪发展起来的一项全新的实用技术。虚拟现实技术囊括计算机、电子信息、仿真技术于一体，其基本实现方式是计算机模拟虚拟环境从而给人以环境沉浸感。随着社会生产力和科学技术的不断发展，各行各业对VR技术的需求日益旺盛，VR技术也取得了巨大进步，并逐步成为一个新的科学技术领域。

根据最新的《普通高等学校本科专业目录（2020年版）》，虚拟现实技术被设置为新设本科专业，目前国内有14所高校开设了虚拟现实技术本科专业。2017年，著名的职场社交平台领英（Linkedln）发布一份基于大数据驱动的全球范围内VR人才分析报告。该报告显示，中国VR人才在全球仅占2%，但是对于VR人才的需求达到18%，美国VR人才约占全球的40%，中美在VR人才培养上具有显著的差距。因此，2019年教育部宣布在普通高等学校高等职业教育院校中设置“虚拟现实应用技术”专业，从2019年开始招生。

VR技术相对于其他很多产业来说，门槛很高，涉及图形图像、输入算法、交互、光照等尖端领域，对于人才要求极高。而技术型人才占据了VR行业的半壁江山，高端人才的供不应求是整个行业的现状，也是亟需解决的问题。2018年，虽然有一部分公司退出VR行业，但是仍有Meta（原FaceBook）、谷歌、苹果、华为、百度、腾讯等巨头公司持续增加投入，招揽人才，它们依旧是VR行业的引领者。

什么是VR呢？广义上来说，VR指所有能够获得沉浸式体验的应用或者设备，但是在VR行业内特指一种沉浸式计算机模拟的真实世界不存在的物理环境。

5.7.2 虚拟现实的硬件设备

虚拟现实中最核心的硬件设备无疑是产生虚拟效果的硬件，主要包括虚拟头盔、虚拟眼镜等，目前最常见的是虚拟头盔。图5-11所示为HTC公司生产的Vive虚拟头盔。表5-3列出了目前市场上主流虚拟头盔的性能对比。

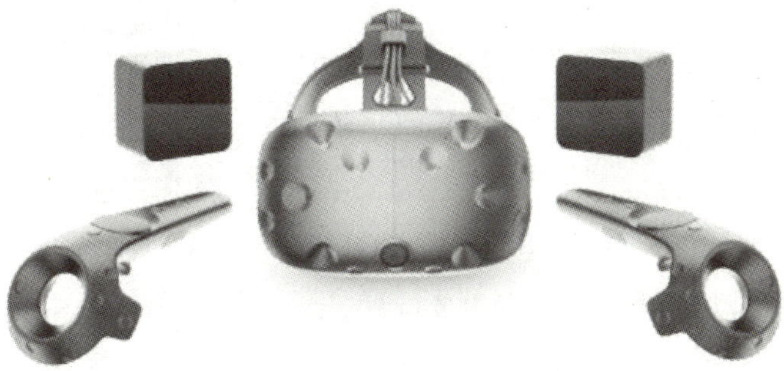

图5-11 Vive虚拟头盔(包括控制器、感应器等)

表5-3 主流虚拟头盔性能对比

生产商	操作系统	用户体验	视角范围	单眼分辨率	头盔重量	刷新率	控制器
HTC	Windows 或 Mac	静止,卧室范围内	110°	1 080 × 1 200 像素	1.2 pounds	90 Hz	双手握式控制
Oculus Rift	Windows	静止,卧室范围内	110°	1 080 × 1 200 像素	1.4 pounds	90 Hz	双向移动控制
Windows Mixed Reality	Windows	静止,卧室范围内	100°	1 440 × 1 440 像素	Varies (0.375 pound)	Varies(60 ~ 90 Hz)	双向移动控制,内外追踪
PlayStation VR	PlayStation 4	静止,活动仓范围内	100°	1 080 × 960 像素	1.3 pounds	90 ~ 120 Hz	双向活动仓移动

从上表可以看出，目前虚拟头盔的主要问题包括：视角范围有限，一般不超过110°；用户体验单一，基本是头戴设备后，静止不动，无法实现移动式的交互式体

验；控制手段单一，基本上是通过控制设备的物理移动实现对场景的控制。

5.7.3 虚拟现实技术存在的主要问题

模拟疾病的发生是虚拟现实体验过程中经常会遇到的问题。所谓模拟疾病，简单来说，就是在体验虚拟现实时，产生的从不愉快、迷失方向到头痛、恶心、呕吐等一系列症状。目前在科学研究范围内，尚没有可靠的证据表明以上症状和虚拟现实体验存在必然联系，但是如果用户较长时间体验虚拟现实会增加以上症状出现的概率。

纱门效果是虚拟现实体验过程出现的第二大主要问题。它如同距离电视太近，将看到电视屏幕上的格子。图5-12所示为VR纱门效果。

图5-12　VR纱门效果

虚拟现实中的运动问题是第三大主要问题，在虚拟现实体验中，大范围运动仍旧是一个无法解决的问题，目前绝大多数虚拟现实设备仅仅支持卧室或者体验仓范围内的移动。但是长时间站立不动必然会引发模拟疾病的发生。移动问题的解决有赖于VR软件和硬件的共同发展。

健康问题是VR面临的第四大主要问题。孕妇、老年人、疲劳工作者、心脏病患者不适合使用VR设备，因为VR会引发用户产生严重头晕、癫痫等。研究人员还没有彻底研究长期使用VR设备对视力和大脑的影响，但是长时间使用VR设备确实会对人体很多器官产生负面影响。

市场的蚕食是VR技术发展面临的第五大问题。目前VR设备制造商基本被大公司垄断，小公司或者小企业很难生存。一方面，VR的研发需要很大资本投入，且研发周期非常长，短期内很难收到显著的成效，这也导致小公司、小企业很快被行业淘汰。另一方面，用户对低端VR设备的需求很大，导致高端VR设备的市场需求越来越小。虽然低端VR设备带给用户的体验不好，但是用户不愿意花费高成本去体验高端VR设备，从而导致了VR设备开发商对高端设备的投入日益萎缩，从而制约了VR设备的发展。

5.7.4 虚拟现实市场前景

我国虚拟（增强）现实产业起步相对较晚，自2016年我国工信部发布《信息化和工业化融合发展规划（2016—2020年）》后，我国开始逐渐在技术领域支持虚拟现实的技术突破和创新。2016年以来，我国相继出台产业政策支持VR/AR行业发展。2018年12月，工信部发布《关于加快推进虚拟现实产业发展的指导意见》，从核心技术、产品供给、行业应用、平台建设、标准构建等方面提出了发展虚拟现实产业的重点任务。“十四五”规划也指出，要将VR/AR产业列为未来五年数字经济重点产业之一。IDC（Internet Data Center）市场研究公司发布的2022年V1版《全球增强与虚拟现实支出指南》数据显示，2021年全球AR/VR总投资规模接近146.7亿美元，并有望在2026年增至747.3亿美元，其中，中国市场五年复合年均增长率预计将达43.8%，增速位列全球第一。可见，AR/VR产业将保持持续增长态势。

5.7.5 虚拟现实软件开发流程

虚拟现实软件开发基本上包括场景建模、交互行为的开发等环节。目前场景建模主要包括对三维场景的构建、对三维对象的建模等环节，常用的软件工具包括Adobe 3DS Max、Adobe Maya、Modo、Blender等。图5-13所示为Blender工具的建模界面。

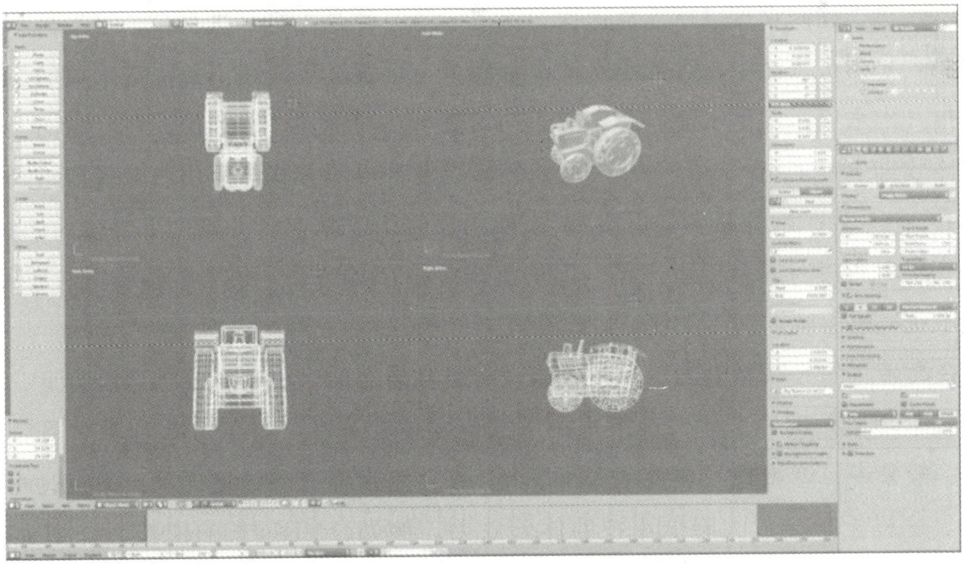

图5-13　Blender工具的建模界面

交互行为的开发工具主要包括Unity3D等。目前流行的Unity3D集成工具的特征包括兼容Windows系统和Mac系统；几乎支持所有的VR硬件；支持移动端的软件包，即安卓的VR SDK工具ARCore和苹果的VR SDK工具ARkit；提供软件开发套件支持相关硬件，如Hololens、Meta2等；开发脚本语言是C#语言。

5.8 流媒体与超媒体

5.8.1 流媒体的基本概念

“流”技术即Streaming，流的概念并不是一个新的概念，它其实已经广泛应用在传统的广播与电视中，具体来说，就是传统的广播与电视信号不经过存储，实时地从发送端传送到各种接收端，中间几乎没有延迟。在互联网中，目前还无法完全做到采用“流”技术实时传送影视媒体或者多媒体信息，主要是因为随着IP网络负荷和拥塞程度的动态变化，IP包从发送端传送到接收端的传输速率不定、时延不定、传送途径不定等，使得在互联网上实时传送音频文件时会发生图像抖动、闪烁，甚至出现播放断续等现象。

为了解决互联网上高质量传输多媒体资源流的问题，可以将多媒体数据假定为水流，若要将流速不均匀的进水变换成流速均匀的出水，一般情况下可以采用以下两种方法。一种是先打开进水口，将流速不均匀的水注入一个大水池中，关闭进水口后再打开出水口，控制水流以所需流速均匀流出。第二种是先打开进水口，将流速不均匀的水注入一个小水池中，等到小水池积水到了一定程度后，在不关闭进水口的情况下同时打开出水口，控制水流以所需流速均匀流出。同上述过程类似，在互联网上传输多媒体数据主要采用“下载”和“流式传输”两种不同方式。从用户端获取信息的角度来看，“下载”指的是“先下后看”，即用户使用电脑或者手机先下载多媒体文件，下载完毕后再进行收看或者浏览；而“流式传输”指的是“边下载边收看”，即用电脑或手机一边下载多媒体文件一边收看。

在高带宽的互联网上出现视频点播、网络直播之前，由于受限于网络带宽、视频压缩技术等瓶颈问题，用户一般采用下载多媒体音视频文件的方式观看节目。事实上，一般来说，音视频等多媒体文件很大，在网络带宽有限的情况下，下载时间往往很长。这样无疑会大大降低用户的体验效果。例如，1 min长的视频文件中，在56 kbit/s的带宽上至少需要30 min才能够下载完毕。

随着互联网带宽的提高和音视频压缩技术的进步，为了克服“下载”方式观看节目所带来的过长延迟和用户体验不佳的影响，出现了边下载边播放的“流式传输”方式。该方式中，用户在几十kbit/s到数Gbit/s的带宽条件下，只要经过数秒至数十秒的启动延迟，就可以欣赏到连续不断、高品质的影视作品。“流式传输”的主要特点是以“流”的形式进行数字媒体文件的传送，对媒体文件进行高倍数的压缩。它在节目播放之前无须从媒体服务器中下载整个媒体文件，而是用户电脑或者手机在节目播放前先下载部分媒体文件作为缓冲储备，然后通过播放器播放。在播放器工作的同时，媒体服务器将媒体文件的部分内容通过互联网源源不断地输入用户电脑或者手机的缓冲区内。

所谓流媒体指的是互联网上采用“流式传输”方式传送音频媒体或多媒体文件。流媒体无须先下载全部文件再进行播放，必须有相应的实时传输协议的支持。TCP 协议能够保证丢失与损失的数据包的重传，但是附加的开销较大，只适用于“下载”方式，而不适用于“流式传输”方式。为了保证实时传输音视频媒体流，需要用到实时传输协议（Real-time Transport Protocol，RTP）和用户数据报文协议（User Datagram Protocol，UDP）。实时指的是播放 1 min 的影视节目就传输 1 min 的媒体数据流。因 RTP/UDP 协议没有误码校正，将那些丢失、损失或者超时的数据包全部丢弃，故无法保证实时流传输。

为了从互联网菜单中点播流媒体，播放流媒体节目，在节目播出之前，用户电脑（手机）的浏览器与 Web 服务器之间需要采用超文本传输协议（Hyper Text Transfer Protocol，HTTP）/传输控制协议（Transmission Control Protocol，TCP）进行互控操作。在节目播出后媒体服务器与用户电脑播放器之间媒体数据流采用 RTP/UDP 协议传送，而用户电脑（手机）播放器与媒体服务器之间则采用快速生成树协议（Rapid Spanning Tree Protocol，RSTP）/TCP 协议进行互控操作。RSTP 协议起到遥控器的作用，用于用户电脑（手机）对媒体服务器的远程控制，控制媒体数据流的暂停、快进、慢进或者回放等。

5.8.2 流媒体的播放方式

流媒体的播放方式主要有单播、组播、点播与广播等。

1. 单播

单播为点对点的一种播放方式。在单播情况下，客户端和媒体服务器之间需建立一条单独的数据通道。用户分别向媒体服务器发出申请，媒体服务器只向申请用户发送数据包。

2. 组播

组播为点对多点的一种播放方式。在组播情况下，媒体服务器能对所有申请用户同时发送相同内容的数据包。

3. 点播

点播为点对点的一种播放方式。在点播情况下，用户按照菜单选择节目，主动与媒体服务器进行连接，媒体服务器根据用户需要播放节目。在收视过程中，用户可根据需要进行停止、后退、快进、慢进或者暂停等操作。

4. 广播

广播为点对多点的一种播放方式。在广播情况下，无须用户申请，媒体服务器对所有用户同时发送相同内容的数据包，且接收广播的用户只能被动地接收“流”，而不能主动控制“流”的暂停、快进、后退等。

从多媒体的定义出发，上述四种流媒体的播放方式中，只有点播传送的是多媒体文件，而其他播放方式传送的是音视频文件。

5.8.3 流媒体的基本特点

一般说来，只有同时具有以下三项基本特点的媒体方可称为流媒体。

①所涉及的媒体是指在互联网上传送的数字音频媒体、数字音/视频媒体或多媒体。如模拟有线电视或互联网上的实时股票信息是一种“流”技术，但不是流媒体。

②由一个媒体服务器用于发送媒体信息，用户端一边接收媒体信息，一边对媒体信息进行处理与播放。用户端用以处理流媒体信息的软件称为播放器。一旦播放器接收到足够的数据即开始播放。流媒体边下载边播放的特点使流媒体的传输具有少量的时延，有别于接收整个媒体文件后才开始播放的高时延“下载”技术。

③为保护版权，用户端只能接收、处理和播放媒体文件，未经授权的用户不能对其进行录制或转发。

5.8.4 超媒体

在互联网浏览器中，超链接大量应用于Internet的万维网WWW中。超链接是指在Web网页所显示的文件中对有关词汇的索引链接，使得这些带有索引链接的词汇或语句可以指向另一个文件。WWW使用链接方法能非常方便地从Internet上的一个文件访问另一个文件（即文件的链接），这些文件可以在同一个站点，亦可在不同的站点，从而主动地按需获取丰富的信息。可见WWW中的超链接能将若干文本组合起来形成超文本。同样道理，超链接也可将若干不同媒体、多媒体或流媒体文件链接起来，组合成超媒体。

超媒体系统是超文本系统的扩展。两者的不同点仅在于文件内容不同。超文本文件仅包含文本信息，而超媒体文件则包含各种媒体、多媒体或流媒体信息。

此外，因为Web浏览器只能播放下载的影视或多媒体文件，而不能播放流媒体文件，当从Web网页所显示的文件链接到流媒体文件时，需要预先在Web网页中插入流媒体播放器用以取代原有的Web浏览器，播放流媒体文件。

本章小结

媒体是信息传播的媒介，是信息传递和存储的载体、工具和技术手段。多媒体就是多样化媒体的综合。文字、图形、图像、声音、视频、动画等多种形式的媒体可以借助多媒体技术组合在一起，并通过计算机技术进行综合处理和控制，完成一系列交互操作。多媒体具有多样性、集成性、交互性和实时性的特征，而且多媒体数据还具有数据量大、数据类型多、数据类型之间差别大等特点。随着计算机多媒体技术的快速发展，其应用领域已遍及教育、培训、医疗、军事、新型办公自动化、电子查询、商业服务和应用、娱乐和游戏等人们社会生活的各个领域。计算机技术和网络通信技术的不断发展和创新及其与多媒体技术的高效融合促使多媒体技术正朝着多元化、网络化和多媒体终端的部件化、智能化、嵌入化方向发展，多媒体技术也将更好地服务社会。

习题

单项选择题

1. 多媒体计算机中的媒体信息是指（　　）。

① 文字　② 图形　③ 动画　④ 视频、音频

A. ①　B. ②　C. ③　D. 全部

2. 多媒体技术的主要特性有（　　）。

①多样性　②集成性　③交互性　④实时性

A. 仅①　B. ①②　C. ①②③　D. 全部

3. 下列采集的波形声音质量最好的是（　　）。

A. 单声道、8位量化、22.05 kHz采样频率

B. 双声道、8 位量化、44.1 kHz采样频率

C. 双声道、16位量化、44.1 kHz采样频率

D. 单声道、16位量化、22.05 kHz采样频率

4. 一般说来，声音的质量要求越高，则（ ）。

A. 量化位数越低，采样频率越低　　B. 量化位数越高，采样频率越高

C. 量化位数越低，采样频率越高　　D. 量化位数越高，采样频率越低

5. 扫描仪可用于（ ）。

①拍数字照片　②图像输入　③光学字符识别　④图像处理

A. ①③　B. ②④　C. ①④　D. ②③

6. 以下叙述正确的是（ ）。

A. 编码时删除一些无关紧要的数据的压缩方法称为无损压缩

B. 解码后的数据与原始数据不一致称为有损压缩编码

C. 编码时删除一些重复数据以减少存储空间的方法称为有损压缩

D. 解码后的数据与原始数据不一致称为无损压缩编码

7. 人们在实施音频数据压缩时，通常应综合考虑的因素有（ ）。

A. 音频质量、数据量、音频特性

B. 音频质量、计算复杂度、数据量

C. 计算复杂度、数据量、音频特性

D. 音频质量、计算复杂度、数据量、音频特性

8. 以下关于图形、图像的叙述，不正确的是（ ）。

A. 矢量图的一个优点是图形无论放大还是缩小都不会失真

B. 被计算机接收的数字图像有位图图像和矢量图形两种

C. 矢量图形是由像素组成的，适用于逼真图片或要求精细细节的图像

D. 位图图像像素之间没有内在联系，而且它的分辨率是固定的

9. 某同学运用Photoshop处理自己的照片，照片未能处理完毕，他准备下次接着做。他将照片保存的格式应该是（ ）

A. BMP　B. SWF　C. PSD　D. GIF

10. 下列说法中正确的是（ ）。

①图像都是由一些排成行列的像素组成的，通常称为位图或点阵图

②图形是用计算机绘制的画面，也称矢量图

③图像的最大优点是容易进行移动、缩放、旋转和扭曲等变换

④图形文件中只记录生成图的算法和图上的某些特征点，数据量较小

A. ①②③　B. ①②④　C. ①②　D. ③④

11. 下列格式文件中，属于网络影像视频的是（ ）。

A. MOV　B. AVI　C. MPEG　D. ASF

12. 以下关于动画的叙述中，不正确的是（　　）。

A. 当帧速率达到12 fps以上时，我们才能看到比较连续的视频动画

B. 中间的过渡帧由计算机通过首尾帧的特性以及动画属性要求来计算得到

C. 过渡动画不需要建立动画过程的首尾两个关键帧

D. 动画效果主要依赖于人的视觉暂留特征而实现

13. 计算机动画是采用计算机生成一系列可供实时演播的连续画面的一种技术。假设电影每秒放映24帧画面，现有2 800帧图像，则它们大约可在电影中播放（　　）min。

A. 1　　B. 2　　C. 3　　D. 4

14. 数字二维动画依靠计算机来实现动画制作，其软件中的图层替代了传统二维动画中的（　　）。

A. 画笔　　B. 颜料

C. 透明胶片　　D. 摄像机和银盐胶

15. 在虚拟现实系统的输入设备部分，以下不属于基于自然交互设备的是（　　）。

A. 头盔　　B. 手柄　　C. 力反馈设备　　D. 数据手套

16. 以下选项不属于虚拟现实具备的特征的是（　　）。

A. 沉浸感　　B. 虚实结合　　C. 交互性　　D. 想象性

17. 在进行网络直播或点播时，为了流畅地边下载边播放，需要（　　）的支持。

A. 数据压缩技术　　B. 网络传输技术

C. 流媒体技术　　D. 音视频技术

18. 流媒体的特点不包括（　　）。

A. 缩短启动延时　　B. 只需占用很小带宽

C. 对系统缓存要求低　　D. 流式传输有特定的实时传输协议

19. 超媒体是指以（　　）形式与其他媒体相连的媒体。

A. 线性　　B. 非线性　　C. 超文本　　D. 多媒体

20. 下列关于超媒体的叙述中，不正确的是（　　）。

A. 超媒体扩展了超文本所链接的信息类型

B. 超媒体将多种媒体的信息联系在一起

C. 超文本与超媒体是WWW的信息组织形式

D. 超媒体不可以播放影音动画

简答题

1. 媒体的分类有哪些？什么是多媒体？

2. 多媒体技术的主要特征有哪些？

3. 试述多媒体计算机的组成。

4. 数据压缩有哪些条件？

5. 简述模拟音频的数字化过程。

6. 图形和图像有何区别？

7. 简述图像的采样和量化。

8. 数字视频的获取方式有哪些？

9. 简述虚拟现实系统中的主要技术。

10. 简述流媒体的含义及其主要应用。

11. 利用流媒体技术传输音/视频信号与利用传统技术传输音/视频信号有何区别和联系？信号在发送端应做哪些特殊处理？

12. 超文本和超媒体有什么区别？

第6章 计算机网络应用

随着互联网技术的飞速发展，人类进入以网络为核心的信息化时代。计算机网络是计算机技术和通信技术结合的产物。20世纪90年代以后，以因特网（Internet）为代表的计算机网络得到了飞速发展。因特网是人类在通信方面最大的变革，在人类社会的各个领域中起着重要作用，其应用范围也从军事、科研领域进入商业、文化和休闲娱乐等各个领域，渗透到人们生活的各个方面，现已成为信息社会的命脉和发展知识经济的重要基础。近几年，互联网技术的发展呈现新的趋势，物联网、移动互联网技术在诸多领域被广泛应用，下一代互联网技术IPv6的研究与应用得以全面开展与部署，第五代移动通信技术（5G）业已进入公众的视野。计算机网络的应用和发展不但反映了一个国家计算机科学和通信技术水平的高低，而且已经成为衡量其综合国力和现代化程度的重要标志之一。

6.1 通信技术概述

6.1.1 通信的发展史

通信，顾名思义，可以理解为信息的传输和交换。早在远古时期，通信就已经存在。从古至今，通信的目的一直没有改变（即进行信息的传递），变化的是基于不同通信技术的通信方式。通信的历史大致可划分为三个阶段。

1. 古代通信阶段

利用自然界的基本规律和人的基础感官（视觉、听觉等）可达性建立通信系统，是人类基于需求的最原始的通信方式。广为人知的烽火传信（2 700多年前的周朝）、飞鸽传书、击鼓传声、风筝传讯（以春秋时期公输班和墨子为代表人物）、“天灯”（代表是三国时期的孔明灯、后来的热气球）、“旗语”（多用于军舰）以及随后发展的依托于文字的信件（周朝已经有驿站出现，用于传递公文），都是古代通信的方式。信件在较长的历史时期内，都是人们传递信息的主要方式。这些原始的通信方式，无论在距离、速度方面，还是在可靠性、有效性方面都很差。图6-1所示的是原始的烽火传信。

图6-1 烽火传信

2. 近代通信阶段

以电磁技术的出现为起点，人类开始进入电磁通信和数字时代。1820年，安培发明电报通信，标志着近代通信技术的开始。1835年，美国科学爱好者莫尔斯发明了有线电磁电报，将电报技术向前推进了一大步。由于电报在收发时需要转译电码，在使用时有诸多不便。19世纪30年代后，人们开始探索用电磁现象来传送声音的方法。直到1876年，美国人贝尔终于发明了第一台电话机。电报和电话的发明开启了人类通信历史的一个新时代，使得人类通信领域发生了根本性变革。从此，人类信息传递可以脱离常规的视听觉方式，利用电信号作为载体，极大地提升了通信效率。

3. 现代通信阶段

现代通信阶段也称为移动通信和互联网通信时代，其最基本的特征是数字化。现代通信中传递和交流的信息基本都是数字化信息。现代通信技术主要包括微电子技术、计算机通信技术、光通信技术和卫星通信技术这四个方面。现代通信技术作为信息产业的核心技术，在多媒体、电子商务、光纤通信、卫星电视广播等领域发挥重要作用，是信息时代的生命线，如图6-2所示。未来的通信将沿着宽带化、综合化、个人化和智能化等方向发展，并具备大容量、高速度、高可靠性、高灵活性等特性。

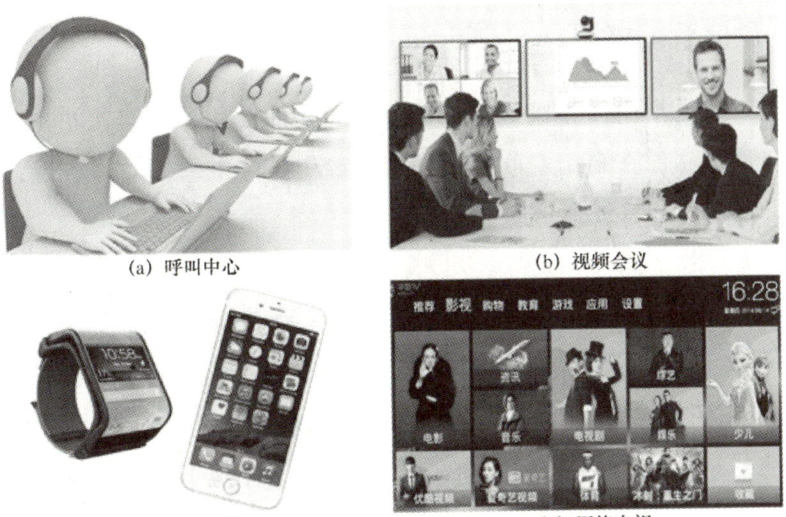

(a) 呼叫中心　(b) 视频会议　(c) 智能通信　(d) 网络电视

图6-2　现代通信

6.1.2　电信通信与数据通信

人类生活在信息的海洋中，时时刻刻离不开信息的传递与交流。随着电磁波的发现，通信技术发生了根本性的变革，相继实现了利用金属导线来传递信息的有线通信和利用电磁波来传递信息的无线通信，使古代神话中的“千里眼”“顺风耳”变成了现实，开启了人类通信的新纪元。

一般来说，通信（Communication）是指通过某种媒体将信息从某处有效、可靠地传输到另一处的过程，以实现信息的传输和交换。信息通常有不同的形式，如语音、文字、数据、图像、视频、符号等。随着社会的发展，信息的种类越来越多，人们对传递信息的要求也越来越高。通信系统信息的传送通过信号来实现。信号是信息的载体，如红绿灯信号、电压与电流信号等。在各种各样的通信方式中，利用有线、无线等电磁系统或者光电系统来传输、发送、接收或处理各类信息的通信方法称为电信通信，简称电信。电信具有迅速、准确、可靠等特点，而且几乎不受时间、地点、空间、距离的限制，因而得到了飞速的发展和广泛的应用。

数据通信是通信技术（以电信为主）和计算机技术相结合的一种新的通信方式。要在两地之间进行信息的传输，必须具有传输信道。根据传输媒体的不同，数据通信可分为有线数据通信和无线数据通信，两者都是通过传输信道将数据终端与计算机连接起来，从而使处于不同地点的数据终端实现软、硬件和信息资源的共享。由此可见，数据通信是现代计算机网络的基础和核心。没有成熟的数据通信技术，发展计算机网络将成为一句空话。

6.1.3 通信系统模型

现代通信系统是指用以完成信息传输过程的硬件设备、通信软件和传输介质的集合。其主要借助电磁波在自由空间的传播或在导引媒体中的传输来实现，前者称为无线通信系统，后者称为有线通信系统。

1. 基本模型

从硬件方面看，一个最基本的通信模型必须包括信源、发送设备、信道、接收设备和信宿五个部分，如图6-3所示。其中，噪声源也可理解为通信系统的一部分，因为噪音是客观存在的干扰，任何一个通信系统都无法彻底消除干扰。

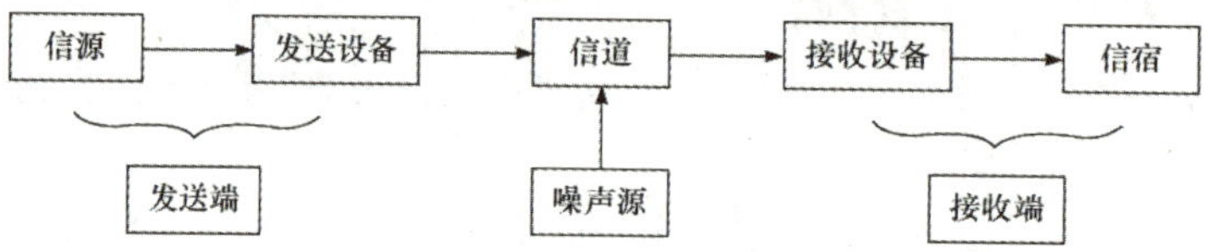

图6-3　通信系统基本模型

（1）信源

信源又称信息源，其作用是将待传输的信息转换成原始电信号。在通信中，信源是指向另一部件（信宿）发出信息的部件。例如，在电话系统中，电话机可以看成是信源。

（2）发送设备

发送设备即产生并送出信号或数据的设备。其作用是将信源发出的信息变换成适合在信道中传输的信号，即对原始信号进行某种变换或处理，使其适应信道传输特性的要求。发送设备是一个总体概念，包括许多具体电路与系统，对应不用的信源和不同的通信系统，具有不同的组成和变换功能。例如，在数字电话通信系统中，发送设备包括送话器和模/数变换器等，后者的作用是将送话器输出的模拟语音信号经过模/数变换、编码以及时分复用等处理后，变成适合在数字信道中传输的信号。

（3）信道

信道即在两点之间用于收发信号的单向或双向通路。在通信中主要是传递信息的通道，又是传递信号的设施。信道可以理解为逻辑上的一个概念，如TCP/IP网络，也可以是具有物理意义的实际传输通道，如光纤、同轴电缆、双绞线。

（4）接收设备

接收设备即工作于通信链路的目的端，接收信号并加以处理或转换供本地使用的设备。在接收端，接收设备的功能与发送设备相反，从收到的信号中恢复出相应的原始信号，即把从信道上接收的信号变换成信息接收者可以接收的信息，起还原的作用。

（5）信宿

信宿即通信中接收信源所发信息的部件，是信息的接收者，将复原的原始信号转换为相应的信息。信宿可以与信源相对应，构成“人-人通信”或“机-机通信”，如在接收端的电话机将对方传来的电信号还原成声音。

（6）噪声源

噪声源即通信系统中客观存在的干扰。通信系统的噪音来自各个部分，从发出和接收信息的周围环境、各种设备的电子器件，到信道所受到的外部电磁场干扰，都会对信号形成噪音影响。为便于分析，一般将系统内所存在的干扰折合于信道中，用噪声源表示。

2. 通信模式

通信模式有很多，但最基本的有以下两种。

（1）广播通信

在这种通信模式下，发送端是单个功能强大的发送设备，而接收端一般是多个价格相对低廉的接收机。其信息流是单向传递的，即由发送端到接收端。例如，广播和电视采用的都是广播通信模式。

（2）点对点通信

点对点通信是指通信过程发生在一个发送器和一个接收器之间的链路上。例如，电话通信就是典型的点对点通信模式。

6.1.4 通信介质

通信介质，也称传输介质，是指在网络中传输信息的载体。通信介质通常划分为有线介质（也称引导性介质）和无线介质（也称非引导性介质）两类。其中，有线介质包括双绞线、同轴电缆和光纤等，无线介质包括无线电波、微波和红外线等。

1. 有线介质

（1）双绞线

双绞线（Twisted Pair，TP）是一种最常使用的有线传输介质，如图6-4所示，因由两根绝缘铜导线互绞在一起而得名。之所以将两根铜导线绞在一起，是因为两根平行的线会构成一个很好的天线，而将它们绞在一起后，不同导线产生的干扰波会相互抵消，从而减少信号传输过程中的串扰和电磁干扰（Electromagnetic Interference，EMI）。

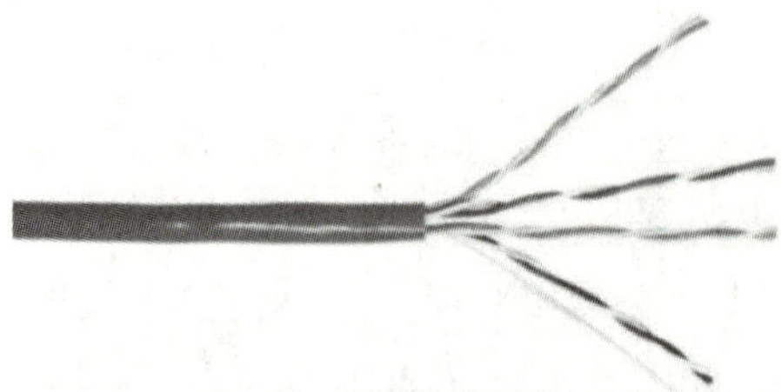

图6-4　双绞线

相对于其他有线传输介质而言，双绞线价格便宜且易于安装，同时也具备足够的数据传输性能，所以得到了广泛的应用。目前局域网主要使用双绞线。

双绞线可分为屏蔽双绞线（Shielded Twisted Pair，STP）和非屏蔽双绞线（Unshielded Twisted Pair，UTP）两种。相较于UTP，STP在双绞线与外层绝缘封套之间有一个金属屏蔽层，从而可减少辐射，防止信息被窃听，也可阻止外部电磁干扰的进入，而UTP具备直径小、成本低、重量轻、易弯曲、易安装、串扰低等特性，因此，在实际综合布线系统中，UTP的使用更为常见。按性能分，UTP可分为不同的等级，等级越高，性能越好，具体分类、主要用途及最高带宽参见表6-1。

表6-1　UTP分类、主要用途及最高带宽

UTP类型	主要用途	最高带宽
1类UTP	主要用于电话连接，通常不用于数据传输	750 kHz
2类UTP	通常用于程控交换机和安全监控系统	1 MHz
3类UTP	又称为声音级电缆，是一类广泛安装的双绞线，主要应用于语音、10 Mbit/s以太网和4 Mbit/s令牌环网	16 MHz
4类UTP	与3类UTP相似，但能更稳定地运行16 Mbit/s的令牌环网	20 MKz
5类UTP	又称为数据级电缆，增加了绕线密度，外套一种高质量的绝缘材料，常用于百兆以太网	100 MHz
6类UTP	一种新型电缆，适用于低成本的高速以太网骨干线路	1 000 MHz

（2）同轴电缆

同轴电缆（Coaxial Cable）由围绕同一轴线的内导体（铜芯导线）和外导体（屏蔽层）组成。内导体用于信号传输，外导体可屏蔽电磁干扰和辐射，两导体之间用绝缘材料隔离，如图6-5所示。同轴电缆具有较高的带宽和较强的抗干扰能力，能够保证数据在电缆中准确无误地传输，且传输距离比双绞线更远，但价格相较于双绞线也更高。

同轴电缆的规格是指电缆粗细程度的度量，按射频级测量单位（RG）来度量。RG越高，铜芯导线越细；RG越低，铜芯导线越粗。常用的同轴电缆的型号和应用如下：

①RG-8或RG-11，阻抗为50 Ω，用于粗缆以太网。

②RG-58A/U或C/U，阻抗为50 Ω，用于细缆以太网。

③RG-59，阻抗为75 Ω，用于有线电视（Cable Television，CATV）。

（3）光纤

光纤，是光导纤维（Fiber Optics）的简称，是一种由玻璃或塑料制成的纤维，如图6-6所示，它的外部包裹了一层折射率较低的反光材料，称为包层。在纤芯中传输的光信号几乎不会从包层中折射出去。

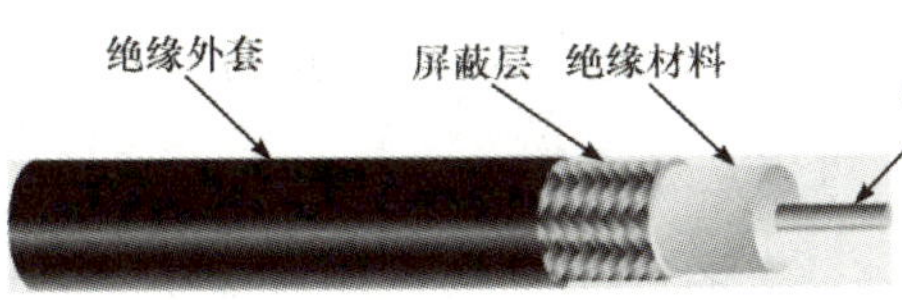

图6-5 同轴电缆

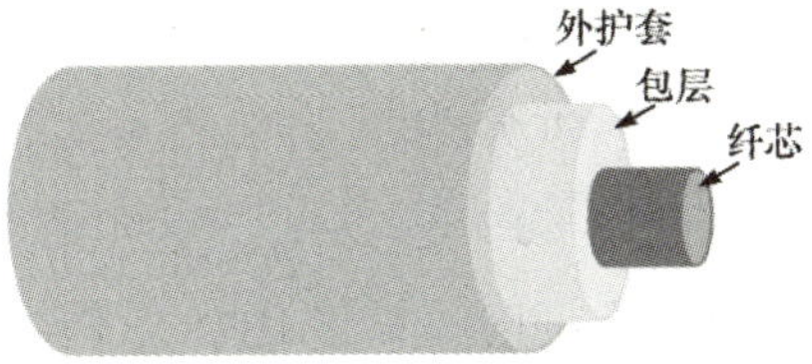

图6-6 光纤

光纤可分为单模光纤和多模光纤两种。单模光纤是一种在横向模式直接传输光信号的光纤。单模光纤的纤芯直径很小，可以使光线一直向前传播，而不会产生多次反射，如图6-7（a）所示，其数据传输速率可达数Gbps至数十Gbps，且传输距离至少5 km。因此，单模光纤通常用于远程信号传输。多模光纤具有更大的纤芯直径，只要从纤芯中射到纤芯表面的光线的入射角大于某一个临界角度，就可产生全反射，使光线曲折前进，如图6-7（b）所示。典型的多模光纤传输速率为100 Mbps时，传输距离可达2 km；传输速率为1 Gbps时，传输距离可达1 km；传输速率为10 Gbps时，传输距离可达550 m。

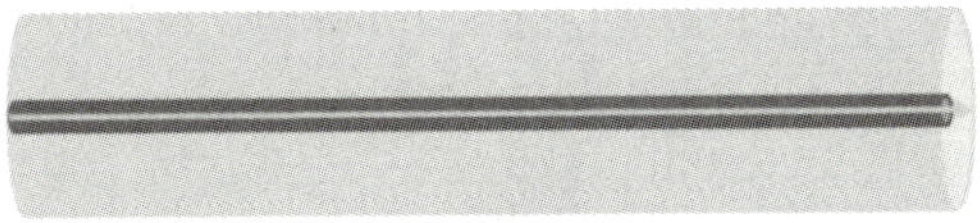
(a) 单模光纤

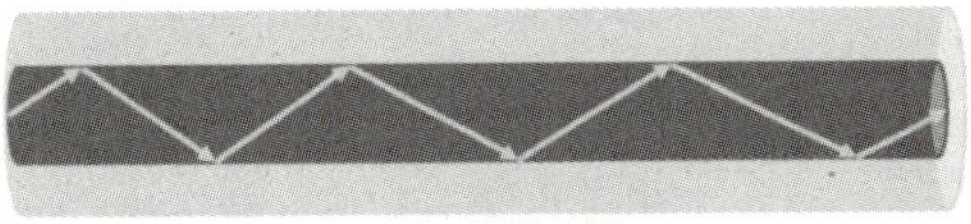
(b) 多模光纤

图6-7 单模光纤和多模光纤

多数光纤在使用前必须由几层保护结构包覆。包覆后的缆线称为光缆，如图6-8（a）所示。一根光缆中少则只有一根光纤，多则可以包括数十至数百根光纤。光缆的结构如图6-8（b）所示，其优点在于信号传输的损耗小、传输速率高、频带宽，且不受外界电磁干扰。另外，由于它本身没有电磁辐射，因此它传输的信号不易被窃听，保密性能好。但是，相比双绞线和同轴电缆，它的成本更高，并且连接技术也比较复杂。

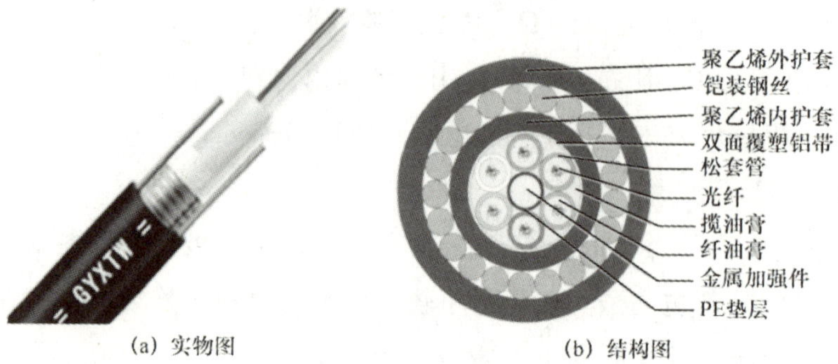

图6-8　光缆

2. 无线介质

根据传输距离的远近和对通信速率的要求，可以选用不同的有线介质。但是，当通信线路要通过一些高山、岛屿或河流时，铺设线路就非常困难，而且成本非常高，这时就可以考虑使用无线传输方式。下面介绍常用的四种无线传输方式。

（1）地面微波接力通信

地面微波接力通信，又称微波通信，微波以直线方式传播，通过在地面站建立抛物线形状的天线，可以将电磁波聚集成窄窄的一束，从而获得极高的信噪比，但是发射端和接收端的天线必须精准地相互对齐。地面微波接力通信易受到建筑物或天气的影响，在两个地面站之间传送，距离一般为50 ~ 100 km，如图6-9所示。

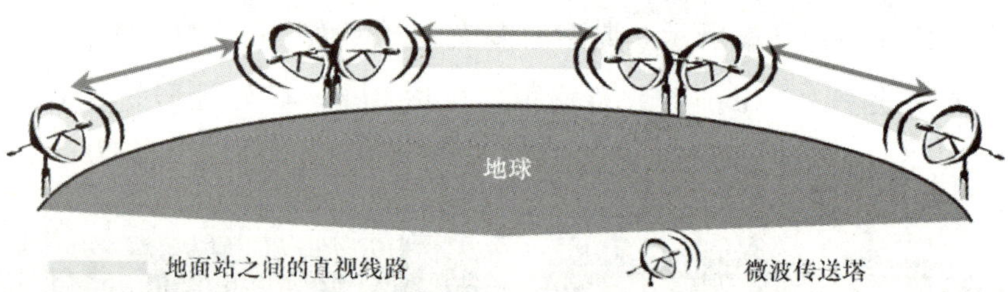

图6-9　地面微波接力通信

地面微波接力通信通常适用于物理线路昂贵或地理条件不允许的情况。微波波段频率很高，频带较宽，因此其通信信道的容量很大；它受外界干扰比较小，传输质量较高；与相同容量和长度的电缆载波通信相比，地面微波接力通信建设投资少、见效快。

地面微波接力通信也存在一些缺点：由于微波不能很好地穿透建筑物，因此，相邻站之间必须直视，不能有障碍物（视距通信），同时，相邻站之间也不能相距太远，否则，地球本身就会阻挡传输路径；即使微波在发射端已经聚集成束，但它在空中传播时仍会有一些发散，从而使得信号分成几条略有差别的路径到达接收端，造成信号衰落、失真，这种传播效果称为多径衰落（Multipath Fading）；微波的传播有时也会受到恶劣气候的影响；与电缆通信系统相比，微波通信的隐蔽性和保密性较差；微波通信中大量中继站的使用和维护要耗费一定的人力和物力。

目前，微波通信已经被广泛应用于长途电话、移动电话和电视转播，其他频谱严重短缺领域中的应用也已经被开发出来。

（2）卫星通信

卫星通信就是地球上（包括地面和低层大气中）的无线电通信站之间利用卫星作为中继站而进行的通信。卫星通信系统由卫星和地面站两部分组成，如图6–10所示。

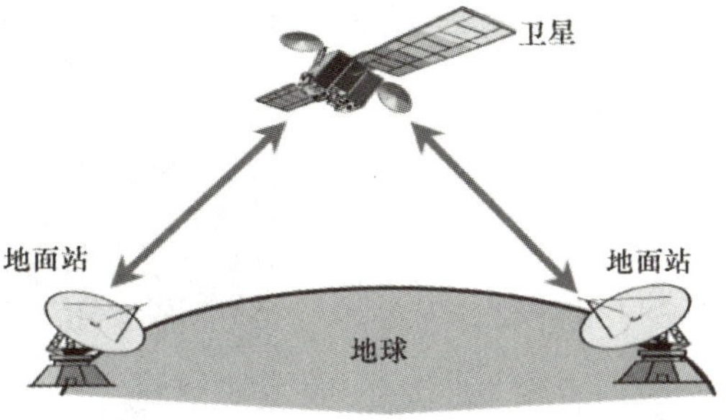

图6–10　卫星通信系统

卫星通信的优点有通信范围大，只要在卫星发射的电波所覆盖的范围内，任何两点之间都可以进行通信；不易受陆地灾害的影响；只要设置地面站，电路即可开通；可同时在多处接收，能经济地实现广播、多址通信；电路设置非常灵活，可随时分散过于集中的通信量；同一信道可用于不同方向或不同区间。其缺点有通信费用高，延时较长，安全性较差，10 GHz以上雨雾的散射衰耗较大，易受太阳噪声的干扰。

卫星通信应用领域广泛，通常用于电视、电话、传真、电报和数据传输、气象服务、地震探测等领域，而且其应用领域也在不断扩大，在远程教育、远程医疗、应急救灾、应急通信、应急电视广播、海陆空导航、连接互联网的网络电话电视等多种领域都得到广泛应用。

（3）红外线通信

红外线通信是一种利用红外线传输信息的通信方式，它具有比微波通信更强的方向性，同时具有容量大，保密性强，抗电磁干扰性能好，红外设备结构简单、体积小、重量轻、价格低等优势。其缺点在于不能穿透固体，对雨雾等环境干扰特别敏感，易受天气影响。

红外线通信主要应用于近距离的无线数据传输，其采用点对点的直线数据传输方式，因此在小型的移动设备中获得了广泛的应用。图6–11所示为基于红外线通信的无线键盘。

（4）激光通信

激光通信是一种利用激光传输信息的通信方式。激光是一种新型光源，具有亮度高、方向性强、单色性好、相干性强等特征。激光通信具备通信容量大，保密性强，设备经济，结构轻便等优势。但其缺点在于通信距离限于视距（数千米至数十千米范围）；易受天气影响，在恶劣天气条件下甚至会造成通信中断；激光束有极高的方向性，这给发射点和接收点之间的瞄准带来不少困难。

激光通信主要应用于地面间短距离通信、短距离传送传真和电视，通过卫星全反射的全球通信和星际通信，水下潜艇间的通信等。图6-12所示为卫星激光通信示意图。

图6-11　基于红外线通信的无线键盘

图6-12　卫星激光通信

3. 常用传输介质性能参数

常用传输介质性能参数，如表6-2所示。

表6-2　常用传输介质性能参数

传输介质	传输距离	抗干扰性	价格	应用	示例
双绞线	100 m	可以	低	模拟传输、数字传输	用户环线LAN
50 Ω同轴电缆	1 km	较好	略高于TP	基带数字信号	LAN
75 Ω同轴电缆	100 km	较好	较高	模拟传输，可分多信道混合传输电视、数据及CD音频	广电有线电视
光纤	30 km	很好	较高	远距离传输	长话线路，主干网
短波	全球	一般，通信质量差	较低	远程低速通信	广播
地面微波	几百千米	很好	低于同容量和长度的电缆	远程通信	长途电话、电视
卫星	36 000多千米	很好	费用与距离无关	远程通信	电视、电话、传真
红外线	几十厘米	较好	较低	近距离通信	无线家居设备

每种传输介质都有自己的特点，应根据具体情况选用。目前，在计算机网络所使用的传输介质中，室内线主要采用双绞线，室外线一般采用光纤，且无线局域网技术的应用也越来越普遍。

6.2 计算机网络基础

6.2.1 基本概念

信息化和全球化是当今世界知识经济的两个重要特点，而信息化和全球化的实现必须依靠完善的网络。这里所说的网络是广义的网络，包括电信网络、有线电视网络和计算机网络，统称“三网”。三网的核心是计算机网络，目前发展最快的也是计算机网络，电信网络和有线电视网络逐渐融入计算机网络中，形成网络融合，三网合一。计算机网络是计算机技术与通信技术紧密结合的产物，它的诞生使计算机体系结构发展了巨大的变化，在当今社会经济中起着非常重要的作用，对人类社会的进步做出了巨大贡献。

计算机网络是将地理位置不同并具有独立功能的多个计算机系统通过通信设备和线路连接起来，以功能完善的网络软件（即网络通信协议、网络操作系统等）实现数据、程序与硬件等各类资源共享，从而为用户提供各种应用服务的系统。

计算机网络连接的对象是各种类型的计算机（如微型计算机、大型计算机、服务器、工作站等）、移动终端设备（如智能手机、平板电脑、RFID读写器、POS机等各类PDA设备）以及其他数据终端设备（如各类计算机外围设备），如图6-13所示。计算机网络连接所采用的各类通信设备包括交换机、路由器、网关等，各类通信线路包括双绞线、同轴电缆、光缆、微波、卫星等。计算机网络的控制机制是各层的网络协议和各类网络软件。

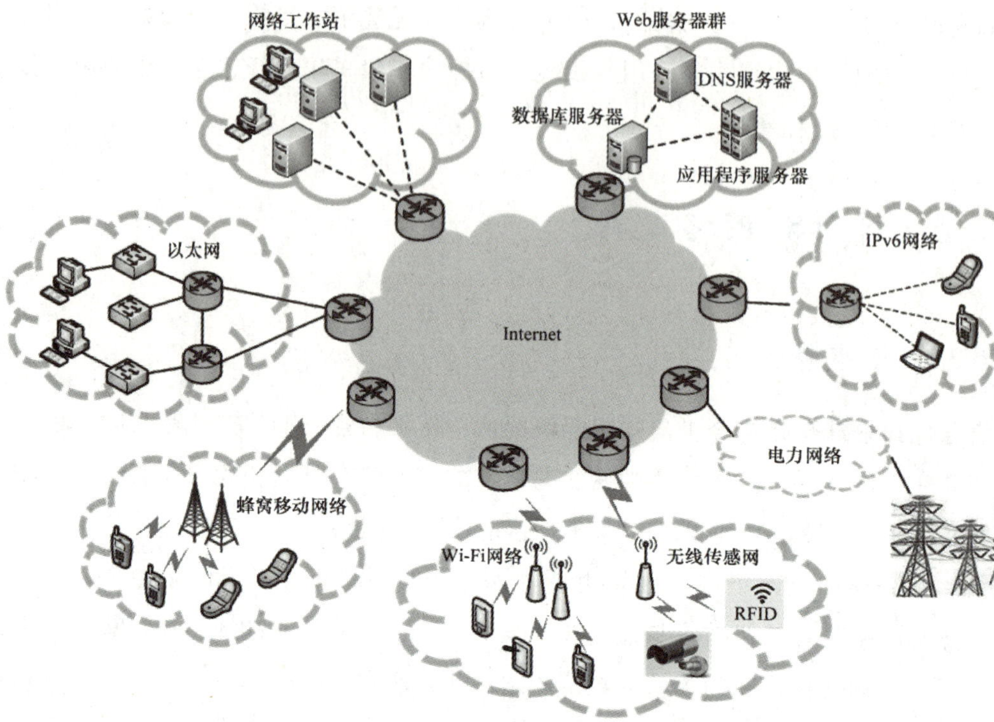

图6-13 计算机网络组成

6.2.2 基本功能

由计算机网络的定义可知，计算机网络的主要目的在于实现资源共享，即所有用户均能享受网络内其他计算机所提供的软、硬件资源和数据信息。除此之外，随着计算机网络规模的增大，网络内各具特色的计算机系统越来越多，从而极大地丰富了网络的功能。目前，计算机网络所具备的主要功能有以下四个方面。

1. 数据传输

作为现代通信技术和计算机技术相结合的产物，计算机网络能够使分布在不同地区的计算机系统通过通信线路及时、迅速地传递各种信息。例如，使用电子邮件进行通信、在网上召开视频会议等。

2. 资源共享

资源是指构成系统的所有要素，包括计算机系统内的各种软、硬件资源。由于受经济和其他因素的制约，不可能所有用户都能够独立拥有这些资源。而计算机网络使得普通用户也可以借助大型计算机或数据库系统等高成本资源来解决自己的问题，极大地提高了计算机软、硬件的利用率，使系统的性能价格比得到了改善。

3. 实现分布式处理

当计算机遇到难以解决的复杂问题时，可以采用合适的算法，将计算任务分解到网络内不同的计算机上进行分布式处理，以减少解决问题所要花费的时间。利用网络技术将计算机连成高性能分布式系统，可以扩展计算机的处理能力，解决大型复杂问题。

4. 提高系统的可靠性和可用性

在计算机网络中，当网络内的某一部分（通信线路或计算机等）发生故障时，可利用其他路径来完成数据传输或将数据转至其他系统内代为处理，以保证用户的正常操作。例如，当数据库内的信息丢失或遭到破坏时，还可调用另一台计算机内的备份数据库来完成数据处理工作，并恢复遭到破坏的数据库，从而提高系统的可靠性和可用性。

6.2.3　计算机网络分类

参照不同的划分依据，计算机网络可以划分为不同的类别。通常而言，计算机网络类别划分依据有网络覆盖范围、使用者和拓扑结构等。

1. 按网络覆盖范围分类

按照网络覆盖的地理范围大小，可以将计算机网络划分为局域网、城域网和广域网三种类型。

（1）局域网

局域网（Local Area Network，LAN）是一种在有限的地理范围内构成的规模相对较小的计算机网络，其覆盖范围一般在几十米到几千米之间。它常用于组建一个办公室、一栋楼、一个楼群、一个校园或一个企业的计算机网络。局域网可以由一个建筑物或相邻建筑物内的几百台至上千台计算机组成，也可以小到连接一个房间内的几台计算机、打印机和其他设备。图 6-14 所示为一个企业内部应用的典型局域网。

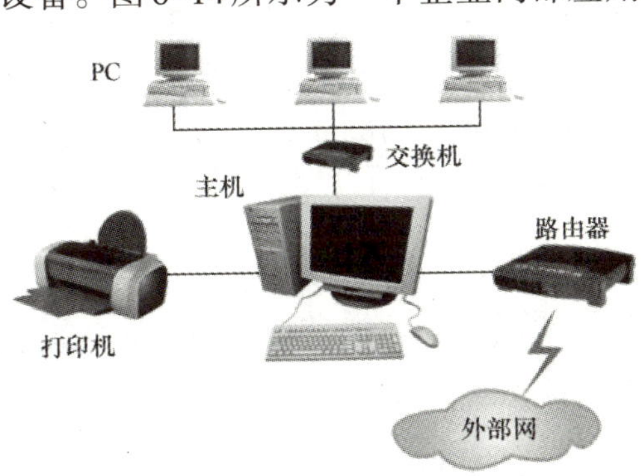

图 6-14　局域网示例

局域网的特点是网络内不同计算机之间分布距离近、组网成本低、连接费用低、数据传输可靠性高、使用灵活等。

（2）城域网

城域网（Metropolitan Area Network，MAN）是介于局域网和广域网之间的一种大范围的高速网络，其覆盖范围一般是一个城市或一个地区，距离从几千米到几百千米不等。城域网可以将多个局域网互连起来，例如，将多个学校、企事业单位、公司和医院的局域网连接起来，以便在更大的范围内进行信息传输与资源共享。因此，城域网中使用的通信设备和网络设备的功能要求比局域网高。图6-15所示为不同地点的局域网组成的城域网。

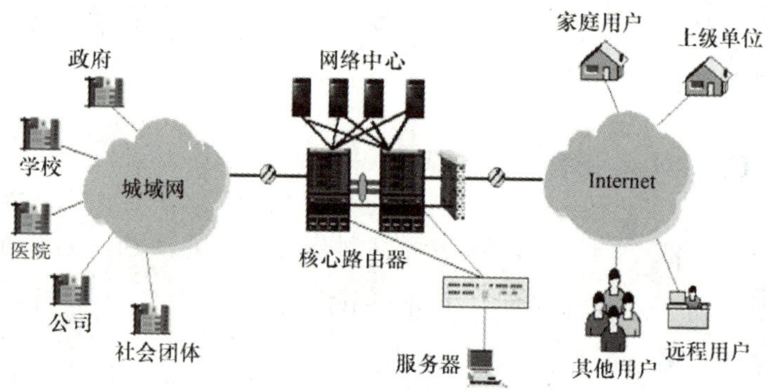

图6-15　城域网示例

城域网的特点是一般采用大容量的传输技术，为高速路由和交换提供数据保障；集数据、图像和语音业务为一体，业务范围广泛；用户接入方便，接入成本低；技术先进，安全性能高。

（3）广域网

广域网（Wide Area Network，WAN）是在一个广阔的地理区域内进行数据、语音、图像信息传输的计算机网络，其覆盖范围可以是一个城市、一个国家甚至全球，距离从几十千米到几千千米等。由于远距离数据传输的带宽有限，因此广域网的数据传输速度比局域网要慢得多。因特网（Internet）是广域网的一种，但它不是一种具体独立的网络。它将同类或不同类的物理网络（局域网、城域网和广域网）互联，并通过高层协议实现不同类网络间的通信。

广域网的特点是覆盖范围广，通信距离远，因而需要考虑的因素较多（如媒体成本、线路冗余、带宽利用率等）；没有固定的拓扑结构；通常使用高速光纤作为传输介质；主干带宽大，但提供给单个终端用户的带宽小；采用的技术复杂，管理和维护困难。

2. 按使用者分类

按照网络使用者的不同，可以将网络划分为公用网和专用网两种类型。

（1）公用网

公用网（Public Network）是为公众提供各种信息服务的网络系统，如Internet。用户只要遵守网络服务提供商的使用和管理规则，都可以申请使用。我国的公用网通常是由电信部门负责建设和运营的，许多国家的公用网都是由政府和私营企业建设和运营的。

（2）专用网

专用网（Private Network）是由专门的部门或组织根据实际需要自己投资建立的，只为网络拥有者提供服务。例如，军队、公安、医院、铁路和电力等系统均拥有本系统的专用网。图6-16所示为某银行内部专用网示例。

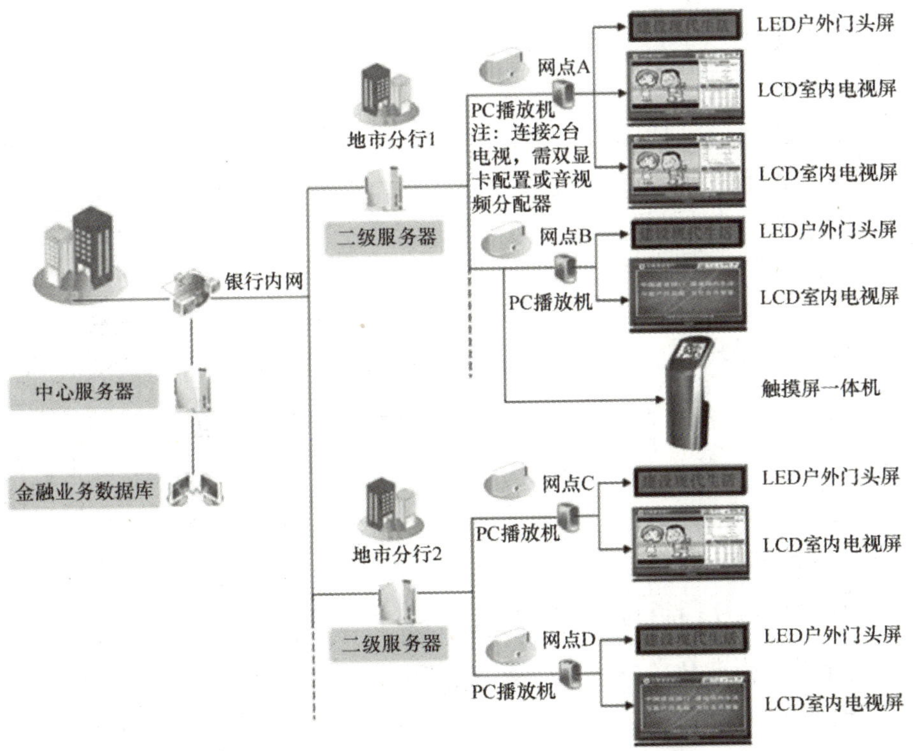

图6-16 某银行内部专用网示例

3. 按拓扑结构分类

网络拓扑结构是终端和通信链路所组成的几何形状。按网络拓扑结构的不同，计算机网络可以划分为总线型、环型、星型、树型、网状和混合型六种类型。

（1）总线型

总线型拓扑结构采用一条通信线路（总线）作为公共的传输通道，如图6-17所示。网络中所有工作站（又称节点）都通过相应的接口直接连接到总线上，并通过总线进行数据传输。例如，在一根同轴电缆上连接多台计算机或其他设备（如打印机）。由于连接在总线上的计算机和其他设备共享信道总容量，故连接在总线上的设备越多，网络发送和接收数据就越慢。此外，为避免数据传输冲突，任何时刻在总线上只能有一个设备进行数据传输。

总线型拓扑结构的优点：需要的电缆数量少，线缆长度短，易于布线和维护；结构简单、灵活，易于扩展；共享能力强，便于广播式传输；多个节点共用一条传输信道，信道利用率高。

总线型拓扑结构的缺点：总线的传输距离有限，通信范围受到限制；故障诊断和隔离较困难，且当总线出现故障时，将影响整个网络；不能保证信息的及时传送，不具有实时功能。

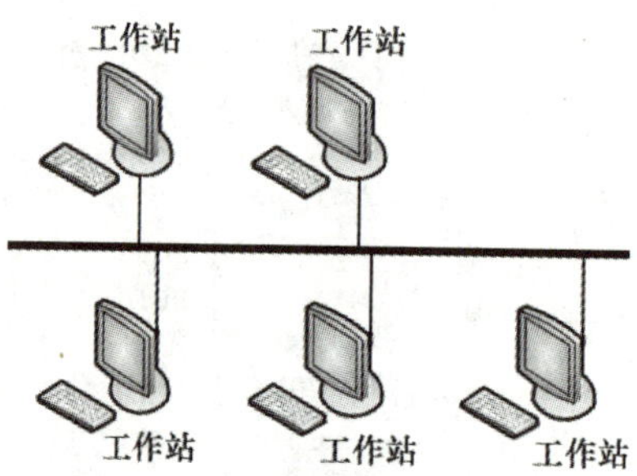

图6-17　总线型拓扑结构

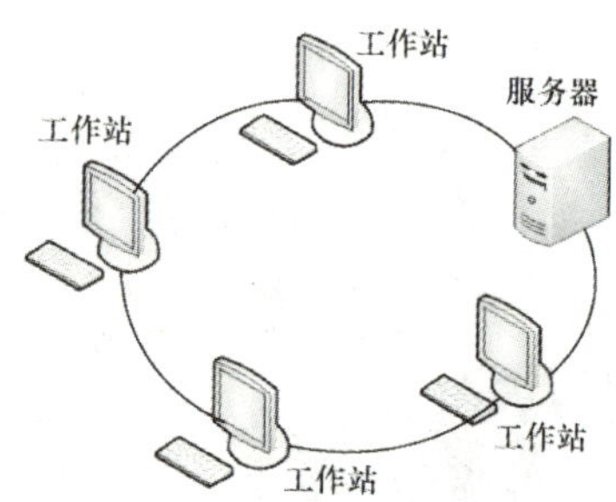

图6-18　环型拓扑结构

（2）环型

环型拓扑结构中各节点通过环路接口连接在一条首尾相连的闭合环形通信线路中，如图6-18所示。环路上任何节点均可以请求发送信息，请求一旦被批准，便可以向环路发送信息。但每个节点只能与它相邻的节点直接通信，若要与网络中其他节点通信，数据需要依次经过这两个通信节点之间的每个节点。

环型拓扑结构的优点：所需的线缆长度短；各工作站之间无主从关系，结构简单；任意两个节点之间传输路径相对固定，简化了路径选择；信息传递延迟固定，实时性较好。

环型拓扑结构的缺点：可靠性较差，任何线路或节点故障都有可能引起全网故障，且原因检测困难。

（3）星型

星型拓扑结构的每个节点都由一条点对点链路与中心节点（公用中心交换设备，如交换机、集线器等）相连，如图6-19所示。星型拓扑结构中信息的传输都是通过中心节点进行存储转发，中心节点执行集中式通信控制策略，因此，中心节点相对而言更加复杂，而其他各个节点通信处理负担都很小。星型拓扑结构是局域网中最常用的网络拓扑结构。

星型拓扑结构的优点：结构简单，连接方便，管理和维护都相对容易，而且扩展性强；网络延迟时间较小，传输误差低；每个节点直接连到中心节点，故障容易检测和隔离。

星型拓扑结构的缺点：资源共享能力较差；一条通信线路只被该线路上的中心节点和边缘节点使用，通信线路利用率不高；对中心节点要求高，一旦中心节点出现故障，整个网络将瘫痪。

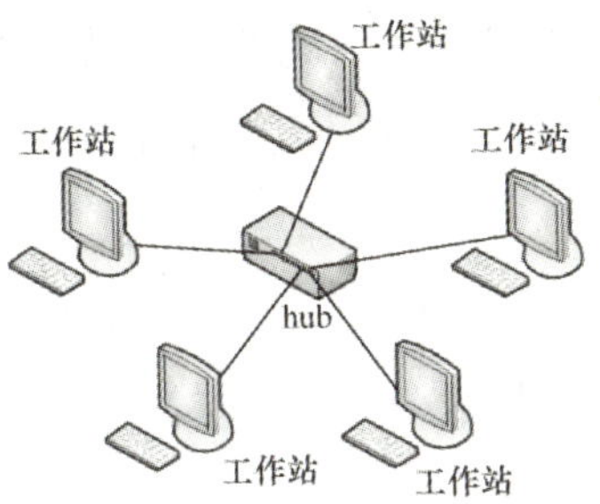

图6-19 星型拓扑结构

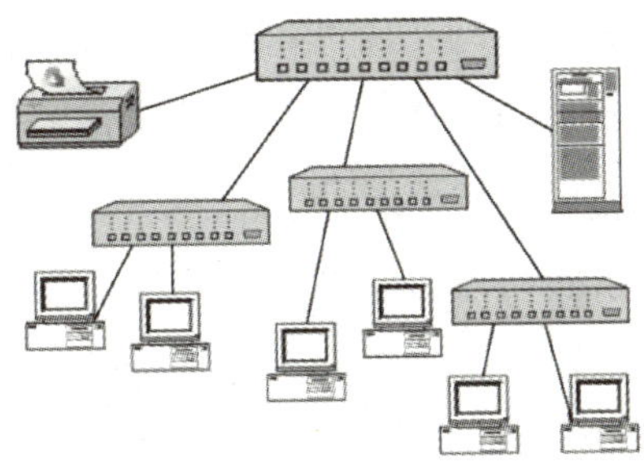

图6-20 树型拓扑结构

（4）树型

树型拓扑结构（也称星型总线拓扑结构）是从总线型和星型拓扑结构演变而来的，可以认为是由多级星型拓扑结构组成的，如图6-20所示。树型拓扑结构中，树的最下端相当于网络中的边缘层，树的中间部分相当于网络中的汇聚层，而树的顶端则相当于网络中的核心层。它采用分级的集中控制方式，其通信线路可有多条，但不形成闭合回路，且每条通信线路都必须支持双向传输。

树型拓扑结构的优点：易于扩展，故障隔离较容易，可靠性高。

树型拓扑结构的缺点：各个节点对根节点的依赖性大，一旦根节点出现故障，将导致全网不能工作。

（5）网状

网状拓扑结构中每个节点至少与其他两个节点相连，或者说每个节点至少有两条链路与其他节点相连，如图6-21所示。网状拓扑结构在广域网中的应用较为广泛。

网状拓扑结构的优点：节点间路径多，数据传输发生碰撞和阻塞的几率降低；可靠性高，局部故障不影响整个网络。

网状拓扑结构的缺点：网络关系复杂，建网组网困难，且不易扩充；线路成本高；不易管理和维护；网络控制机制复杂，必须采用路由算法和流量控制机制。

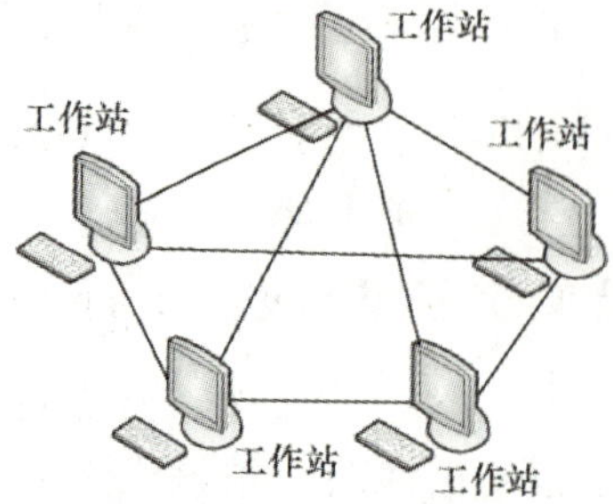

图6-21　网状拓扑结构

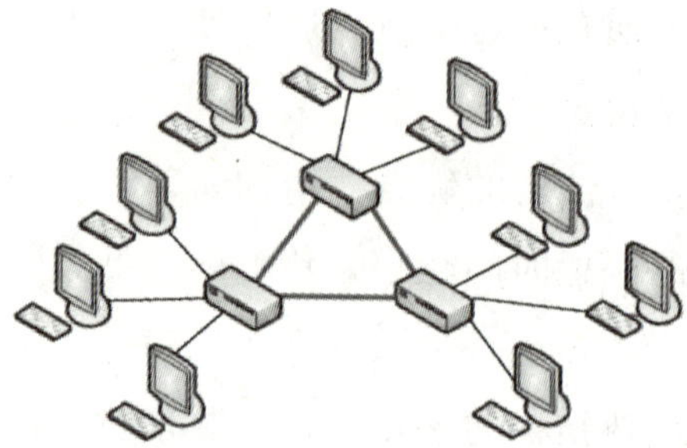

图6-22　“星-环”拓扑结构

(6) 混合型

混合型拓扑结构是由两种或多种单一的拓扑结构混合组成的，它兼有多种网络的优点，并规避单一拓扑结构存在的大部分缺点。图6-22所示为星型拓扑结构和环型拓扑结构混合而成的“星-环”拓扑结构。

混合型拓扑结构的优点：故障诊断和隔离较为方便，易于扩展，安装方便。

混合型拓扑结构的缺点：网络建设成本较高，线缆安装长度较长。

6.2.4　计算机网络体系结构

计算机网络体系结构是网络系统的组成部件及其之间关系的精确定义。体系结构可以指导开发者遵循一致的原则实现系统构建，以保证最终建立的系统符合预期的需求。

1. 协议

就像人们谈话时需要使用同一种语言一样，网络之间各实体要进行通信，也必须遵循一些事先制定好的规则，需要对交换什么信息、如何交换信息等问题制定相应的规则或进行某种约定。这种通信时必须遵守的规则、标准或约定称为网络协议（Network Protocol），简称协议。协议由语法、语义和时序三个要素构成。

①语法：用于规定数据和控制信息应遵循的结构或格式。

②语义：用于对构成协议的协议元素含义进行解释，如需要发出何种控制信息、完成何种动作以及做出何种响应。

③时序：用于对事件实现顺序进行详细说明，即通信过程中的应答关系和状态变化关系。

对于复杂的网络体系结构，一般采用划分层次的方法，各层次均有相应的协议。由此，我们也可以认为，网络体系结构是计算机网络的各层及其协议的集合。

2. OSI参考模型

为了建立一个统一的、不依赖网络操作系统和网络设备的标准，需要一个抽象的参考模型来描述网络实现的全部过程。1978年，国际标准化组织提出了一个试图使各种计算机在世界范围内互连通信的标准框架，即开放系统互连参考模型（Open System Interconnection/Reference Model，OSI/RM），简称OSI参考模型。

OSI参考模型有七层，自底向上分别为物理层、数据链路层、网络层、传输层、会话层、表示层和应用层，如图6-23所示。OSI参考模型中每层均有独特的一套功能集，具有明确定义的功能，且与紧邻的上层和下层进行交互。

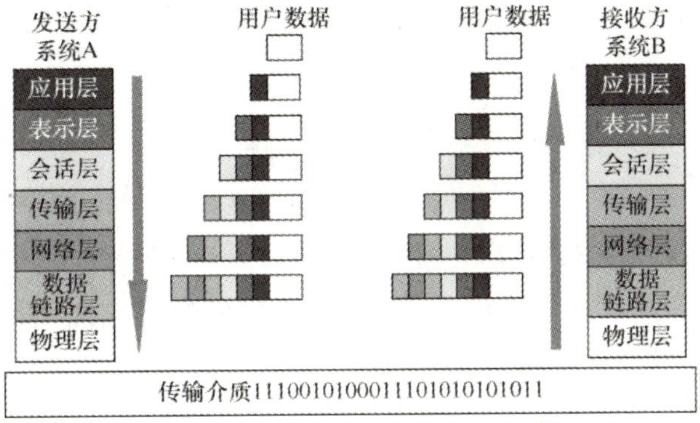

图6-23 OSI参考模型

需要注意的是，OSI参考模型本身并不是一个网络体系结构，因为它并没有定义每一层的服务和所用的协议，它仅指明每一层应该完成的功能。OSI参考模型各层功能和信息交换的单位如表6-3所示。

表6-3 OSI参考模型各层功能及信息交换的单位

层次名称	功能	信息交换的单位
应用层	在程序之间传递信息	报文(Message)
表示层	处理文本格式化,显示代码转换	报文(Message)
会话层	建立、维持、协调通信	报文(Message)
传输层	确保数据正确传输	协议数据单元(Protocol Data Unit,PDU)
网络层	决定传输路由,处理信息传递	分组(Packet)
数据链路层	编码、编址、传递信息	帧(Frame)
物理层	管理硬件连接	位(Bit)

3. TCP/IP参考模型

在介绍TCP/IP参考模型之前，有必要先简要了解一下阿帕网（ARPANET）。ARPANET是美国国防部高级研究计划局（Advanced Research Project Ageney，ARPA）主持的一个研究性网络，其最初是通过租用的电话线将几百所大学、研究所和政府部门的计算机设备连接起来。随着卫星技术和无线电技术的发展，这些技术也被应用到ARPANET中，然而，在实际过程中，现有协议无法解决这些技术的互连问题，需要一种新的网络参考体系结构将不同的通信网络进行无缝连接。这个体系结构后来被称为TCP/IP参考模型（TCP/IP Reference Model），该参考模型以其中最著名的两个协议（即传输控制协议TCP和网际协议IP）命名。

TCP/IP参考模型有四层，自底向上分别为网络接口层、网络层、运输层和应用层，如图6-24所示。

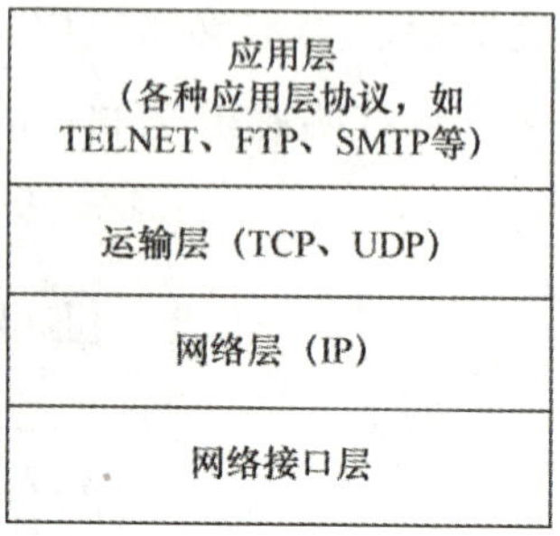

图6-24　TCP/IP参考模型

（1）网络接口层

网络接口层综合了OSI参考模型中的物理层和数据链路层的功能，主要用于对电信号进行分组并形成具有特定意义的数据帧，然后以广播的形式通过物理介质发送给接收方。

（2）网络层

网络层负责将源节点的数据正确无误地传送到目的节点，同时还要处理网络流量和路由选择等问题。当网络出现拥塞等情况时，网络层将自动选择其他网络路径进行数据传输。

（3）运输层

运输层完成网络中不同主机上用户进程之间可靠的数据传输。运输层中采用两个协议：传输控制协议TCP和用户数据报协议UDP。TCP协议是一种面向连接的、可靠的传输协议，UDP协议的特点是不可靠、不用事先建立连接。UDP协议适合对可靠性要求不高，但网络时延要求低的场景，如语音、视频通信等。

（4）应用层

应用层包括所有的高层应用协议，如远程登录协议（TELNET）、文件传输协议（FTP）和简单邮件传输协议（Simple Mail Transfer Protocol，SMTP）等。

值得注意的是，尽管OSI参考模型层次划分详细，概念清楚，理论也较为完善，但它的实现过于复杂，效率也不高。相反，TCP/IP参考模型结构简单，实现起来也更为方便，因而获得了非常广泛的应用，成为Internet事实上的国际标准。

6.2.5　网络互连设备

网络互连是指将两个或两个以上具有独立自治能力、同构或异构的计算机网络连接起来，实现扩大数据传输和资源共享的范围，同时加大联网用户数。网络互连包括局域网与局域网的互连、局域网与广域网的互连、广域网与广域网的互连。在网络互连时，各节点之间一般不能简单地直接相连，而是需要通过一个中间设备来实现。

根据网络互连环境的不同，组成网络的设备种类和性能差异也很大。常用的网络互连设备有网络接口卡、中继器、集线器、网桥、交换机、路由器和网关等。

1. 网络接口卡

网络接口卡（Network Interface Card，NIC）简称网卡，又称网络适配器。如图6-25所示。网卡可分为有线网卡和无线网卡两类，分别实现计算机设备通过双绞线、同轴电缆等有线方式或无线方式接入网络，是计算机与传输介质的接口。网卡主要工作在物理层和数据链路层的MAC子层，一般采用插卡的形式插入计算机主板的扩展插槽上，或者集成在计算机主板上。网卡的主要功能是负责计算机与网络的连接，实现计算机中数据格式与网络传输数据格式之间的转换、网络数据的接收与发送等。

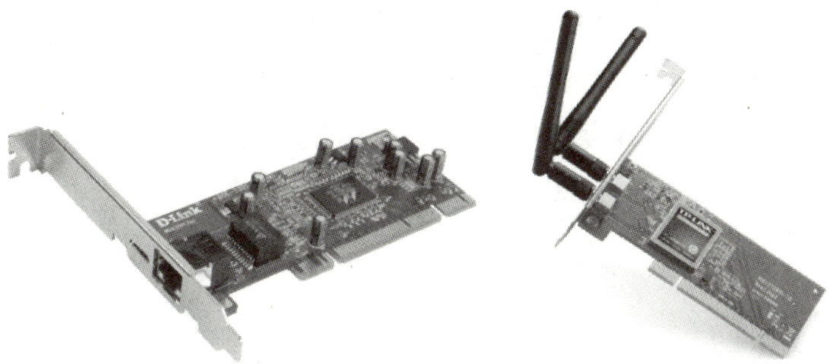

(a) 有线网卡　　(b) 无线网卡

图6-25　网卡

网卡上装有处理器和存储器（包括RAM和ROM）。存储器中保存了一个全球唯一的介质访问控制地址（Media Access Control Address，MAC Address），简称MAC地址，又可称为硬件地址或网卡地址。MAC地址是由生产厂商在生产时写入EPROM芯片的，其长度为48 b，常用等价的12个十六进制数表示，例如00-53-DB-A5-D4-AC，其中前6个十六进制数（即前24 b）代表网卡生产厂商的标识信息，后6个十六进制数（即后24 b）代表由生产厂商自主分配的网卡序号。

2. 中继器

中继器（RP Repeater），又称转发器，如图6-26所示，是连接网络线路的一种装置。中继器可以连接不同传输介质的网络，但是只能用于相同协议的同构型网络连接。中继器工作于物理层，其主要功能是通过对数据信号的复制、调整和放大来完成对其重新发送或转发，实现扩大网络传输距离的效果。中继器不具备隔离和过滤功能，使用中继器连接后的两个网段仍为一个网络。

3. 集线器

集线器（Hub）实质就是一个多端口的中继器，如图6-27所示，其将局域网中节点的线缆集中在一起，作为网络连接的中心点。联网的终端一般通过双绞线与集线器连接。集线器工作于物理层，其主要功能是对接收到的信号进行再生、整形、放大，以扩大网络的传输距离，同时把所有节点集中在以它为中心的节点上。

图6-26　中继器

图6-27　集线器

一般使用的集线器提供多个RJ-45端口（常用的有8口、16口和24口等），有些功能较强的集线器还提供连接粗（或细）同轴电缆的AUI、BNC或光纤端口等。集线器属于纯硬件底层网络设备，其数据转发没有针对性，采用广播方式发送，即将数据发送给所有与集线器相连的节点。在使用集线器组建的网络中，当某条线路或终端出现故障时，不影响其他线路和终端的连通性。

4. 网桥

图6-28　网桥

网桥（Bridge），又称桥接器，如图6-28所示，是连接两个局域网的一种存储/转发设备。最简单的网桥有两个端口，复杂些的网桥可以有更多的端口。网桥工作于数据链路层，其主要功能是连接不同的网段。网桥采用基于帧转发的技术，能够依据MAC帧的目的地址对收到的帧进行转发和过滤，因此，网桥可以有效地隔离碰撞域（又称冲突域）。通过网桥连接的各个网段都是一个独立的碰撞域。

5. 交换机

交换机（Switch）是一种用电（光）信号转发的网络设备，其种类多样，如电话语音交换机、光纤交换机等。这里主要介绍以太网交换机，如图6-29所示。以太网交换机一般工作于数据链路层，可称为二层交换机。其主要功能是互连各网段，实现各网段之间的通信。

图6-29　以太网交换机

以太网交换机是以太网的核心部件，其实质是一个多端口的网桥（一般网桥端口数为2～4个，而以太网交换机端口数从几个到几十个不等）。以太网交换机的每个端口都直接与一个主机或一个集线器相连，各端口独享交换机的带宽，可实现全双工通信。例如，1台100 Mbps的24口交换机，每个端口理论上均可达到100 Mbps的传输速率。

根据市场需求，目前以太网交换机厂商也已经推出了三层甚至四层交换机。三层交换机是具有部分路由器功能的交换机，其工作于网络层，能够处理IP数据包。而所谓四层交换机，是在三层交换机基础上增加了具有辨别第四层协议端口的能力，其本质是在三层交换机基础上增加了一些软件，因此，其工作层仍为网络层，而并非传输层。无论是三层交换机还是四层交换机，其核心功能仍是处理二层以太网数据包交换，只是带有一定的处理网络层甚至更高层数据包的能力。值得注意的是，通过二层交换机连接的各个网段是一个独立的碰撞域，但无法隔离广播信息，而三层交换机连接的各个网段则是独立的广播域，可以有效地隔离广播信息，避免广播风暴的发生。

6. 路由器

路由器（Router）是连接两个或多个网络的网络互连设备。通过二层交换机连接的不同网段仍属于一个网络，而路由器互连的则是不同的网络。路由器工作于网络层，其主要功能是地址翻译、协议转换、数据格式转换、路由选择、子网划分等，通过分组转发来实现网络互连，具有很强的异构网络连接能力。

路由器的种类和档次千差万别。图6-30（a）所示为家庭或办公区域等场所经常使用的普通无线路由器。图6-30（b）所示为一个校园、企事业单位网络机房使用的核心路由器，其具备更为快速的数据包交换能力和高速的网络接口。

(a) 无线路由器　　(b) 核心路由器

图6-30　路由器

7. 网关

网关（Gateway），又称网间连接器、协议转换器，一般工作于传输层或应用层，也可分别称为传输层网关或应用层网关。网关的主要功能是执行网络层以上的高层协议转换，或者执行不同体系结构的网络协议转换，以实现异构网络的互连，它既可以用于广域网互连，也可以用于局域网互连。网关包括实现不同网络协议之间转换的硬件和软件，硬件提供不同网络的端口，软件则实现不同网络协议的转换。

与路由器不同的是，网关是一个更为抽象的概念，其并不具体指某一类设备，只要能够连接两种不同网络的设备都可以称之为网关，因此，网关可以是路由器、交换机，甚至一台计算机也可以充当网关。

6.2.6 典型局域网

前面已经介绍了局域网的概念。局域网在我们日常生活、工作和学习中都发挥了极其重要的作用，具有广泛的应用。在此介绍两种典型的局域网，即以太网和Wi-Fi。

1. 以太网

以太网是目前使用最为广泛的局域网，其起源于ALOHA（世界上最早的无线电计算机通信网）时期。1972年，刚从麻省理工学院毕业的鲍勃·梅特卡夫来到施乐帕罗奥多研究中心（Xerox Palo Alto Research Center，Xerox PARC）的计算机实验室工作，他的第一项工作是把Xerox ALTO计算机连接到ARPANET上（ARPANET是现在流行的Internet的前身）。1972年底，梅特卡夫和戴维·伯吉斯设计了一套网络，把不同的ALTO计算机连接起来，接着又把NOVA计算机连接到EARS激光打印机上，梅特卡夫将这项研究性工作命名为ALTO ALOHA。1973年5月，世界上第一个个人计算机局域网ALTO ALOHA投入运行，成为计算机网络研究史上的里程碑和奠基石，揭开了计算机网络研究的崭新一页。此后，梅特卡夫将ALTO ALOHA网络改名为以太网（Ethernet），其灵感来自电磁辐射是可以通过发光的以太来传播的这一想法。Xerox急于把这一成果迅速产品化并推向市场，因此将以太网改名为Xerox Wire。后来在Intel公司、DEC公司和Xerox共同指定其网络标准时再次改名为以太网。

在制定标准的过程中，Xerox提供技术，DEC公司提供以太网硬件，Intel公司提供芯片，三方于1979年首次举行联席会议。1980年9月，三方公布了第三稿的“以太网，一种局域网的数据链路层和物理层规范1.0版”，这就是著名的以太网蓝皮书，也称为DIX（由DEC、Intel和Xerox的第一个字母组成）以太网1.0版规范。一开始，规范规定以太网在20 MHz下运行，经过一段时间后降为10 MHz，并重新定义了DIX标准。1982年，又公布了以太网2.0版规范。后来经过两次很小的修改之后，1983年，DIX标准改为IEEE 802.3标准。

以太网可分为两类，一类是经典以太网，另一类是交换式以太网。经典以太网是以太网的原始形式，如图6-31所示，其通过一根电缆连接着所有计算机。当然，为了扩大网络传输范围，可以采用中继器将多根电缆连接起来。经典以太网的运行速度为3～10 Mbps。交换式以太网是使用交换机连接不同的计算机，如图6-32所示。它解决了经典以太网10 Mbps运行速度的瓶颈，运行速度可达到100 Mbps（快速以太网）、1 000 Mbps（千兆以太网）或者10 Gbps（万兆以太网）。

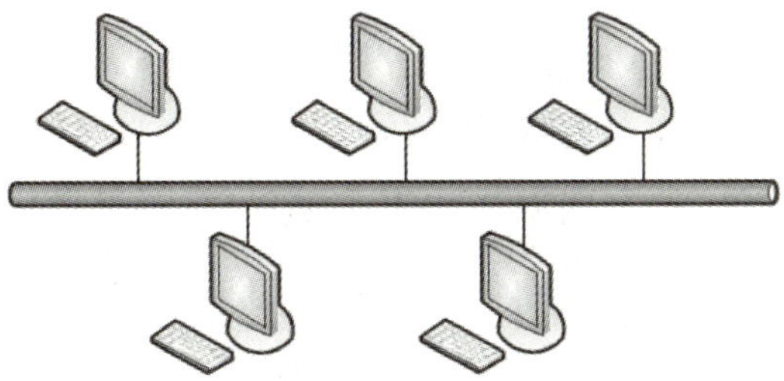

图 6-31　经典以太网

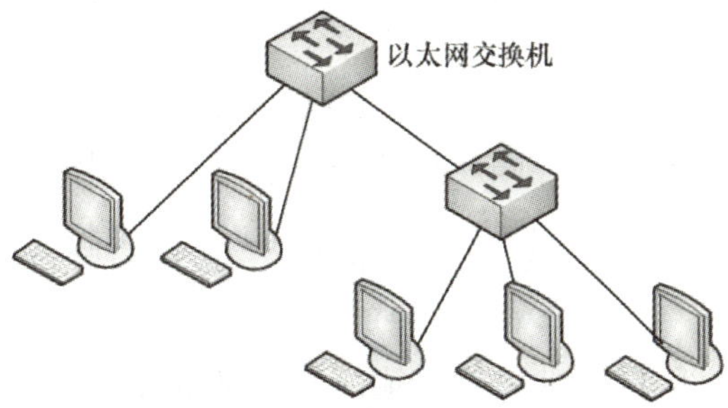

图 6-32　交换式以太网

目前，以太网几乎成了局域网的代名词，具备广泛的应用。在校园网中，以太网是应用最多的一种技术。校园网是为学校师生提供教学、科研和综合信息服务的宽带多媒体网络，具有数据传输速率高、交互性和专业性强的特点，为学校教学、科研提供了先进的信息化环境。校园网常见的应用包括多媒体教学平台、统一身份认证平台、网站群平台、一卡通平台等。如果一所学校包括多个学科（或多个系），也可以形成多个局域网，并通过有线或无线方式连接起来。图 6-33 所示为某大学校园网示意图。

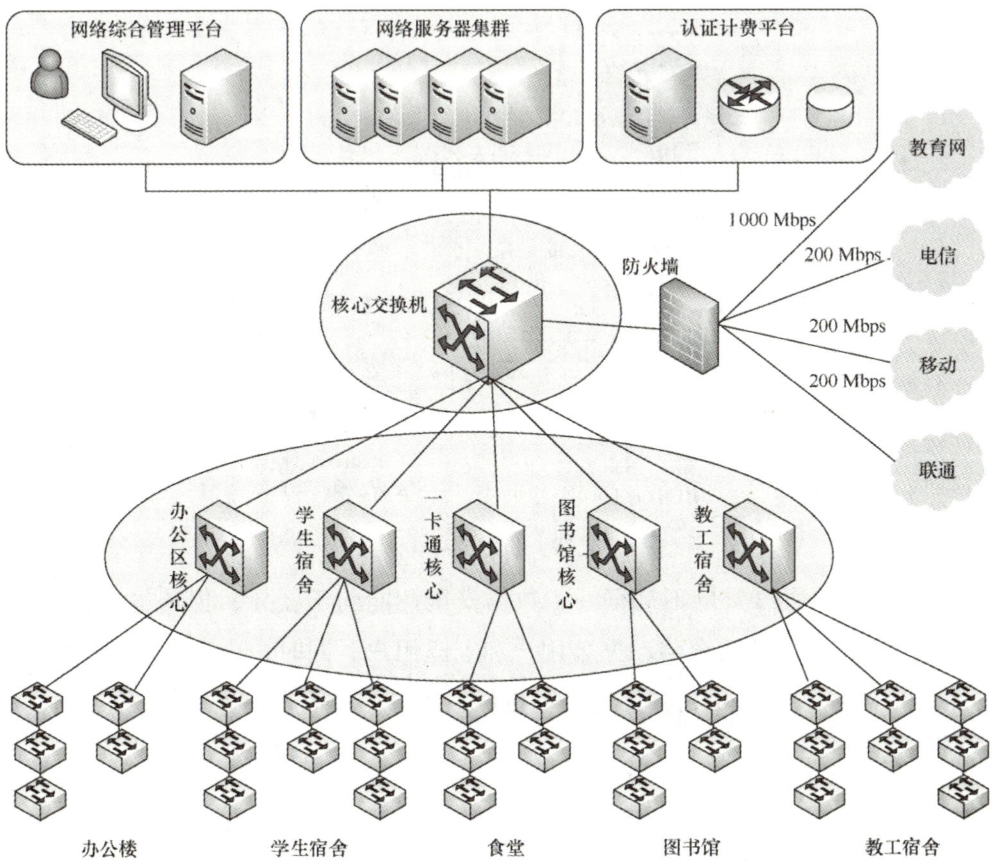

图 6-33　某大学校园网示意图

2. Wi-Fi

Wi-Fi是一种典型的无线局域网技术，由澳大利亚约翰·沙利文博士率领的团队创造。在无线网络提出之前，网络中的数据都是通过有线信号传输的，如宽带网络，由于受到网线的限制，联网设备不能随意移动，给上网用户带来诸多不便。1990年，沙利文博士在课题研究中提出：如何在一个密闭的空间里，让无线网络的信号传输像有线网络的信号传输一样快捷稳定？经过长期的研究工作，无线网络的信号传输的稳定性与快捷性得到了明显的提升，满足了设备联网需求，这也标志着Wi-Fi的问世。1996年，由澳大利亚政府出资，Wi-Fi技术正式申请了专利，这也是21世纪最伟大的发明之一，沙利文被澳洲媒体称为Wi-Fi之父。

Wi-Fi是一个基于IEEE 802.11系列标准的无线网络通信技术的品牌，由Wi-Fi联盟（Wi-Fi Alliance）持有。作为WLAN的一个标准，Wi-Fi包含于WLAN中，通过Wi-Fi技术可以将个人电脑、手持设备（如PDA、手机）等移动终端设备以无线方式互相连接。典型的Wi-Fi组成结构如图6-34所示，无线路由器（即热点）通过一条ADSL线路连接至互联网，在其电波有效覆盖范围内的终端都可以搜索到无线信号并连网。

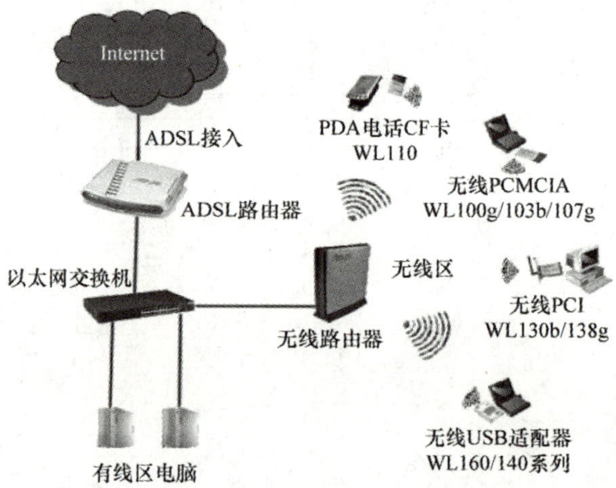

图6-34 Wi-Fi组成结构示意图

虽然Wi-Fi的通信质量不是很好，数据安全性能弱于蓝牙，但传输速度非常快，且无须布线，因此非常适合移动办公用户和家庭用户。同时，由于Wi-Fi发射信号功率低于100 MW，相比手机，其发射功率更低，所以相对而言，Wi-Fi上网也更为安全健康。

6.3　因特网技术及其应用

6.3.1　因特网概述

1. 因特网的定义

Internet译为“因特网”，也称国际互联网，是网络与网络之间所串连成的庞大网络。这些网络以一组通用的协议相连，形成逻辑上的单一巨大国际网络，它把世界各地已有的各种网络（包括计算机网、数据通信网和公用电话交换网等）互联起来，组成一个跨越国界的庞大互联网络。Internet是当今世界上最大、最通用的计算机网络，是信息社会的基础，在人类社会的各个领域起着重大的作用。

2. 因特网的起源

Internet起源于美国国防部高级研究计划局（ARPA）主持研制的阿帕网（ARPANET）。ARPANET建网的初衷是帮助美军通过计算机交换信息，同时保证网络能够经得住故障的考验，当网络的一部分因受攻击而失去作用时，网络的其他部分仍能维持正常通信。ARPANET是世界上第一个远程分组交换网，1969年12月建成时只有4个节点。1982年，美国国防通信局和高级研究计划局作出决定，将TCP/IP协议作为ARPANET通信协议。因特网在发展过程中，形成了一整套方便实用的网络接口应用程序和大量的工具软件、管理软件，并集成在操作系统中，从而使网络的互联变得非常容易。

1984年，美国国家科学基金会（National Science Foundation，NSF）开始着手筹建一个向所有大学开放的计算机网络，它利用ARPANET的TCP/IP协议建立NSFNET广域网，建成连接全美6个超级计算机中心的骨干网，将大约20个地区网连接到骨干网，并通过线路与ARPANET相连。1986年，美国国家科学基金网（NSFNET）建成并取代了ARPANET，成为Internet的主干网。此后，许多大学、研究机构等纷纷将自己的局域网接入NSFNET。20世纪90年代初，Internet已成为一个“网中网”，其中各个子网分别负责自己的布局架构和运作费用，并通过NSFNET互联起来。

Internet历史上的第二次飞跃归功于Internet的商业化。20世纪90年代以前，Internet的使用一直仅限于学术研究领域，到90年代初，商业机构很快发现了它在通信、资料检索和客户服务等方面的巨大潜力，世界各地无数企业及个人纷纷涌入Internet，带来了Internet发展史上一个新的飞跃。1995年4月30日，NSFNET正式宣布停止运作，代替它的是由美国政府指定的三家私营企业：Pacific Bell，Ameritech Advanced

Data Services and Bellcore和Sprint。至此，Internet的商业化彻底实现。

3. 因特网在中国的发展状况

1994年4月20日，中国通过一条64 k的国际专线，全功能接入国际互联网，正式开启了互联网时代。至今，互联网深刻改变着中国人的生活，成为国民经济发展的重要驱动力。目前，中国互联网是全球第一大网，网民人数最多，联网区域最广。中国互联网的发展经历了三次大浪潮，分别在1994—2000年、2001—2008年、2009年至今。

（1）第一次大浪潮

第一次互联网大浪潮，从四大门户网站到搜索引擎。20世纪90年代后期，网易、搜狐、腾讯、新浪相继成立，这四家网站几乎占领了中国整个门户网站的市场，形成了中国四大门户网站。1999年，聊天软件QQ出现，而后风靡全国。同年9月，阿里巴巴集团成立，使得中国电子商务向前迈进了一大步。2000年，百度公司成立，百度搜索引擎成为全球最大的中文搜索引擎。

（2）第二次大浪潮

第二次互联网大浪潮，从搜索引擎到社交化网络。这一阶段，博客、SNS、论坛兴起，网游市场成为中国互联网第一收入来源，电商服务业确定为国家重要新兴产业。伴随着新型盈利模式的开启，互联网迎来新一轮高速增长。2008年6月，中国网民数量达到2.53亿，首次大幅度超过美国，跃居世界首位，中国开始真正成为互联网大国。

（3）第三次大浪潮

第三次互联网大浪潮，从PC互联网到移动互联网。2009年，以人人网（校内网）、开心网、QQ等SNS平台为代表的社交网站开始活跃。2010年，团购网站兴起，团购成为城市一族新的消费和生活方式。2011年，微博、微信服务崛起，将中国互联网带入即时传播时代。2012年，移动互联网用户首次超过PC用户，中国互联网步入一个新的发展时期，互联网访问方式实现了从PC到各类App的分流，移动支付、打车软件、外卖软件、新闻客户端、直播软件等各类移动服务深刻改变着人们的交往方式和生活方式。

6.3.2 相关术语

1. IP地址

IP地址，又称为互联网协议地址，是互联网中使用的一种统一的地址格式，它为互联网上的每一个网络和每一台主机分配一个逻辑地址，以此来屏蔽物理地址的差异。IP地址可分为IPv4地址和IPv6地址两大类。

（1）IPv4地址

IPv4地址由32位二进制数组成，为便于记忆，通常采用点分十进制表示法，即把32位二进制数分成4个字节段，每字节段8位，然后将每字节段都转换为等值的十进制数，每字节段的取值范围为0～255，再用圆点分开。例如，某主机的IP地址为192.168.1.254，与之对应的二进制形式如表6-4所示。

表6-4　二进制和十进制IP地址

数制	25～32位	17～24位	9～16位	1～8位
二进制	11000000	10101000	00000001	11111110
十进制	192	168	1	254

IPv4地址通常划分为A、B、C、D、E五类，其中A类、B类和C类为常用的地址类型。我国向Internet亚太中心申请到的地址大多为C类。

①A类地址。A类地址的标志是第一位为0，其第一个字节表示网络号，后三个字节表示主机号，如图6-35所示。网络号可指派的范围为1～126，主机号可表示$2^{24}-2$个地址（减2的原因是全0和全1的主机号不用于地址分配，下同）。该类地址一般用于大型网络。

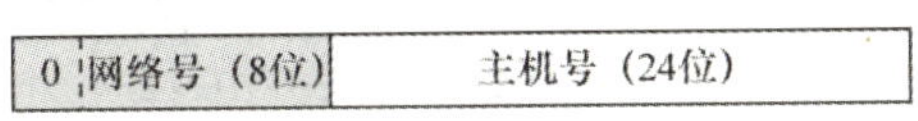

图6-35　A类地址

②B类地址。B类地址的标志是前两位为10，其前两个字节表示网络号，后两个字节表示主机号，如图6-36所示。网络号可指派的范围为128.1～191.255，主机号可表示$2^{16}-2$个地址。该类地址一般用于中等规模网络。

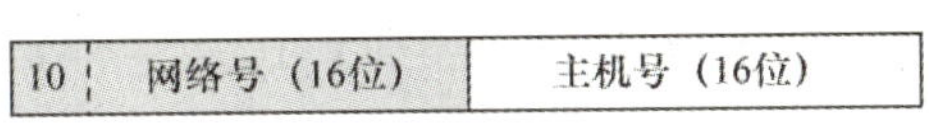

图6-36　B类地址

③C类地址。C类地址的标志是前三位为110，其前三个字节表示网络号，最后一个字节表示主机号，如图6-37所示。网络号可指派的范围为192.0.1～223.255.255，主机号可表示$2^{8}-2$个地址。该类地址一般用于小型网络。

图6-37　C类地址

④D类地址。D类地址的标志是前四位为1110，其为多播地址，如图6-38所示。该类地址并不指向特定的网络，一般用在多点广播中标识共享同一协议的一组计算机，从而实现寻址一组计算机。

1110	多播地址

图6-38　D类地址

⑤E类地址。E类地址的标志是前四位为1111，其为保留地址，如图6-39所示。

1111	保留地址

图6-39　E类地址

（2）IPv6地址

IPv6地址由128位二进制数组成，具备海量的地址空间，可用的单一地址数量达到万亿级别。IPv6地址的表示方式有三种。

第一种表示方式为首选格式，也称为IPv6地址的完全形式，由一列以冒号分开的8个16比特字段组成。每个16比特字段以文本表示为4个十六进制字符，取值范围为0x0000～0xFFFF。十六进制中的字符不区分大小写，但所有字符均需完整写出。表6-5所示为首选格式IPv6地址示例。

表6-5　首选格式IPv6地址示例

示例	IPv6地址
示例1	0000:0000:0000:0000:0000:0000:0000:0000
示例2	0000:0000:0000:0000:0000:0000:0000:0001
示例3	2001:0DA8:D813:0010:1234:ABCD:0001:EE80
示例4	fe80:0000:0000:0000:0000:0000:0000:0008
示例5	FFFF:FFFF:FFFF:FFFF:FFFF:FFFF:FFFF:FFFF

第二种表示方式为压缩格式，这种方式简化了IPv6地址的表示。当IPv6地址中存在0值时，可考虑进行地址压缩，具体压缩方式有三种。

①压缩方式1：当整个字段或者连续多个字段中的4个字符全为0时，可以通过使用双冒号“::”来替换表示，如例6-1、例6-2所示。但需要注意的是，双冒号在IPv6地址压缩格式中只能出现一次。

例6-1：

压缩前为0000:0000:0000:0000:0000:0000:0000:0000

压缩后为::

例6-2：

压缩前为0000:0000:0000:0000:0000:0000:0000:0001

压缩后为::0001

②压缩方式2：对于每个字段中存在的前导0，可以直接省略以缩短IPv6地址的

长度，但若整个字段的每个十六进制字符都为0，则至少要保留一个0，如例6-3、例6-4所示。

例6-3：

压缩前为 2001:0DA8:D813:0010:1234:ABCD:0001:EE80

压缩后为 2001:DA8:D813:10:1234:ABCD:1:EE80

例6-4：

压缩前为 0000:0000:0000:0000:0000:0000:0000:0001

压缩后为 0:0:0:0:0:0:0:1

③ 压缩方式3：结合前两种压缩方式，既将一个字段或连续几个字段中4个字符全为0的部分写成::，也将前导0省略不写，如例6-5、6-6所示。

例6-5：

压缩前为 0000:0000:0000:0000:0000:0000:0000:0001

压缩后为 ::1

例6-6：

压缩前为 fe80:0000:0000:0000:0000:0000:0000:0008

压缩后为 fe80::8

第三种表示方式为内嵌IPv4地址格式，这种方式与IPv6过渡机制有关，将IPv4地址内嵌在IPv6地址中。这种表示方式的地址由两部分组成，即前6个16比特十六进制字段和后4个8比特十进制字段（IPv4地址），如表6-6所示。

表6-6 内嵌IPv4地址格式示例

示例	内嵌IPv4地址格式
示例1	2001:da8:d813:0000:0000:0001:192.168.1.123
示例2	::192.168.1.123

IPv6地址类型也有三种：单播（Unicast）地址、组播/多播（Multicast）地址和任意播（Anycast）地址。单播地址的类型又可进一步划分为可聚合全球单播地址、链路本地地址等，其中可聚合全球单播地址等同于IPv4公网地址，提供给网络服务提供商，且允许路由前缀的聚合，从而限制了全球路由表项的数量。组播地址主要用于将数据包发送至属于同一组的所有目标节点，而任意播地址主要用于将数据包发送至同一组中任意一个节点，通常是发往同组中距离最近的一个节点。

2. 域名

在网络中运行的各类服务器至少应具备一个IP地址，但由于IP地址不便于记忆，通常在给服务器分配IP地址的时候都会指定一个或多个域名与之对应。域名由“.”

分隔成几部分，每个部分由若干个英文字母和数字等字符组成。

域名采用层次型管理，依据级别的不同，一般可划分为顶级域名、二级域名、三级域名等。其中，顶级域名又可分为国家/地区顶级域名、国际通用顶级域名和新通用顶级域名三类。国家/地区顶级域名，也称为国别域名，是按照国家的不同而分配不同的后缀，例如，“.cn”表示中国，“.us”表示美国，“.jp”表示日本。国际通用顶级域名，也称为国际域名，是供一些特定组织使用的顶级域名，例如，“.com”表示公司企业，“.net”表示网络服务，“.org”表示非营利组织。新通用顶级域名，也称为新顶级域名，是在传统域名后缀资源日趋枯竭的情况下开放注册的，例如，“.xyz”寓意通用、包罗万象，“.vip”寓意尊贵，“.top”寓意高端。

域名便于人们记忆与使用，与IP地址相似，域名也具备全局唯一性，即能在整个Internet上通用而不会重名。在访问一台计算机时，既可通过IP地址访问，也可通过域名访问。但对于采用TCP/IP协议进行网络数据通信而言，在数据真正传输之前，需要先将域名转换为IP地址，两者之间的转换可以通过域名系统（Domain Name System，DNS）进行。

3. HTTP协议和HTTPS协议

HTTP协议是超文本传输协议（Hyper Text Transfer Protocol）的缩写，是一种基于TCP/IP协议的分布式、协作式应用层协议，主要用于网站服务器向本地浏览器（客户端）传输超文本数据。HTTP协议采用了请求/响应模型，其通信过程为：①客户端与服务器建立TCP连接后，向服务器发送一个HTTP请求报文。请求报文包含请求行、请求头部、空行和请求数据四部分。②服务器接收请求后，解析请求，定位请求资源，而后向客户端返回HTTP响应报文。响应报文包含状态行、响应头部、空行和响应数据四部分。③服务器与客户端之间释放TCP连接。④客户端浏览器解析HTML文本内容并显示。

HTTP协议的主要特点：①简单快速，客户端向服务器请求服务时，只需传送请求方法和路径，且HTTP协议简单，使得HTTP服务器的程序规模小，因而通信速度很快；②灵活，HTTP协议允许传输任意类型的数据对象；③无连接，其含义为限制每次连接只处理一个请求，服务器在处理完客户端的请求，并收到客户端应答后断开连接，以节省传输时间；④无状态，HTTP协议不对请求和响应之间的通信状态进行保存。

HTTP协议也存在着一些明显的缺陷，如基于该协议的数据通信过程使用明文，传输内容可能会被窃听；对通信双方的身份不进行验证；无法验证传输报文的完整性，报文可能会被篡改。

由于HTTP协议通信存在不安全性，对于传输安全性要求高的系统，可采用HTTPS（Hyper Text Transfer Protocol Over Secure Socket Layer）协议。HTTPS是一种加密的超文本传输协议。相比HTTP协议，HTTPS协议是在TCP协议层之上增加了安全套接层（Secure Sockets Layer，SSL）或者传输安全层（Transport Layer Security，TLS），用于构造加密通道。

由于HTTPS协议对数据进行了加密处理，所以会降低用户的访问速度，也增加了网站服务器的计算资源消耗，但它在安全性方面的优势是显著的，具体表现为：①双向身份认证，客户端与服务器在传输数据之前，会通过X.509证书对双方进行身份认证；②数据传输加密，客户端与服务器在传输数据之前，会协商传输过程需要使用的加密算法，数据传输采用加密形式，确保传输数据的安全性；③防止重放攻击，在整个SSL握手中，都有一个唯一的、加密形式的随机数来标记SSL握手，可有效防止报文重放攻击，例如攻击者嗅探整个登录过程，对加密后的登录数据不解密而直接重传登录数据包。

4. 统一资源定位符

统一资源定位符（Uniform Resource Locator，URL）是一个指定Internet中目标资源位置的字符串，它既可指向本地计算机硬盘上的某个文件，也可指向Internet上的某一个网页。URL一般由访问协议、主机地址、端口号和文件路径四部分组成，其中端口号和文件路径有时也可省略，其基本格式如下：

<访问协议>://<主机地址>:[<端口号>/<文件路径>]

访问协议是指获取信息的通信协议，由主机提供的服务类型确定。常用的访问协议为http（即HTTP协议）和https（即HTTPS协议），此外还包括news、file、telnet、ftp和gopher等访问协议。主机地址是需要访问的服务所在的服务器地址，可以采用域名或IP地址两种方式来表示。端口号表示服务器中特定进程所提供的服务，每种服务都有默认的端口号。例如，WWW服务默认采用端口号80（通常省略），FTP服务默认采用端口号21，Telnet服务默认采用端口号23。文件路径是服务器上保存的资源文件所在的位置。

6.3.3 因特网应用

1. 万维网

万维网（World Wide Web，WWW），也称环球信息网，简称3W或Web，是一个大规模、联机式的信息资源储藏所，能够为Internet用户提供面向Internet服务的、一致的用户访问界面。WWW建立在客户机/服务器（C/S）模型之上，以超文本标记语言（HTML）与超文本传输协议（HTTP）为基础，将Internet中不同主机上的信息资源以超文本的形式有机地组织起来，并通过超链接实现信息资源之间的链接。在WWW中的资源由一个全域的URL标识，通过HTTP协议或HTTPS协议传送给资源使用者。用户通过使用WWW不仅可以浏览文本信息，还可以浏览图像、视频、声音等信息。

WWW的管理和标准制定由万维网联盟（W3C）负责。该组织创建于1994年10月，是一个会员组织，其宗旨在于通过促进通用协议的发展并确保其通用性，以激发Web世界的全部潜能。

WWW的一般工作流程如下：

①WWW用户确定所需访问网站（资源）的URL地址，并在客户机浏览器完成URL地址输入，如输入https://www.ahnu.edu.cn。

②客户机浏览器向域名服务器（DNS）发送请求，查找URL地址中主机名部分（即www.ahnu.edu.cn）对应的IP地址。

③DNS查询后，将查询出的IP地址发送至客户机浏览器。

④客户机浏览器根据接收的IP地址，向对应IP的服务器Web服务端口（默认80）发送建立TCP连接请求。

⑤连接建立后，客户机浏览器向服务器发送传输网页资源文件的HTTP或HTTPS请求。

⑥服务器收到请求后，将网页资源文件发送至客户机浏览器。

⑦网页资源文件全部发送完成后，服务器会主动关闭TCP连接。

⑧客户机浏览器对接收到的网页资源文件进行解析，并显示解析结果。

2. 搜索引擎

搜索引擎是随着互联网的发展而产生并发展的。互联网中存在着海量的数据信息资源，而搜索引擎旨在保证互联网用户能够快速有效地查找到所需信息，其根据一定的策略、运用特定的计算机程序从互联网上搜集信息，经过重新组织和处理后，将检索结果反馈给用户。搜索引擎依托于多种技术，如网络爬虫技术、检索排序技术、网页处理技术、大数据处理技术、自然语言处理技术等。常见的中文搜索引擎有百度、谷歌（Google）、雅虎（Yahoo）、搜狗等。在搜索引擎中可以搜索的内容包括网页、视频、音频、图片、Flash、软件等。

3. 电子邮件

电子邮件是一种利用互联网实现信息交换的通信方式，也是互联网中使用最为广泛的一类应用。电子邮件发明于20世纪70年代，可以说是互联网中的“元老级”应用，但由于当时ARPANET网络的用户很少，且网络速度很低，使得电子邮件只能发送简短的信息，因而用户很少。20世纪80年代中期，随着个人电脑的兴起，电子邮件的使用开始流行，到90年代中期，随着互联网浏览器的诞生，电子邮件被广泛使用。

用户在使用电子邮件服务时，首先需向电子邮件系统申请注册个人电子邮箱。电子邮箱种类众多，如网易邮箱、新浪邮箱、QQ邮箱等。用户可根据需要申请特定邮箱。申请方式一般为通过邮箱的登录页面注册邮箱账号。图6-40所示为注册一个网易邮箱示意图。邮箱登录页面地址一般以mail开头，并追加特定的二级域名，如网易邮箱地址为mail.163.com，新浪邮箱地址为mail.sina.com.cn，QQ邮箱地址为mail.qq.com。

图6-40　注册网易邮箱

个人电子邮箱地址的格式为：用户名@域名。其中，“用户名”一般为个人姓名的某种缩写形式，“@”符号读音为“at”，表示某用户在某服务器，“域名”即提供电子邮件服务的服务器域名，如用户Alice的网易邮箱地址为Alice@163.com。对于教育网用户而言，也可向教育机构申请一个以edu.cn结尾的教育网邮箱，用作个人身份的标识，如用户Bob是安徽师范大学的一名学生，则他可向学校申请一个地址为Bob@ahnu.edu.cn的个人电子邮箱。

完成个人电子邮箱申请后，可登录邮件系统进行电子邮件的收发，登录方式可采用Web方式或者第三方电子邮件客户端（如Outlook、Foxmail等）。Web方式登录和使用电子邮箱较为方便快捷。在浏览器的地址栏中输入邮件系统的登录地址后，输入个人电子邮箱的用户名与密码，即可登录并使用邮箱，如图6-41所示。

图6-41　Web方式登录邮箱

若使用第三方电子邮件客户端登录邮箱，在首次登录使用时，一般需要进行服务器信息的设置。图6-42所示为使用Outlook客户端首次登录电子邮箱时需设置的服务器相关信息，需要添加相应邮件系统的POP服务器地址或IMAP服务器地址以及SMTP服务器地址。

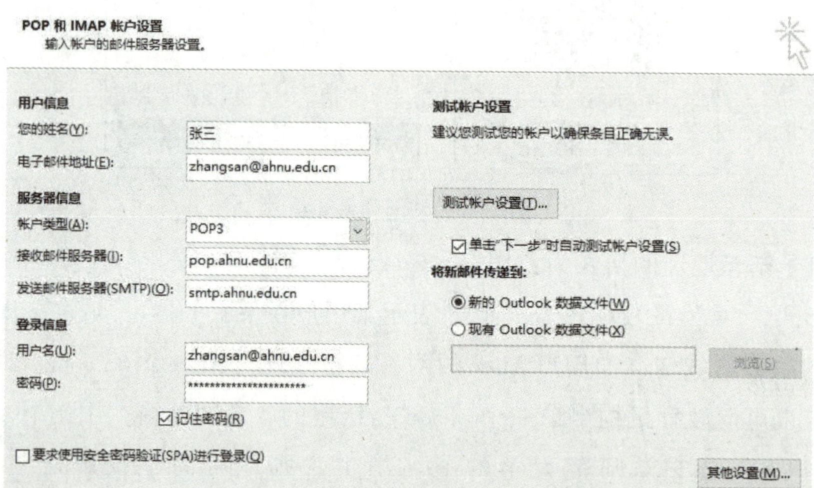

图6-42　Outlook客户端服务器信息设置

4. 文件传输

文件传输是指将文件从一个计算机系统传到另一个计算机系统，由于网络中各个计算机的文件系统往往不相同，因此，对于文件传输而言需要建立一套公用的规则，称为文件传输协议（File Transfer Protocol，FTP）。FTP是一个开放的协议，不管两台计算机的位置，不管它们是如何连接的，甚至可以不管它们是否使用同一个操作系统，都可以用FTP来传送文件。FTP传输效率非常高，一般适用于在网络中传输较大的文件。

FTP服务采用典型的客户机/服务器工作模式。提供FTP服务的计算机称为FTP服务器，用于存储文件；用户的本地计算机称为客户机。用户可以使用FTP客户机通过FTP协议访问位于FTP服务器上的资源，常用的FTP客户端有CuteFTP、LeapFTP、FlashFXP等，图6-43所示为CuteFTP界面。FTP服务器可以针对不同类型的访问用户设置不同的访问权限，如查看、上传、下载、修改、删除等。

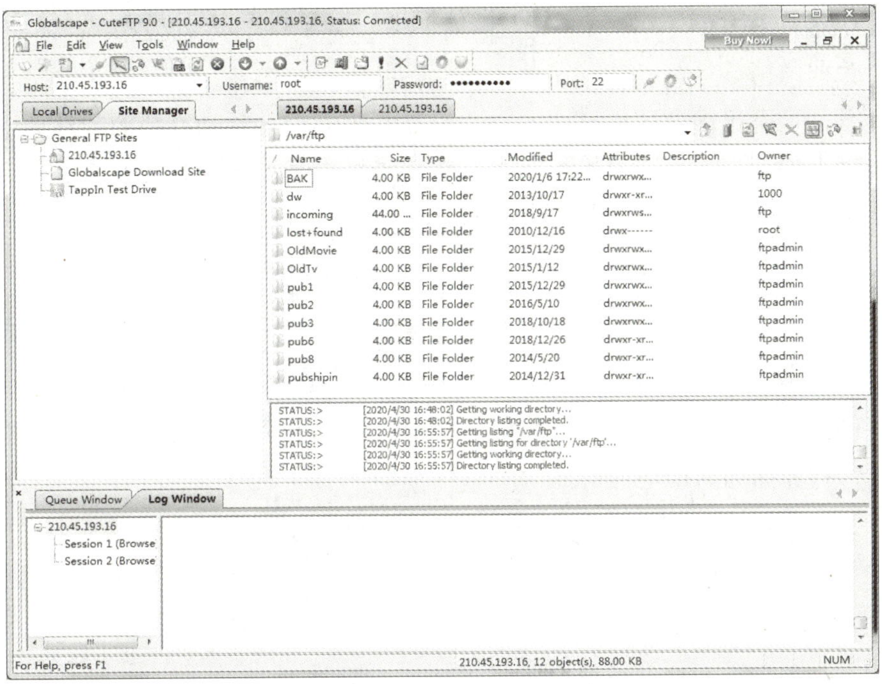

图6-43　CuteFTP界面

5. 即时通信

即时通信（Instant Messenger，IM）是一种基于互联网的即时交流消息的业务。经过多年发展，即时通信软件不再是一个单纯的聊天工具，它已经发展成集交流、资讯、娱乐、搜索、电子商务、办公协作和企业客户服务等为一体的综合化信息平台。随着移动互联网的发展，互联网即时通信也在向移动化扩张。目前，微软、腾讯、Yahoo等重要即时通信提供商都提供通过手机接入互联网即时通信的业务，用户可以通过手机与其他已经安装了相应客户端软件的手机或电脑收发消息。目前，国内具备即时通信功能的主流软件有QQ、微信、企业微信、钉钉等。

（1）QQ

QQ是1999年2月由腾讯公司自主开发的基于Internet的即时通信工具，其支持在线聊天、视频聊天、语音聊天、点对点断点续传文件、共享文件、网络硬盘、自定义面板、远程控制、QQ邮箱、传送离线文件等多种功能，并可与多种通信方式相连。QQ因其合理的设计、良好的应用、强大的功能、稳定高效的系统运行，赢得了用户的肯定。

（2）微信

微信（WeChat）是腾讯公司于2011年1月21日推出的一个为智能终端提供即时通信服务的免费应用程序，其基本功能包括聊天、添加好友、实时对讲、微信小程序等，同时还具备高速e行、微信支付、微信提现、朋友圈等多种功能。

（3）企业微信

企业微信是腾讯微信团队打造的企业内部实时通信和移动办公的工具，主要专注于企业内部的管理与服务，具备与微信一致的沟通体验，同时还具有丰富的OA应用，以及连接微信生态的能力。企业微信界面如图6-44所示。

（4）钉钉

钉钉（DingTalk）是阿里巴巴集团专为企业打造的一个免费商务沟通、协同、智能移动办公平台，其支持企业通讯录、视频会议、办公电话、DING消息必达等多种功能，帮助数千万企业降低沟通、协同、管理成本，提升办公效率，实现数字化新工作方式。钉钉界面如图6-45所示。

图6-44　企业微信界面

图6-45　钉钉界面

6.4 移动互联网技术及其应用

6.4.1 移动互联网概述

1. 定义

移动互联网就是将移动通信和互联网二者结合起来，成为一体。从技术层面定义，移动互联网是以宽带IP为技术核心，可以同时提供语音、数据、多媒体等业务服务的新一代开放式基础电信网络。从终端层面定义，移动互联网是指用户使用手机、笔记本电脑、PDA或其他移动终端，通过移动网络获取移动通信网络服务和互联网服务。

2. 主要特征

（1）便携性

移动互联网的基本载体是移动终端，相对于PC，移动终端小巧轻便、可随身携带，这一特点也使得移动终端上网相比PC上网更为方便，用户能够随时随地获取娱乐、生活、商务等相关的信息，可以随时进行支付、查找周边位置、预约服务等操作。

（2）即时性

由于移动互联网具有便携性特点，用户可以随身携带和随时使用移动终端设备上网，从而保证用户可以充分利用生活、工作中的碎片时间进行沟通交流，或者及时接收并处理互联网中各类时效性信息。

（3）定向性

移动互联网区别于传统互联网的典型应用就是基于位置的服务（Location Based Services，LBS）应用。LBS应用不仅可以实现定位相关服务（如位置签到、位置分享及基于位置的社交应用等），也可以实现运动位置的预测及相关服务（如个性化服务推荐、安全预警等）。

（4）局限性

移动互联网应用服务受网络能力和终端硬件能力的限制，在网络能力方面，受到无线网络传输环境、技术能力等因素限制；在终端硬件能力方面，受到终端大小、处理能力、电池容量等因素限制。移动互联网各个部分相互联系、相互作用并制约发展，任何一部分的滞后都会延缓移动互联网发展的步伐。

3. 未来趋势

随着移动互联网的逐步发展，其势头已然超越PC互联网，并呈现出加速发展的趋势。2019年移动互联网蓝皮书《中国移动互联网发展报告（2019）》表明，我国移动互联网的发展空间将持续增大，宽带移动通信网络、用户、业务继续保持高速增长态势，5G、人工智能、GPU、3D感知、全面屏等新技术的快速创新将推动移动互联网全产业链的变革。未来，移动互联网的发展将呈现六大趋势。

①改革开放进一步增强移动互联网活力。

②工业互联网建设将加速市场结构变化。

③5G商用落地将创造更多新机遇。

④人工智能技术与产业结合推动爆发式增长。

⑤移动互联网将进一步普惠更广泛民众。

⑥价值理念的引领作用将在移动网络空间凸显。

6.4.2 移动互联网相关技术

移动互联网相关技术总体上分成三大部分，分别是移动互联网终端技术、移动互联网通信技术和移动互联网应用技术。

1. 移动互联网终端技术

移动互联网终端是一种能够连接移动互联网并搭载应用服务的移动设备。依据需求及市场定位的不同，移动互联网终端可划分为功能型终端和智能型终端两类。功能型终端专注于完成一种或几种功能，其对系统要求相对较低，如无线POS机、无线读写器、无线传感节点等。智能型终端则搭载了开放的应用编程接口（Application Programming Interface，API），使第三方应用能够更好地与操作系统及底层硬件整合，性能表现更加出色。常见的智能型终端有笔记本电脑、平板电脑、智能手机等。

智能型终端需要有操作系统的支持，主流的操作系统包括谷歌公司的Android、苹果公司的iOS以及微软公司的Windows Phone。Android是一款基于Linux系统的移动终端操作系统，其秉承了谷歌自由、开放的风格，鼓励用户及软件开发商自由地裁剪和开发应用。Android的开放性使其赢得了广泛的市场，现已成为智能手机最大的操作平台。iOS是一款基于Unix微内核的系统，具备流畅的运行速度，同时iOS引入了iTunes应用商店模式，使用户可以自行编写或定制软件，同时也可以在应用商店将此软件推广并获取收益，因而也吸引了众多软件公司开发软件并入驻应用市场。Windows Phone基于Windows CE内核，其明确分开了本地和云端的应用，同时也明确分开了高性能应用和普通应用，并为之提供了两种不同的开发平台。

人机交互技术在移动互联网终端中也得以充分使用。人机交互技术是指通过输入/输出设备，实现人与计算机通信的技术。移动互联网终端采用的人机交互技术具体有多点触屏技术、语音识别技术和体感识别技术。多点触屏技术让机器按照人的习惯进行指令输入，输入方式目前主要为手指的点击与滑动。为手指操作而设计的屏幕界面和软件运作命令给触屏技术带来了革命性变化。语音识别技术能识别人的语言，再通过云端数据处理，使得仅通过语言表达便可以完成人机交互。体感识别技术则能够让人的身体变为机器可识别的控制器，使人体的肢体动作甚至表情都能成为机器进行相应操作的指令。

2. 移动互联网通信技术

移动互联网通信是指通信双方至少有一方处于移动状态下进行信息交换的通信方式，通常是一个有线和无线相结合的通信系统。移动通信技术是电子计算机与移动互联网发展的重要成果之一，其包括通信标准与各种协议、移动通信网络技术和无线通信技术。移动通信技术经历了第一代（1G）、第二代（2G）、第三代（3G）、第四代（4G）技术的发展，目前已经迈入第五代（5G）技术时代。

第五代移动通信技术（5G）是当前最新一代的蜂窝移动通信技术。5G的性能目标是高数据速率、减少延迟、节省能源、降低成本、提高系统容量和大规模设备连接。根据移动通信的发展规律，5G将具有超高的频谱利用率和能效，在传输速率和资源利用率等方面较4G移动通信提高一个量级或更高。就网速而言，1G网速最高为2.4 kbps，2G网速一般最高在50 kbps左右，3G网速最高可以达到2 Mbps，4G网速最高可以达到100 Mbps，而5G网速理论峰值可达数十Gbps。此外，5G在无线覆盖性能、传输时延、系统安全和用户体验等方面也将得到显著的提高。

5G凭借其出色的性能，未来将在车联网与自动驾驶、云虚拟现实与增强现实、智能制造（如无线机器人云端控制）、智慧医疗（如远程会诊、远程超声、远程手术）等诸多领域发挥重要作用，为各行各业提供全新的基础工具，使人们的生活和工作方式更加自动化、智能化。图6-46所示为基于5G技术的远程手术示意图。

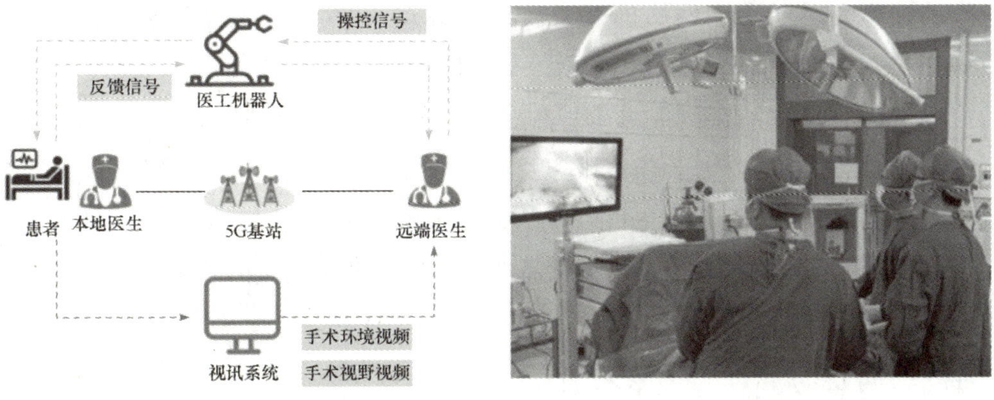

（a）远程手术方案架构　　（b）远程手术应用场景

图6-46　基于5G技术的远程手术示意图

3. 移动互联网应用技术

移动互联网应用技术包括服务器端技术、浏览器技术和移动互联网安全技术。常用的Web服务器软件包括Apache、IIS、Tomcat。Apache是目前世界排名第一、开源免费的Web服务器软件，可以安装运行在绝大多数的计算机平台上，并支持大多数语言开发的B/S结构软件。Apache的优势在于功能强大，自带了很多功能模块；配置简单，通过简单的配置可实现强大功能；处理高效，对静态页面的处理效率非常高；性能稳定，在高负荷请求下具备稳定性能表现。Apache的缺陷在于只支持静态网页，对于JSP、PHP等动态网页不支持。Tomcat是Apache下的一个核心子项目，具备独立处理业务逻辑，是目前使用量最大的免费的Java服务器，主要处理的是JSP页面和Servlet文件。互联网信息服务（Internel Information Services，IIS）是Windows产品自带的一种免费的Web服务器，安装配置简单，主要解析的是ASP程序代码，适用于小型的、利用ASP编程的项目。通常而言，Tomcat或IIS都可以和Apache整合使用。

移动互联网的主要入口是移动浏览器。移动浏览器是用于移动设备（如智能手机、PDA设备）的网页浏览器。移动浏览器软件必须很小且高效，以适应移动设备的低内存与低带宽。典型情况下，它们是简化了的网页浏览器。目前，移动浏览器可以处理更多最新的前端设计语言，如HTML5、CSS3、JavaScript及Ajax等。移动互联网安全包括终端安全、网络安全和应用安全三个方面。随着移动互联网的发展，特别是电子商务、手机支付应用的普及，移动互联网安全成为移动互联网健康发展的重要保障。

6.4.3 移动互联网应用

1. 移动搜索

移动搜索是基于移动网络的搜索技术总称，用户可以通过短消息服务（Short Meaning Service，SMS）、无线应用协议（Wireless Application Protocol，WAP）、互动式语音应答（Interactive Voice Response，IVR）等多种接入方式进行搜索，获取WAP站点及互联网的信息内容、移动增值服务及本地信息等用户需要的信息及服务。相对于传统互联网搜索，移动搜索业务可以使用各种业务相关信息，帮助用户随时随地获取个性化的、更为精确的搜索结果，并可基于这些精确和个性化的搜索结果，为用户提供进一步的增值服务。

2. 移动支付

移动支付是互联网时代的一种新型支付方式，其以移动终端为中心，通过移动终端对所购买的产品进行结算支付。移动支付的主要表现形式为手机支付。手机支付利用手机号码真实、可靠的特点，将用户的手机号码与银行卡等支付账号进行绑定，使得手机账户成为用户的“钱包”，用户可以利用手机进行票务预订、小额支付、网上购物等金融活动。手机上还可以集成RFID装置，作为移动POS机轻松完成购买电子门票、乘公交刷卡等日常操作，方便用户生活。此外，依托移动互联网，还可以利用手机、掌上电脑等设备进行在线交易和商务活动，如手机理财、手机银行、移动商城、保险理赔等。

我国移动支付被国际称作中国新时代的“四大发明”之一，近年来更是得到了普及，目前已经成为我国众多消费者日常的主要支付方式。随着我国移动支付技术的不断提升，继扫码支付普及之后，生物识别、ETC等技术与网络支付业务深度融合，催生出了更多移动支付方式，如支付宝推出的集软硬件为一体的刷脸支付产品“蜻蜓”，微信推出的可接入POS机的刷脸支付产品“青蛙”。中国支付清算协会发布的数据显示，截至2021年底，我国网络支付用户规模达9.04亿，较2020年底增加4929万，占网民整体的87.6%；移动支付客户数量为37.81亿，较上年增长7.91%。

3. 移动社区

移动社区是指通过移动设备（如手机、PDA等）进入的虚拟社区（一个供人们围绕某种兴趣或需求集中进行交流的地方）。移动社区的概念起源于社交网络（Social Network，SN），它的出现抓住了移动互联网市场扩大的浪潮，一大批PC端论坛会员逐步转向移动社区。移动社区相当于在移动互联网上构建起类似互联网社区的手机用户群，用户可以在这个群内享受到像传统互联网社区一样的业务。

相对于传统有线互联网，移动互联网的最大优势在于其普遍连接性，从而也使得用户可以随时随地访问移动社区，突破了时间和空间的限制，大大改善了信息沟通的效率。移动互联网的另一个优势是位置信息的结合。移动网络能够捕捉用户的位置信息，利用这个特性可以开发出很多区别于互联网社区功能的服务。但是，由于移动社区构建在无线网络基础上，相对于有线互联网而言，其信息更容易被截取、泄露和破坏，因此风险也更大，需要有更安全的技术加以防护。

4. 移动商务

移动商务（Mobile Business，MB）是指通过移动通信网络进行数据传输，并且利用移动终端参与各种商业经营活动的一种新电子商务模式，它是新技术条件与新市场环境下的新电子商务模式。移动商务中商务活动参与主体可以在任何时间、任何地点实时获取和采集商业信息。用户也可以通过移动通信在第一时间准确地与对象进行沟通，与商务信息数据中心进行交互，从而摆脱了固定设备和网络环境的束缚。

5. 移动视频

移动视频业务是通过移动网络和移动终端为用户提供视频内容的新型通信服务，其主要特征在于传送的内容为视频（Video）、音频（Audio）信息，而并非简单的文本、语音数据。移动终端和网络技术的不断发展，为移动视频业务的出现和推广提供了必要条件。市场需求和技术进步共同推动移动视频业务的发展，并使其成为移动运营商、设备制造商和内容提供商的关注焦点之一。目前，移动视频业务已在国际上推行。对于高质量的移动视频业务而言，其对网络带宽和终端传输速率要求很高，并需要有先进的视频压缩编码、传输交换等技术的支持。

6. 移动广告

移动广告是通过移动设备（手机、平板电脑等）访问移动应用或移动网页时显示的广告。广告形式包括图片、文字、插播广告、HTML5页面、链接、视频、重力感应广告等。相对于传统广告媒体，移动广告在精确性方面有着先天的优势。移动广告可以根据用户的实际情况和实时情境将广告直接推送到用户的手机上，真正实现“精准传播”。同时，移动广告还具备即时性，由于手机是个人的随身物品，绝大多数用户会把手机带在身边，甚至24小时不关机，所以移动广告对用户的影响是全天候的，广告信息到达也是最及时、最有效的。

6.5 物联网技术及其应用

6.5.1 物联网概述

“物联网”概念最早于1999年由美国麻省理工学院（Massachusetts Institute of Technology，MIT）Auto-ID研究中心基于对RFID与传感器的研究提出。2005年11月，国际电信联盟（International Telecommunication Union，ITU）发布了题为《ITU互联网报告2005：物联网》（*ITU Internet Reports 2005：The Internet of Things*）的报告，正式提出了物联网（Internet of Things，IoT）一词。物联网中的“物”包括（但不局限于）各种机器、家用电器、车辆、人类、动物及其栖息地和企业公司等。万物间的交互通过无数网络来实现，比如功能、形式、大小各异的计算机网络、iPad、智能手机、监控节点、传感器、电子标签以及各种应用服务器主机等设备。在物联网中，广泛部署的各种设备和物体都将安装嵌入式设备（或处理器），并按照一定的通信机制（通常是无线连接）实现接入。物联网将缩小物质世界万物与其在信息系统中的逻辑表示之间的距离。物联网倡导者们把它称作“下一代互联网络”（Next Generation Network，NGN）。

因此，物联网是一种新型的互联网应用，其中物体的任何信息凭借互联网这一基础设施都可以实现全球共享。但物联网并不是基于当今互联网的简单扩展，它是端到端的智能集合，可提供智能解决方案。物联网涉及传感、通信、组网、计算、信息处理和智能控制等多种技术。

尽管不同产业或行业从自身相关的角度提出了各自的物联网体系架构，但目前国际公认的物联网体系架构通常被分为三个层次，即感知层、网络层和应用层，如图6-47所示。感知层实现对物理世界的智能感知识别、信息采集处理和自动控制，并通过通信模块将物理实体连接到网络层和应用层。网络层主要实现信息的传递、路由和控制，包括延伸网、接入网和核心网。网络层可依托互联网，也可以依托行业专用通信网络。应用层包括应用支持子层和各种物联网应用。应用支持子层为物联网应用提供信息处理、计算等通用基础服务设施、能力及资源调用接口，以此为基础实现物联网在众多领域的各种应用。

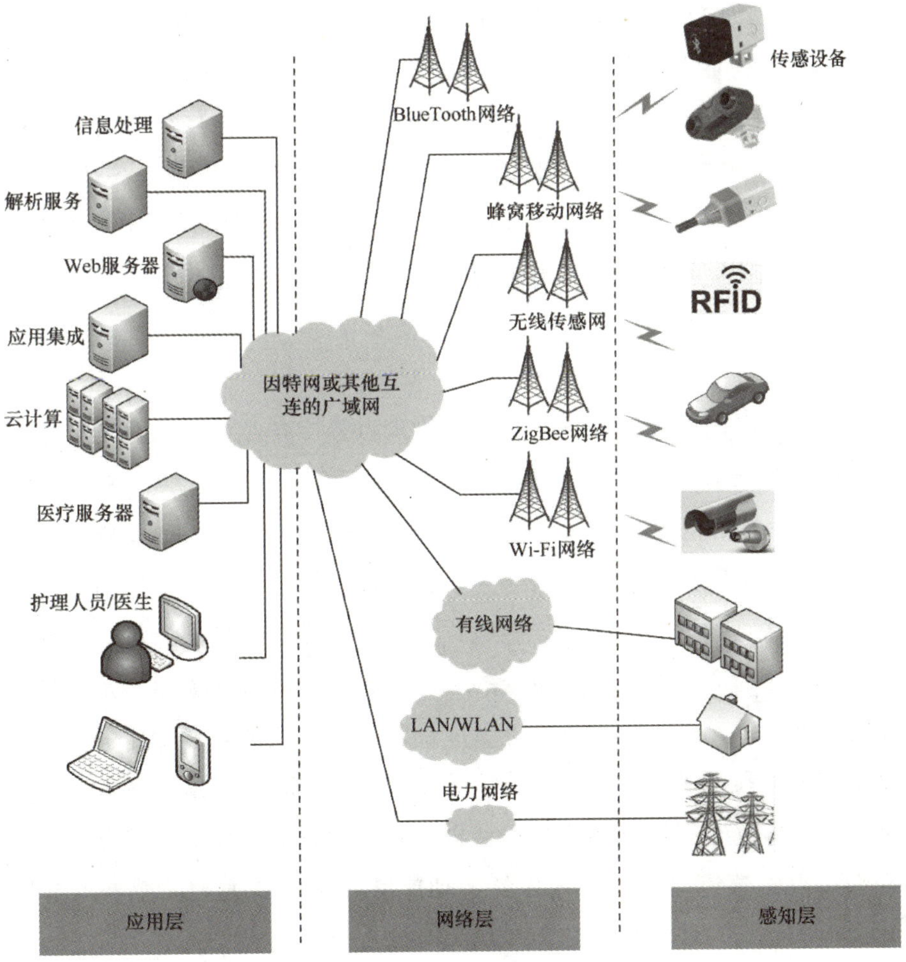

图6-47　物联网体系架构

6.5.2 物联网相关技术

物联网领域包含的技术众多，关键技术主要包括标签标识技术、传感器技术、通信技术等。

1. 标签标识技术

传统物联网领域存在多种技术可用于物体的唯一标识，如条形码（Bar Code）、电子产品代码（Electronic Product Code，EPC）、快速响应码（Quick Response Code，QR Code）、无线射频识别（RFID）标签等，这些技术可归纳为标签标识技术。

条形码是用以表达一组信息的图形标识符，由一组排列规则的条、空及其对应字符组成，广泛应用于商业、邮政、图书管理、仓库、交通运输、包装、配送等领域。EPC是与全球标准代码条形码相对应的射频技术代码。EPC由一系列数字组成，能够辨别具体对象的生产者、产品、定义、序列号等，它除了具有全球标准代码能辨别物体的功能外，还可以用EPC网络提供关于产品的附加信息。RFID技术即无线射频识别技术，也称为电子标签技术，它是利用射频信号通过空间耦合实现无接触信息传递，并通过所传递的信息达到识别目的的技术。EPC与RFID两者存在关联，RFID是EPC的载体，EPC只有存储在RFID芯片里才可以被识别。相比传统的条形码而言，QR Code能够存储更多的信息，也能表示更多的数据类型，它使用若干个与二进制项对应的几何形体来表示文字数值信息，并通过输入设备或光电扫描设备自动识别以实现信息自动处理。

2. 传感器技术

传感器作为物联网的前端触角，可用于物理世界中各类数据信息的采集，是物联网运作的基础和起点，其实时性、准确性、便捷性对整个物联网功能的有效发挥具有决定性作用。

按工作原理的不同，传感器可划分为应变式传感器、电容式传感器、电感式传感器、压电式传感器、磁电式传感器、热电式传感器、光电式传感器等。应变式传感器是基于测量物体受力变形所产生的应变的一种传感器。电容式传感器是一种以各种类型的电容器作为传感元件，将被测物理量或机械量转换成电容量变化的转换装置。电感式传感器是一种利用线圈自感或互感系数的变化来实现非电量电测的装置。压电式传感器是基于压电效应的传感器，是一种自发电式和机电转换式传感器。磁电式传感器是一种利用电磁感应原理，将输入的运动速度转换成线圈中的感应电势输出的装置。热电式传感器是一种将温度变化转换为电量变化的装置。光电式传感器是一种将光通量转换为电量的传感器，其基础是光电转换元件的光电效应。

按与人体接触方式的不同，传感器可划分为非接触式传感器、接触式传感器、介入式传感器。其中非接触式传感器与人体无任何接触便能够产生信号，而接触式传感器必须与人体接触才能产生信号。以人体温度测量为例，接触式温度传感器测温时需贴附于人体表面，并只能测量人体与传感器达到热平衡后的温度，因而其响应时间较长。而非接触式温度传感器如红外温度传感器，其测温是依据被测物体的红外辐射能量来确定物体的温度，不与被测物体接触，并且具有温度分辨率高、响应速度快、稳定性好等特点。介入式传感器也可称为植入式传感器，其可直接植入人体内，进行人体生命体征数据的采集，以获取更为精准的体征数据。当然，植入式传感器并不局限于数据采集，其对人体器官治疗与修复同样具有重要作用，如植入式仿生眼能够帮助失明患者恢复视力，植入式医疗机器人手臂可以帮助肢体残缺患者恢复行动的能力。

3. 通信技术

应用于物联网的通信技术种类多样，从传统的蓝牙、ZigBee、Z-Wave、WirelessHART，到能够承载IPv6数据包的6LoWPAN及其相关技术，物联网通信技术在不断发展。不同类型的通信技术在不用应用领域发挥着重要作用。

（1）蓝牙

蓝牙（Bluetooth）是一种支持设备短距离通信的无线电技术，能在包括移动电话、PDA、无线耳机、笔记本电脑、相关外设等众多设备之间进行无线信息交换。为进一步满足在低功耗物联网节点中的应用，2010年，蓝牙4.0标准将蓝牙标准划分为经典蓝牙（Classic Bluetooth）和低功耗蓝牙（Bluetooth Low Energy，BLE）两个标准。相比于其他通信技术，低功耗蓝牙技术具有更大的优势，是可穿戴产品的关键。基于低功耗蓝牙技术，智能手机可以充当网关设备，收集来自传感器、可穿戴设备或其他电子设备所传送的数据，而后通过4G或Wi-Fi技术将数据传送至因特网。

（2）ZigBee

ZigBee基于IEEE 805.15.4标准的无线电技术，并在此基础上增加了逻辑网络功能，以及安全和应用软件。使用ZigBee技术可以创建强大的自组、自修复的无线网状网络，ZigBee网络可以不受距离或范围的限制将传感器和控制器连接在一起。2007年，ZigBee联盟宣布了一组ZigBee协议的扩展功能集，即ZigBee PRO。ZigBee PRO协议是使用最广泛的规范，它针对低功耗进行了优化，以支持具有成千上万装置的大型网络。2009年，索尼、飞利浦、松下、三星四家消费电子公司发布了ZigBee RF4CE。ZigBee RF4CE协议定义了一个RC网络，它是一个简单、可靠、低成本的通信网络，允许消费电子设备在使用时连接无线网络。ZigBee RF4CE在复杂系统中的应用具有显著优势，能够提供低功耗操作，具有高安全性、鲁棒性和高可扩展性，同时具有高节点数量。

（3）Z-Wave

Z-Wave（Z波）是一种低功耗射频通信技术，主要用于诸如灯光控制器、传感器控制等家庭自动化领域，其工作在868/915 MHz频段，并且不受Wi-Fi和其他在2.4 GHz范围内无线技术（如ZigBee、蓝牙）的干扰。Z-Wave支持全网状网络，不需要协调器节点，可扩展性强，可以控制232个设备。Z-Wave相比其他无线技术更为简单，开发进程更快，但其芯片制造商仅有Sigma Designs一家。

（4）WirelessHART

WirelessHART是第一个开放式的可互操作无线通信标准，使用IEEE 802.15.4标准定义的2.4 GHz工业、科学和医疗无线电频段。WirelessHART主要用于满足连续流程工业应用对于可靠、稳定和安全的无线通信需求。基于WirelessHART技术的系统是一种集中控制式的网状网络。该网络中的每个设备都可以传输自己的数据，同时还可以转发来自其他设备的信息，这种关键特性提供了可靠的端到端数据通信。

（5）近场通信

近场通信（Near Field Communication，NFC）是一种用在智能手机、平板和其他设备之间的非接触式通信技术。NFC是无线射频识别技术的一个分支，是为邻近的设备之间交换信息而设计的。NFC使用电磁无线电场，而蓝牙和Wi-Fi等技术则依靠无线电传输。NFC能够实现电子设备之间简单、安全的双向交互，特别适用于智能手机，允许消费者执行非接触式支付交易、访问数字内容和连接电子设备。

6.5.3 物联网应用

物联网被称为继计算机和互联网之后的第三次信息技术革命，其应用涉及国民经济和人类社会生活的方方面面，在物流、交通、安防、能源环保、医疗、建筑、制造、家居、零售和农业等领域具有广泛的应用。

1. 智慧物流

智慧物流是指以物联网、大数据、人工智能等信息技术为支撑，在物流的运输、仓储、配送等各个环节实现系统感知、全面分析及处理等功能。当前，物联网应用于物流领域主要体现在三个方面：仓储、运输监测以及快递终端。物联网技术可以实现对货物的监测和对运输车辆的监测，包括货物的温度、湿度以及运输车辆的位置、状态、油耗、车速等。物联网技术的使用能提高运输效率，提升整个物流行业的智能化水平。

2. 智能交通

智能交通是物联网的一种重要体现形式，利用信息技术将人、车和路紧密结合起来，改善交通运输环境，保障交通安全，提高资源利用率。物联网技术具体的应用领域，包括智能公交车、共享单车、车联网、充电桩监测、智能红绿灯以及智慧停车等领域，其中，车联网是近些年来各大厂商及互联网企业争相进入的领域。

3. 智能安防

安防是物联网的一大应用市场，因为安全永远都是人们的一个基本需求。传统安防对人员的依赖性比较大，非常耗费人力，而智能安防能够通过设备实现智能判断。目前，智能安防最核心的部分在于智能安防系统，该系统对拍摄的图像进行传输与存储，并对其进行分析与处理。一个完整的智能安防系统主要包括三大部分：门禁、报警和监控。行业中主要以视频监控为主。

4. 智慧能源环保

智慧能源环保属于智慧城市的一个部分，其物联网应用主要集中在水能、电能、燃气、路灯等能源以及井盖、垃圾桶等环保装置方面。如智慧井盖监测水位及其状态，智能水表、电表实现远程抄表，智能垃圾桶自动感应等。将物联网技术应用于传统的水、电、光能设备并联网，通过监测，可提升利用效率，减少能源损耗。

5. 智能医疗

在智能医疗领域，新技术的应用必须以人为中心。物联网技术是数据获取的主要途径，能有效帮助医院实现对人和物的智能化管理。对人的智能化管理指的是通过传感器对人的生理状态（如心跳频率、体力消耗、血压高低等）进行监测，主要指医疗可穿戴设备将获取的数据记录到电子健康文件中，方便个人或医生查阅。除此之外，通过RFID技术还能对医疗设备、物品进行监控与管理，实现医疗设备、物品可视化，主要表现为数字化医院。

6. 智慧建筑

建筑是城市的基石，技术的进步促进了建筑的智能化发展，以物联网等新技术为主的智慧建筑越来越受到人们的关注。当前的智慧建筑系统主要是感知建筑内相关设备信息，将感知到的数据进行传输并实现远程监控，不仅能够节约能源，同时也能减少楼宇的运维人员。目前，智慧建筑主要体现在用电照明、消防监测、智慧电梯、楼宇监测以及运用于古建筑领域的白蚁监测等方面。

7. 智能制造

智能制造细分概念范围很广，涉及很多行业。制造领域的市场体量巨大，是物联网的一个重要应用领域，主要体现在数字化以及智能化的工厂改造上，包括工厂机械设备监控和工厂环境监控。通过在设备上加装相应的传感器，使设备厂商可以远程随时随地对设备进行监控、升级和维护等操作，更好地了解设备的使用状况，完成设备全生命周期的信息收集，指导设备设计和售后服务；而厂房环境监测主要是采集温度、湿度、烟感等信息。

8. 智能家居

智能家居指的是使用不同的方法和设备来提高人们的生活能力，使家庭变得更舒适、安全和高效。物联网应用于智能家居领域，能够对家居类产品的位置、状态、变化进行监测，分析其变化特征，同时根据人的需要，在一定的程度上进行反馈。智能家居行业发展主要分为三个阶段：单品连接、物物联动和平台集成。其发展的方向是首先连接智能家居单品，随后走向不同单品之间的联动，最后向智能家居系统平台发展。当前，智能家居类企业正处于从单品连接向物物联动过渡的阶段。

9. 智能零售

行业内将零售按照距离分为三种不同的形式：远场零售、中场零售、近场零售，三者分别以电商、商场/超市和便利店/自动售货机为代表。物联网技术可以用于近场和中场零售，且主要应用于近场零售，即无人便利店和自动（无人）售货机。智能零售通过将传统的售货机和便利店进行数字化升级、改造，打造无人零售模式。它通过数据分析，并充分运用门店内的客流和活动，为用户提供更好的服务，给商家提供更高的经营效率。

10. 智慧农业

智慧农业指的是利用物联网、人工智能、大数据等现代信息技术与农业进行深度融合，实现农业生产全过程的信息感知、精准管理和智能控制的一种全新的农业生产方式，可实现农业可视化诊断、远程控制以及灾害预警等功能。物联网应用于农业主要体现在两个方面：农业种植和畜牧养殖。农业种植方面是指通过传感器、摄像头和卫星等设备收集数据，实现农作物数字化和机械装备数字化（主要指农机车联网）发展。畜牧养殖方面指的是利用传统的耳标、可穿戴设备以及摄像头等设备收集畜禽产品的数据，通过对收集到的数据进行分析，运用算法判断畜禽产品的健康状况、喂养情况、位置信息以及发情期等，对其进行精准管理。

6.6 网络与信息安全

6.6.1 网络与信息安全概述

1. 基本概念

网络与信息安全是一门涉及计算机科学、网络技术、通信技术、密码技术、信息安全技术、应用数学、数论、信息论等多种学科的综合性学科。它主要是指网络系统的硬件、软件及系统中的数据受到保护，不因偶然的或者恶意的原因而遭到破坏、更改、泄露，系统连续可靠正常地运行，网络服务不中断。

2. 主要目标

网络与信息安全所要实现的主要目标包括机密性、完整性、可用性、可控性和不可否认性等五个方面的内容。

（1）机密性

机密性（Confidentiality）是指阻止非授权的主体访问信息，通俗而言，即让未授权的用户不能够获取敏感信息。对于纸质文档信息，我们只需要保护好文件不被非授权者接触即可，而对于计算机及网络环境中的信息，我们不仅要制止非授权者对信息的阅读，还要阻止授权者将其访问的信息传递给非授权者，以致信息被泄露。

（2）完整性

完整性（Integrity）是指防止信息被未经授权地篡改，即保护信息保持原始的状态，使信息保持真实性。如果信息被蓄意地修改、插入、删除等并形成虚假信息，将带来严重的后果。

（3）可用性

可用性（Availability）是指授权主体在需要信息时能及时得到服务。可用性是在信息安全保护阶段对信息安全提出的新要求，也是在网络化空间中必须满足的一项信息安全要求。

（4）可控性

可控性（Controlability）是指对信息和信息系统实施安全监控管理，防止非法利用信息和信息系统。

（5）不可否认性

不可否认性（Non-repudiation）是指在网络环境中，信息交换的双方不能否认其在交换过程中发送信息或接收信息的行为。

6.6.2 网络与信息安全相关技术

1. 网络与信息安全技术架构

网络与信息安全领域涉及众多的安全防控技术，参考计算机网络体系结构层次模型，可以将网络与信息安全技术架构划分为物理与硬件安全技术、网络安全技术、系统安全技术、软件与应用安全技术、数据安全技术等方面，同时包含贯穿于整个技术体系结构各个层次的基础性安全技术（即密码技术与访问控制技术）。网络与信息安全技术架构如图6-48所示。

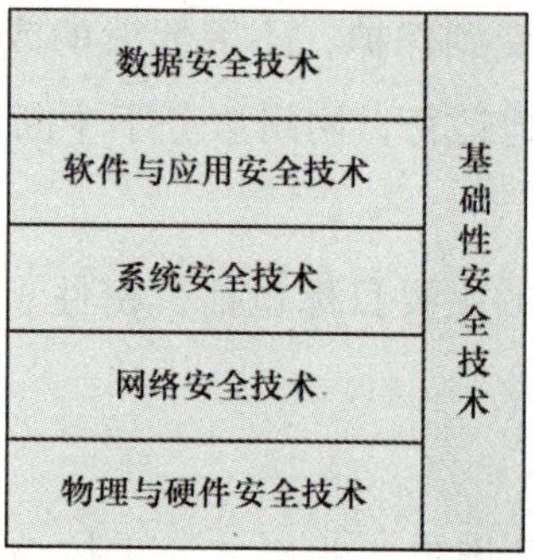

图6-48 网络与信息安全技术架构

2. 基础性安全技术

基础性安全技术是网络与信息安全技术架构的重要支撑，它并非简单地归纳到技术架构中任何一个层次，而是所有层次的安全技术都会用到、会依赖的技术。基础性安全技术主要包括密码技术和访问控制技术。

密码技术是结合数学、计算机科学、电子与通信等诸多学科于一身的交叉学科，它不仅具有保证信息机密性的信息加密功能，而且具有数字签名、身份验证、秘密分存、系统安全等功能。

访问控制技术是对信息系统中的资源（如计算机设备、网络、数据库、应用系统、数据文件等）访问权限进行限制，即依据资源所有者或管理者设置的访问策略，使得不同访问者对不同资源具有不同的访问权限，从而防止任何实体以任何形式对任何资源进行非授权的访问。

3. 物理与硬件安全技术

物理与硬件安全是运行于物理设备之上的系统安全基础，是网络与信息安全最基本的保证。物理安全是指在物理介质层次上对存储和传输的网络信息进行安全保护，即保护计算机网络设备、设施及其他媒体免遭地震、水灾、火灾等自然灾害以及人为因素的破坏。物理安全可以划分为两类：环境安全和设备安全。其中环境安全包括场地安全、防火、防水、防静电、防雷击等；设备安全包括设备的防盗、防电磁泄漏、防电磁干扰等。硬件安全是指保护硬件设施（包括固件、传感器、芯片等）免受基于硬件的攻击技术造成的破坏，使得硬件设施能够维持安全、正常运行的状态。硬件安全技术主要包括侧信道技术、硬件固件安全技术、无线传感器网络安全技术等。

4. 网络安全技术

网络安全技术是指由网络管理员制定和采用的安全规则和策略，致力于实现有效的介入控制，保证数据安全传输，监控和防止非授权的访问、误用、窃听、篡改等行为。网络安全技术包括网络攻击技术和网络防御技术两个方面。

网络攻击是指对网络系统和信息的机密性、完整性、可用性、可控性、不可否认性产生危害的网络行为。网络攻击方式多种多样，从单一方式向多方位、多手段、多方法结合化发展。网络攻击依据攻击效果不同，可划分为信息泄露攻击、完整性破坏攻击、拒绝服务攻击和非法使用攻击四种类型；依据攻击方式不同，可划分为窃取攻击、操作攻击、欺骗攻击、泛洪攻击、重定向攻击等类型。

网络防御技术是指为了确保网络系统的抗攻击能力，保证系统的机密性、完整性、可用性、可控性和不可否认性而采取的一系列安全技术，如防火墙技术、入侵检测与防御技术、网络漏洞扫描技术、网络隔离技术、拒绝服务攻击检测与防御技术等。

5. 系统安全技术

系统安全技术是指系统软件层次的安全技术，主要包括操作系统安全技术和数据库系统安全技术两个方面。操作系统是信息系统的重要组成部分。首先，操作系统位于软件系统的底层，需要为其上运行的各类应用服务提供支持；其次，操作系统是系统资源的管理者，对所有系统软、硬件资源实施统一管理；此外，作为软、硬件的接口，操作系统起到承上启下的作用，应用软件对系统资源的使用与改变都是通过操作系统来实施的。因此，操作系统的安全在整个信息系统的安全性中起到至关重要的作用，没有操作系统的安全，信息系统的安全性将犹如建在沙丘上的城堡一样没有牢固的根基。数据库系统安全技术是指为数据库系统采取的安全保护措施，用于防止系统软件和其中的数据遭到破坏、更改和泄露。

6. 软件与应用安全技术

软件与应用安全技术是指应用软件层次的安全技术，主要包括软件安全技术和应用安全技术两个方面。软件安全技术旨在保障软件能够正常运行，保护软件中的数据和资源以及软件运行时数据流、控制流等的安全。软件安全技术主要包括恶意代码分析与检测、软件缺陷与漏洞分析、软件代码安全检测等技术。应用安全技术是指以保护特定应用为目的的安全技术，如网页防篡改技术、网站防钓鱼技术、反垃圾邮件技术、电子邮件加密技术、电子支付安全技术等。

7. 数据安全技术

数据安全技术旨在保护信息系统中的数据不被破坏、篡改和泄露，使数据能够被合法的用户读取、使用，避免非法和非授权的用户访问。数据安全的主要技术手段是采用现代信息存储手段对数据进行主动防护。其中，电子认证和身份鉴别技术（包括基于用户知识、用户拥有物、生物特征的身份鉴别技术、身份鉴别协议等）提供数据访问的安全；传统的公共密钥基础设施（Public Key Infrastructure，PKI）技术提供认证、完整性保护、密钥管理、简单机密性和不可否认性等数据保护服务，为数据安全提供重要支持；数据版权保护和数据证据技术提供数据本身的安全性保护；容灾和数据备份技术为信息系统的业务持续性提供保障。

6.6.3 计算机病毒

1. 计算机病毒的定义

在《中华人民共和国计算机信息系统安全保护条例》中，计算机病毒（Computer Virus）被明确地定义为“编制或者在计算机程序中插入的破坏计算机功能或者毁坏数据，影响计算机使用，并能自我复制的一组计算机指令或者程序代码”。

任何病毒只要侵入系统，都会对系统及应用程序产生不同程度的影响，轻则会降低计算机工作效率，占用系统资源，重则会导致数据丢失、系统崩溃。计算机系统中毒后可能不会立即产生异常反应，病毒只有在满足特定条件时，才会对计算机产生致命的破坏。病毒会长期隐藏在系统中，一般情况下它们会附在计算机硬盘或者系统应用程序中。在病毒未被激活时，普通用户很难发现它们。

2. 计算机病毒的特征

计算机病毒就像生物病毒一样，具有自我繁殖、互传染性以及激活再生等特征，它们能够快速蔓延，又常常难以根除，主要特征有以下几个方面：

（1）传染性

传染性是病毒的基本特征，就像生物病毒一样，计算机病毒具有独特的复制能力。计算机病毒能够通过U盘、网络等途径入侵计算机，然后实现扩散，传染未感染的计算机，进而造成大面积的计算机瘫痪等事故。随着网络信息技术的不断发展，在短时间之内，病毒能够实现较大范围的恶意入侵。

（2）破坏性

病毒入侵计算机，往往具有极大的破坏性，能够破坏数据信息，甚至造成大面积的计算机瘫痪，对计算机用户造成较大损失。如常见的木马、蠕虫等计算机病毒，可以大范围入侵计算机，为计算机带来安全隐患。

（3）寄生性

一般情况下，计算机病毒都不是独立存在的，而是寄生于其他程序中。当计算机执行这个程序时，病毒代码就会被执行，并对宿主计算机文件进行一定的修改，使其破坏作用得以发挥。在正常程序未启动之前，用户是不易发觉病毒存在的。

（4）隐蔽性

计算机病毒具有很强的隐蔽性，它们通常附在正常的程序之中，或藏在磁盘隐秘的地方。有些病毒采用了极其高明的手段来隐藏自己，如使用透明图标、注册表内的相似字符等。而且有的病毒在入侵了计算机系统之后，计算机系统仍能正常工作，用户也不会感到有任何异常，这时普通用户无法在正常情况下发现病毒。

（5）潜伏性

大部分病毒入侵计算机系统之后一般不会马上发作，而是隐藏在系统中，就像定时炸弹一样，只有在满足特定条件时才被触发。例如，黑色星期五病毒，不到预定时间，用户不会觉察出异常。一旦遇到13日并且是星期五，该病毒就会被激活，对系统进行破坏。

3. 计算机病毒的传播途径

计算机病毒主要通过文件复制、文件传送和文件执行等方式进行传播。通常而言，可以进行数据交换的环境就可以进行病毒传播。病毒的传播途径主要包括：

①通过移动存储设备传播。U盘、光盘、软盘、移动硬盘等移动存储设备都可以是病毒传播的路径。由于这些移动设备可被人们随身携带，方便接入不同计算机设备，因此也很容易成为计算机病毒的携带者并进行病毒的传播。

②通过网络传播。病毒在网络中的传播主要可以通过网页、电子邮件、QQ等途径。特别是近年来，随着网络技术和互联网的快速发展，计算机病毒的传播速度越来越快，传播范围也越来越大。

③利用计算机系统和应用软件的漏洞传播。近年来，越来越多的计算机病毒利用计算机系统和应用软件的漏洞进行传播。例如，蠕虫病毒就是通过不停获得存在漏洞的计算机的部分或全部控制权来进行传播。

4. 计算机病毒的防范

计算机病毒长期存在于计算机网络与系统之中，且在不断发展与变异，难以从根本上进行消除，因此，用户在计算机日常使用过程中的防范至关重要。可以从以下几个方面进行计算机病毒的防范。

①安装最新的杀毒软件，及时更新杀毒软件病毒库，定期进行计算机病毒的扫描与查杀。

②及时安装计算机操作系统补丁，并将应用软件（如播放器软件、通信工具等）更新至最新版，避免病毒以网页木马的方式入侵系统，或者通过其他应用软件漏洞进行传播。

③在使用计算机的过程中，若发现电脑上存在病毒或者计算机使用异常，及时中断网络，以免病毒在网络中传播，同时要立即进行病毒扫描和杀毒处理。

④经常进行系统备份和重要数据备份，防止计算机在感染病毒后丢失数据，将损失减少至最低程度。

⑤增强信息安全意识，培养良好的上网习惯。不点击网站中的不明链接，慎重打开不明电子邮件和附件（特别是.exe和.com格式文件），通过官方网站或其他正规途径下载软件。

本章小结

本章围绕计算机网络展开，主要介绍了计算机网络相关概念、主要技术、相关应用、信息安全等内容。通信技术发展为计算机网络奠定了基础。随着计算机技术和通信技术的不断发展，计算机网络也经历了从简单到复杂、从单机到多机的发展过程。在这个过程中，计算机网络体系结构，特别是TCP/IP体系结构提供计算机网络架构的通用标准，使得不同类型的网络可以有效互连，对计算机网络的加速发展具有重要意义。

作为当今世界上最大、最通用的计算机网络，因特网是信息社会的基础，在社会、政治、文化、经济、军事等各个层面均发挥着重大的作用。随着人们对联网设备的便携性、网络信息即时性等要求的不断提升，移动互联网时代悄然开启，人们基于网络的学习、工作和生活更为便捷。物联网技术的出现，使得通信的对象变得更为广泛。物联网中不仅有人与人的通信，还包括人与物、物与物之间的通信，从而形成“感知世界”，更多智慧型的应用不断推出，极大地提升了人们的生活品质与工作效率。

在计算机网络不断发展的同时，网络与信息安全问题仍是一个无法忽视的问题。特别是网络高速发展的今天，网络安全已然成为国家安全层次的核心问题。学习网络安全知识，掌握网络安全相关技术，提高网络安全意识，对于新时代青少年而言很有必要。

习题

单项选择题

1. 下列通信介质中，不属于有线介质的是（ ）。

A. 同轴电缆 B. 红外线 C. 双绞线 D. 光纤

2. 计算机网络最突出的特征是（ ）。

A. 运算速度快 B. 存储容量大 C. 运算精度高 D. 资源共享

3. 网桥一般工作于计算机网络体系结构的（ ）

A. 物理层 B. 数据链路层 C. 网络层 D. 应用层

4. （ ）被称为继计算机和互联网之后的第三次信息技术革命。

A. 云计算 B. 区块链 C. 物联网 D. 大数据

5. 下列关于计算机病毒的说法，不正确的是（ ）。

A. 计算机病毒能够实现自身复制

B. 计算机病毒可以通过计算机网络传播

C. 计算机病毒不会损坏硬件

D. 计算机病毒会损坏计算机中的程序和数据

6. 网址字符开头的“http”表示（ ）。

A. 高级程序设计语言 B. 域名

C. 超文本传输协议 D. 网址

7. 计算机网络中可以共享的资源是（ ）。

A. 硬件和软件 B. 软件和数据

C. 外设和数据 D. 硬件、软件和数据

8. 下列不属于Internet（因特网）提供的服务的是（ ）。

A. 电子邮件 B. 文件传输

C. 远程登录 D. 实时监测控制

9. 因特网上每台计算机都有一个规定的“地址”，这个地址被称为（ ）地址。

A. TCP B. IP C. Web D. HTML

10. Internet采用的协议是（ ）。

A. TCP/IP协议 B. ISO/OSI 7层协议

C. Wi-Fi协议 D. IEEE 802协议

11. 下一代因特网 IP 的版本是（　　）。

A. IPv3　　B. IPv4　　C. IPv5　　D. IPv6

12. 在地址栏中输入 http://www.baidu.cn，其中 www.baidu.cn 是一个（　　）。

A. 域名　　B. 文件　　C. 邮箱　　D. 国家

13. 下列表示电子邮件地址的是（　　）。

A. ks@183.net　　B. 192.168.0.1　　C. www.gov.cn　　D. www.sqlmx.cn

14. 网址“www.pku.edu.cn”中，“cn”表示（　　）。

A. 英国　　B. 美国　　C. 日本　　D. 中国

15. 网上下载软件，是利用了 Internet 提供的（　　）功能。

A. 网上聊天　　B. 文件传输　　C. 电子邮件　　D. 电子商务

简答题

1. 请谈谈第五代移动通信技术（5G）的主要特点。
2. 按地域范围划分，计算机网络一般分为哪几类？各有什么特点？
3. 请谈谈因特网提供的常用服务功能。
4. 物联网体系结构一般是如何划分的？各层次功能是什么？
5. 请列举一些常用网络安全技术，并谈谈在日常使用计算机网络时应如何做好安全防范。

第7章 数据库应用基础

数据库技术应用于各种信息系统软件之中，是计算机应用的一个重要方面。本章将介绍数据库技术最基本的概念，以及常用的小型数据库管理系统Microsoft Access 2016和大型数据库管理系统SQL Server 2012，重点阐述数据库技术在信息系统中的应用方式以及关系数据库系统的使用方法。

7.1 关系数据库基础

数据库技术是研究数据的结构、存储、设计、管理以及应用等的基本理论和实现方法，实现对数据进行处理、分析和理解的技术，是一种计算机辅助管理数据的系统方法。

数据库技术是现代信息科学与技术的重要组成部分，是计算机数据处理与信息管理功能的核心。这里介绍一些关系数据库技术相关的基本概念。

7.1.1 数据库基本概念

1. 数据库

数据库（DataBase，DB），是以一定的组织方式将相关的数据组织在一起，以文件形式存放在计算机内，可为多个用户所共享，与应用程序彼此独立，统一管理的数据集合。数据存放在数据库中，可通过特定的数据库语言，对数据库进行一些基本操作，如建立、修改、查询、删除和控制等。数据库的特点如下：

① 通过一定的数据模型组织数据，从而保证有最小的冗余度。

② 各个应用程序共享数据库。

③ 数据库管理系统统一管理对数据的各种操作，如读写、查询等。

2. 数据库管理系统

数据库管理系统（DataBase Management System，DBMS），是用于管理数据的计算机系统软件，使用户能方便地定义和操纵数据，维护数据的安全性和完整性，以及进行多用户的并发控制和恢复数据库，一般具有存储、截取、安全保障、备份等功能。

DBMS的主要功能有以下几个方面：

（1）数据库定义功能

DBMS提供数据定义语言来定义数据库的结构和映象，定义数据的完整性、保密限制等约束。数据定义包括数据库模式定义和数据库存储结构与存取方法定义两方面。

（2）数据库操纵功能

DBMS提供数据操纵语言，实现对数据的操作。基本的数据操作有检索（查询）和更新（包括插入、删除、修改）两类。

（3）数据库保护功能

DBMS通过四个方面实现对数据库的保护。这四个方面是：

①数据库恢复：在数据库被破坏或数据不正确时，系统有能力把数据库恢复到正确的状态。

②数据库的并发控制：在多个用户同时对同一个数据进行操作时，系统能加以控制，防止用户获取到不一致的数据。

③ 数据完整性控制：保证数据库中数据及语义的正确性和有效性，防止任何对数据造成错误的操作。

④ 数据安全性控制：防止未经授权的用户存取数据库中的数据，以免数据泄露、更改或破坏。

（4）数据库维护功能

这一部分包括数据库数据的载入、转换、转储，数据库的改组以及性能监控等功能。用户使用DBMS提供的工具，可以维护数据库的各项指标。

3. 数据库系统

数据库系统（DataBase System，DBS），狭义上是指由数据库、数据库管理系统和用户组成的一个整体，广义上是指由计算机、硬件、操作系统、数据库管理系统以及建立起来的数据库应用程序、用户和维护人员组成的一个整体。

7.1.2 数据库系统的组成

数据库的硬件、软件、数据库本身以及开发、使用和管理数据库系统的人员共同组成了数据库系统。

1. 硬件

硬件是数据库系统的物理支撑，包括存储空间等。数据库系统需要在操作系统的支持下工作，也包含着数据库管理系统和应用程序，因此需要有足够大的内存空间。同时，由于用户的数据、系统软件和应用软件都要保存在外部存储器上，因此也需要有较大的外存容量。

2. 软件

软件可以使用户方便地定义和操纵数据，维护数据的安全性和完整性，以及进行多用户下的并发控制和恢复数据库。

软件包括系统软件和应用软件。系统软件主要包括操作系统、数据库管理系统、开发应用系统的高级语言及其编译系统、应用系统开发的工具软件等。系统软件为开发应用系统提供了良好的环境。应用软件是指在DBMS的基础上，根据实际需要开发的应用程序。

3. 数据库

数据库是指存储在计算机内的、有组织的、可共享的数据的集合，是数据库系统的核心和主体，是数据库管理系统的管理对象，是为用户提供数据的信息源。数据库一般以文件的形式存储在硬件中。

4. 人员

数据库系统的人员是指开发、使用和管理数据库系统的全部人员，主要有三种类型。

第一类为系统分析员和应用程序设计员。他们的任务是编写数据库应用程序，使用某种程序设计语言编写访问数据的程序，为第二类人员做准备。例如，使用窗口程序，显示和分析数据的结构。系统分析员负责应用系统的需求分析和规范说明，确定系统的软硬件配置、系统的功能及设计数据库概念模型。应用程序设计员根据分析的结果，设计和编写应用系统的程序模块并进行调试。

第二类为数据库管理员（DataBase Administrator，DBA），负责对数据库进行规划、设计、协调、维护及管理，并负责全面地管理和控制数据库系统，是管理数据库的工作人员。

第三类是最终用户，是数据库的直接使用者，应用某种软件，读写数据。大多数数据库系统都包含至少一种应用程序，如查询语言处理器，方便用户交互式地访问数据库中的数据。

7.1.3 关系数据模型

数据模型是指在数据库系统中表示数据之间逻辑关系的模型，用于描述数据库结构和操纵数据的方法。基本的数据模型有三种，即层次模型、网状模型和关系模型。在数据库中，数据以不同的数据模型为基础，通过一定的组织形式保存在存储介质中。目前广泛使用的数据库软件都是基于关系模型的关系数据库管理系统。

1. 关系模型

关系模型是用二维表的形式表示实体和实体间联系的数据模型。关系模型中用关系表示事物之间的联系，是同类数据的集合，具体表现形式为二维表。目前主流数据库大多是基于关系模型的数据库。

例如，有如下三组数据："Bh001，赵晓龙，男，1995-05-01，安徽合肥"，"Bh003，孙艳，女，1996-02-12，江苏南京"，"Bh006，王冬强，男，1985-05-06，中国上海"。这三组数据分别表示了三个人的编号、姓名、性别、出生日期和籍贯，是平行的结构，不存在相互控制、管理或者包含等因素，可以用一张二维表将它们联系在一起，建立一个关系，如表7-1所示。

表7-1 个人信息表

编号	姓名	性别	出生日期	籍贯
Bh001	赵晓龙	男	1995-05-01	安徽合肥
Bh003	孙艳	女	1996-02-12	江苏南京
Bh006	王冬强	男	1985-05-06	中国上海

在关系模型中，每一行表示一个事物的相关信息，称为元组；每一列表示事物的属性，属性的名字不可以相同；行和列的交叉点，是关系中最基本的数据单位，称为分量。在关系模型中，行和列的顺序是任意的。

关系模型的结构简单，通常具有以下特点：

①关系中的每一列不可以再分。

②同一个关系中不可以出现相同的属性名。

③关系中不允许出现完全相同的元组（即不允许两个元组的所有对应属性值完全相同）。

④关系中的元组顺序无关。

⑤关系中的属性顺序无关。

2. 关系模式

关系模式是对关系结构的描述，一般用下面的格式表示：

关系名(属性1,属性2,属性3,……,属性n)

关系名用于表示该关系，系统内唯一。用属性列表的形式，将关系的各个属性列举在关系名的后面。例如，表7-1所示的关系模式可以表示为：

个人信息表(编号,姓名,性别,出生日期,籍贯)

3. 实体与联系

关系模型是由实体（Entity）和联系（Relation）构成的。实体就是指现实世界中具有区别于其他事物的特征或属性并与其他实体有联系的对象，通常表现为二维表的形式。表的每一行描述实体的一个实例，表的每一列描述实体的一个特征或属性。

所谓联系，是指实体之间的关系，即实体之间的对应关系。联系可以分为以下三种：

（1）一对一联系

例如，各个高校中的每个学生都有全校唯一的一个学号，而且一个高校中的每一个学号代表一名学生，说明在该高校中无论学生姓名是否相同，学生和学号之间是一对一的关系，通过学号可以唯一识别该学生。

（2）一对多联系

例如，在高校中，可以有多名学生选择一个专业，相反，一般情况下每个学生只能选择一个专业，因此专业和学生之间是一对多的关系。

（3）多对多联系

例如，在高校中，每个学生可以同时参加几个协会（如计算机协会、无线电爱好者协会等），而且每个协会都允许多个学生参加，因此学生和协会之间是多对多的关系。

通过联系就可以用一个实体的信息来查找另一个实体的信息。关系模型把所有数据都组织到二维表中。表是由行和列组成的，行表示数据的记录，列表示记录中的域。

例如，在图7-1所示的关系数据库的概念模型中，公司部门和工作人员之间的联系是一对多联系，工作人员和公司协会之间是多对多联系，说明不限制工作人员参加协会的数量，也不限制协会的会员数量。

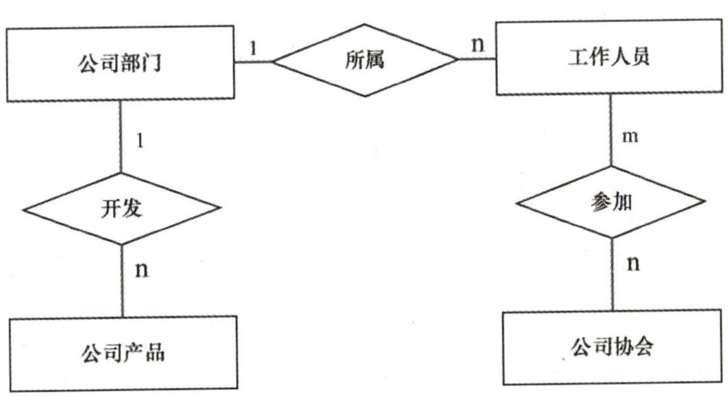

图7-1　关系数据库的概念模型

7.1.4 关系数据库

关系数据库就是一种将数据汇集到一个或者多个独特的二维表中的数据库。二维表通过相关联系字段彼此关联。关系数据库管理系统（Relational DataBase Management System，RDBMS）就是管理关系数据库的计算机软件。

1. 关键字

关键字是关系模型中的一个重要概念，属于逻辑结构，不是数据库的物理部分。

（1）候选关键字

如果一个属性集能唯一地标识二维表的任意一行而又不含多余的属性，那么这个属性集称为候选关键字。一个关系可能有多个候选关键字。例如，表 7-1 所示的个人信息关系中，“编号”“编号，姓名”“编号，籍贯”等都是该关系的候选关键字。

（2）主关键字

主关键字是被挑选出来作为表的行的唯一标识的候选关键字。一个表只有一个主关键字。主关键字又可以称为主键。例如，可以选择“编号”作为表 7-1 所示个人信息关系的主关键字。

（3）公共关键字

关系数据库通过相容或相同的属性或属性组来表示关系之间的联系。如果两个关系中具有相容或相同的属性或属性组，那么这个属性或属性组被称为这两个关系的公共关键字。

（4）外关键字

如果公共关键字在一个关系中是主关键字，那么这个公共关键字被称为另一个关系的外关键字。由此可见，外关键字表示了两个关系之间的联系。以另一个关系的外关键字作为主关键字的表被称为主表，具有此外关键字的表被称为主表的从表，外关键字又称为外键。

例如，有如下关系：

职工(职工号,姓名,性别,部门号,上司,工资,佣金)
部门(部门号,名称,地点)

其中，“部门号”可以作为“部门”关系的主关键字，“部门号”是“职工”关系的外关键字。

2. 完整性约束

关系的完整性约束包括实体完整性、参照完整性和用户自定义的完整性规则。关系模型必须满足实体完整性和参照完整性约束条件。

（1）实体完整性规则

若属性A是基本关系R的主属性，则属性A不能取空值或重复值。

例如，在课程表（课程号，课程名，教师，周课时数，备注）中，“课程号”属性为主键，则“课程号”不能取相同的值，也不能取空值。

（2）参照完整性规则

如果属性（或属性组）K是关系R1的主键，也是关系R2的外键，那么在关系R2中，K的取值只允许两种可能：空值，或者等于R1中某个主键值。

例如，有下列关系：

职工（职工号，姓名，性别，部门号，上司，工资，佣金）

部门（部门号，名称，地点）

其中，“部门”关系中“部门号”是主键，“职工”关系中“职工号”是主键，“部门号”是外键，则“职工”关系中的每个元组的“部门号”属性只能取下面两类值：

第1类：空值，表示尚未给该职工分配部门。

第2类：非空值，但该值必须是“部门”关系中某个元组的部门号值，表示该职工不可能分配到一个不存在的部门中，即被参照关系“部门”中一定存在一个元组，其主键值等于该参照关系“职工”中的外键值。

（3）用户定义的完整性规则

根据其应用环境的不同，不同的关系数据库系统往往还需要一些特殊的约束条件，这些具体的关系数据库的约束条件，就是用户定义的完整性规则。

例如，选课表（课程号，学号，成绩），在定义关系“选课表”时，我们可以对“成绩”这个属性定义必须大于等于0的约束条件。

例如，图7–1所表示的概念模型，可以实现比较完整的数据库关系模型，其中加下划线的属性可以作为该实体的主键，由下列关系组成：

公司部门(<u>部门编号</u>,部门名称,办公地点)
工作人员(<u>人员编号</u>,姓名,性别,工作日期,个人简介,个人照片)
公司产品(<u>产品编号</u>,产品名称,产地,生产日期)
公司协会(<u>协会名</u>,办公地点,创建日期)
所属(<u>部门编号</u>,<u>人员编号</u>)
开发(<u>部门编号</u>,<u>产品编号</u>)
参加(<u>人员编号</u>,<u>协会名</u>,参加日期)

7.1.5 关系的基本运算

关系代数是数据库原理和数据库应用技术的数学基础，运算对象和运算结果都是关系。常用的关系运算有传统的集合运算与专门的关系运算两类。

1. 传统的集合运算

关系数据库用二维表表示，相当于数学的集合。关系之间的某种运算类似于集合的相关运算。假设有关系R和S，如表7-2和表7-3所示。

表7-2 关系R

学号	姓名	性别	出生日期	籍贯
Bh001	赵晓龙	男	1995-05-01	安徽合肥
Bh003	孙艳	女	1996-02-12	江苏南京
Bh006	王冬强	男	1985-05-06	中国上海

表7-3 关系S

学号	姓名	性别	出生日期	籍贯
Bh004	王一帆	男	1998-05-01	安徽芜湖
Bh003	孙艳	女	1996-02-12	江苏南京

（1）并

R与S的并是由属于R或者属于S的元组组成的新关系，如表7-4所示，记作R ∪ S。运算时要求参与运算的关系R和S具有相同的属性。

表7-4 R ∪ S运算结果

学号	姓名	性别	出生日期	籍贯
Bh001	赵晓龙	男	1995-05-01	安徽合肥
Bh003	孙艳	女	1996-02-12	江苏南京
Bh006	王冬强	男	1985-05-06	中国上海
Bh004	王一帆	男	1998-05-01	安徽芜湖

（2）交

R与S的交就是既属于R又属于S的元组组成的新关系，如表7-5所示，记作R ∩ S。运算时要求参与运算的关系R和S具有相同的属性。

表7-5 R ∩ S运算结果

学号	姓名	性别	出生日期	籍贯
Bh003	孙艳	女	1996-02-12	江苏南京

（3）差

R与S的差是由属于R却不属于S的元组组成的新关系，如表7-6所示，记作R-S。运算时要求参与运算的关系R和S具有相同的属性。需注意的是，与并和交运算不同，差运算是有顺序的，R-S不等于S-R。

表7-6　R-S运算结果

学号	姓名	性别	出生日期	籍贯
Bh001	赵晓龙	男	1995-05-01	安徽合肥
Bh006	王冬强	男	1985-05-06	中国上海

（4）广义笛卡尔积

设另有关系T，如表7-7所示。

表7-7　关系T

课程号	课程名
K001	计算机基础
K002	大学英语

关系R与关系T的笛卡尔积是由R中的每一个元组和T中的每一个元组进行连接组成的新关系，如表7-8所示，记作R×T。若R中有m个元组，T中有n个元组，则R×T中有m×n个元组。

表7-8　R×T运算结果

学号	姓名	性别	出生日期	籍贯	课程号	课程名
Bh001	赵晓龙	男	1995-05-01	安徽合肥	K001	计算机基础
Bh001	赵晓龙	男	1995-05-01	安徽合肥	K002	大学英语
Bh003	孙艳	女	1996-02-12	江苏南京	K001	计算机基础
Bh003	孙艳	女	1996-02-12	江苏南京	K002	大学英语
Bh006	王冬强	男	1985-05-06	中国上海	K001	计算机基础
Bh006	王冬强	男	1985-05-06	中国上海	K002	大学英语

2. 专门的关系运算

专门的关系运算包括投影、选择和连接三种。投影是选择若干属性的运算，选择是筛选出符合条件记录的运算，连接是两个关系通过关联字段合并为一个新的关系的运算。

（1）投影

投影运算是从已知关系中选择若干属性组成新关系，即选择部分列，记作$\Pi_A(R)$，其中A为关系R中属性集合的子集。例如，从已知关系R中，检索所有姓名和籍贯信息，运算表示为$\prod_{姓名,籍贯}(R)$，运算结果如表7-9所示。

表7-9 投影运算结果

姓名	籍贯
赵晓龙	安徽合肥
孙艳	江苏南京
王冬强	中国上海

（2）选择

选择运算是从已知关系中选择满足条件的所有记录组成新关系，即选择部分行，记作$\sigma_F(R)$，其中F为选择条件。例如，从已知关系R中，检索出所有“孙艳”的信息，运算表示为$\sigma_{姓名="孙艳"}(R)$，运算结果如表7-10所示。

表7-10 选择运算结果

学号	姓名	性别	出生日期	籍贯
Bh003	孙艳	女	1996-02-12	江苏南京

（3）连接

连接运算是将两个或多个已知关系通过连接条件组成新关系，记作$(R1)\underset{F}{\bowtie}(R2)$，其中F为连接条件。设有关系P，如表7-11所示。

表7-11 关系P

学号	课程号	选课日期	成绩
Bh001	K001	2012-07-01	85
Bh003	K001	2012-07-01	80
Bh001	K002	2012-06-15	76
Bh004	K001	2012-07-02	80
Bh003	K002	2012-06-15	90
Bh006	K001	2012-07-01	75

利用表7-2所示的关系R和表7-11所示的关系P，使用连接运算，可以检索出有选课记录的学生信息。

关系R与关系P的连接运算结果如表7-12所示。由于关系R中不存在学号“Bh004”，所以连接运算结果中没有学号“Bh004”的元组。另外，由于关系P中学号“Bh001”和学号“Bh003”各有两个元组，所以连接运算的结果中分别包含学号“Bh001”和学号“Bh003”两个元组。

表7-12 连接运算结果

学号	姓名	性别	出生日期	籍贯	课程号	选课日期	成绩
Bh001	赵晓龙	男	1995-05-01	安徽合肥	K001	2012-07-01	85
Bh001	赵晓龙	男	1995-05-01	安徽合肥	K002	2012-06-15	76
Bh003	孙艳	女	1996-02-12	江苏南京	K001	2012-07-01	80
Bh003	孙艳	女	1996-02-12	江苏南京	K002	2012-06-15	90
Bh006	王冬强	男	1985-05-06	中国上海	K001	2012-07-01	75

7.1.6 关系数据库的设计方法

数据库设计是指对于一个给定的应用环境，构造最优的数据库模式，建立数据库及其应用系统，从而有效存储数据，满足用户信息要求和处理要求。数据库设计包含以下内容。

1. 需求分析阶段

通过询问、调查、研讨等方式，可获取与数据有关的数据种类、数据关系、数据操作条件等信息，获取与操作有关的数据访问控制、数据存取权限等信息，获取与数据应用有关的数据应用模式、应用框架等信息。

需求收集和分析后，得到数据字典描述的数据需求和数据流图描述的处理需求。需求分析的重点是调查、收集与分析用户在数据管理中的信息要求、处理要求、安全性与完整性要求，用于分析和设计数据库。

2. 概念结构设计阶段

通过对用户需求进行综合、归纳与抽象，可形成一个独立于具体DBMS的概念模型。概念模型是数据库设计过程中的一种数据库模型，描述数据库主要因素及其关系，不依赖于特定的DBMS支持的数据模型，可以转换为计算机上某一DBMS支持的特定数据模型。

概念模型的特点如下：

①具有较强的语义表达能力，能够方便、直接地表达应用中的各种语义知识。

②简单、清晰、易于用户理解，是用户与数据库设计人员之间进行交流的语言。

概念模型可以用实体-联系图（实体即Entity，联系即Relation，简称E-R图）表示。实体-联系图提供了表示实体类型、属性和联系的方法，用来描述现实世界的概念模型，是数据库概念结构设计阶段的主要工具。

实体表示客观存在、可以相互区别的事物，可以是具体的对象，如一名男学生、一辆汽车等，也可以是抽象的对象，如一次借书活动等。能唯一标识实体的属性或属性集的标识符称为实体标识符。例如，每一个工作人员的人员编号既必须存在又各不相同，所以一个人员编号可以唯一标识一个工作人员，则人员编号可以作为工作人员的实体标识符。

E-R图的组成部分是一些框、线，不同的组成元素代表不同的含义，可以表达概念结构设计阶段对象之间的关系，其中部分元素的含义如下：

① 矩形框表示实体，椭圆表示属性，菱形框表示联系。

② 用1∶1、1∶n、m∶n分别表示一对一、一对多、多对多三种联系类型。

③ 实体和联系都可以带有属性。

例如，图7-2表示实体“公司部门”和实体“工作人员”之间的一对多联系，表明每一个工作人员在任意时刻只能属于某一个公司部门，而一个公司部门可以拥有多个工作人员。

图7-2　概念模型E-R图示例

概念结构设计的具体步骤如下：

（1）初始化工程

这个阶段的任务是从目的描述和范围描述开始，确定建模目标，开发建模计划，组织建模队伍，收集原材料，制定约束和规范。收集原材料是这个阶段的重点，通过调查和观察结果、业务流程、原有系统的输入/输出、各种报表，收集原始数据，形成基本数据资料表。

（2）定义实体

实体集成员都有一个共同的特征和属性集，可以从收集的原材料——基本数据资料表中直接或间接标识出大部分实体。根据源材料名字表中表示物的术语以及具有“代码”结尾的术语，如客户代码、代理商代码、产品代码等，将其名词部分代表的实体标识出来，从而初步找出潜在的实体，形成初步实体表。

（3）定义联系

根据实际情况确定出连接关系的类别、关系名和说明，确定关系类型是标识关系、非标识关系（强制的或可选的）还是非确定关系、分类关系。如果子实体的每个实例都需要通过和父实体的关系来标识，则为标识关系，否则为非标识关系。非标识关系中，如果每个子实体的实例都与而且只与一个父实体关联，则为强制的，否则为非强制的。如果父实体与子实体代表的是同一现实对象，那么它们为分类关系。

(4) 定义码(键)

通过引入交叉实体除去上一阶段产生的非确定关系，然后从非交叉实体和独立实体开始标识候选码属性，以便唯一识别每个实体的实例，再从候选码中确定主码。为了确定主码和关系的有效性，通过非空规则和非多值规则来保证，即一个实体实例的一个属性不能是空值，也不能在同一个时刻有一个以上的值。

(5) 定义属性

从源数据表中抽取说明性的名词开发出属性表，确定属性的所有者。定义非主码属性，检查属性的非空规则及非多值规则。

(6) 定义其他对象和规则

定义属性的数据类型、长度、精度、非空、缺省值、约束规则等。定义触发器、存储过程、视图、角色、同义词、序列等对象信息。

3. 逻辑结构设计阶段

在逻辑结构设计阶段，将E-R图转换成具体的数据库产品支持的数据模型，如关系模型，从而形成数据库逻辑模式，然后根据用户处理的要求、安全性的考虑，在基本表的基础上再建立必要的视图(View)形成数据的外模式。设计逻辑结构应该选择最适于描述与表达相应概念结构的数据模型，然后选择最合适的DBMS。

将E-R图转换为关系模型实际上就是要将实体、实体的属性和实体之间的联系转换为关系模式。这种转换一般遵循如下原则：一个实体型转换为一个关系模式，实体的属性就是关系的属性，实体的码就是关系的码。

一般来说，一个关系内部必须符合下列条件：

①每一个值都只能被表达一次。

②每一行都应该被唯一标识(有唯一键)。

③不应该存储依赖于其他键的非键信息。

4. 数据库物理设计阶段

本阶段要为逻辑数据模型选取一个最适合应用环境的物理结构(包括存储结构和存取方法)，根据DBMS特点和处理的需要，进行物理存储安排，设计索引，形成数据库内模式。

例如，利用Access数据库设计环境，将数据库的逻辑模型反映到Access数据库中，具体表现为表、视图、查询等对象。

在数据库物理设计过程中，要注意逻辑结构的完整表达，也要注意多种数据库设计环境的差别。例如，Access数据库设计环境和SQL Server数据库设计环境要有一定的差别。

5. 数据库实施阶段

运用DBMS提供的数据语言（如SQL语言）及其宿主语言（如C语言），根据逻辑设计和物理设计的结果建立数据库，编制与调试应用程序，组织数据入库，并进行试运行。

数据库实施阶段主要包括以下工作：用数据定义语言（Data Definition Language，DDL）定义数据库结构、编制与调试应用程序、组织数据入库、数据库试运行，根据需求分析阶段获取的有关信息，运行数据库，并赋予数据库系统特定的角色，为应用软件提供服务。

6. 数据库运行和维护阶段

在数据库系统运行过程中必须不断地对其进行评价、调整与修改，包括数据库的转储和恢复，数据库的安全性、完整性控制，数据库性能的监督、分析和改进，数据库的重组织和重构造等。

数据库维护工作是数据库应用过程中的重要步骤，对于数据库系统正常运行、数据一致性等方面具有促进作用。

7.1.7 关系数据库语言SQL

结构化查询语言（Structured Query Language，SQL）是一个功能强大的数据库语言。SQL是关系数据库管理系统的标准语言，通常用于完成一些数据库的操作任务，比如在数据库中更新数据，或者从数据库中检索数据。使用SQL的常见关系数据库管理系统有Oracle、Sybase、Microsoft SQL Server、Access等。绝大多数数据库系统使用SQL，也有自己另外的专有扩展功能。标准的SQL命令，比如SELECT、INSERT、UPDATE、DELETE、CREATE和DROP，用于完成绝大多数数据库的操作。SQL的优点如下：

①非过程化语言。SQL是一个非过程化语言，因为它一次处理一个记录，对数据提供自动导航。SQL允许用户在高层的数据结构上工作，而不对单个记录进行操作，可操作记录集，所有SQL语句接收集合作为输入，返回集合作为输出。SQL的集合特性允许一条SQL语句的结果作为另一条SQL语句的输入。

②统一的语言。SQL可用于所有用户的DB活动模型，包括系统管理员、数据库管理员、应用程序员、决策支持系统人员及许多其他类型的终端用户。基本的SQL命令只需很短时间就能学会，最高级的命令在几天内便可掌握。

③所有关系数据库的公共语言。由于所有主要的关系数据库管理系统都支持SQL，所以用户可将使用SQL的技能从一个RDBMS（关系数据库管理系统）转到另一个，所

有用SQL编写的程序都是可以移植的。

下面以SQL中的查询语句为例，简述SQL查询语句的用法。

1. 简单查询

SQL查询语句的组件及说明如表7-13所示。

表7-13 SQL查询语句的组件及说明

组件	说明
SELECT	指明要检索的数据的列
FROM	指明从哪(几)个表中进行检索
WHERE	指明返回数据必须满足的标准
GROUP BY	指明返回的列数据通过哪些条件来形成组
HAVING	指明返回的集合必须满足的标准
ORDER BY	指明返回的行的排列顺序

例7.1：从表7-1所示的关系中，查询籍贯为“安徽合肥”的个人编号和姓名，查询结果按照编号升序排列。

```
SELECT 编号,姓名 FROM 个人信息表 WHERE 籍贯="安徽合肥" ORDER BY 编号 ASC
```

2. 嵌套查询

嵌套查询就是在SELECT语句中套有SELECT语句，被套在内的SELECT子句通常称为子查询。

例7.2：表7-1是个人信息表，包含个人的编号；表7-11是成绩表，包含选课学生的学号、课程号、选课日期和分数。要求查询课程分数大于等于60的个人编号和姓名。

```
SELECT 编号,姓名 FROM 个人信息表 WHERE 编号 IN(SELECT 学号 FROM 成绩表
WHERE 成绩> =60)
```

其中，子查询语句“SELECT 学号 FROM 成绩表 WHERE 成绩> =60”表示返回成绩大于等于60的所有学号。

3. 连接查询

连接是指两个表按连接条件使用连接运算合并成一张表，只要满足条件的记录会出现在运算结果中。连接运算可以分为内连接运算、左连接运算、右连接运算和全连接运算。

例7.3：根据表7-1和表7-11，检索出有选课记录的学生信息。

```
SELECT * FROM 个人信息表 LEFT JOIN 成绩表 ON 个人信息表.编号=成绩表.学号
```

7.1.8 常用的数据库管理系统

数据库管理系统有很多，根据系统所能够容纳的数据容量可以分为大型或中小型数据库管理系统，也可以分为支持网络的数据库管理系统或只支持单用户的数据库管理系统。大型数据库管理系统有甲骨文公司的Oracle、IBM公司的DB2、微软公司的SQL Server，还有赛贝斯公司的Sybase等。中小型数据库管理系统有微软公司的FoxPro、Access等。

1. Oracle数据库管理系统

Oracle公司于1979年开发出了它的第一个商用数据库管理系统，目前已成为世界第二大软件公司，多年来一直占据数据库市场的主流地位。

Oracle系统是数据库市场占有量最高、性能最好、功能最强大的数据库产品，目前最新版本为Oracle 12g。为适应Internet的发展，Oracle支持面向Internet计算环境，支持Web高级应用所需要的多媒体数据，支持数据仓库应用。

Oracle有四种版本，分别是企业版、标准版、个人版和移动版。企业版为高端应用提供高效、可靠及安全的数据管理能力，适合于大数据量的在线事务处理（On-Line Transaction Processing，OLTP）、查询密集型数据仓库以及要求苛刻的互联网应用，支持TB级的海量数据处理和成千上万个用户的并发操作；标准版为工作组应用、部门级应用及互联网/内部网应用提供高性价比、功能强大、使用方便的数据库产品，适用于从小型企业的单一服务器环境到高度分布式的分支机构环境；个人版适用于单一用户的开发和应用环境；移动版是为使用无线设备的单用户开发的，是在笔记本电脑及其他手持设备上使用的简化的数据库引擎。

Oracle公司还提供了专用的数据库应用开发环境和工具，如Oracle Developer/2000等。

2. DB2数据库管理系统

DB2是IBM公司开发的数据库管理系统，也是最早的数据库商业化产品，是基于关系模型的数据库管理系统。多年来，IBM公司的数据库研究和开发保持着技术上的全球领先地位。

迄今为止IBM的DB2已形成了一个产品家族，可运行于从小到大的各种计算机平台上，支持AIX（UNIX）、VMS、Windows、Linux等多种操作系统，尤其在大、中型机的数据库应用中，DB2占有主流地位。

由于IBM公司的特殊地位，特别是作为超级硬件制造商加上提供一揽子解决方案的软件供应商，同时又是许多国际标准的制定者和积极参与者，使得DB2产品能充分利用相应平台的硬件和操作系统的功能，在性能上达到最优。

3. Sybase数据库管理系统

Sybase数据库管理系统是赛贝斯（Sybase，System和DataBase缩写）公司的产品。Sybase公司也是一家世界级的数据库厂商，一直从事数据库技术的开发和应用，其产品在多线程服务，数据安全性、一致性和开发性以及并发数据处理等方面颇具特色，从而在相关行业得到了广泛的应用，占据了不少市场份额。

目前，Sybase数据库产品主要有两种，即Adaptive Server Enterprise（简称ASE）和Adaptive Server Anywhere（简称ASA）。前者适用于企业级的大数据量联机事务处理、决策支持系统以及企业门户应用，后者适用于部门级的中小型数据库以及移动商务和分布式应用环境。Sybase公司还提供了通用的数据库应用开发环境和工具Power Builder和Power Designer。

4. SQL Server数据库管理系统

SQL Server数据库管理系统是微软公司的数据库产品，目前比较新的版本是SQL Server 2012。SQL Server由一组数据库组件组成，这些组件在功能上互相补充，在使用方法上彼此协调，以满足用户在数据存储和管理、大型Web站点支持和企业数据分析处理上的需求。SQL Server使用简单、可用性强，特别是管理和维护比较方便，有一整套可视化的管理和维护工具，企业管理器界面几乎可以完成包括创建、修改、查询数据库等全部操作。

SQL Server只能在Windows系列操作系统上运行，不支持UNIX和Linux，且某些SQL Server企业版和标准版必须运行在Windows Server系列的操作系统上。本章后面将以SQL Server 2012为例介绍有关数据库的简单操作。

5. Access数据库管理系统

这是微软公司的小型数据库管理系统，也是Microsoft Office套件的组成部分。本章将以Access 2016为例介绍有关数据库的简单操作。

7.2 小型数据库管理系统Access

Microsoft Office Access是将图形用户界面和软件开发工具结合在一起的一个数据库管理系统，具有界面友好、易学易用、开发简单、接口灵活等特点，是典型的桌面数据库管理系统。

Access是一个数据库开发工具，汇集各种信息以供存储、查询和检索，能使用数据表视图或者自定义窗体收集信息。数据表视图提供了一种类似Excel的电子表格，可以直观描述一种或多种数据。Access提供了数据存储库，数据实际存储在数据库文件中，也可以将数据库文件置于网络文件服务器，与其他网络用户共享数据库。

7.2.1 基本对象

下面分别介绍Access数据库的几个基本对象。

1. 表

表是记录的集合，存储了所有数据信息，又称数据表。表由记录组成，表现为表格中的行。记录又可以划分为不同的字段，字段是数据库中数据的最小单位，表现为表格中的列。每个字段都保存着一条数据，指示该记录相应字段的有关情况。Access中的表有两种视图，即“数据表”视图和“设计”视图。

将数据组织到表中，可以从数据库中获得最大的灵活性，不会发生冗余。例如，存储有关雇员的信息时，每位雇员的信息只需在专门设置为保存雇员数据的表中输入一次，有关产品的数据将存储在其专用表中，有关分支机构的数据将存储在另外的表中。

表的设计视图用于设置整个表的结构和各个字段的属性，这些属性包括字段名称、数据类型、说明等。数据表视图类似于Excel电子表格。数据表的每一行就是一条存储的记录，每一列为一个字段。在行和列的交叉点处存储的是该记录相应字段的信息。

2. 查询

查询可以按索引快速查找到需要的记录，按照用户要求筛选记录，并能连接若干个表的字段组成新表。查询可以用来从数据库中检索信息，也可以用来对某些记录进行诸如更新、删除之类的操作。在单一表中，用户可以查找符合一定条件的记录。如果条件比较复杂，或者要从多个表中查找数据，必须用查询来完成。

查询有选择查询和动作查询两种基本类型。选择查询仅仅检索数据以供使用，可以在屏幕中查看查询结果、将结果打印出来或者将其复制到剪贴板中，也可以将查询结果用作窗体或报表的记录源。动作查询可以对数据执行一项任务，可用来创建新表、向现有表中添加数据、更新数据或删除数据。

3. 窗体

窗体是一个标准的Windows窗口，有很多应用。窗体提供了一种方便的浏览、输入及更改数据的方式，可以创建子窗体显示相关联的表的内容。基本的应用是作为数据输入和输出的窗口。在设计好的窗体中输入数据，可以使用户的输入更加方便。以窗体显示数据，更有助于显示出数据的层次，使用户能够一目了然。

在窗体中，可以对命令按钮进行编程来确定在窗体中显示哪些数据，打开其他窗体或报表，或者执行其他各种任务。例如，可能有一个可用于处理客户数据的称为“客户窗体”的窗体，包含一个可以打开一个订单窗体的按钮，可在该订单窗体中输入客户的新订单。

4. 报表

数据库应用系统的最终目的之一就是要输出报表。报表使用户可以按照易于阅读的格式输出数据。报表的功能是将数据库中的数据分类汇总，可以打印出来以便分析，也可以使用报表将数据输出到打印机按任意份数输出，还可以将报表在Internet或者公司的Intranet上发布。

报表可在任何时候运行，而且始终反映数据库中的当前最新数据。通常将报表的格式设置为适合打印的格式，也可以在屏幕上查看、导出到其他程序或者作为附件以电子邮件的形式发送。

5. 宏

Access数据库的上述四种对象（表、查询、窗体和报表）是各自独立的，它们不能相互调用。使用宏和模块可以使整个数据库集成为一个完整的应用程序，使用户的操作更为简单。宏相当于DOS中的批处理，是指用来自动执行的一个或多个操作的集合，其中每一个操作都会实现特定的功能。宏还可以使某些普通的任务自动完成，简化用户的工作。

宏是一种简化的编程语言，是可用于向数据库添加功能的对象。例如，可将一个宏附加到窗体上的某一命令按钮，这样每次单击该按钮时，所附加的宏就会运行。宏可以包括可执行任务的操作，如打开报表、运行查询或者关闭数据库。大多数手动执行的数据库操作都可以利用宏自动执行，因此宏是非常省时的方法。

6. 模块

模块是一组Visual Basic for Applications（VBA）程序过程。Access使用它作为程序设计语言，可以开发具有强大功能的函数和过程。与宏一样，模块是可用于向数据库中添加功能的对象。

7.2.2　数据类型

在表的设计视图中，每一个字段都有设计类型。Access允许多种数据类型，有文本、备注、数字、日期/时间、货币、自动编号、是/否、OLE对象、超级链接、查询向导等。

1. 基本数据类型

（1）文本（短文本）

这种字段允许最大255个字符，Access默认的大小是50个字符，而且系统只保存输入字段中的字符，不保存文本字段中未用位置上的空字符。可以通过设置“字段大小”属性控制可输入的最大字符长度，也可以对文本字段进行排序和索引。

（2）备注（长文本）

这种字段用来保存长度较长的文本及数字，它允许字段能够存储长达64 000个字符的内容。Access不能对备注字段进行排序或索引。在备注字段中虽然可以搜索文本，但不如在有索引的文本字段中搜索得快。

（3）数字

这种字段可以用来存储进行算术计算的数字数据，用户还可以设置“字段大小”属性定义一个特定的数字类型，任何指定为数字数据类型的字段都可以设置成“字节”“整型”“长整型”“单精度型”“双精度型”“同步复制ID”“小数”等类型。Access通常默认为“双精度型”。

（4）日期/时间

这种字段是用来存储日期、时间或日期和时间的，每个日期/时间字段需要8个字节的存储空间。

（5）货币

这种字段是数字数据类型的特殊类型，等价于具有双精度属性的数字字段类型。向货币字段输入数据时，不必键入人民币符号和表示千位分隔符的逗号，Access会自动显示人民币符号和逗号，并添加两位小数到货币字段。当小数部分多于两位时，Access会对数据进行四舍五入，精确度为小数点左侧15位数字及右侧4位数字。

（6）自动编号

这种字段较为特殊，每次向表格中添加新记录时，Access会自动插入唯一顺序或者随机编号，即在自动编号字段中指定某一数值。自动编号一旦被指定，就会永久地与记录连接。当添加某一记录时，Access不再使用已被删除的自动编号字段的数值，而是重新按规律重新赋值。如果删除了表格中含有自动编号字段的一个记录，Access并不会为表格自动编号字段重新编号。

（7）是/否

这种字段是针对某一字段中只包含两个不同的可选值而设立的字段。通过是/否数据类型的格式特性，用户可以对是/否字段进行选择。

(8) OLE对象

这种字段允许单独地链接或嵌入OLE对象。添加数据到OLE对象字段时，可以链接或嵌入Access表中的OLE对象，该对象是指在其他使用OLE协议程序创建的对象，如Word文档、Excel电子表格、图像、声音或其他二进制数据。OLE对象字段最大可为1 GB，它主要受磁盘空间限制。

(9) 超级链接

这种字段主要是用来保存超级链接的，包含作为超级链接地址的文本或以文本形式存储的字符与数字的组合。当单击一个超级链接时，Web浏览器或Access将根据超级链接地址到达指定的目标。

超级链接最多可包含三个部分：一是在字段或控件中显示的文本；二是到文件或页面的路径；三是在文件或页面中的地址。在这个字段或控件中插入超级链接地址的最简单方法就是在“插入”菜单中单击“超级链接”命令。

(10) 查询向导

这种字段为用户提供了一个建立字段内容的列表，可以在列表中选择所列内容作为添入字段的内容。

2. 字段数据类型的选择

在确定字段的数据类型时，应该考虑以下几个问题。

(1) 根据以下条件确定字段应使用的数据类型

①字段中允许哪些类型数据？例如，不能在“数字”数据类型中存储文本。

②字段值使用多少存储空间？

③准备对字段值采取哪些操作？例如，Access能汇总“数字”或“货币”类型的字段的值，而不能汇总“文本”或“OLE对象”字段。

④是否要对一个字段进行排序或者索引？

⑤是否使用一个字段在查询或报表中分组记录？

⑥准备如何对字段值进行排序？在“文本”字段中，数字作为字符串排序，而不是作为数字值。

(2) 注意选择“文本”或“备注”字段类型

Access提供“文本”和“备注”两种字段数据类型存储文本或数字。

使用“文本”数据类型存储名称、地址和任何不需计算的数字，如电话号码、部件编号或者邮政编码。“文本”字段最多能存储255个字符，但默认字段大小是50个字符。“字段大小”属性控制可以输入“文本”字段的最大字符个数。

如果需要存储超过255个字符，应使用“备注（或长文本）”数据类型。“备注”

最多可以存储65 536个字符。如果要存储带格式的文本或长文档，可以创建“OLE对象”字段代替“备注”字段。

（3）注意选择“数字”或“货币”字段类型

Access提供“数字”和“货币”两种字段数据类型存储数字值数据。

使用“数字”字段存储用于数学计算（除了涉及货币和要求高精度的计算）的数字数据，存储在“数字”字段的数字值的类型和大小可以通过设置“字段大小”属性控制。例如，Byte字段大小只能存储从0到255的数字（没有小数）且占据1个字节空间。

使用“货币”字段能避免计算中的舍入。一个“货币”字段能精确到小数点左侧15位数字和右侧4位数字。“货币”字段占据8个字节空间。

（4）确定选择递增或随机的“自动编号”字段类型

当添加记录时，“自动编号”数据类型的字段自动输入唯一的编号。记录编号生成之后，就不能删除或者更改。“自动编号”字段可以生成三种编号：每次加1的顺序编号、随机编号和同步复制ID编号。

每次加1的顺序编号是最普通的自动编号且适合作为主键。随机编号对表中每一个记录生成一个唯一的随机数。同步复制ID编号用于数据库同步复制，生成用于同步副本的唯一标识符。

7.2.3 字段属性

表设计器的下半部分都是用来设置表中字段属性的。字段属性包括字段大小、字段格式、输入掩码等，设置它们会对表中的数值产生影响。

1. 字段大小

字段大小即字段的长度，该属性用于设置存储在字段中文本的最大长度或数字的取值范围。因此，只有文本型、数字型和自动编号型字段才具有该属性。文本型字段的大小为1～255。如果文本数据长度超过255个字符，则可以将该字段设置为备注型。

数字型字段的长度则可以在字段大小列表中进行选择，其中常用的类型所表示的数据范围、小数位数及所占空间如表7-14所示。

另外，要特别注意谨慎减小字段大小，如果在修改字段类型之前字段中已经有了数据，则在减小字段大小时可能会丢失数据。对于文本型字段，将截去超出的部分；对于数字型字段，如果原来是单精度或双精度数据，在改为整数时，会自动将小数取整。

表7-14 数字型数据的不同类型

类型	数据范围	小数位数	字段长度/字节
字节	0 ~ 255	无	1
整型	-32 768 ~ 32 768	无	2
长整型	$-2^{31} \sim 2^{31}-1$	无	4
单精度型	$-3.4\times10^{38} \sim 3.4\times10^{38}$	7	4
双精度型	$-1.797\times10^{308} \sim 1.797\times10^{308}$	15	8

2. 字段格式

字段的格式属性用于确定数据在屏幕上的显示方式及打印方式，从而使表中的数据输出有一定的规范，使浏览、使用更为方便。Access系统提供了一些字段的常用格式供用户选择，如表7-15至表7-17所示。

表7-15 数字/货币型字段的格式

类型	说明
常规数字	无其他格式、照原样存储的数字，如3456.789
货币	一般货币值，如￥3,457
欧元	按欧盟格式存储的一般货币值，如€3,456.79
固定	数字数据，如3456.79
标准	带小数的数值数据，如3,456.79
百分比	百分比，如123.00%
科学计数	3.46E+03

表7-16 是/否型字段的格式

类型	说明
真/假	True或False选项
是/否	Yes或No选项
开/关	On或Off选项

表7-17 日期/时间型字段的格式

类型	说明
常规日期	是短日期和长时间设置的组合，如4/3/07 05:34:00 PM
长日期	与Windows区域设置中的“长日期”设置相同，如2020年05月12日
中日期	以dd-mm-yy格式显示日期，如20-05-12
短日期	与Windows区域设置中的“短日期”设置相同，如2020/05/12
长时间	与Windows区域设置中“时间”选项卡上的设置相同，如05:34:23 PM
中时间	以小时和分钟的形式显示时间，如05:34 PM
短时间	使用24小时制，以小时和分钟的形式显示时间，如17:34

格式设置只是改变数据输出的样式，对输入数据本身没有影响，也不影响数据的存储格式。若要让数据按输入时的格式显示，则不要设置格式属性。

文本、备注、超链接等字段没有系统预定义格式，可以自定义格式。自定义文本与备注字段的格式符号，如表7-18所示。

表7-18　文本/备注型常用格式符号

符号	说明	符号	说明
@	不足规定长度，自动在数据前补空格，右对齐	<	将所有字符转换为小写
&	不足规定长度，自动在数据后补空格，左对齐	>	将所有字符转换为大写

3. 输入掩码

输入掩码属性用于设置字段中的数据输入格式，并限制不符合规格的文字或符号输入。通过为包含始终具有特定格式的数据的字段提供输入掩码，可以帮助用户将数据正确地输入数据库，不更改数据的存储方式。这种特定的输入格式，对在日常生活中相对固定的数据形式尤其适用，如电话号码、日期、邮政编码等。

设置输入掩码的方法是，在“输入掩码”编辑框中直接输入格式符。可以使用的格式符及其代表的含义，如表7-19所示。

表7-19　输入掩码属性中使用的格式符

符号	说明
0	必须输入数字(0~9)，不允许使用加号和减号
9	可以选择输入数字(0~9)或空格，不允许使用加号和减号
#	可以选择输入数字(0~9)或空格，允许使用加号和减号
L	必须输入字母(A~Z，a~z)
?	可以选择输入字母或数字
A	必须输入字母或数字
a	可以选择输入字母或数字
&	必须输入任意一个字符或一个空格
C	可以选择输入任意一个字符或一个空格
.，:;-/	小数点占位符及千位、日期与时间的分隔符
<	其后的所有字符都以小写字母显示
>	其后的所有字符都以大写字母显示
!	使输入掩码从左到右显示
\	逐字显示紧随其后的字符

4. 标题

在默认情况下，标题是指在窗体、报表和查询中为此字段显示的标签文本。如果此属性为空，则使用字段名称。允许使用任何文本字符串，简短的标题通常较为有效。

5. 默认值

当表中有多条记录的某个字段值相同时，可以将相同的值设置为该字段的默认值，这样每产生一条新记录，这个默认值就自动加到该字段中，避免重复输入同一数据。用户可以直接使用这个默认值，也可以输入新的值。

例如，账户余额的默认值为零，图书借阅次数的默认值为零，个人爱好的默认值为无，等等。

6. 有效性规则与有效性文本

有效性规则是一个与字段或记录相关的表达式，通过对用户输入的值加以限制，提供数据有效性检查。建立有效性规则时，必须创建一个有效的Access表达式。该表达式是一个逻辑表达式，每当向此字段添加值或更改字段中的值时，该表达式必须为True，以此来控制输入数据表记录中的数据。

常用的有效性规则是字段级有效性规则。该规则是对一个字段的约束。它将所输入的值与所定义的规则表达式进行比较，若输入的值不满足规则要求，则拒绝该值。

有效性文本是一个提示信息，当输入的数据不在设置的范围内，系统就会出现提示信息，提示输入的数据有错，这个提示信息可以是系统自动加上的，也可以由用户设置。

例如，性别字段的有效性规则是“性别='男' OR 性别='女'”。

7. 其他属性

除了上面介绍的常用属性外，在设计视图窗口的属性区还有下面一些属性。

①小数位数：该属性影响数据的显示方式，但对计算时的精度没有影响。

②标题：该属性可以指定字段名的显示名称，即在表、查询或报表等对象中显示的标题文字。如果没有为字段设置标题，则显示相应的字段名称。

③必填字段：该属性中只有“是”和“否”两个选项。某个字段若设置该属性为“是”，则在输入该字段时，该字段的内容不允许为空。

④输入法模式：该属性主要用于文本型字段，单击“输入法模式”属性的下拉箭头，可以打开下拉列表框，框中有“随意”“输入法开启”“输入法关闭”三个选项。如果选定“输入法开启”，则在输入记录时，输入到该字段会自动切换输入法。

7.2.4 创建数据库和表

下面以Access 2016为例，简单阐述数据库和表的创建过程。

1. 在Access 2016中创建数据库

在Access 2016中，“表”“查询”“窗体”“报表”“宏”“模块”这六个对象构成了数据库系统。数据库就是存放各个对象的容器，执行数据仓库的功能。因此，在创建数据库系统之前，最先做的就是创建一个数据库。

①先建立一个空数据库，然后根据需要向空数据库中添加表、查询、窗体、宏等对象，创建更加符合实际需要的数据库系统。

②启动Access 2016程序，进入Backstage视图后，单击左侧导航窗格中的“新建”命令，接着在中间窗格中单击“空白桌面数据库”选项，如图7-3所示。

③根据自己的需要在右侧窗格中的“文件名”文本框中输入文件的名称，单击“创建”按钮，这时一个空白数据库就建成了，并且还会自动创建一个数据表。

如果要改变新建数据库文件的位置，可以在第一步后，单击“文件名”文本框右侧的文件夹图标，在弹出的“文件新建数据库”对话框中选择文件的存放位置，接着在“文件名”文本框中输入文件名称，再单击“确定”按钮就可以了。

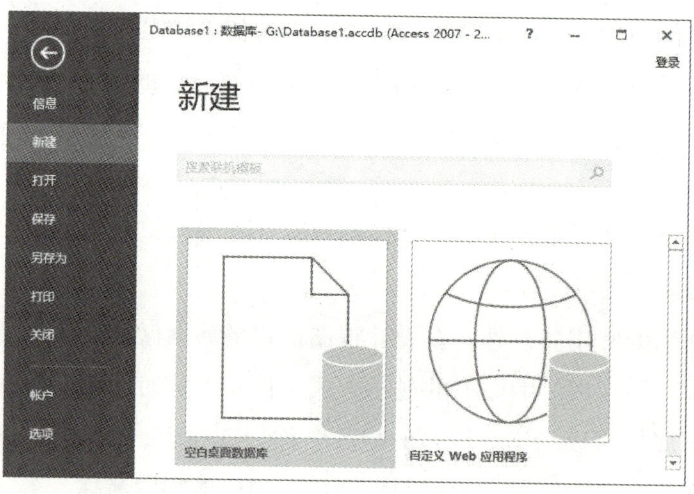

图7-3 新建数据库

2. 在Access 2016中创建数据表

在Access 2016中创建表的方法分为创建新数据库和在现有的数据库中创建表两种情况。在创建新数据库时，会自动创建一个新表。在现有的数据库中创建数据表时，要选择“创建”选项卡，能够看到“表”组中列出了可以用来创建数据表的下列方法：

方法一：直接插入一个空表。

方法二：使用设计视图创建表。

方法三：从其他数据源（如Excel工作簿、Word文档、文本文件或者其他数据库等多种类型的文件）导入或链接到表。

方法四：通过“SharePoint列表”，在SharePoint网站建立一个列表，再在本地建立一个新表，然后将其链接到SharePoint列表中。

我们可以根据自己的实际情况选择适当的方法来建立符合要求的Access 2016数据表，进而实现数据库的其他功能。

3. 使用设计视图创建数据表

使用设计视图创建数据表的方法如下：

要自由创建数据表，需要在Access 2016的设计视图中创建表。这时候创建的还只是表的结构，没有任何数据。想要输入各种数据记录，就要在数据表视图中完成。使用表的设计视图来创建表主要是设置表的各种字段的属性，完成表的创建和修改。

例如，在已经建立的数据库“数据库示例”中创建一个“学生信息表”，再进行下面的操作：

①启动Access 2016，打开数据库。

②选择“创建”选项卡，单击“表格”组中的“表设计”按钮，进入表的设计视图。

③在“单击以添加”栏中输入字段的名称“学号”。

④在“数据类型”下拉列表框中选择该字段的数据类型“数字”选项。

⑤“说明”栏中的输入为选择性的，可以输入也可以不输入，如图7-4所示。

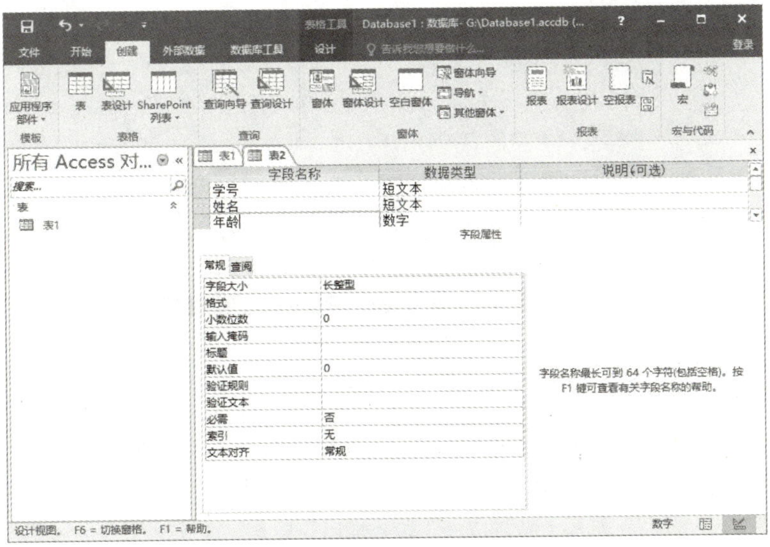

图7-4 创建数据表(设计视图)

用同样的方法，输入其他字段的名称，如入校时间、个人照片、地址、电子邮件等，并设置相应的数据类型。单击“保存”按钮，会弹出“另存为”对话框，接着就要在“表名称”文本框中输入“学生信息表”，再单击“确定”按钮。在弹出“尚未定义主键”的提示框中选择“否”按钮，暂时不设定主键。单击屏幕左上方的“视图”按钮，切换到数据表视图，如图7-5所示。

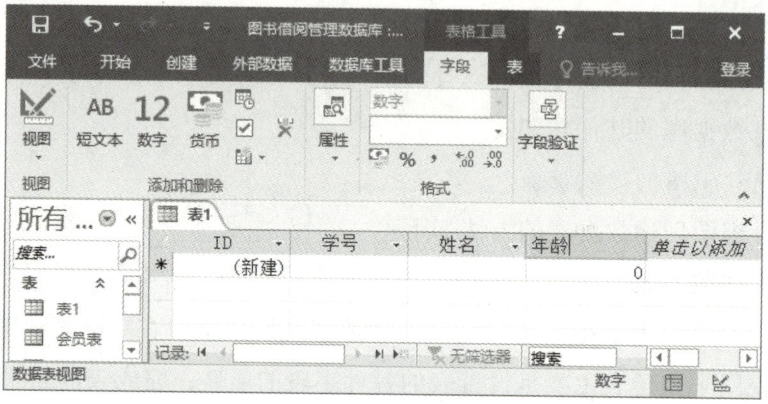

图7-5　创建数据表(数据表视图)

4. 使用“输入掩码向导”向表字段添加输入掩码

可以对设置为文本、数字、货币和日期/时间数据类型的字段使用输入掩码。

①在导航窗格中右击表，然后单击快捷菜单上的“设计视图”。单击要添加输入掩码的字段。

②在“字段属性”下的“常规”选项卡上单击“输入掩码”属性框。单击“生成”按钮，启动“输入掩码向导”，如图7-6所示。

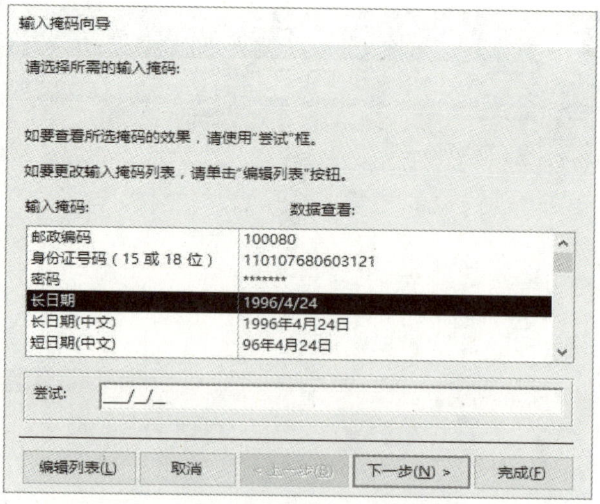

图7-6　输入掩码向导

③在“输入掩码”列表中，选择要添加的掩码类型。单击“尝试”后方的文本

框，输入数据以测试掩码如何显示。若要保留输入掩码而不做任何更改，则单击“下一步”按钮。

④选择希望如何存储数据的选项，单击“完成”按钮，保存更改。

5. 确定Access 2016中字段的数据类型

确定Access 2016中字段的数据类型时，要注意下面几点：

①存储在表格中的数据内容。如果设置为“数字”类型，则不能输入文本。

②存储内容的大小。如果要存储的是一篇文章的正文，那么设置成“文本”类型显然是不合适的，因为它只能存储255个字符，约120个汉字。正确的方法是设置为“备注”类型。

③存储内容的用途。如果存储的数据要进行统计计算，那就必须设置为“数字”或“货币”类型。

④如要存储图像、图表等，就要用到“OLE对象”或“附件”。

可见，Access 2016中各种数据类型的存储特性有所不同，在设定字段的数据类型时要根据数据类型的特性来设定。比如，一个产品表中的“单价”字段应该设置为“货币”类型；“销售数量”字段应设置成“数字”类型；“产品名”最好设置为“文本”类型；“产品说明”则最好设置为“备注”类型。

6. 在Access 2016中创建多表查询

在Access 2016中，可以基于班级表、学生表和入学表创建多表查询。在这个Access 2016查询中可以利用三个表中的数据项进行查询对比，从而清楚地查看每个学生的入学情况，如图7-7所示。

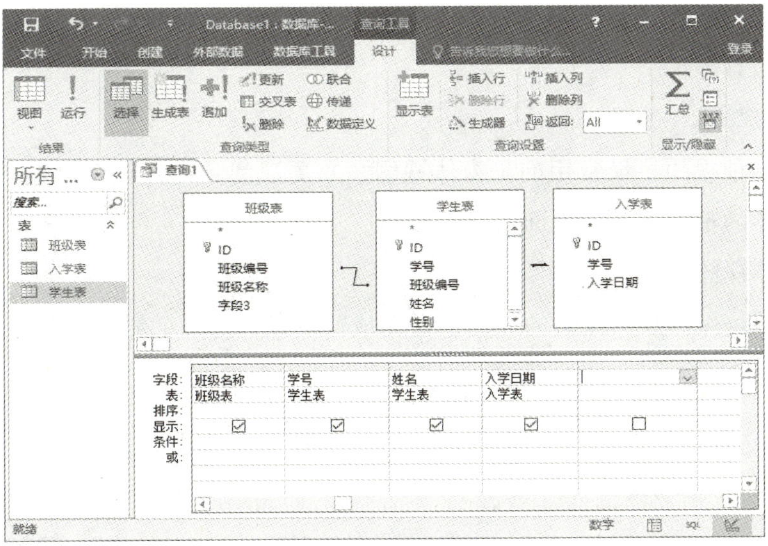

图7-7 创建多表查询

①选择Access 2016中的“创建”选项卡，在“其他”功能区中单击“查询设计”按钮，弹出“显示表”对话框，选择要查询的表，单击“添加”按钮。

②在查询设计视图中选择需要查询的字段。在Access 2016“设计”选项卡中的“结果”功能区单击“运行”按钮。

③在查询数据视图中可以查看查询结果。选择ID字段，单击字段名称旁的下拉按钮，在弹出的快捷菜单中选择“升序”命令。

④单击快速访问工具栏中的“保存”按钮，弹出“另存为”对话框，在“查询名称”文本框中输入查询名称，单击“确定”按钮保存。

经过上面四步，就可以在Access 2016中创建多表查询，以方便学生管理工作的查询操作。

7.2.5 创建窗体

Access 2016的窗体既是管理数据库的窗口，又是用户和数据库之间的桥梁。通过窗体可以方便地输入、编辑、查询、排序、筛选和显示数据。

1. 窗体的类型

Access 2016的窗体按照功能可以分为下列四种类型。

①控制窗体：主要用来操作和控制程序的运行，通过命令按钮来执行用户的请求，通过选项按钮、列表框等控件接收并执行用户的请求。

②数据操作窗体：用来对表和查询进行显示、浏览、输入、修改等。

③信息显示窗体：用来显示信息，可以以数值或者图表的形式显示信息。

④交互信息窗体：主要用于自定义各种信息窗口，包括警告、提示信息或者要求用户回答的信息等。

2. 窗体的视图

窗体有多种视图，最常用的是窗体视图、布局视图和设计视图。在不同的视图中可以完成窗体的不同任务。下面做简单介绍。

（1）窗体视图

窗体视图是操作数据库时的视图，是完成窗体设计之后的结果，如图7-8所示。

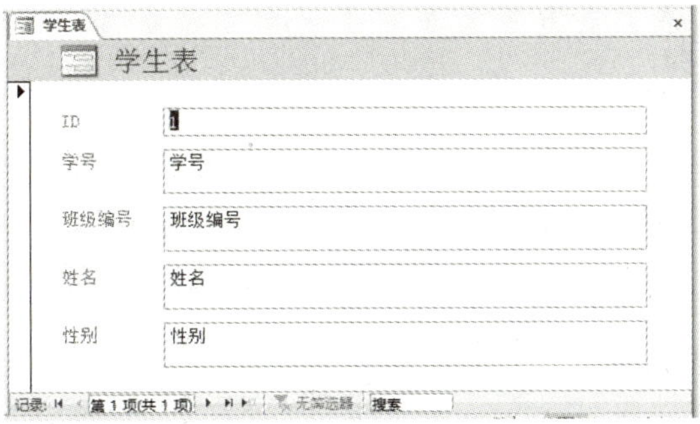

图7-8　窗体视图

（2）布局视图

布局视图显示窗体的布局，用于调整和修改窗体设计。可以根据实际数据调整列宽、在窗体上放置新的字段，还可以设置窗体及其控件的属性、调整控件的位置和宽度等，如图7-9所示。

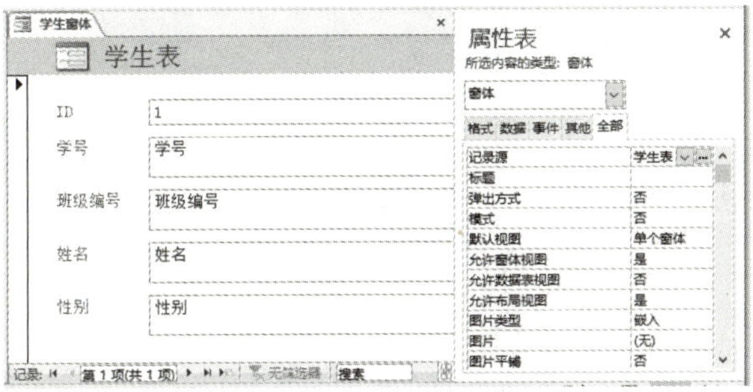

图7-9　布局视图

（3）设计视图

设计视图是Access数据库对象都具有的一种视图，不仅可以创建窗体，还可以编辑修改窗体。设计视图由五部分组成，分别是窗体页眉、页面页眉、主体、页面页脚和窗体页脚，如图7-10所示。

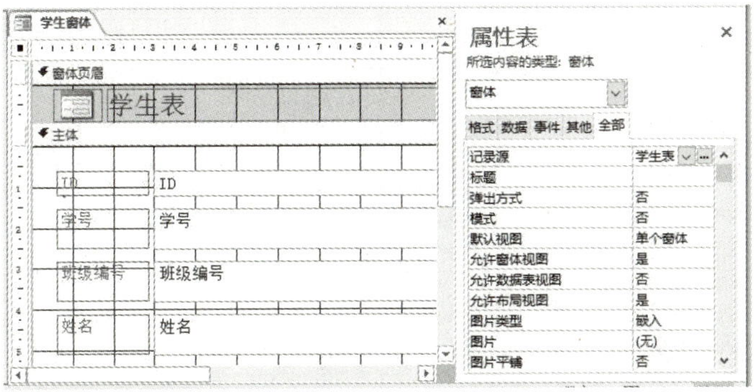

图7-10　设计视图

7.2.6 应用案例

下面以“图书借阅管理数据库”为例，简单介绍如何应用Access 2016创建图书信息数据库。图书借阅管理系统主要为了实现对图书馆工作的信息化管理，实现对图书基本信息、会员基本信息及借阅信息的登记、保存、统计和查询等，同时实现对图书的数据化管理。所有图书信息和会员信息都保存在图书信息数据库中。

1. 数据库数据结构分析

通过对图书借阅管理的内容和数据分析，决定使用Access 2016创建数据库，设计数据库名为“图书借阅管理数据库.accdb”，主要包含五张数据表，即“会员表”“会员级别表”“图书表”“图书类别表”“图书借阅表”。这五张表之间存在着一定的关系，如图7-11所示。

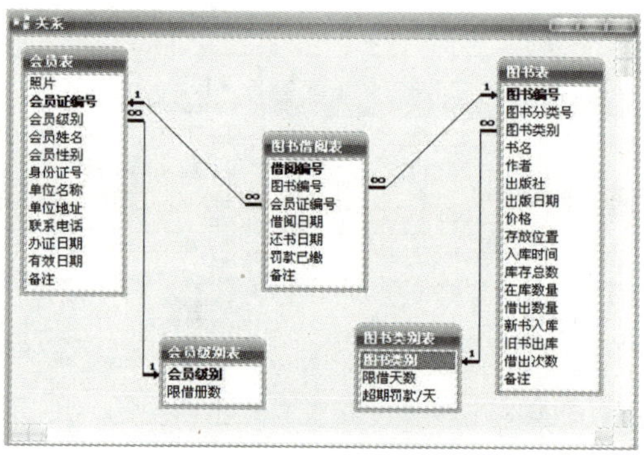

图7-11 图书借阅管理数据库中各表间关系图

2. 数据库逻辑结构设计

“图书借阅管理数据库”各数据表的结构设计如表7-20至表7-24所示。

表7-20 会员表结构

字段名	数据类型	字段大小	格式	主键	必填字段
会员证编号	文本	20		是	是
会员级别	文本	10	自定义序号		是
会员姓名	文本	30			是
会员性别	文本	2			是
身份证号	文本	18			是
单位名称	文本	50			否
单位地址	文本	50			否
联系电话	文本	15			否
办证日期	日期/时间		短日期格式		是

续 表

字段名	数据类型	字段大小	格式	主键	必填字段
有效日期	日期/时间		短日期格式		否
照片	OLE 对象				否
备注	备注				否

表 7-21 会员级别表结构

字段名	数据类型	字段大小	格式	主键	必填字段
会员级别	文本	10		是	是
限借册数	数字	整型			是

表 7-22 图书表结构

字段名	数据类型	字段大小	格式	主键	必填字段
图书编号	文本	10		是	是
图书分类号	文本	30			是
图书类别	文本	30			是
书名	文本	50			是
作者	文本	50			是
出版社	文本	30			是
出版日期	日期/时间		短日期格式		是
价格	数字	双精度型	货币格式		是
存放位置	文本	50			是
入库时间	日期/时间		短日期格式		是
库存总数	数字	整型			是
在库数量	数字	整型			是
借出数量	数字	整型	默认值为 0		是
新书入库	数字	整型			否
旧书出库	数字	整型			否
借出次数	数字	整型			是
备注	备注				否

表 7-23 图书类别表结构

字段名	数据类型	字段大小	格式	主键	必填字段
图书类别	文本	30		是	是
限借天数	数字	整型			是
超期罚款/天	数字	双精度型	货币		是

表7-24　图书借阅表结构

字段名	数据类型	字段大小	格式	主键	必填字段	默认值
借阅编号	自动编号	长整型		是		
图书编号	文本	10			是	
会员证编号	文本	20			是	
借阅日期	日期/时间		短日期格式		是	
还书日期	日期/时间		短日期格式		否	
罚款已缴	文本	2			是	否
备注	备注				否	

3. 创建数据库和表

在数据库数据结构分析和数据库逻辑结构设计完成之后，接下来便可以用Access 2016来创建数据库。一般步骤是先创建数据库，再创建数据表，最后建立表间关系。

（1）创建数据库

首先启动Access 2016，通过“文件”菜单中的“新建”命令，创建一个名为“图书借阅管理数据库.accdb”的数据库，如图7-12所示。

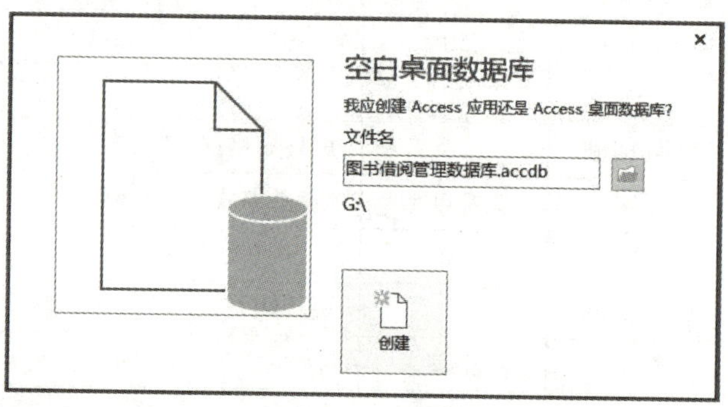

图7-12　创建数据库

（2）创建数据表

通过“使用设计器创建表”，分别创建“会员表”“会员级别表”“图书表”“图书类别表”和“图书借阅表”，每张表都添加自动编号字段ID，作为主键。其中会员表的结构如图7-13所示。

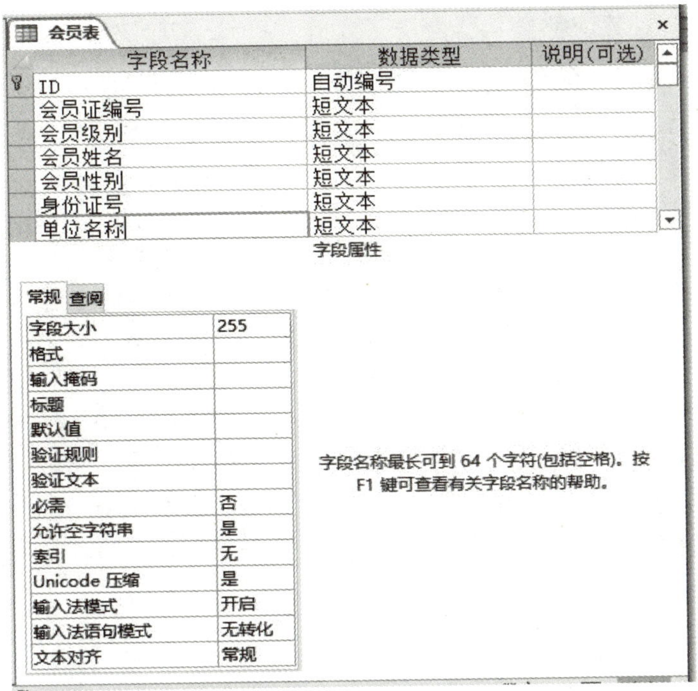

图 7-13　会员表结构

为字段“会员性别”添加验证规则。在“会员性别”的验证规则中，编辑规则表达式为“="男"Or="女"”，并保存，如图 7-14 所示。

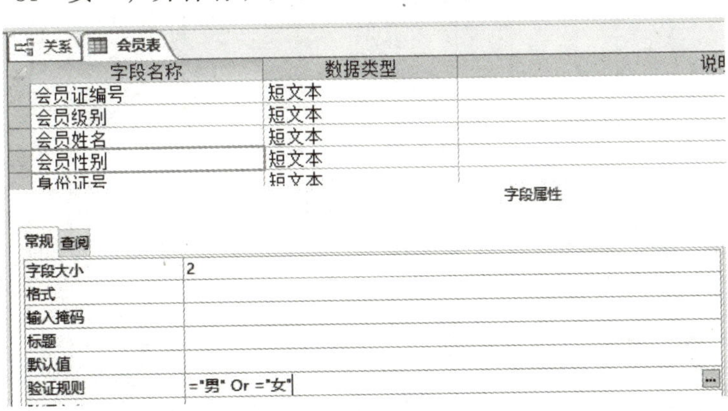

图 7-14　会员性别字段的验证规则

（3）建立表间关系

单击“工具”菜单中的“关系”按钮，从打开的“编辑关系”窗口中建立表间关系，完成数据库结构的分析设计和表结构的创建，如图 7-15、图 7-16 所示。

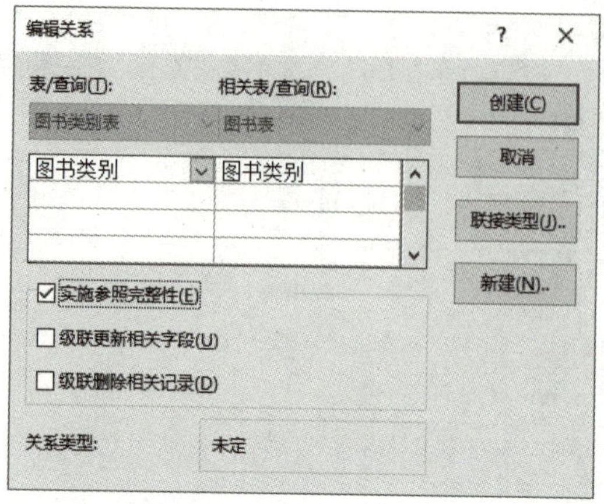

图7-15　编辑表间关系

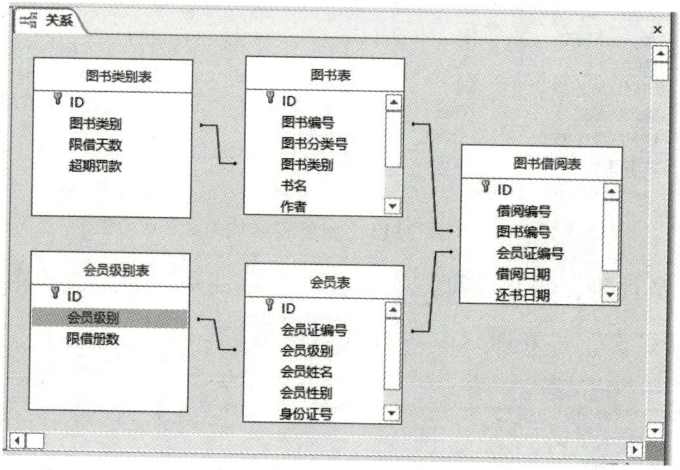

图7-16　表间关系

(4) 建立查询

使用"查询设计"功能，在查询设计窗口中设计部分数据的查询，如图7-17至图7-19所示。

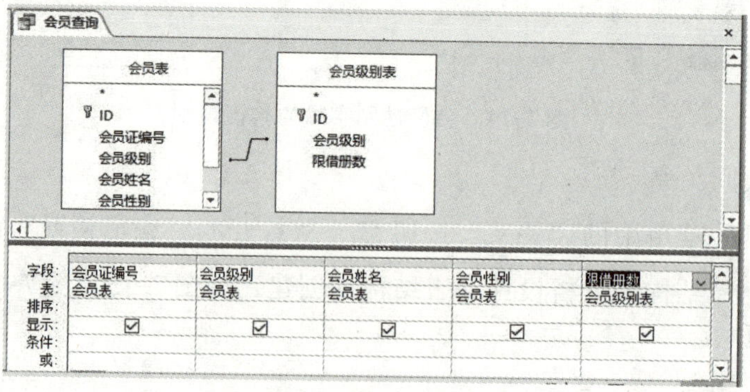

图7-17　会员查询

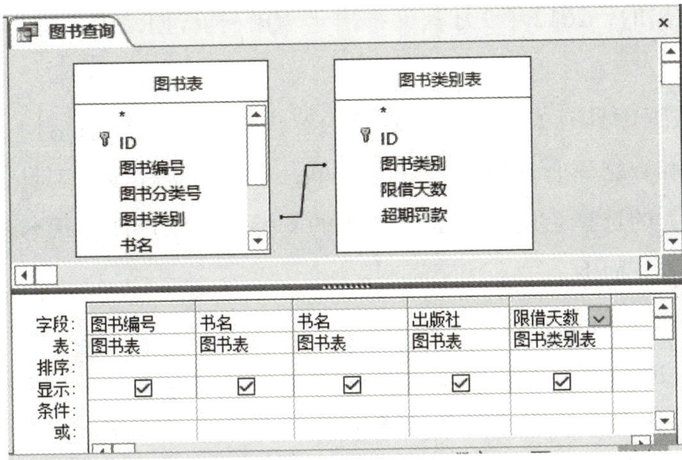

图7-18　图书查询

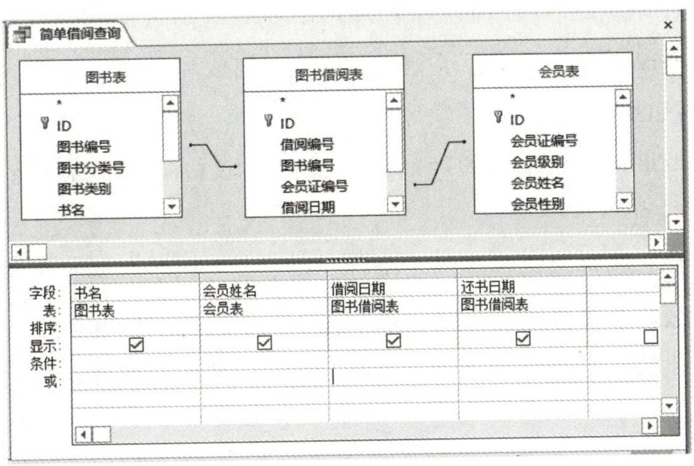

图7-19　简单借阅查询

7.3　大型数据库管理系统SQL Server

本节以SQL Server为例，介绍可以大批量、高要求处理数据的大型数据库管理系统。

7.3.1　SQL Server简介

SQL Server是由Microsoft公司开发和推广的关系数据库管理系统，它最初是由Microsoft、Sybase和Ashton-Tate三家公司共同开发的，并于1988年推出了第一个OS/2版本。Microsoft SQL Server近年来不断更新版本，1996年，Microsoft公司推出了SQL Server 6.5版本；1998年，SQL Server 7.0版本和用户见面；SQL Server 2000是Microsoft

公司于2000年推出的，2012年3月其又推出了SQL SERVER 2012，后续还发布了其他版本。

SQL Server数据库具有如下特点：真正的客户机/服务器体系结构；图形化用户界面，使系统管理和数据库管理更加直观、简单；丰富的编程接口工具，为用户进行程序设计提供了更大的选择余地；对Web技术的支持，使用户能够很容易地将数据库中的数据发布到Web页面上。

下面介绍SQL Server数据库的主要版本。

1. SQL Server 2005

SQL Server 2005是一个全面的数据库平台，使用集成的商业智能工具提供了企业级的数据管理。SQL Server 2005数据库引擎为关系型数据和结构化数据提供了更安全可靠的存储功能，使用户可以构建和管理用于业务的高可用和高性能的数据应用程序。此外，SQL Server 2005还结合了分析、报表、集成和通知功能。

2. SQL Server 2008

SQL Server 2008是一个重大的产品版本，它推出了许多新的特性和关键的改进。这个平台有以下特点：

可信任——使公司可以以很高的安全性、可靠性和可扩展性来运行的关键任务。

高效——使公司可以降低开发和管理数据基础设施的时间和成本。

智能——提供了一个全面的平台，可以在用户需要的时候发送观察信息。

3. SQL Server 2012

SQL Server 2012是SQL Server系列中的一个重要产品版本，它进一步帮助用户构建关键任务环境，并从一开始就为之提供相应强大、高效的支持。其中，新增加的功能以及对原有功能的增强能够帮助各种级别的企业释放突破性的洞察力；云就绪技术能够跨服务器、私有云和公有云实现应用程序对称，从而帮助用户在未来的使用过程中保持自身的敏捷性。

7.3.2 创建数据库和表

下面举例说明如何在SQL Server 2012中创建数据库和表。

例如，建立一个用于描述某学校学生情况的数据库，命名为School，并且在School数据库下建立保存学生信息的数据表Student。

1. 创建数据库

连接到本地数据库引擎后，右击数据库弹出快捷菜单，选择“新建数据库”命令，如图7-20所示。

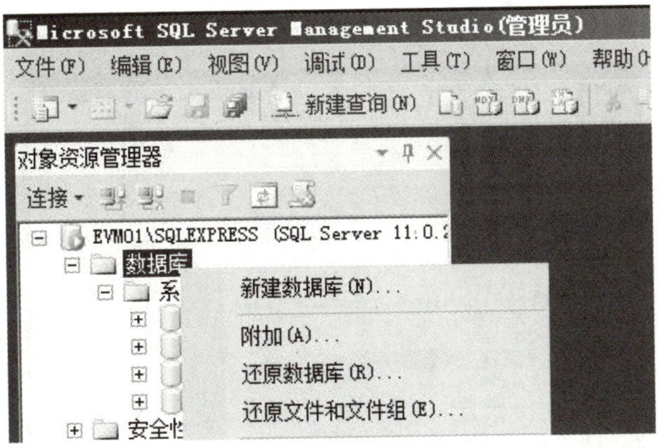

图7-20　新建数据库

在弹出的"新建数据库"对话框中，把"数据库名称"设置为School，其他参数保留默认值，如图7-21所示。

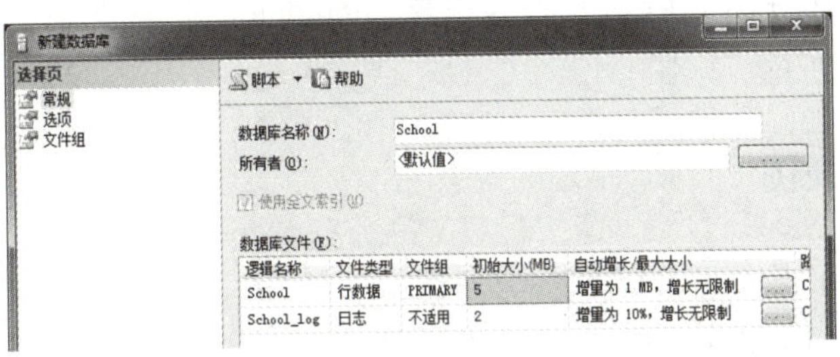

图7-21　设置数据库相关信息

刷新视图，可以看到School数据库已经创建成功了。

2. 创建表

下面要在这个数据库中新建一张表。首先展开School数据库，右击"表"弹出快捷菜单，选择"新建表"命令，如图7-22所示。

右边的窗口是表的可视化界面，在这里可以设计一张表，如图7-23所示。

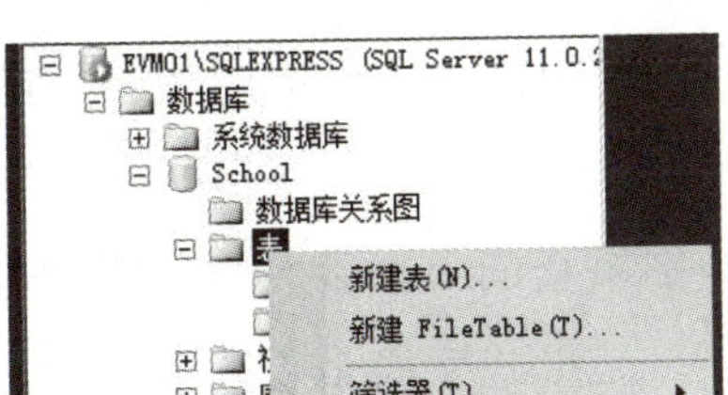

图7-22　新建表

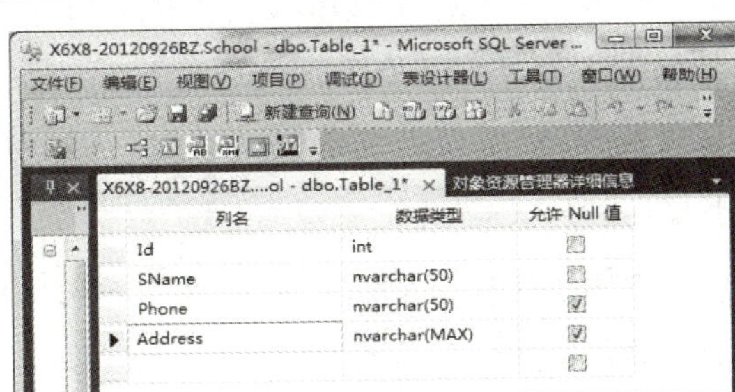

图7-23　设计表

完成之后，需要把Id设置为主键，表示是不重复的值，用来唯一确定一条记录，这对以后的数据操作至关重要。设置完成后，Id前面会出现小钥匙的图标。设置主键自增长的方法是在“标识规范”中的“是标识”中选择“是”，如图7-24所示。

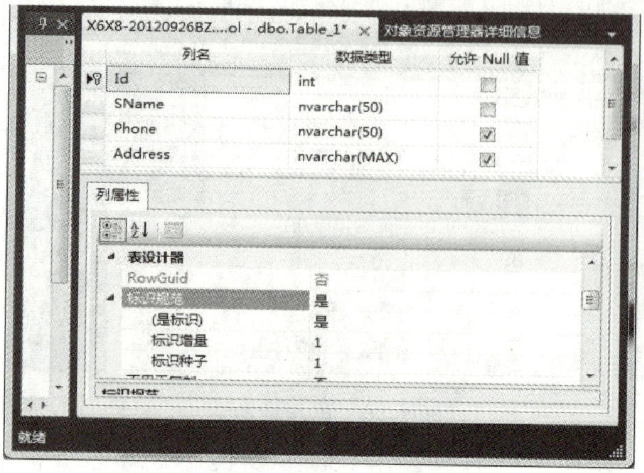

图7-24　设置主键自增长

设计完成后，保存这张表，表名称设置为Student。再次刷新视图，可以看到Student表已经创建成功了。

7.3.3　创建视图

一般来说，创建视图包含以下三个步骤。

1. 考虑SELECT语句的编写

视图其实就是一个SELECT查询语句的集合，所以建立视图的第一步，就是考虑SELECT查询语句的编写。这个SELECT查询语句编写得是否合理、执行效率的高低直接影响着这个视图的性能。在SELECT查询语句中，可能还会有格式的控制、内容的编排等。

2. 对这个SELECT语句进行测试

编写好SELECT查询语句之后，就需要在数据库中执行这条语句，看其能否查询到想要的值。在对SELECT查询语句进行测试的时候，需要注意一个问题，有时候SELECT查询语句可以查到准确的数据，但是在以这条语句建立视图的时候，可能就会通不过。

考虑查询结果的准确性。通过查询语句把想要的结果查询出来后，就需要看这个结果是否满足需要。在这个过程中，主要注意两点：一是形式字段是否齐全；二是实体内容是否完整。有时候，为了方便阅读，需要对查询结果进行一些修饰。

3. 建立视图

等到上面步骤都确认无误后，我们就要根据上面的查询语句来建立视图了。若要更改相关数据，则一般直接更改基础表的内容。在建立视图时，默认情况下不能通过视图直接更新基础表。图7-25显示了创建视图窗口。

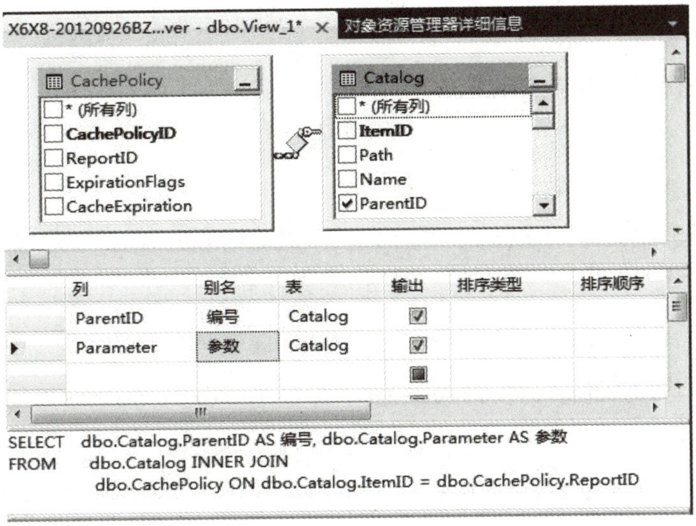

图7-25　创建视图窗口

本章小结

本章介绍了数据库与数据库系统的概念、关系数据库的基本模型和基本运算，并介绍了结构化查询语言SQL，在关系数据库软件方面，介绍了Microsoft Access 2016和Microsoft SQL Server 2012的一些简单应用方法。

数据库是信息系统的基础模块，用于管理数据、维护数据，为信息查询提供数据。一般的信息系统中都含有数据库应用。信息系统建立在数据库基础之上，对数据库中的数据进行整理、分析、挖掘、归并等操作，最终获取数据背后所反映的信息，并利用该信息指导决策。

习题

选择题

1. 数据库是按一定的结构和规则组织起来的（　　）的集合。

A. 相关数据　　B. 无关数据

C. 杂乱无章的数据　　D. 排列整齐的数据

2. 下列关于数据库的说法中，正确的是（　　）。

A. 数据库中数据不可被共享

B. 数据库避免了一切数据重复

C. 若冗余是系统不可控制的，则系统可确保更新时的一致性

D. 数据库减少了冗余数据

3. 用二维表数据来表示实体之间联系的模型称为（　　）。

A. 层次模型　　B. 关系模型

C. 网络模型　　D. 实体-联系模型

4. 在数据库基本理论中，所谓关系是指（　　）。

A. 数据模型是一个满足一定条件的二维表格

B. 各字段数据彼此都有一定关系

C. 各条记录彼此都有一定关系

D. 表文件之间存在一定关系

5. 从软件的角度考虑，数据库系统的核心是（　　）。

A. 操作系统　　B. 数据库管理系统

C. 数据定义语言　　D. 数据操纵语言

6. 数据库管理系统（DBMS）（　　）。

A. 是一组硬件　　B. 既有硬件，也有软件

C. 是一组系统软件　　D. 是一个完整的数据库应用系统

7. 各种数据库存储的是（　　）。

A. 数据　　B. 数据模型

C. 数据及数据之间的联系　　D. 信息

8. 数据库管理系统是软件系统，主要功能是（　　）。

A. 建立数据库　　B. 保护数据库

C. 管理数据库　　D. 以上都对

9. 下列关于关系数据模型的说法中，正确的是（　　）。

A. 只能表示实体间的1：1联系

B. 只能表示实体间的1：n联系

C. 只能表示实体间的m：n联系

D. 可以表示实体间的上述三种联系

10. 公司中有多个部门和多名职员，每名职员只能属于一个部门，一个部门可以有多名职员，从部门到职员的联系类型是（　　）。

A. 多对多　　B. 一对一　　C. 多对一　　D. 一对多

11. 数据库（DB）、数据库系统（DBS）和数据库管理系统（DBMS）三者之间的包含关系是（　　）。

A. DBS包括DB和DBMS　　B. DBMS包括DB和DBS

C. DB包括DBS和DBMS　　D. DBS就是DB，也就是DBMS

12. 在数据库设计中，用E-R图来描述数据库设计结构信息，属于数据库（　　）阶段。

A. 需求分析　　B. 概念设计

C. 逻辑设计　　D. 物理设计

13. 在SQL语言中，实现数据检索的语句是（　　）。

A. SELECT语句　　B. INSERT语句

C. UPDATE语句　　D. DELETE语句

14. 在SQL的查询语句中，对查询结果进行排序的子语句是（　　）。

A. GROUP BY　　B. ORDER BY　　C. WHERE　　D. HAVING

15. 二维表的每一个字段都有数据类型，Access允许多种数据类型，主要有（　　）。

A. 文本　　B. 数值　　C. 日期/时间　　D. 以上都是

简答题

1. 和文件系统相比，数据库系统的优点有哪些？

2. 简述数据库（DB）、数据库系统（DBS）、数据库管理系统（DBMS）三者之间的关系。

3. 怎样理解实体、属性、记录、字段这些概念的类型和值的差别？

4. 根据关系，设计查询数据的SQL语句。假设有下列关系：

学生表:Student(Sno,Sname,Ssex,Sage,Sdept)
课程表:Course(Cno,Cname,Ccredit)
选课表:SC(Sno,Cno,Grade)

其中，Sno为学号，Sname为姓名，Ssex为性别，Sage为年龄，Sdept为系别，Cno为课程号，Cname为课程名称，Ccredit为学分，Grade为分数。

要求编写符合下列查询要求的SQL语句：

（1）查询全体学生的信息。

（2）查询“信息系”学生的学号、姓名和年龄。

（3）查询分数超过80分的学生的学号和姓名。

第8章 算法与基本数据结构

8.1 算法概述

8.1.1 算法的基本概念

算法是为解决实际问题而设定的一个有限长度的操作序列，也就是计算机求解问题的具体步骤。图灵奖获得者尼古拉斯·沃斯提出了“算法+数据结构=程序”的著名公式，可见算法在程序设计中占有极其重要的地位，是程序的灵魂。

算法中通常含有对数据对象的运算和控制结构，其中对数据对象的运算主要有算术运算（如+、−、×、÷）、逻辑运算（如与、或、非）、关系运算（如=、≠、<、>）、数据传输（如输入、输出、赋值运算）；控制结构是算法中每个步骤之间的执行顺序，主要有顺序结构、选择结构和循环结构。

算法拥有五个特性：有穷性、确定性、可行性、输入和输出。

1. 有穷性

算法的有穷性是指算法必须在执行有限步骤之后能正常结束，并且其中的每个步骤都能在有限且合理的时间内完成。

2. 确定性

算法的确定性是指算法中的每条指令必须有明确的含义，不能有歧义，在任何条件下，算法都只有一条执行路径。

3. 可行性

算法的可行性是指算法中描述的每个步骤都能通过执行有限次基本运算来实现。

4. 输入

算法可以没有输入，也可以有多个输入，这些输入取自某个特定的集合。

5. 输出

算法可以有一个或多个输出，且输出与算法的输入有着某些特定关系。

8.1.2 算法复杂度

即使解决一个非常简单的问题，往往也有多种方法，且不同方法之间的效率可能相差甚远。那么，如何分析一个算法的优劣呢？一个算法的性能好坏可以从时间和空间的角度去衡量。

1. 时间复杂度

一个算法执行时所耗费的时间从理论上很难计算，只能通过上机运行才能测出。算法的时间复杂度通常是指算法执行时所需的计算工作量，是从时间效率上度量算法的性能。一个算法所需的计算工作量越少，该算法的时间效率就越高。具体地，一个算法由控制结构（顺序、分支和循环三种）和基本运算构成，因此，算法的时间性能取决于两者的综合效果。一般将算法中最深层循环内的语句看作算法的基本运算。因此，算法执行时所需的计算工作量可用其中基本运算的执行次数进行估算。

例如，有一份学生成绩表（假设学生无重名情况），成绩表中的学生人数为n，现要查找学生张山的成绩。显然，若要解决该问题，需查看成绩表中的学生姓名栏，找姓名为“张山”的记录。该查找过程的基本运算就是“张山”与表中各条记录中学生姓名的比较。一般地，我们按表中记录的先后顺序一一比较，若“张山”是表中第1个学生的姓名，则基本运算的次数即比较次数是1；若“张山”是表中第2个学生的姓名，则基本运算的次数是2；以此类推，若“张山”是表中第n个学生的姓名，则基本运算的次数是n。假设“张山”在表中的位置是等概率的，即概率为1/n，则解决该问题的算法的平均执行时间为$(1+2+3+\cdots+n)\times 1/n = (n+1)/2$。

若算法的执行时间为T(n)，其中n是问题的规模（如上例中的学生人数），f(n)是n的函数，则$T(n) = O(f(n))$。f(n)是T(n)的最高阶，若最高阶上有与之相乘的常数，则去除该常数。算法的时间复杂度常用大O表示法表示。对于上例算法的执行时间$T(n) = (n+1)/2$，若用大O表示法，则$T(n) = O(n)$，即线性阶的时间复杂度。

再比如：

设$T(n) = 5$，根据大O表示法，则$T(n) = O(1)$。这种算法的执行时间与问题规模是无关的，称为常数阶的时间复杂度。

设$T(n) = 4n^2 + 3n + 15$，其最高阶是n^2，并去除了常系数，因此$T(n) = O(n^2)$，这是平方阶的时间复杂度。

设$T(n) = 3\log_2 n + 20$，其最高阶是$\log_2 n$，因此$T(n) = O(\log_2 n)$，这是对数阶的时间复杂度。

设$T(n) = 3^n + 2n^2$，其最高阶是3^n，因此$T(n) = O(3^n)$，这是指数阶的时间复杂度。

2. 空间复杂度

为了执行算法，所需的存储空间主要包括存储程序本身所占用的空间、程序中的输入和输出数据所占用的存储空间以及程序在运行过程中临时占用的存储空间。一个算法的空间复杂度是算法在执行过程中所需的临时存储空间量，是对其空间效率的度量。临时存储空间量是算法在执行过程中所需的额外存储空间量，这部分存储空间量会因算法的不同而有所差异。若临时存储空间量相对于输入数据的规模是个常数，则称此算法为原地工作或就地工作，即空间复杂度是O(1)。一个空间复杂度过高的算法可能导致其使用的内存超限，造成程序非正常中断。

8.2　数据结构

8.2.1　基本概念

计算机不仅用于科学计算，还用于解决非数值计算问题，如数据处理、控制、管理等。对于数值计算，计算机处理的对象是纯粹的数值，其关键是依据数据间的关系，建立数学模型（如数学方程）。对非数值计算，处理的对象往往是字符、声音、图像等复杂和带有一定结构的数据，其数据之间的关系一般很难用数学方程加以描述，这给程序设计带来了新的挑战。解决非数值计算问题的关键已不再是分析数学和计算方法，而是要设计出合适的数据结构，才能有效地解决问题。

在计算机领域，数据是指所有能被计算机识别、存储和加工处理的符号集合，像整数、实数、字符串、声音、图像和视频等都是数据。数据元素是组成数据的基本单位，它相当于一个记录，在计算机中一般作为一个整体进行考虑和处理。数据项是组成数据的最小单位，是不能再分割的，相当于记录中的字段。一个数据元素可以由若干个数据项组成。数据对象是指性质相同的数据元素的集合，是数据的子集。

例如，表8-1所示的学生信息表中，单个学生的信息是一条记录，即数据元素，如第一个学生的信息（2020001，任盈盈，女，1994年2月，苗族，一班）；学生信息中的某个项，如学号、姓名等，即数据项；该表中31个学生的学生信息都含有学号、姓名、性别、出生年月等，即31个数据元素的性质相同，它们就构成了一个数据对象。

表8-1　学生信息表

学号	姓名	性别	出生年月	民族	班级
2020001	任盈盈	女	1994年2月	苗族	一班
2020002	令湖充	男	1993年9月	汉族	一班

续 表

学号	姓名	性别	出生年月	民族	班级
2020003	华五缺	男	1993年2月	汉族	一班
2020004	马若蘭	女	1993年1月	汉族	一班
……	……	……	……	……	……
2020030	江小宇	男	1993年12月	汉族	一班
2020031	郑环	女	1993年7月	满族	一班

简单地说，数据结构是相互之间存在着某种逻辑关系的数据元素的集合，即带结构的数据元素的集合。对于相同的数据元素集合，若元素之间的关系不同，则构成不同的结构。例如，上表中学生的信息存在着次序关系，学号为2020001的学生是第一个学生，该学生信息后面是学号为2020002学生的信息，可以把第一条记录看作第二条记录的直接前驱，把第二条记录看作第一条记录的直接后继。再比如，十二生肖为鼠牛虎兔龙蛇马……此处，十二生肖之间也存在着先后次序关系，牛之前是鼠，牛之后是虎，可以把“鼠”看成“牛”的直接前驱，把“虎”看成“牛”的直接后继。

8.2.2　数据的逻辑结构与存储结构

1. 数据的逻辑结构

数据的逻辑结构是指具有相同性质的数据元素之间客观存在的逻辑关系。其中的逻辑关系是指数据元素之间的先后次序关系，即前驱和后继关系。我们依据逻辑关系的不同特性，将数据的逻辑结构分为四类，如图8-1所示。

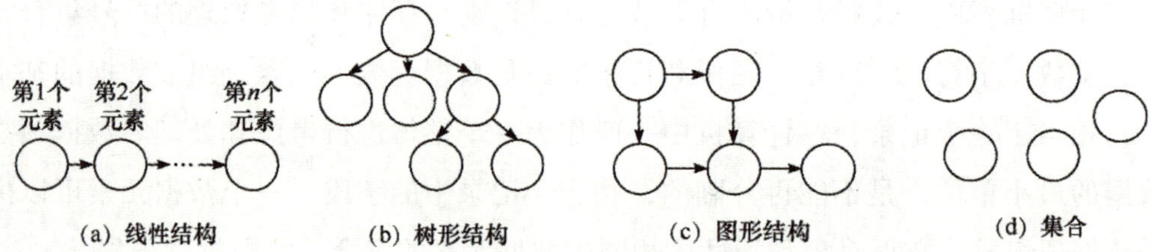

图8-1　逻辑结构分类

①线性结构：该类结构中的数据元素之间存在着一对一的关系，如学生信息表、一个整数序列、十二生肖、一年四季变迁等。此结构下，除第一个元素和最后一个元素之外，其他元素都有且仅有一个直接前驱，有且仅有一个直接后继。

②树形结构：该类结构中的数据元素之间存在着一对多的层次关系，如族谱、公司员工之间的领导和被领导关系等。此结构下，有且仅有一个元素是没有直接前驱的，其他元素都有且仅有一个直接前驱，结构中的每个元素都可以有零个或多个直接后继。

③图形结构：该类结构中的数据元素之间存在着多对多的关系，如城市之间的交通关系、人与人之间的朋友关系等。

④集合：该类结构中的数据元素之间除了同属于一个集合外，没有其他任何关系，类似于数学中的集合。

通常把树形结构和图形结构统称为非线性结构。后面介绍的线性表、栈和队列都是线性结构。

2. 数据的存储结构

数据的存储结构也称为物理结构，是指数据结构在计算机中的存储表示，包括数据结构中数据元素的存储表示以及数据元素之间逻辑关系的存储表示。存储结构主要用于指导算法的实现。

一个数据元素对应计算机存储器中一块连续的存储区域，可以用二进制位、字节、字、结点表示，例如，一个字符用8位二进制数或一个字节表示。数据元素之间逻辑关系的存储表示实质是要讨论逻辑关系如何在计算机中表示。同一种逻辑关系或者逻辑结构可以有不同的表示方法，主要分为顺序存储、链式存储、索引存储和散列存储。

顺序存储是以数据元素存储位置的相邻来表示元素间的相邻关系（即前驱、后继关系），即用一组地址连续的存储区域依次存放数据元素。链式存储是以附加信息，即指针，来表示元素间的相邻关系。一个指针对应着一个数据元素的存放位置。此方式下，可用一组地址任意的存储区域依次存放数据元素。索引存储是利用数据元素的索引关系来确定数据元素在存储器中的存放位置，由数据元素本身与索引表两部分组成。散列存储是通过事先准备好的散列函数与处理冲突的方法来确定数据元素的存放位置。

8.3 线性表

8.3.1 线性表的定义

线性表是一种最简单、最常用的线性结构，它是一个包含n（$n \geq 0$）个数据元素的有限序列，可记作（a_1，…，a_{i-1}，a_i，a_{i+1}，…，a_n），其中元素a_i是线性表中的一个数据元素，元素a_{i-1}是元素a_i的直接前驱，元素a_{i+1}是元素a_i的直接后继，n为表的长度。当$n = 0$时，此线性表是空表，即表中不含任何元素。一个非空线性表具有的逻辑特征如下：

①有且仅有一个被称为“第一个”的数据元素（如a_1）。

②有且仅有一个被称为“最后一个”的数据元素（如a_n）。

③除第一个数据元素外，其余元素有且仅有一个直接前驱。

④除最后一个数据元素外，其余元素有且仅有一个直接后继。

例如，整数序列（25，16，78，30，21，63，18）是一个线性表，此表中的数据元素是整数，25就是表中第一个元素，它没有直接前驱；18是表中最后一个元素，它没有直接后继；元素78的直接前驱和直接后继分别是16和30。学生信息表（见表8-1）也是一个线性表，此线性表中的数据元素是单个学生记录，由学号、姓名等数据项组成。学号为2020001的学生记录是表中的第一个元素，学号为2020002的学生记录的直接前驱是学号为2020001的学生记录，其直接后继是学号为2020003的学生记录。

那么，如何在计算机中存储线性表呢？线性表的存储包括数据元素的存储和数据元素之间逻辑关系的存储。下面介绍线性表的常用存储形式：顺序存储和链式存储。

8.3.2　线性表的顺序存储结构及其基本运算

1. 线性表的顺序存储结构

线性表的顺序存储是将表中的数据元素依次存放在一组地址连续的存储单元里，即逻辑关系相邻的元素在物理位置上也是相邻的。通常我们把顺序存储的线性表称为顺序表。若有线性表（a_1，a_2，…，a_i，a_{i+1}，…a_{n-1}，a_n），其中，每个数据元素占用c个存储单元，数据元素a_1在存储器中的位置是S，即a_1在存储器中的存放地址是S。若a_1占用多个存储单元，则S是其中对应的第一个存储单元的地址。该线性表的顺序存储如图8-2所示。

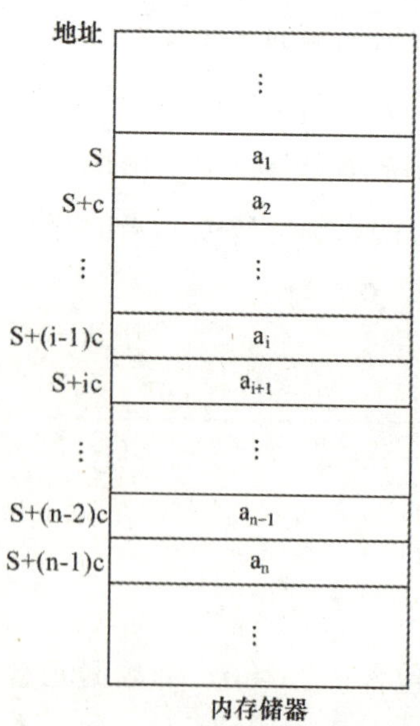

图8-2　线性表的顺序存储

线性表中两个相邻的元素，如a_i和a_{i+1}，它们在存储器中的地址也是相邻的，其存储地址之差是一个常量值。该常量值是线性表中单个数据元素占用的存储单元数（通常用字节数描述，如图8-2中的c）。只要知道顺序表中第一个元素在存储器中的存放地址，就可以计算出表中其余各个数据元素的存放地址，从而可以对表中任一个数据元素进行随机存取。

2. 顺序表中的插入与删除运算

我们可以在线性表中插入或删除数据元素，求线性表的长度，获取线性表中某位置上的数据元素，在线性表中查找某个数据元素等。下面重点介绍顺序表中元素的插入和删除操作。

假设有一个顺序表 L = (a_1，a_2，…，a_i，…，a_n)，现要将一个新元素 x 插入 L 中的第 i（1 ≤ i ≤ n + 1）个位置上。当 i = n+1 时，插入操作最简单，只要有空闲空间放新元素，则可直接将 x 紧挨着 a_n 后面的位置存放。当 i < n+1 时，由于顺序表中数据元素是一个紧挨着一个存放的，元素之间是没有空隙的，因此，必须把 a_i，…，a_n 这 n −i + 1 个数据元素逐个往后移（从 a_i 开始逐个往后移），腾出第 i 个位置后，再将新元素 x 插入该位置上，如图 8-3 所示。插入新元素后，由于元素个数增加了 1，因此，顺序表 L 的长度需加 1。

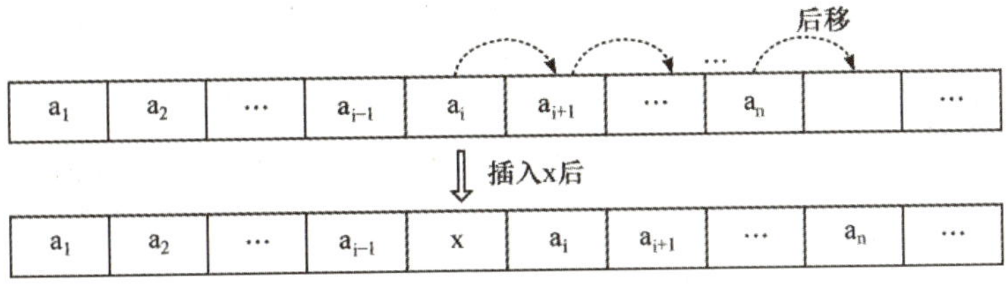

图 8-3　顺序表中的插入操作

实现在顺序表中插入一个数据元素的算法时间复杂度是多少？显然，此插入算法中的基本运算是移动元素。若将数据元素插入末尾（i = n + 1），则不需要移动任何元素，即移动次数为 0；若 i = n，即将元素插入第 n 个位置上，则只需将 a_n 后移 1 位，移动次数为 1；若 i = n − 1，即将元素插入第 n−1 个位置上，则先得将 a_n 后移 1 位，再将 a_{n-1} 后移 1 位，移动次数为 2；以此类推，若将元素插入第 i 个位置上，则移动次数为 n− i + 1。假设新元素在这 n + 1 个插入位置（即第 1 个位置，第 2 个位置，…，第 n + 1 个位置）上插入的概率是相等的，即概率为 1/(n + 1)，则插入算法中平均移动元素的次数为

$$[0 + 1 + 2 + \cdots + (n - i + 1) + \cdots + (n - 1) + n] \times 1/(n + 1) = n/2$$

因此，顺序表插入算法的时间复杂度是 O(n)，其中 n 是顺序表的长度。

若将顺序表 L 中第 i 个位置上的数据元素删除，则只需将 a_{i+1}，…，a_n 这 n − i 个数据元素逐个往前移（从 a_{i+1} 开始逐个前移），如图 8-4 所示。

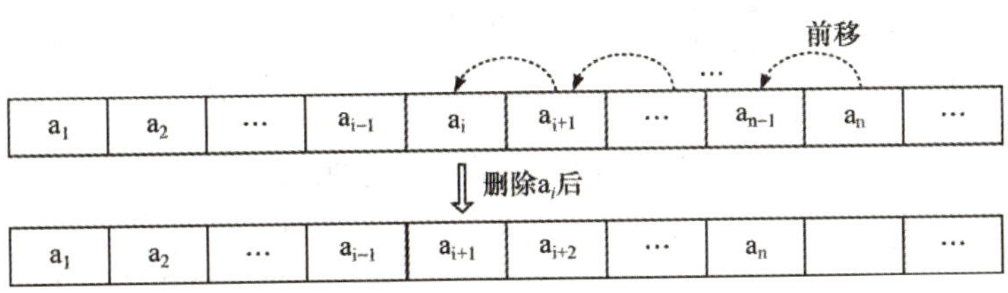

图 8-4　顺序表中的删除操作

删除一个数据元素后，顺序表L的长度减1。顺序表中的删除算法，其基本运算也是元素的移动，类似地，删除一个元素时，所需平均移动元素的次数为

$$[0+1+2+\cdots+(n-i)+\cdots+(n-1)]\times 1/n=(n-1)/2$$

因此，顺序表删除算法的时间复杂度是O(n)。

从上述分析可知，对于顺序表进行插入和删除时需要移动大量数据元素。

8.3.3 线性表的链式存储结构及其基本运算

线性表的链式存储形式是用一组任意的存储单元（可以连续，也可以不连续）存储线性表中的数据元素，元素之间逻辑上的相邻关系利用指针来表示。通常把链式存储的线性表称为链表。在链表中，既然需要利用指针来表示元素之间的相邻关系，那么除了需保存数据元素外，还需有指示其直接前驱或直接后继元素的指针。一般将存储数据元素的域称为数据域，存储元素的直接前驱或直接后继结点物理位置的域称为指针域。通常把这两部分组成一个整体，称为结点。

1. 单链表

若链表的每个结点中除了数据域外，只含有一个指针域，如图8-5所示，该指针域通常用于指示当前结点的后继结点位置，则这种链表称为单链表或线性链表。

数据域	指针域

图8-5　单链表结点结构

单链表中最后一个结点的指针域值为空（通常用NULL或∧表示），原因是线性表中最后一个元素没有直接后继。例如，有一线性表如下：

$$L=(a_1, a_2, \cdots, a_i, \cdots, a_n)$$

其单链表的存储形式如图8-6所示，第一个结点a_1在存储器中的位置为链表的基址，通常称它为头指针。若要访问单链表中的某个结点，则只能依据头指针从第一个结点开始顺序访问，后面的每个结点都是通过其直接前驱结点的指针域值所指向，不能像顺序表那样随机访问。

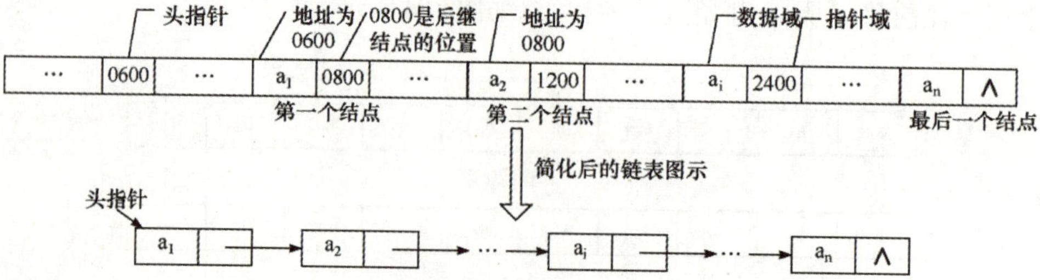

图8-6　单链表的存储形式

为了方便对单链表进行操作，通常会引入一个头结点，如此链表中的其他结点都是其直接前驱结点的指针域所指向的结点，这样可方便实现链表的插入和删除运算。图8-7所示的单链表示意图，头指针所指向的结点即为头结点。

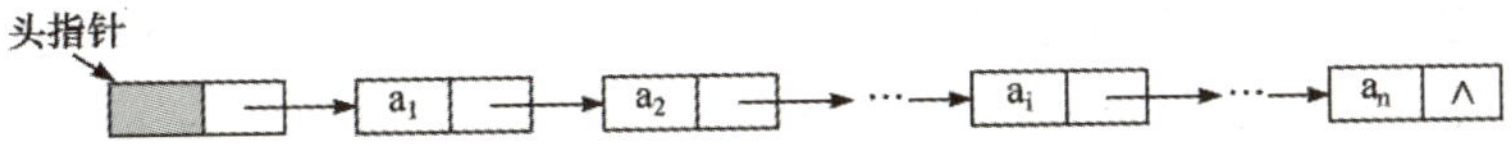

图8-7 带头结点的单链表

在单链表中如何插入一个新数据元素呢？举个例子，若在图8-6所示单链表的第i个位置上插入一个新元素x，则首先要为该新元素创建一个新结点r，其中r代表此结点在存储器中的实际位置，结点r的数据域存放元素x，然后依据头指针（设为H）从第一个结点开始顺序访问，直至找到插入位置的直接前驱结点p，最后将结点p的指针域值赋给结点r的指针域，即将结点r的指针域值修改为元素a_i对应结点在存储器中的起始位置，并修改结点p的指针域值为结点r在存储器中的起始位置，如图8-8所示。

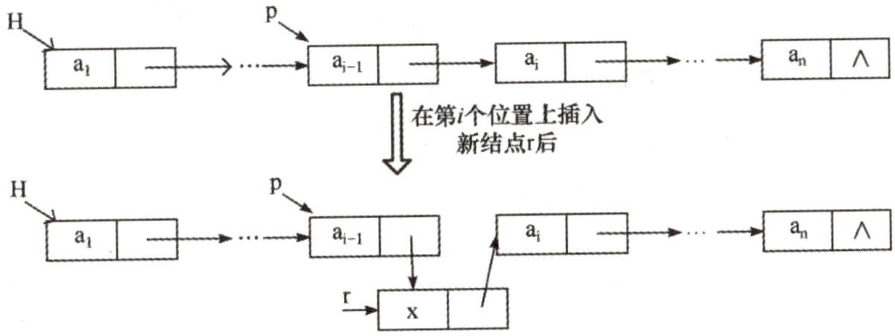

图8-8 单链表的插入运算

在单链表中指定位置上插入一个结点的时间主要耗费在顺序访问链表找直接前驱结点上，因此时间复杂度为O(n)。

与插入运算类似，在单链表中删除第i个结点，也是通过修改相应结点指针域值完成。同样地，首先利用头指针H从第一个结点开始顺序访问，直至找到删除位置的直接前驱结点p，然后将结点p的指针域值修改为p的直接后继的后继结点在存储器中的起始位置，最后再释放被删除结点所占用的存储单元，如图8-9所示。

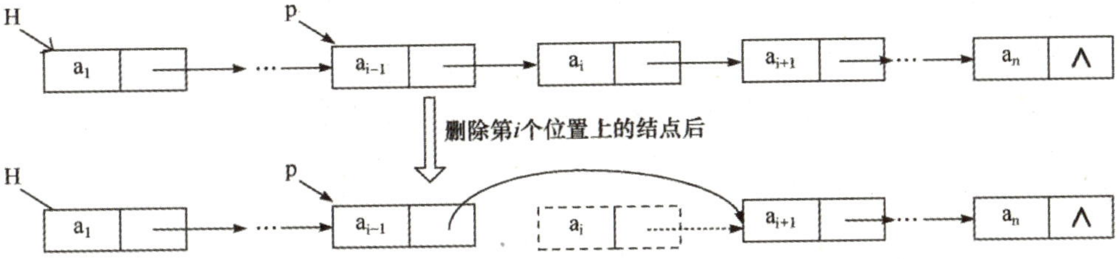

图8-9 单链表的删除运算

同样地，上述删除运算的时间复杂度也是O(n)。

2. 双向链表

在每个结点中除包含数据域外，还设置两个指针域，分别用来指向其直接前驱结点和直接后继结点，这样构成的链表称为双向链表，如图8-10所示。在双向链表中，当访问一个结点后，既可以依次向后访问每一个结点，也可以依次向前访问每一个结点。

对于结点的插入和删除操作，单链表中只涉及前后结点的一个指针域的变化，而双向链表中涉及前后结点的两个指针域的变化。

在双向链表指定位置i上插入一个结点r的过程如下：首先找到插入位置的直接前驱结点p，然后修改结点r的直接前驱指针域值和直接后继指针域值，最后再修改结点p的直接后继指针域值，修改结点r的直接后继结点的直接前驱指针域值，如图8-10（a）所示。

在双向链表中删除指定位置i上结点的过程如下：首先找到待删除结点p，然后修改结点p的直接前驱结点的直接后继指针域值和直接后继结点的直接前驱指针域值，最后再释放结点p所占用的存储空间，如图8-10（b）所示。

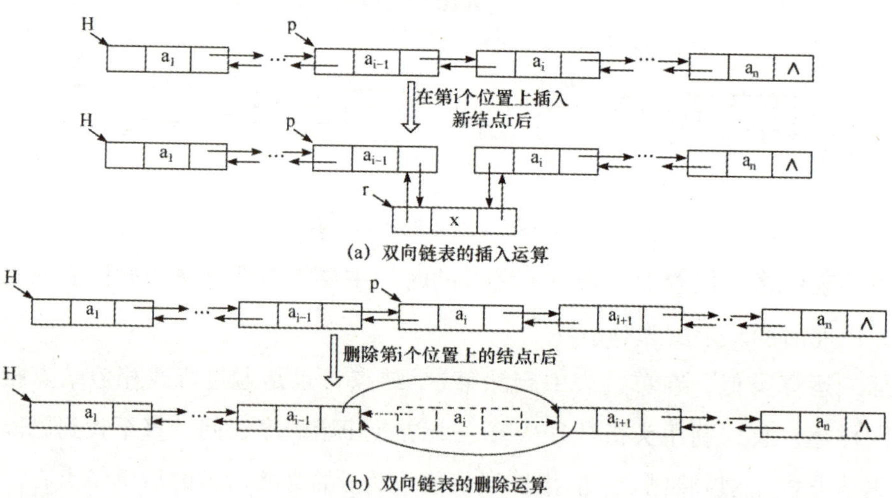

图8-10　双向链表及其插入和删除运算

3. 循环链表

循环链表的特点是表中最后一个结点的指针域不再是空，而是指向表头结点，使整个链表形成一个环。由此，从表中任一结点出发均可找到链表中其他结点。图8-11中给出了单向循环链表和双向循环链表。

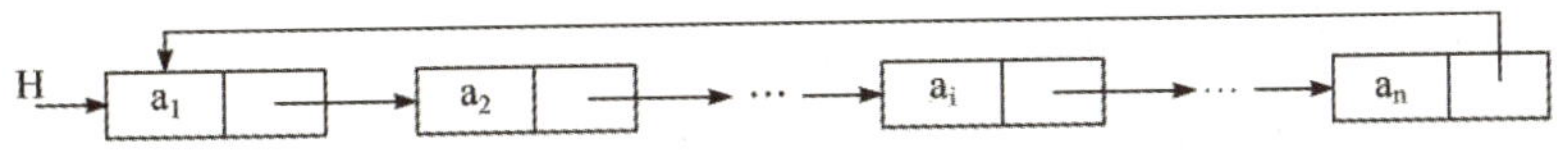

(a) 单向循环链表

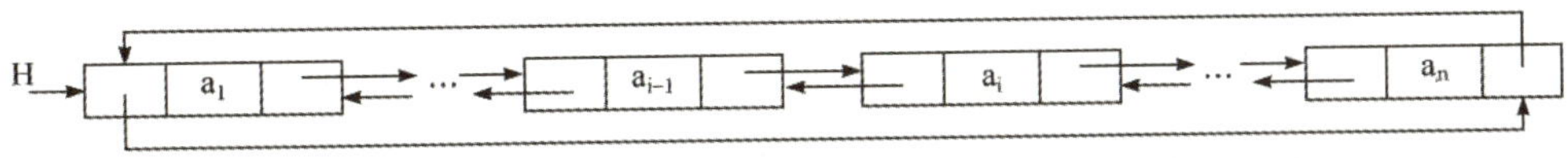

(b) 双向循环链表

图8-11 循环链表

在单向循环链表中进行插入、删除运算时，其方法类似于在单链表中的插入和删除。在双向循环链表中进行插入、删除运算时，其方法类似于在双向链表中的插入和删除。

8.4 栈和队列

8.4.1 栈

1. 栈的定义

栈是一种操作受限制的特殊线性表，即只能在表的一端（表尾）进行插入和删除的线性表，其操作不具有随机性，是一种“后进先出”结构（Last In First Out，LIFO）。通常把可进行插入和删除的一端称为栈顶，另一端称为栈底。不含有元素的栈被称为空栈。把栈的插入操作称为进栈，或称为入栈、压栈，如同子弹入弹夹。把栈的删除操作称为退栈，或称为出栈，如同子弹出弹夹。

例如，若有三个数据元素a、b、c依次进栈，则出栈次序有以下多种可能：

①a、b、c依次都进栈后，才出栈，显然，出栈次序是唯一的，只能是cba。

②a进栈，a出栈，b进栈，b出栈，c进栈，c出栈，此时出栈次序是abc，与进栈次序相同。

③a进栈，a出栈，b进栈，c进栈，c出栈，b出栈，显然，出栈次序是acb。

④a进栈，b进栈，b出栈，c进栈，c出栈，a出栈，显然，出栈次序是bca。

⑤a进栈，b进栈，b出栈，a出栈，c进栈，c出栈，显然，出栈次序是bac。

与线性表类似，栈也有顺序存储和链式存储结构。下面主要介绍栈的顺序存储结构及其相关基本运算，如进栈和出栈。

2. 栈的顺序存储结构及其基本运算

与线性表的顺序存储类似，栈的顺序存储也是用一段连续的存储空间依次存放自栈底到栈顶的数据元素，这样的栈称为顺序栈。在顺序栈中，通常需要设置两个指针：一个是用于指示栈底位置的指针，设为base；另一个是用于指示栈顶位置的指针，设为top。此处约定：top指向栈顶元素的下一个位置，如图8-12所示。

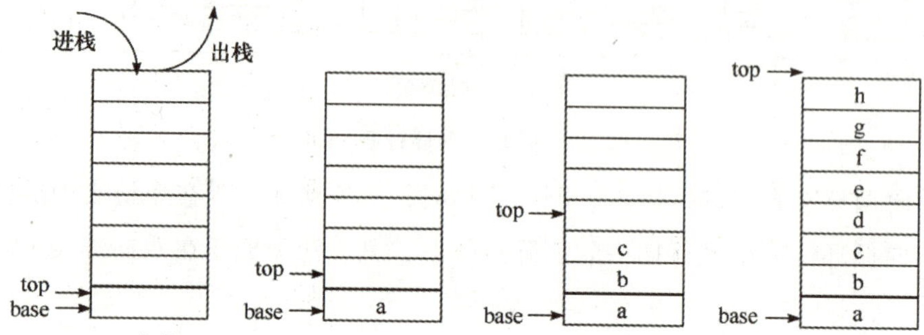

图8-12　顺序栈

当有新元素要进栈时（假设此时该栈有足够空间插入新元素），需将新元素放入top指针所指向的位置上，然后将top的值增加1，即top始终指向栈顶元素的下一个位置，进栈的这个新元素是新的栈顶元素。

当需要出栈一个元素时（假设栈此时不为空），只需将栈顶指针top的值减1即可，这时原来的次栈顶元素即为新的栈顶元素。

8.4.2　队列

1. 队列的定义

同样地，队列也是一种操作受限制的特殊线性表，它是仅在一端进行插入，而在另一端进行删除的线性表，是一种“先进先出”（First In First Out，FIFO）结构。把允许插入元素的一端称为队尾，允许删除元素的一端称为队头。向队列中插入新元素称为进队，或称为入队，新元素进队后就成为新的队尾元素；从队列中删除元素称为出队，或称为离队，队头元素出队后，其后继元素就成为新的队头元素。也就是说，在队列中插入元素是在队尾进行操作，而删除元素是在队头进行操作。

队列也有顺序存储和链式存储结构。下面主要介绍队列的顺序存储结构及其相关基本运算，如入队和出队。

2. 队列的顺序存储结构及其基本运算

队列的顺序存储也是用一段连续的存储空间依次存放队列中的元素，通常这种队列称为顺序队列。为了充分利用存储空间，将顺序队列的头尾相连接，形成一个环（即将队列中第一个位置作为最后一个位置的下一个位置），称为循环队列，如图8-13所示。

假设front指向队头元素，rear指向队尾元素的下一个位置。当front和rear指向同一位置时，即rear = front，循环队列空，如图8–13（a）和图8–13（d）所示。当rear所指位置的下一个位置是front所指位置时，即(rear + 1)%Size = front，循环队列满（Size是队列最多可容纳的元素个数，在这里Size = 8），如图8–13（c）所示。当有一个元素A入队（即要插入一个元素）时，将A放入rear所指位置上，并将rear值加1（为了确保rear加1后仍在0 ~ Size–1范围内，将(rear + 1)%Size的值赋给rear）；当要从队列中出队一个元素（即删除一个元素）时，将front的值进行修改，即(front + 1)%Size的值赋给front。当然，在入队前，需判断队列是否有空间存放，即是否队满；在出队前，需判断队列中是否有元素，即是否队空。

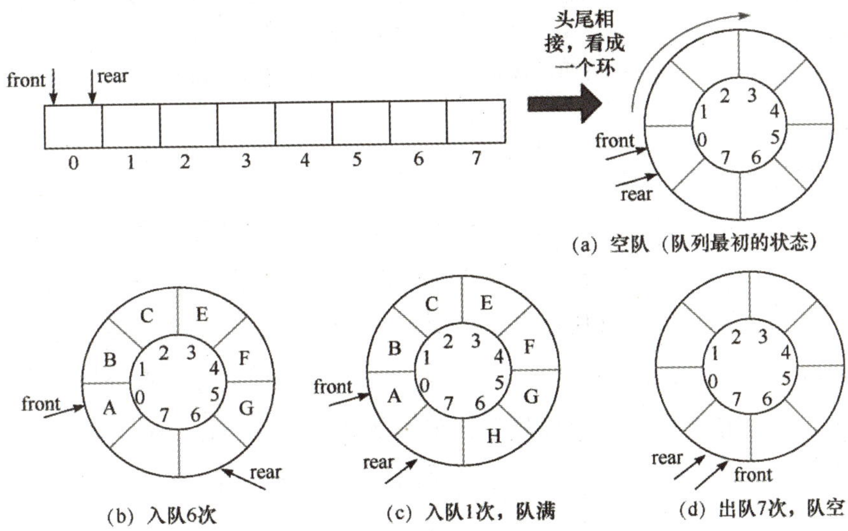

图8–13　循环队列

8.5　树

8.5.1　树的基本概念

树是一种非线性结构，即树形结构，是n（n ≥ 0）个结点的有限集合。若n为0，则此树就为空树；若n > 0，则为一棵非空树。在非空树中，有且仅有一个结点是树的根结点，结点之间有明显的层次关系。若n > 1，则树中除了根结点外，其余结点可分为s（s > 0）个互不相交的有限集T_1，T_2，…，T_s，这每个集合本身又是一棵树，称为根结点的子树。

树的特征是：若树是非空的，则此树中除了根结点外，其余各结点有且仅有一个直接前驱结点，树中每个结点可以有多个直接后继结点，也可以没有直接后继结点。

图8-14所示为树，其中，（a）是空树，不含结点；（b）是只有一个结点的树；（c）是有多个结点的树。在树（c）中，结点A是根结点，其余结点构成根结点A的三棵子树T_1、T_2、T_3。另外在树（c）中，结点B有且仅有一个直接前驱结点A，有2个直接后继结点E和F；结点K有且仅有一个直接前驱结点E，但没有直接后继结点。

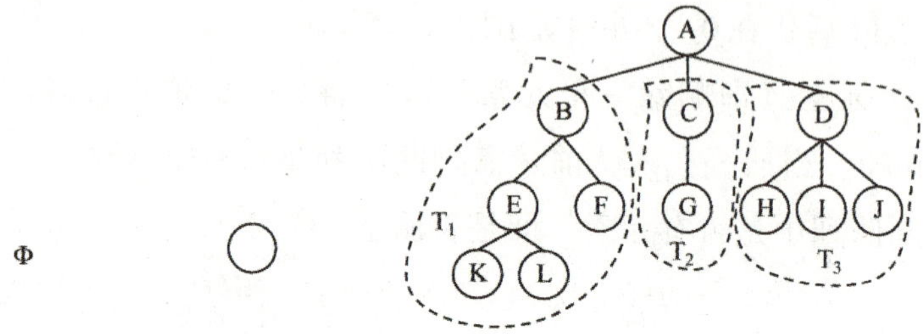

（a）空树　（b）只有一个结点的树　（c）有多个结点的树

图8-14　树

与树有关的术语解释如下：

①结点：是指树中包含一个数据元素和若干指向其子树的分支。

②结点的度：是指结点拥有的子树数目或分支数。例如图8-14（c）所示树中，结点A和D的度是3，结点B和E的度是2，结点C的度是1，结点K、L、F、G、H、I、J的度是0。度为1的结点称为单分支结点，度为2的结点称为双分支结点。

③树的度：是指树中结点的度的最大值。例如图8-14（c）所示树的度是3。

④叶子（也称为终端结点）：是度为0的结点，例如图8-14（c）所示树中的K、L、F、G、H、I、J。

⑤分支结点（也称为非终端结点）：是指度大于0的结点，例如图8-14（c）所示树中的A、B、C、D、E。

⑥结点的层次：从树的根结点算起，根结点是第一层，根结点的直接后继是第二层，依此后推。例如图8-14（c）所示树中的结点B、C、D的层次都是2，结点E、F、G、H、I和J的层次都是3，结点K、L的层次都是4。

⑦结点的孩子：是指结点的子树的根结点或者说结点的直接后继结点。例如图8-14（c）所示树中，结点A的孩子有结点B、C、D。

⑧孩子的双亲：是指孩子结点的上层结点或者说直接前驱结点。例如图8-14（c）所示树中，结点E是结点K、L的双亲。

⑨孩子的兄弟：是指具有相同双亲的孩子结点。例如图8-14（c）所示树中，结点B、C和D互为兄弟结点。

⑩树的深度（高度）：是指树中结点的最大层次数。例如图8-14（c）所示树中，以结点A为根的树的高度是4。

⑪有序树和无序树：若树中各结点的子树是按一定次序从左向右安排的，且相对次序不能变换，则该树为有序树，否则为无序树。

8.5.2　二叉树的定义及其存储结构

1. 二叉树的相关概念

二叉树是一种特殊的树形结构，其特点是：每个结点的度不大于2，且每个结点的孩子有左右之分，其次序不能任意更换。

二叉树是n（n≥0）个结点的有限集K与K上的关系集R构成的结构。若n为0，则是空二叉树；否则，是包含一个根结点以及两棵不相交、分别称为左子树与右子树的二叉树，并且左、右子树本身也是二叉树。

二叉树有五种基本形态，如图8-15所示。图8-15（a）是空二叉树；图8-15（b）是只有一个根结点的二叉树；图8-15（c）是根结点只有左子树的二叉树；图8-15（d）是根结点只有右子树的二叉树；图8-15（e）是根结点既有左子树又有右子树的二叉树。

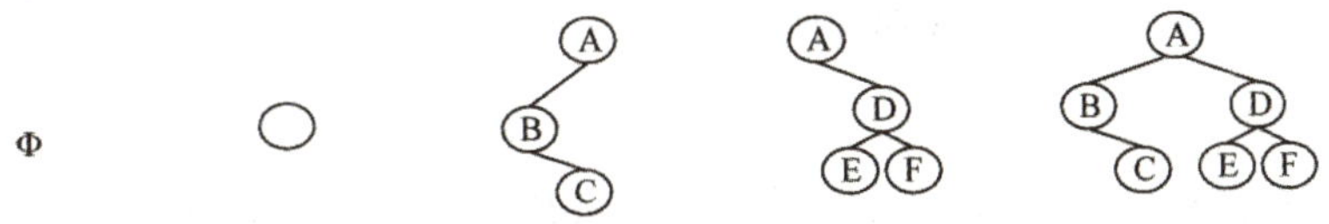

(a) 空二叉树　(b) 只有一个根结点的二叉树　(c) 只有左子树的二叉树　(d) 只有右子树的二叉树　(e) 既有左子树又有右子树的二叉树

图8-15　二叉树的五种基本形态

二叉树有两种特殊形态：满二叉树和完全二叉树，如图8-16（a）和（b）所示。若二叉树的所有分支结点都有左孩子结点和右孩子结点，且叶结点都在树的最大层次上，则这样的二叉树称为满二叉树。若二叉树中最多只有最下面两层的结点度数小于2，且最下面一层的叶结点都依次排列在该层最左边的位置上，则这样的二叉树称为完全二叉树。像图8-16（c）中所示的二叉树并非完全二叉树，原因是最下面一层的叶结点并非依次排列在该层最左边的位置上。对于一棵完全二叉树，若其中的某个结点有右孩子，则该结点必有左孩子。

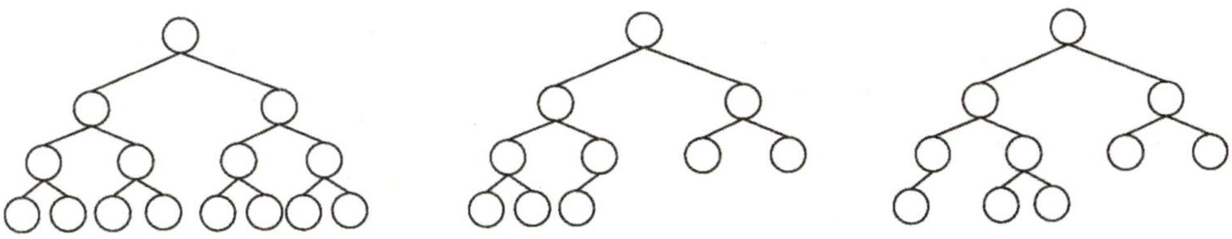

(a) 满二叉树　(b) 完全二叉树　(c) 非完全二叉树

图8-16　满二叉树和完全二叉树

对于一棵非空二叉树，由于除根结点外，其余各结点有且仅有一个双亲结点，即每个结点与其双亲结点之间仅有一个分支存在，因此，具有n个结点的非空二叉树的分支总数为n－1。

一棵非空二叉树还具有如下重要性质：

性质1：在二叉树的第i（i≥1）层上至多有2^{i-1}个结点。

性质2：深度为h（h≥1）的二叉树至多有2^h-1个结点。

性质3：在任意一棵二叉树中，若叶子数为n_0，度为2的结点数为n_2，则$n_0=n_2+1$。

性质4：具有n个结点的完全二叉树的深度为$\lfloor \log_2 n \rfloor+1$。

性质5：若对一棵有n个结点的完全二叉树的结点按层序编号（从第1层到第$\lfloor \log_2 n \rfloor+1$层，每层从左到右），则对任一结点i（1≤i≤n），有：①若i＝1，则i为根结点，无双亲；若i＞1，则双亲结点的编号为$\lfloor i/2 \rfloor$。②若2i＞n，则i无左孩子，否则i的左孩子编号为2i。③若2i＋1＞n，则i无右孩子，否则i的右孩子编号为2i＋1。

在满二叉树中，每层的结点数均达到最大值，因此，满二叉树是一棵深度为h且有2^h-1个结点的二叉树。在完全二叉树中，由于最下面一层的叶结点都依次排列在该层最左边的位置上，因此度为1的结点至多有1个。

2. 二叉树的存储结构

二叉树的顺序存储是用一段地址连续的存储单元按自上而下、自左至右的次序存放二叉树中的结点元素。对于一棵完全二叉树，将二叉树中的结点按自上而下、自左至右的顺序进行编号，则根结点编号为1。若根结点元素在存储器中的位置是base，假设此二叉树中单个数据元素占用1个存储单元，则编号为i的元素在存储器中的位置是base＋1×(i－1)。对于一般的二叉树，通过添补虚结点的方法将其转换成完全二叉树，如此就可按完全二叉树的顺序存储方法处理，但需要在不存在实际结点的位置上添加“虚结点”，例如，可在该位置上存放元素0，以表示二叉树中此位置上没有结点，如图8-17所示。

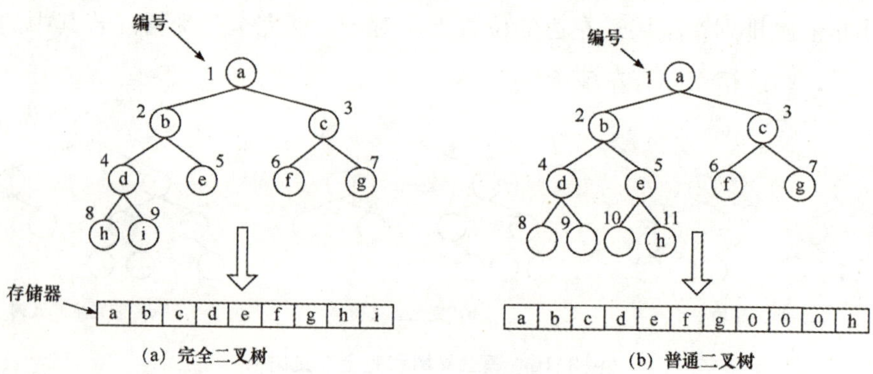

图8-17　二叉树的顺序存储

在二叉树的链式存储中，结点由数据域和两个指针域构成，数据域存放数据元素，两个指针域分别指示结点的左、右孩子结点，如图8-18（a）所示。我们把二叉树的这种链式存储称为二叉链表，如图8-18（b）所示。对于数据域值为B的结点，其没有左孩子，因此左孩子指针为空；对于数据域值为D的结点，其没有右孩子，因此右孩子指针为空。

左孩子指针	数据域	右孩子指针

(a) 结点结构

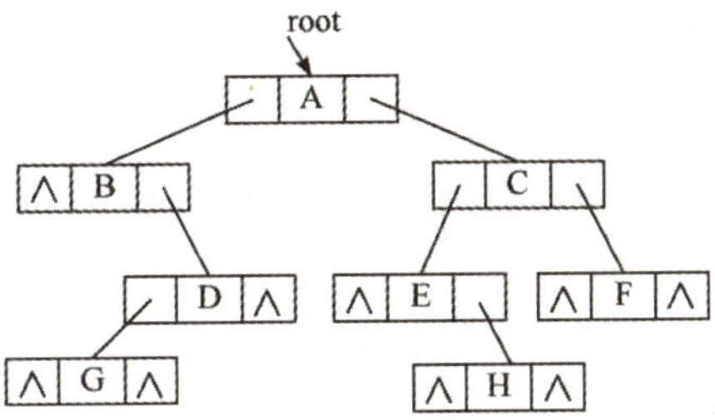

(b) 二叉链表

图8-18 二叉树的链式存储

8.5.3 二叉树的遍历

遍历二叉树是指按照一定搜索路径访问二叉树中每个结点，且仅访问一次。根据二叉树的定义，其结构可分为三部分：根结点、左子树和右子树。二叉树的遍历方式主要有先序遍历、中序遍历和后序遍历。当然也可按层次对二叉树进行遍历，这种遍历称为层次遍历。本节主要介绍先序遍历、中序遍历和后序遍历。我们约定：左、右子树的遍历先后次序是先左子树、后右子树。

1. 先序遍历

先序遍历又称先根遍历，其遍历过程是：先访问根结点，再先序遍历左子树，最后先序遍历右子树。例如，图8-18（b）所示二叉树的先序遍历序列为：ABDGCEHF。

2. 中序遍历

中序遍历又称中根遍历，其遍历过程是：先中序遍历左子树，再访问根结点，最后中序遍历右子树。例如，图8-18（b）所示二叉树的中序遍历序列为：BGDAEHCF。

3. 后序遍历

后序遍历又称后根遍历，其遍历过程是：先后序遍历左子树，再后序遍历右子树，最后访问根结点。例如，图8-18（b）所示二叉树的后序遍历序列为：GDBHEFCA。

8.6 查找和排序

8.6.1 查找

在给定的某种数据结构中寻找某个数值的过程就是查找。若找到该数值，则查找成功，否则，查找失败。在不同的数据结构中，有不同的查找方法。本节主要介绍针对线性表的两种查找方法：顺序查找和二分查找。

1. 顺序查找

顺序查找是一种最简单的查找方法。其查找过程为：从表的一端开始，依次将表中的元素与待查元素k相比较，若当前的元素与k相等，则查找成功；若依次访问线性表所有元素后，没有找到与k相等的元素，则查找失败。

例如，有线性表（5，13，19，21，37，56，64，75，80，88，92），现要查找元素64，则从一端开始（假设从尾端），先与92比较，不相等，再与88比较，不相等，依次类推，当比较到64时，结果相等，则查找成功。若要查找元素12，则结果是查找失败。在平均情况下，大约要与表中一半以上的元素进行比较。因此，当表中元素很多时，顺序查找的查找效率相对较低。

2. 二分查找

二分查找（又称折半查找）只适用于采用顺序存储的线性表，并且表中的元素必须是有序的（假设是从小到大排序）。其查找过程为：用待查元素k与线性表中间位置上的元素m比较，若相等，则查找成功；若k > m，则用同样的方法查找m右边的元素组成的子表；若k < m，则用同样的方法查找m左边的元素组成的子表；如此下去，不断缩小查找范围，直到找到元素或找不到元素为止（即low > high，low和high用于表示查找的范围，是待查表或子表的边界元素位置，low代表待查表第一个元素位置，high代表待查表最后一个元素的位置）。

例如，有顺序表（5，13，19，21，37，56，64，75，80，88，92），现查找元素21，则二分查找的过程如图8-19所示。中间位置mid=$\lfloor(low+high)/2\rfloor$，其中low和high的初值分别为1和11，1代表第一个元素位置，11代表第11个元素的位置，查找范围是1至11。相比于顺序查找，折半查找效率高。最坏情况下，折半查找需比较$\log_2 n$次，而顺序查找需比较n次。

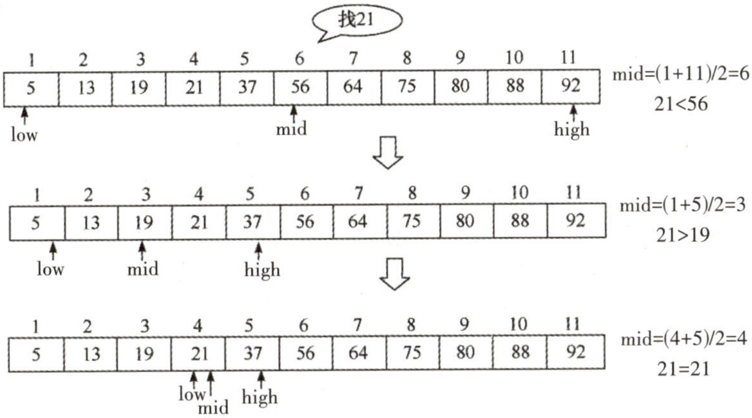

图8-19　二分查找

8.6.2　排序

排序在日常生活中处处可见，如军训时同学们按身高由低到高站队列，班级点名册按学号有序排列，同学们评优评奖时按成绩总分高低排序等。排序的主要目的就是方便查找。将一组任意顺序的数据元素序列，重新排列成有序（升序或降序）序列的过程就是排序。根据排序过程中所涉及的存储器的不同，将排序方法分为内排序和外排序。内排序是指待排序列中的元素可一次性存放在内存储器中的排序过程。外排序是指待排序列中的元素过多，不能同时存放在内存储器中（只能一部分存放在内存储器中，一部分存放在外存储器中），并需在内、外存储器间交换元素的排序过程。本节主要介绍内排序。常用的内排序方法有：插入排序、交换排序和选择排序。下面以升序排序为例，介绍这三种内排序方法，待排序列采用顺序存储结构。

1. 插入排序

插入排序的实质是从未排序序列中依次取出元素与已排序序列中的元素进行比较，将其放入已排序序列中的正确位置上。简言之，它是边插入边排序，保证子序列随时都是排好序的。下面主要介绍两种插入排序：简单插入排序和希尔排序。

（1）简单插入排序

基本思想：把待排序列中第一个元素看成一个有序子序列，将待排序列中剩余元素依次插入该有序子序列的适当位置上，保证该子序列仍然有序，如此下去，直至将待排序列中最后一个元素插入该有序子序列中。简单插入排序的关键就是通过比较找到待插元素在有序子序列中的位置，具体方法为：先将待插元素临时保存，再让待插元素与有序子序列中的元素依次比较（按从后到前的顺序），若该待插元素小，则与之比较的有序子序列中的相应元素就后移一位，直到该待插元素大，则已找到其插入位置，如图8-20所示。

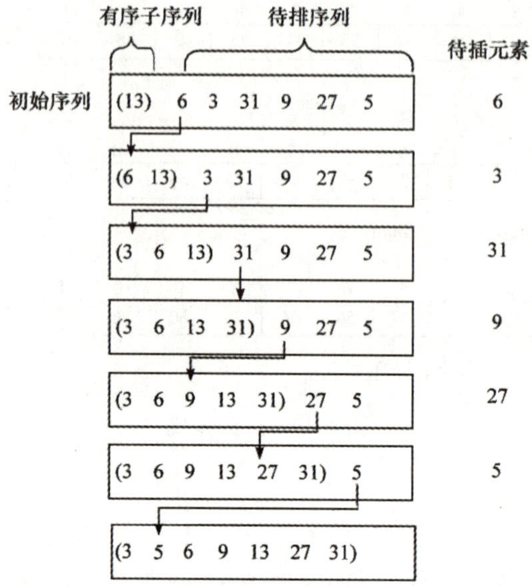

图8-20 简单插入排序

该排序方法在最坏情况下的时间复杂度为$O(n^2)$，即每插入一个元素需与子序列中每个元素进行比较找到插入位置。

（2）希尔排序

基本思想：先将整个待排序列分割成若干子序列，分别进行简单插入排序，待整个序列中的元素基本有序时，再对全体元素进行一次简单插入排序，如图8-21所示。子序列的构成不是简单地逐段分割，而是将相隔某个增量d的元素组成一个子序列，让增量d逐趟缩短（如依次取5，3），直到d = 1为止。这样做的好处是让值小的元素能很快前移，且等到序列基本有序时，再用简单插入排序处理，排序效率会得到提高。

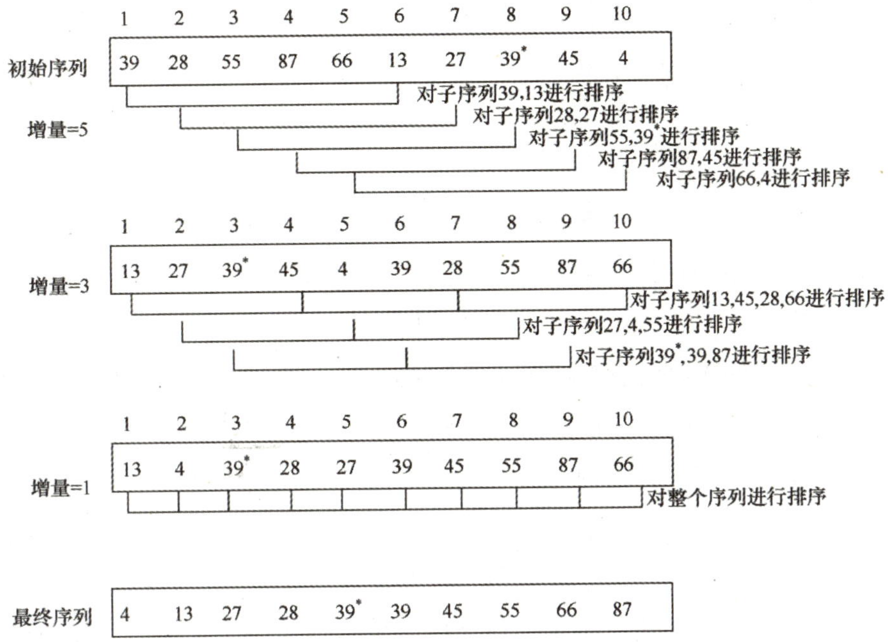

图8-21　希尔排序

2. 交换排序

交换排序的实质是两两比较，出现逆序时，就相互交换位置，直到所有元素都排好序为止。下面主要介绍两种交换排序：冒泡排序和快速排序。

（1）冒泡排序

基本思想：每趟不断将元素两两比较，并按“前小后大”（或“前大后小”）规则交换。每趟结束时，不仅能挤出一个最大值（或最小值）到最终正确位置上，还能同时理顺其他元素；一旦某趟排序过程中没有发生交换，就可结束排序，如图8-22所示。

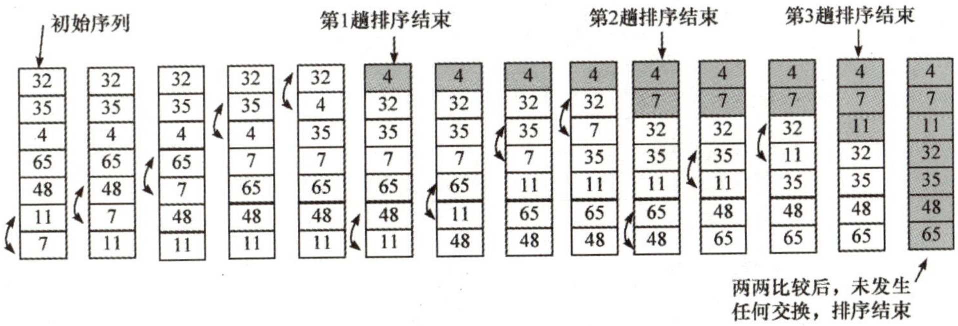

图8-22　冒泡排序

冒泡排序的最好情况是初始序列已经有序（假设序列中有n个元素），只执行一趟冒泡，做n－1次比较，无须交换。最坏情况是初始逆序，要执行n－1趟冒泡，第i趟

（1≤i＜n−1）做n－i次比较，执行n－i次交换（每次交换会有3次移动），此时比较总次数为n(n－1)/2，移动次数为3n(n－1)/2，因此最坏情况的时间复杂度为$O(n^2)$。

（2）快速排序

基本思想：从待排序列中任取一个元素（一般取第一个）作为枢轴，所有比它小的元素一律前放，所有比它大的元素一律后放，形成左、右两个子表；然后再对各子表重复上述过程，直到每个子表只剩一个元素（有序）。

以序列（32，35，4，65，48，11，7）为例，一趟快速排序过程如图8-23所示。设置两指针i和j分别从前往后和从后往前扫描序列，初始时，i指向第一个元素，j指向最后一个元素，并暂时保存枢轴元素。先从j所指位置往前扫描，找到第一个小于枢轴的元素，将该元素放置在i所指位置上（初始时，此位置上原元素已作为枢轴临时保存）；再从i所指位置往后扫描，找到第一个大于枢轴的元素，将该元素放置在j所指位置上，重复上述两步，直至i＝j，将枢轴放在此位置，即i和j共同所指的位置。上述过程完成了一趟快速排序，将序列分成了两个子表，左边是比枢轴小的元素，右边是比枢轴大的元素。整个快速排序的过程可递归进行，若待排序列中只有一个元素，即已有序，否则进行一趟快速排序后再分别对分割所得的两个子序列进行快速排序。

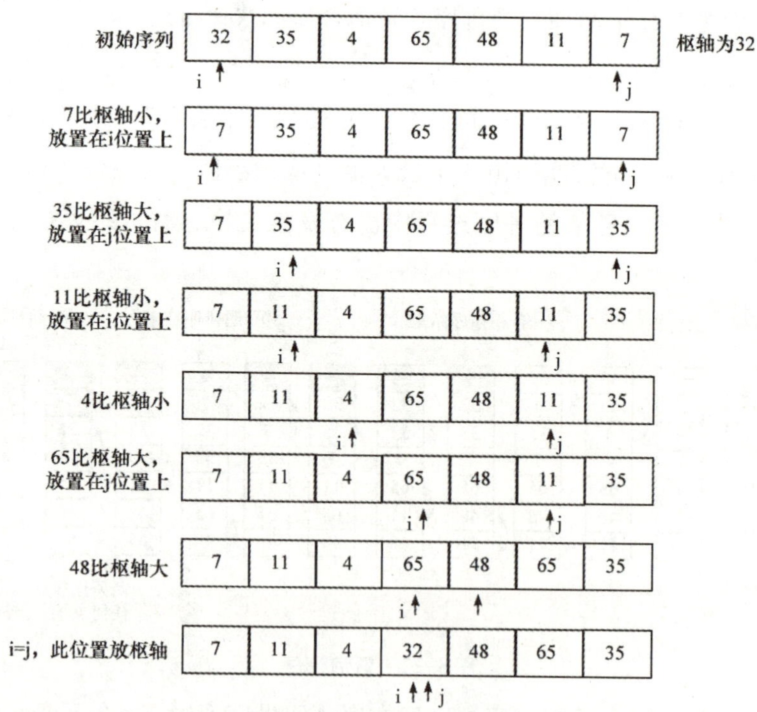

图8-23　快速排序（一趟排序过程）

快速排序的最好情况是对某个无序元素序列进行快速排序时，每次选择的枢轴为中间值，即得到的两子表是均匀的，即长度相近。最坏情况是枢轴偏向某一端，例如，序列已排好序，时间复杂度为$O(n^2)$。快速排序的平均性能为$O(n\log_2 n)$，优于前面讨论的各种排序方法，是内部排序方法中最快的一种（在n较大且无序时）。

3. 选择排序

选择排序的实质是从未排序序列中挑选元素，并将其放入已排序序列的一端，即每一趟在n－i＋1（i＝1，2，…，n－1）个元素中选取关键字最小的元素，将该元素与序列中的第i个元素交换，即让选出的这个元素放置在最终的位置上，也就是作为有序序列中的第i个元素，其中n是待排序列中元素的个数。

下面主要介绍两种选择排序：简单选择排序和堆排序。

（1）简单选择排序

假设一个待排序列有n个元素，利用简单选择排序进行排序的过程为：首先，通过n-1次比较，从n个元素中找出值最大的元素，将它与第一个元素交换，即将最小元素放在最终应该在的位置上；然后，通过n－2次比较，从剩余的n－1个元素中找出值次小的元素，将它与第二个元素交换；重复上述操作，共进行n－1趟排序后，排序结束。以序列（52，35，60，85，68，27，31）为例，其简单选择排序过程如图8-24所示。

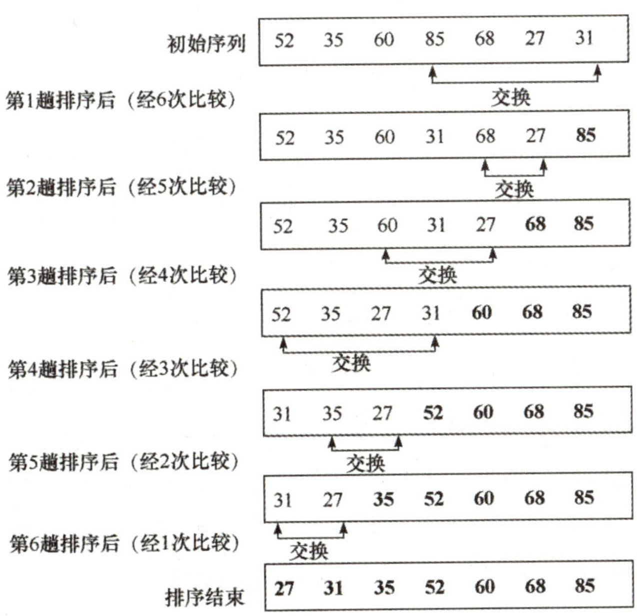

图8-24 简单选择排序

无论初始排列如何，其所需移动元素的次数较少，最小为0，最大为3(n-1)。所需进行的比较次数均为n(n-1)/2，因此，简单选择排序的时间复杂度为$O(n^2)$。

（2）堆排序

堆排序是对简单选择排序的一种改进，其改进之处体现在每趟排序中的最值选取方法上。堆排序是利用建堆的方式获取最值（堆中的堆顶元素是最值）。其具体的排序思想为：先将序列映射到一棵完全二叉树中，序列中第一个元素是树根，第二个元素是根的左孩子，第三个元素是根的右孩子，如此，自上而下、自左至右将元素映射到一棵完全二叉树中的对应结点上；然后，将该完全二叉树建成大根堆，根结点即最大值，将根结点与树中最后一个元素交换，即确定了最大值的位置，这是第一趟堆排序；再将剩余元素调整成大根堆，根结点就是次大值，如此下去，经过n－1趟堆排序后，序列有序。在最坏情况下，堆排序时间复杂度为$O(n\log_2 n)$，且堆排序适用于顺序存储结构以及n较大的情况。

小根堆满足如下性质：完全二叉树中每个结点的值都不大于其左、右孩子的值。在小根堆中，堆顶（树根）是序列的最小值。当然也可以利用大根堆完成堆排序，大根堆中每个结点的值都不小于其左、右孩子的值，堆顶是序列的最大值。

假设待排序列是（60，40，70，95，80，20，30，50），以大根堆为例，建初始堆的具体过程如图8-25所示。

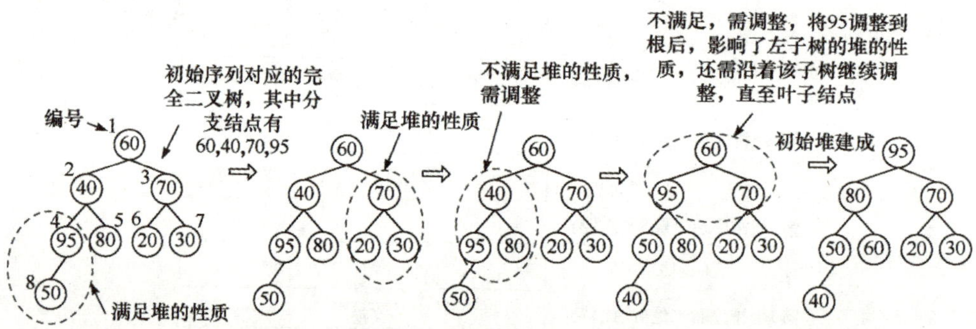

图8-25　建初始堆(大根堆)

先将待排序列映射到一棵完全二叉树中，再从该完全二叉树的最后一个分支结点开始（即95，其编号为4，是所有分支结点中编号最大的）。若该结点与其左、右孩子不满足大根堆性质，则将该结点与其较大孩子进行交换。若此次交换破坏了该结点的某棵子树的大根堆性质，则用同样方法沿着该子树进行调整，直至叶子结点。接着，用同样的方法调整倒数第二个分支结点（即70，其编号是3），直至调整至根结点。

堆排序的具体过程如图8-26所示。先将堆顶与最后一个元素（堆中的末尾元素）交换，这一步其实是将最值元素放置在最终的位置上［如图8-26（b）所示，将最值95与末尾元素40交换，就是将95放置在末尾位置上，因为95是原序列的最大值，从小到大排序后，95 必然在序列的末尾位置]，再按照上述建堆的方法调整根结点，使剩余元素重新变成大根堆，如此重复这两步操作，直至堆中只剩下一个结点，便得到了一个有序序列。

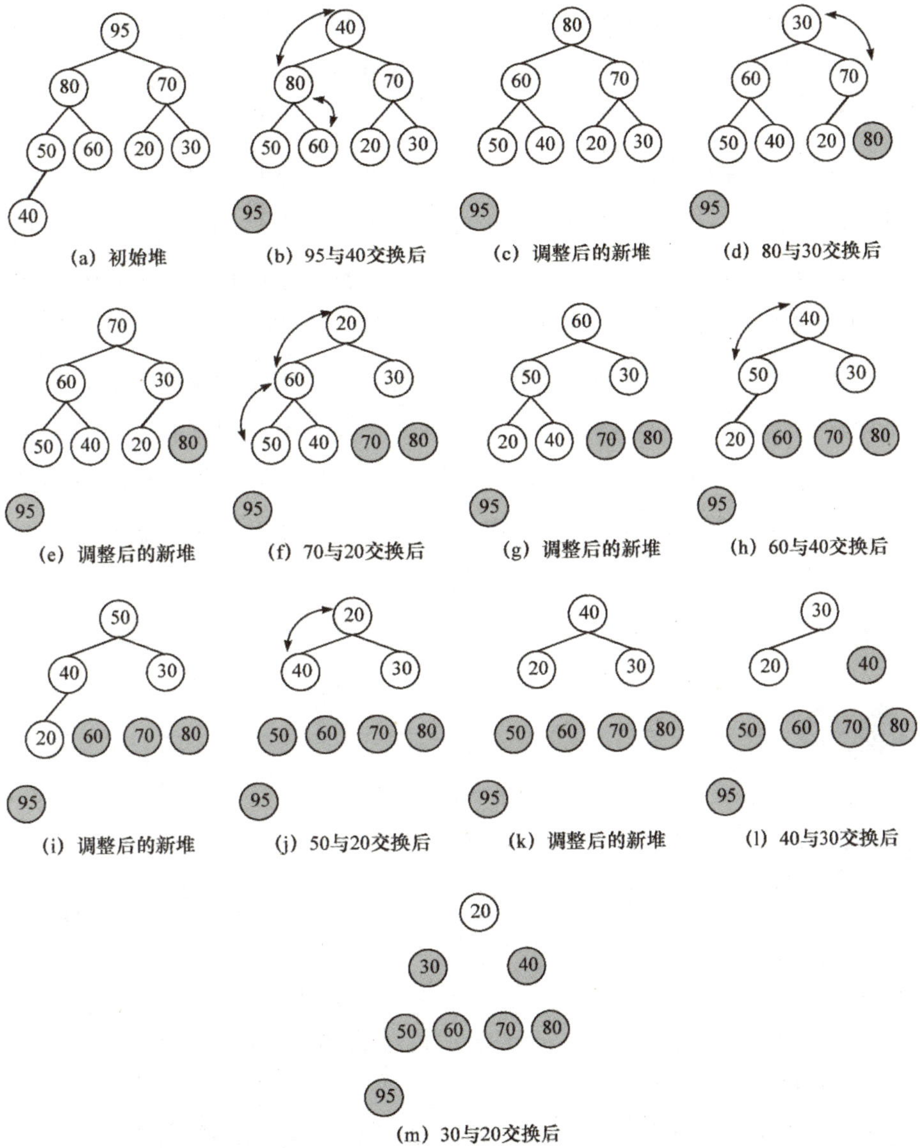

(a) 初始堆　(b) 95与40交换后　(c) 调整后的新堆　(d) 80与30交换后

(e) 调整后的新堆　(f) 70与20交换后　(g) 调整后的新堆　(h) 60与40交换后

(i) 调整后的新堆　(j) 50与20交换后　(k) 调整后的新堆　(l) 40与30交换后

(m) 30与20交换后

图 8–26　堆排序(大根堆)

本章小结

算法是为解决实际问题而编制的一组有限的操作序列，具有有穷性、确定性、可行性、输入和输出五个特性。一个算法的优劣可依据时间复杂度和空间复杂度来评判。

数据结构是带结构的数据元素的集合。数据的逻辑结构是具有相同性质的数据元素之间存在的逻辑关系。依据逻辑关系的不同特性，数据结构可分为线性结构、树形结构、图形结构、集合，例如，线性表、栈和队列都属于线性结构，树和二叉树都属于树形结构。数据的物理结构，又称存储结构，是数据结构在计算机中的存储形式，包括数据元素在计算机中的存储形式和逻辑结构在计算机中的存储形式。存储结构主要有顺序存储、链式存储、索引存储和散列存储。我们可以对某种数据结构下的数据元素的有限集合进行相应的操作，如插入或删除运算、查找某个数据元素以及排序等。关于查找，本章主要介绍了顺序查找和二分查找。关于排序，本章主要介绍了三大类排序：插入排序（简单插入排序和希尔排序）、交换排序（冒泡排序和快速排序）和选择排序（简单选择排序和堆排序）。

习题

单项选择题

1. 在数据结构中，从逻辑上可把数据结构分成（　　）。

A. 动态结构和静态结构　　B. 紧凑结构和非紧凑结构

C. 内部结构和外部结构　　D. 线性结构和非线性结构

2. 算法分析的目的是（　　）。

A. 找出数据结构的合理性　　B. 研究算法中的输入和输出的关系

C. 分析算法的效率以求改进　　D. 分析算法的易懂性和文档性

3. 线性表若采用链式存储结构，要求内存中可用存储单元的地址（　　）。

A. 必须是连续的　　B. 部分地址必须是连续的

C. 一定是不连续的　　D. 连续或不连续都可以

4. 线性表的顺序存储结构是一种（　　）的存储结构。

A. 随机存取　　B. 索引存取　　C. 顺序存取　　D. 散列存取

5. 一个栈的入栈序列是a，b，c，d，e，则栈的输出序列不可能是（　　）。

A. edcba　　B. decba

C. dceab　　D. abcde

6. 若已知一个栈的入栈序列是1，2，3，…，n，其输出序列为p_1，p_2，p_3，…，p_n，若p_1=n，则p_i为（　　）。

A. i　　B. n－i

C. n−i+1　　D. 不确定

7. 一个队列的数据入队序列是1，2，3，4，则队列出队时的输出序列是（　　）。

A. 4，3，2，1　　B. 1，2，3，4

C. 1，4，3，2　　D. 3，2，4，1

8. 栈和队列的共同点是（　　）。

A. 都是先进后出　　B. 都是先进先出

C. 只允许在端点处插入和删除元素　　D. 没有共同点

9. 按照二叉树的定义，具有3个结点的不同形状的二叉树有（　　）种。

A. 3　　B. 4　　C. 5　　D. 6

10. 深度为5的二叉树至多有（　　）个结点。

A. 16　　B. 32　　C. 31　　D. 10

11. 一个满二叉树有m个树叶、n个结点，深度为h，则（　　）。

A. $n = h + m$　　B. $h + m = 2n$

C. $m = h - 1$　　D. $n = 2^h - 1$

12. 对线性表进行二分查找时，要求线性表必须（　　）。

A. 以顺序方式存储　　B. 以顺序方式存储，且结点按值有序排序

C. 以链接方式存储　　D. 以链接方式存储，且结点按值有序排序

简答题

1. 简述线性表和栈的区别，队列和栈这两种数据结构的相同点和不同点。

2. 树和二叉树的主要差别是什么？

3. 已知一组初始记录关键字序列为（54，38，96，23，15，90，72，60，45，83），完成下列各题：

（1）写出以54为基准的第一趟快速排序结果。

（2）写出一趟希尔排序（增量序列为5）的排序结果，要求：递增排列。

4. 假定有一组无序序列（46，79，56，38，40，84，50，42），试将该序列建成一个小根堆。

5. 给出下列二叉树的先序、中序和后序遍历序列。

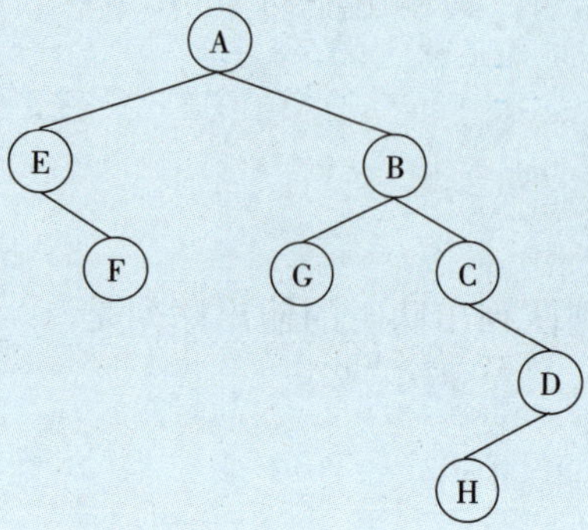

第9章 软件工程基础

在现代社会中，软件应用于多个方面。典型的软件有电子邮件、嵌入式系统、人机界面、办公套件、操作系统、编译器、数据库、游戏等。同时，各个行业几乎都有计算机软件的应用，比如工业、农业、银行、航空、政府部门等。这些应用促进了经济和社会的发展，使得人们的工作更加高效，同时提高了生活质量。软件行业属于第三产业，具有高智力、低成本投入、高速发展、服务性强、全球性强、与国民经济关系密切等特点。一个高质量的软件会给企业和社会带来很大的便利，具有非常良好的发展前景。

9.1 软件工程基础

9.1.1 软件工程基本概念

1. 软件的概念及特点

软件指的是计算机系统中与硬件相互依存的另一部分，包括程序、数据和相关文档的完整集合。程序是软件开发人员根据用户需求开发的、用程序设计语言描述的、适合计算机执行的指令序列。数据是使程序能正常操纵信息的数据结构。文档是与程序的开发、维护和使用有关的图文资料。软件主要有六大特点：①软件是逻辑实体，而不是物理实体，具有抽象性；②没有明显的制作过程，可进行大量复制；③使用期间不存在磨损、老化问题；④软件的开发、运行对计算机系统具有依赖性；⑤软件复杂性高，成本昂贵；⑥软件开发涉及诸多社会因素。根据应用目标的不同，软件可分应用软件、系统软件和支撑软件（又称工具软件）。

2. 软件危机

计算机软件在开发和维护过程中曾遇到一系列严重问题。例如，一次美国在肯尼迪角发射一枚阿脱拉斯火箭，预定将用该火箭运载飞往金星的宇宙飞船。火箭飞离地面几十英里高空后开始翻转，地面控制中心被迫下令自爆炸毁。后经检查发现，飞行计划程序中漏掉了一个连字符。就是这样一个连字符的疏漏造成了这枚价值1 850万美元的火箭试验失败。另外一个经典案例是，一家软件公司于1984年将历经18个月的开发、耗资2亿美元的系统交付给威斯康星州的一家健康保险公司，但该系统不能满足用户的正常工作。软件公司只好追加6千万美金，又花了3年时间才解决问题。究其原因是软件开发人员不是用户业务的专家，用户不懂计算机软件技术，因此软件开发人员按照自己的理解开发出的软件与用户需求有差距。另外，用户在初期提出的需求不充分，之后又没有和软件开发人员好好交流，也是导致用户不满意的原因。我国也发生过类似的案例。安徽省2007年高考文科综合科目成绩因计算机漏统计了第39题考分，致使文科考生成绩统计有误。事后，安徽省采取紧急措施对这一失误进行纠正，文科考生成绩重新统分合成，文科各批次录取最低控制分数线也重新划定。

软件危机是指落后的软件生产方式无法满足迅速增长的计算机软件需求，从而导致软件开发与维护过程中出现一系列严重问题的现象。产生软件危机的原因众多，归纳起来主要有以下几个方面。

①与软件本身特点有关。软件不同于硬件，管理和控制软件过程相当困难。软件在运行过程中不会因为使用时间过长而被“用坏”，如果运行中发现了错误，很可能是遇到了一个在软件开发时期引入的在测试阶段没能检测出来的错误。软件不同于一般程序，它的一个显著特点是规模庞大，而且程序复杂性将随着程序规模的增加而呈指数上升。事实上，对用户需求没有完整、准确的认识就匆忙着手编写程序是许多软件开发工程失败的主要原因之一。

②与软件开发和维护的方法不正确有关。目前很多软件开发人员还具有只重视程序而忽视软件配置其余成分的糊涂观念。如果软件开发人员在定义时期没有正确、全面地理解用户需求，直到测试阶段或软件交付使用后才发现“已完成的”软件不完全符合用户的需要，这时再修改就为时已晚了。在软件开发的不同阶段进行修改需要付出的代价是很不相同的，如图9-1所示。

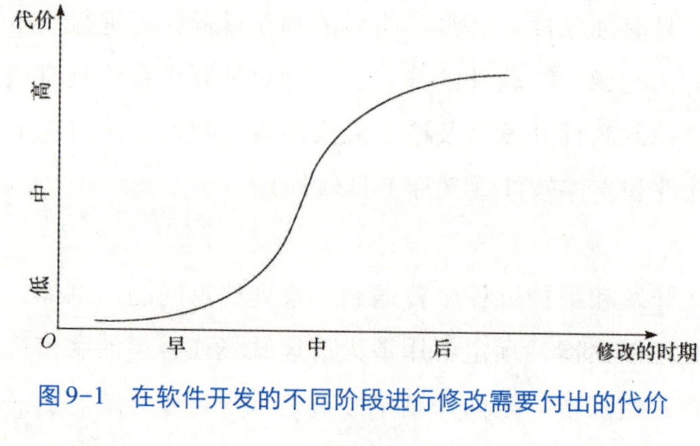

图9-1　在软件开发的不同阶段进行修改需要付出的代价

解决软件危机，首先应该对计算机软件有一个正确的认识，充分认识到软件开发不是某种个体劳动的神秘技巧，而是各类人员协同配合，共同完成的工程项目。同时，要推广使用在实践中总结出来的开发软件的成功技术和方法，并探索研究更好、更有效的技术和方法，及时开发和使用更好的软件工具。

我国把信息产业放在优先发展的地位。软件产业是高投入、高产出、无污染、低能耗的绿色产业，关系国家经济和文化安全，体现了国家综合实力，是决定21世纪国家竞争地位的战略性产业。

3. 软件工程

软件工程一直以来都缺乏一个统一的定义，很多学者、组织机构都分别给出了自己认可的定义。1968年，第一届北大西洋公约组织会议曾经给出了软件工程的一个早期定义："软件工程就是为了经济地获得可靠的且能在实际机器上有效地运行的软件，而建立和使用完善的工程原理。"1993年，IEEE进一步给出了一个更全面、更具体的定义，指出软件工程是："①把系统的、规范的、可度量的途径应用于软件开发、运行和维护过程，也就是把工程应用于软件；②研究①中提到的途径。"ISO 9000对软件工程过程的定义是："软件工程过程是输入转化为输出的一组彼此相关的资源和活动。"

综合上述定义，软件工程是指导计算机软件开发和维护的一门工程学科。采用工程的概念、原理、技术和方法来开发与维护软件，把经过时间考验而证明正确的管理技术和当前能够得到的最好的技术方法结合起来，以经济地开发出高质量的软件并有效地维护它，这就是软件工程。

软件工程方法学包括三个要素：方法、工具和过程。方法为软件开发提供了"如何做"的技术。它包括多方面的任务，如项目计划与估算、软件系统需求分析、数据结构、系统总体结构的设计、算法过程设计、编码、测试以及维护等。工具为软件工程方法提供了自动的或半自动的软件支撑环境。目前已经推出了许多软件工具，这些软件工具集成起来，称为计算机辅助软件工程（Computer-Aided Software Engineering，CASE）的软件开发支撑系统。CASE将各种软件工具、开发机器和一个存放开发过程信息的工程数据库组合起来形成一个软件工程环境。软件工程的过程则是将软件工程的方法和工具综合起来以达到合理、及时地进行计算机软件开发的目的。过程定义了方法使用的顺序、要求交付的文档资料、为保证质量和协调变化所需要的管理及软件开发各个阶段完成的里程碑。

软件工程的主要目标是在给定成本和进度的前提下，开发出具有适用性、有效性、可修改性、可靠性、可理解性、可维护性、可重用性、可移植性、可追踪性、可互操作性和满足用户需求的软件产品。追求这些目标有助于提高软件产品的质量和开发效率，减少维护的困难。

9.1.2　软件生命周期

1. 软件生命周期的定义

软件生命周期（Software Life Cycle，SLC）是软件从产生直到报废或停止使用的生命周期。软件生命周期由软件定义、软件开发和软件维护三个时期组成，每个时期又进一步划分成多个阶段。生命周期的每一个时期都有确定的任务，并产生一定规格的文档资料，提交给下一个时期作为继续工作的依据。按照软件的生命周期，软件的开发不再只单单强调“编码”，而是概括了软件开发的全过程。软件工程要求每一时期工作的开始必须是建立在前一个时期结果“正确”前提上的延续，因此，每一时期都是按“活动→结果→审核→再活动→直至结果正确”循环往复进展的。

2. 软件生命周期各阶段任务

软件生命周期各阶段任务如图9–2所示。

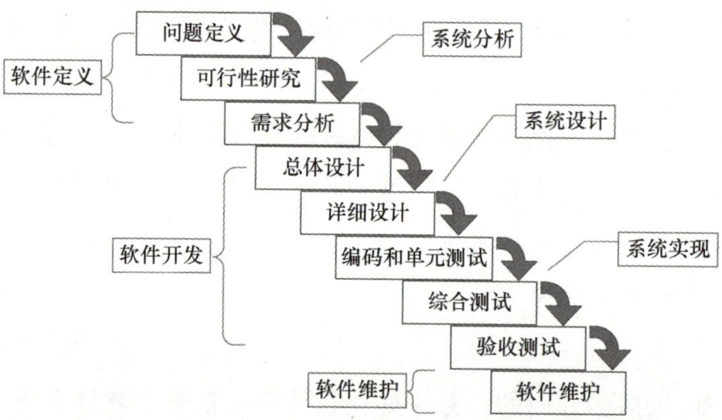

图9–2　软件生命周期各阶段任务

软件定义时期通常进一步划分成三个阶段，即问题定义、可行性研究和需求分析。软件定义时期的任务是确定软件开发工程必须完成的总目标；确定工程的可行性；导出实现工程目标应该采用的策略及系统必须完成的功能；估计完成该项工程需要的资源和成本，并且制订工程进度表。这个时期的工作通常又称为系统分析，由系统分析员负责完成。软件开发时期具体设计和实现在前一个时期定义的软件，它通常由下述四个阶段组成：总体设计，详细设计，编码和单元测试，综合测试。软件维护时期的主要任务是使软件持久地满足用户的需要。

下面简单介绍软件生命周期每个阶段的基本任务。

①问题定义。该阶段必须回答的关键问题是：要解决的问题是什么。

②可行性研究。研究对于上一个阶段所确定的问题行得通的解决办法。

③需求分析。这个阶段的任务仍然不是具体地解决问题，而是准确地确定“为了解决这个问题，目标系统必须做什么”，主要是确定目标系统必须具备哪些功能。这个阶段的一项重要任务是用正式文档准确地记录对目标系统的需求，产生规格说明书。

④总体设计。这个阶段必须回答的关键问题是“概括地说，应该怎样实现目标系统”。应设计出低成本、中等成本、高成本三种方案，并推荐最佳方案。

⑤详细设计。这个阶段必须回答的关键问题是“应该怎样具体实现这个目标系统”。设计每个模块，确定实现模块功能所需要的算法和数据结构。

⑥编码和单元测试。这个阶段的关键任务是写出正确的、容易理解和维护的程序模块。

⑦综合测试。这个阶段的关键任务是通过各种类型的测试使软件达到预定的要求，包含集成测试、功能测试、性能测试等。

⑧验收测试。按照规格说明书的规定，由用户对目标系统进行验收。

⑨软件维护。通常有四类维护活动：改正性维护，诊断和改正在使用过程中发现的软件错误；适应性维护，修改软件以适应环境的变化；完善性维护，根据用户的要求改进或扩充软件使它更完善；预防性维护，修改软件为将来的维护活动预先做准备。

9.1.3 软件开发工具与软件开发环境

1. 软件开发工具

软件开发工具是用于辅助软件生命周期过程的基于计算机的工具，通常可以设计并实现工具来支持特定的软件工程方法，减少手工方式管理的负担，让软件工程更加系统化。工具的种类包括支持单个任务的工具及囊括整个生命周期的工具。

软件开发工具指的是很方便地把一种编程语言代码化并编译执行的工具。其中主要的语言开发工具有几大类：Java开发工具、.NET开发工具、Delphi开发工具等。

Java开发工具主要有MyEclipse、Eclipse、NetBeans等。MyEclipse应用开发平台是J2EE集成开发环境，包括了完备的编码、调试、测试和发布功能，完整支持JAVA、HTML、Struts、Spring、JSP、CSS、Javascript、SQL、Hibernate。MyEclipse应用开发平台结构上实现Eclipse单个功能部件的模块化，并可以有选择性地对单独的模块进行扩展和升级。Eclipse是目前功能比较强大的Java编程软件，是一个集成工具的开放平台，而这些工具主要是一些开源工具软件，在一个开源模式下运作，并遵照共同的公共条款。Eclipse平台为工具软件开发者提供工具开发的灵活性和控制自己软件的技术。NetBeans是开放源码的Java集成开发环境，适用于各种客户机和Web应用。Sun Java Studio是Sun公司发布的商用全功能Java IDE，支持Solaris、Linux和Windows平台，适于创建和部署2层Java Web应用和N层J2EE应用的企业开发人员使用。

.NET开发工具是Microsoft Visual Studio，是一套完整的开发工具，用于生成ASP NET Web应用程序、Web services、桌面应用程序和移动应用程序。Visual Basic、Visual C#和Visual C++都使用相同的集成开发环境，这样就能够进行工具共享，并能够轻松地创建混合语言解决方案。

Delphi开发工具是Windows平台下一款著名的快速应用程序开发工具。它的前身是DOS时代盛行一时的Borland Turbo Pascal，最早的版本是由美国Borland（宝兰）公司于1995年开发的。Delphi是一个集成开发环境，使用的核心是由传统Pascal语言发展而来的Object Pascal，以图形用户界面为开发环境，透过IDE、VCL工具与编译器，配合连接数据库的功能，构成一个以面向对象程序设计为中心的应用程序开发工具。

2. 软件开发环境

软件开发环境（Software Development Environment，SDE）是指在基本硬件和宿主软件的基础上，为支持系统软件和应用软件的工程化开发和维护而使用的一组软件。它由软件工具和环境集成机制构成，前者用以支持软件开发的相关过程、活动和任务，后者为工具集成和软件的开发、维护及管理提供统一的支持。

软件开发环境的主要组成部分是软件工具。人机界面是软件开发环境与用户之间的一个统一的交互式对话系统，它是软件开发环境的重要质量标志。存储各种软件工具加工所产生的软件产品或半成品（如软件开发环境参考书、源代码、测试数据和各种文档资料等）的软件环境数据库是软件开发环境的核心。工具间的联系和相互理解都是通过存储在信息库中的共享数据得以实现的。计算机辅助软件工程（CASE）原来是指用来支持管理信息系统（Management Information System，MIS）开发的、由各种计算机辅助软件和工具组成的一个大型综合性软件开发环境，随着各种工具及软件技术的发展、完善和不断集成，逐步由单纯的辅助开发工具环境转化为一种相对独立的方法。狭义上来说，CASE就是一组工具和方法的集合，可以辅助软件生存周期各个阶段的软件开发。

计算机辅助软件工程提供了产生图表的自动图形工具、屏幕和报告生成器、数据字典、扩充报告工具、分析和检查工具、代码生成器和文档生成器。多数计算机辅助软件工程基于一个或者多个流行的结构化方法，其中一些支持面向对象的开发。归纳起来，CASE有三大作用，这些作用从根本上改变了软件系统的开发方式。第一是具有快速响应、专用资源和早期查错功能的交互式开发环境；第二是对软件的开发和维护过程中的许多环节实现了自动化；第三是通过一个强有力的图形接口实现了直观的程序设计。

9.2 结构化分析

9.2.1 结构化分析简介

通常把在软件生命周期全过程中使用的一整套技术方法的集合称为方法学（Methodology），也称为范型（Paradigm）。在软件工程领域中，这两个术语的含义基本相同。目前使用最广泛的软件工程方法学是传统方法学和面向对象方法学。

传统方法学也称为生命周期方法学或结构化范型。它采用结构化技术（结构化分析、结构化设计和结构化实现）来完成软件开发的各项任务，并使用适当的软件工具或软件工程环境来支持结构化技术的运用。与传统方法学相反，面向对象方法学把数据和行为看成是同等重要的，它是一种以数据为主线，把数据和对数据的操作紧密地结合起来的方法。本书重点讲述传统方法学。

9.2.2 需求分析

1. 需求分析的概念

为了开发出真正满足用户需求的软件产品，首先必须知道用户的需求。对软件需求的深入理解是软件开发工作获得成功的前提条件，不论人们把设计和编码工作做得如何出色，不能真正满足用户需求的程序只会令用户失望，给开发者带来烦恼。需求分析是软件定义时期的最后一个阶段，它的基本任务是准确地回答“系统必须做什么”这个问题。

尽管目前有许多不同的用于需求分析的结构化分析方法，但是，所有这些分析方法都遵守下述准则：

①必须理解并描述问题的信息域，根据这条准则建立数据模型。

②必须定义软件应完成的功能，这条准则要求建立功能模型。

③必须描述作为外部事件结果的软件行为，这条准则要求建立行为模型。

④必须对描述信息、功能和行为的模型进行分解，用层次的方式展示细节。

需求分析的任务多种多样，通常对软件系统有下述几方面的综合要求：

①功能需求指定系统必须提供的服务，通过需求分析应该划分出系统必须完成的

所有功能。

②性能需求指定系统必须满足的定时约束或容量约束，通常包括速度（响应时间）、信息量速率、主存容量、磁盘容量、安全性等方面的需求。

③可靠性需求指在规定的条件下，在规定的时间内，软件不引起系统失效的概率，以及在规定的时间周期内，在所述条件下程序执行所要求的功能的能力。

④可用性需求指在特定使用环境下为特定用户用于特定用途时，所具有的有效性、效率和用户主观满意度。

⑤异常处理需求指提供了处理程序运行时出现的任何意外或异常情况的方法。

⑥接口需求描述应用系统与它的环境通信的格式，包括用户接口需求、硬件接口需求、软件接口需求、通信接口需求。

此外还有逆向需求和可扩展需求等。

2. 软件需求分析的任务及过程

需求分析的基本任务是通过软件开发人员与用户的交流和讨论，准确地分析理解原系统，定义新系统的基本功能、性能、开发时间、投资情况、人员安排等，并获得软件需求规格说明书。需求分析的具体任务包括：

①确定目标系统的具体要求。在可行性研究的基础上，一般通过双方交流、调查研究，来确定对问题的综合需求，并达到共同的理解。

②建立目标系统的逻辑模型。软件系统的逻辑模型分为数据模型、功能模型和行为模型。可用层次的方式对逻辑模型进行细化，并采用相应的图形以及数据字典进行描述。其中数据模型采用E-R图来描述，功能模型常用数据流图来描述，行为模型常用状态转换图来描绘系统的各种行为模式（状态）和不同状态间的转换，数据字典用来描述软件使用或产生的所有数据对象。具体描述工具及用法将在下一节中进行介绍。

③编写需求文档，验证确认需求。编写软件需求规格说明书（Software Requirement Specification，SRS），用于描述系统的数据、功能、行为、性能需求、设计约束、验收标准，以及其他与系统需求相关的信息。

软件需求分析的过程也称为需求开发，可分为需求获取、综合与描述、需求验证和编写文档等步骤，是一个不断深入与完善的迭代过程。通常从用户获取的初步需求存在不够精确、模糊、片面等问题，要通过进一步调研、修改、补充、细化、删减、整合和完善，最后得出全面且可行的软件需求。需求分析应有用户参加，随时进行沟通与交流，并最终征得用户认可。

9.2.3　结构化分析方法

1. 结构化分析概念

结构化分析（Structured Analysis，SA）方法是面向数据流的需求分析方法。SA方法根据软件内部的数据传递、变换关系，自顶向下逐层分解，绘出满足功能要求的模型。结构化分析的核心是数据。数据包括在需求分析、设计和实现中涉及的概念、术语、属性等所有内容，并把这些内容定义在数据字典中。围绕数据字典，完成功能模型、数据模型和行为模型的结构化建模过程，具体如图9-3所示。结构化分析总的指导思想是“自顶向下、逐步求精”，其基本原则是抽象与分解。

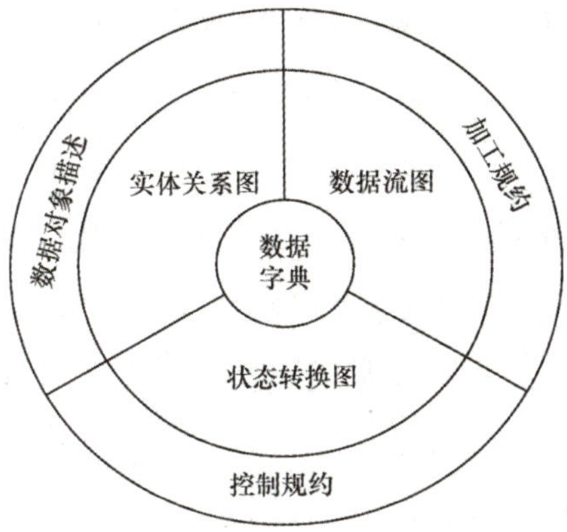

图9-3　结构化分析示意图

①抽象。分析问题时先考虑问题本质的属性，暂把细节略去，再逐层添加细节，直至涉及最详细的内容。

②分解。将复杂的问题分解为几个相对易于解决的小问题，然后再分别解决。分解可分层进行，先考虑问题最本质的方面，忽略细节，形成问题的高层概念，再逐层添加细节。

2. 结构化分析步骤

对软件进行结构化分析具体有四个步骤：

①构建原系统物理模型：对原系统进行详细调研并收集资料，通过认识原系统的工作过程，将看到、听到和收集到的实际情况用图表或文字进行描述。用模型表示对原系统的理解，如业务流程图等。

②抽象原系统逻辑模型：逻辑模型反映了原系统“做什么”的功能，需要去除物理模型中非本质的物理因素等，抽象并提取其本质的因素。

③建立新系统逻辑模型：在原系统的逻辑模型基础上，将新系统与原系统逻辑进行比较分析，查看决定变化的范围，找出要改变的部分，并抽象为加工，以确定加工

的外部环境及输入/输出。

④进一步补充和优化。

9.2.4 结构化分析常用工具

1. E–R 图

实体关系图（Entity Relationship Diagram，E–R 图）是目前最常用的数据建模方法，主要用于在需求分析阶段清晰地表达目标系统中数据之间的联系及其组织方式，建立系统的实体关系模型（E–R 模型）。实体关系模型可以在软件实现时转换成各种不同数据库管理系统所支持的数据物理模型。实体关系模型由实体、联系和属性三个基本成分组成。E–R 图由矩形框、菱形框、椭圆或圆角矩形及连线组成。其中，矩形框表示实体，菱形框表示关系，椭圆或圆角矩形表示实体（或关系）的属性。

2. 数据流图

数据流图（Data Flow Diagram，DFD）是一种图形化的系统模型，运用图形方式描述系统内部的数据流程，表达系统各处理环节之间的数据联系。DFD 是结构化分析的最基本工具，由一系列表示系统中元素的图形符号组成。这些符号表达了系统中各元素之间的数据具体流动和处理的过程。

DFD 的描述符号主要有四种：起点（或终点）、数据加工/处理、输入/输出文件、数据流连线，如表 9–1 所示。

表 9–1　DFD 描述符号图例及说明

名称	图例	说明
起点(或终点)	□	数据流的起点或终点,表示数据源或数据宿
数据加工/处理	○	表示对流到此处的数据进行加工或处理,即对数据的算法分析与科学计算
输入/输出文件	═	表示输入/输出文件,说明加工/处理前的输入文件,记录加工/处理后的输出文件,也可用单线
数据流连线	→	表示数据流的流动方向

下面举个例子。某礼品销售 App 的主要功能是：系统接收用户的订单，并对订单验证，验证过程主要根据礼品目录检查订单的正确性，并由顾客档案确定新老顾客及信誉情况。验证正确的订单，暂时存放在待处理的订单文件中。集中后对订单进行成批处理，对于有货的订单将通过短信给用户发送送货信息，对于缺货的订单将发送给供应商。店铺经理可以统计销售情况。该系统的 DFD 如图 9–4 所示。

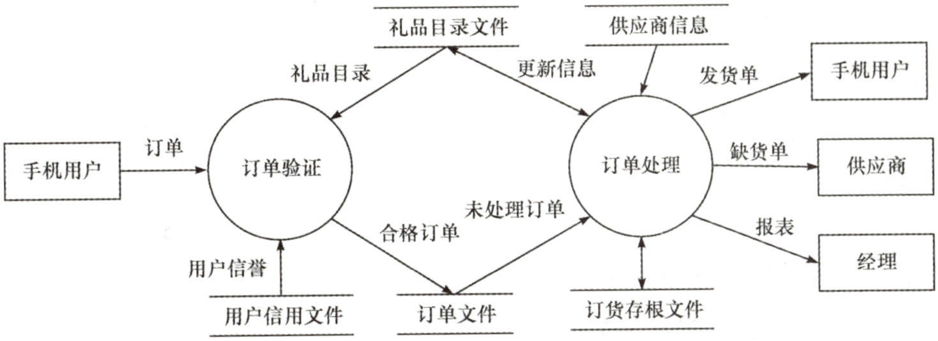

图9-4　某礼品销售App的销售系统DFD

3. 数据字典

数据词典（Data Dictionary，DD）是指存储数据源定义和属性（描述说明）的文档，是数据描述的重要组成部分。数据字典有四类条目：数据流、数据项、文件及基本加工。在定义数据流或文件时，使用表9-2给出的符号，将这些条目按照一定的规则进行组织，构成数据字典。

表9-2　在数据字典定义中使用的符号及示例

符号	定义	举例及说明
=	被定义为	
+	与	x = a+b，表示x由a与b组成
[… | …]	或	x = [a | b]，表示x由a或b组成
{…}	重复	x = {a}，表示x由0个或多个a组成
m{…}n或$\{\cdots\}_m^n$	重复	x = 2{a}5或x=$\{a\}_2^5$，表示x中最少出现2次a，最多出现5次a，5和2为重复次数的上、下限
(…)	可选	x =(a)，表示a可在x中出现，也可不出现
"…"	基本数据元素	x ="a"，表示x取值为字符a的数据元素
…	连接符	x = 1，… ，9，表示x可取1到9中任意一个值

DD以一种准确无二义性的说明方式，为软件分析、设计及维护提供了有关数据元素一致的定义和详细描述。目前，数据字典几乎总是作为CASE结构化分析与设计工具的一部分实现的。在开发大型软件系统的过程中，数据字典的规模和复杂程度迅速增加，人工维护数据字典几乎是不可能的。

下面举个例子。某旅馆的电话服务可以拨分机号和外线号码。分机号是从7201至7299。外线号码先拨9，然后是市话号码或长话号码。长话号码由区号和市话号码组成。区号是从100到300中任意的数字串。市话号码由局号和分局号组成。局号可以是455，466，888，552中任意一个号码。分局号是任意长度为4的数字串。该例数据字典定义可以如下：

电话号码 = 分机号 | 外线号码

分机号 = 7201，…，7299

外线号码 = 9+［市话号码 | 长话号码］

长话号码 = 区号+市话号码

区号 = 100，…，300

市话号码 = 局号 + 分局号

局号 = ［455 | 466 | 888 | 552］

分局号 = 4{数字}4

9.2.5 软件需求规格说明书

软件需求规格说明书（Software Requirements Specification，SRS）是分析员在需求分析阶段需要完成的文档，是软件需求分析的最终结果，是指在研究用户需求的基础上，完成可行性分析和投资效益分析以后，由软件工程师或分析员编写的说明书。它详细定义了信息流和界面、功能需求、设计要求和限制、测试准则和质量保证要求。它的作用主要是：作为软件开发人员与用户之间事实上的技术合同说明；作为软件开发人员下一步进行设计和编码的基础和依据；作为测试和验收的依据。SRS必须用统一格式的文档进行描述，为了使需求分析描述具有统一的风格，可以采用已有的且能满足项目需要的模板，也可以根据项目特点和软件开发小组的特点对标准进行适当的改动，形成自己的模板。软件需求规格说明书主要包括引言、任务概述、需求规定、运行环境规定和附录等内容。

软件需求规格说明书应该完整、一致、精确、无二义性，同时又要简明、易懂、易修改。由于软件需求规格说明书最终要得到开发者和用户双方的认可，所以要让用户能看得懂，并且还能发现和指出其中的错误，这对保证软件系统的质量有很大的作用。这就要求说明书尽可能少用或不用计算机领域的概念和术语。

9.3 结构化设计

9.3.1 软件设计简介

软件设计一般采用结构化的设计方法和面向对象的设计方法，本书主要从结构化设计方法着手介绍软件设计的基础知识。软件设计的任务是从软件需求规格说明书出发，根据需求分析阶段确定的功能设计软件系统的整体结构、划分功能模块、确定每个模块的实现算法以及编写具体的代码，形成软件的具体设计方案。软件设计是把许多事物和问题抽象起来，并且抽象它们不同的层次和角度。

软件设计过程是对程序结构、数据结构、过程细节和接口细节逐步细化，并评审和编写文档的过程。从技术角度讲，软件设计分为体系结构设计、数据设计、过程设计、接口设计四个方面。从管理角度讲，软件设计分为总体设计和详细设计两个阶段。

软件设计过程的目标有：必须实现分析模型中描述的所有显式需求，必须满足用户希望的所有隐式需求；设计必须是可读、可理解的，使得将来易于编程、易于测试、易于维护；设计应从实现角度出发，给出数据、功能、行为相关的软件全貌。

9.3.2 总体设计

1. 总体设计的概念及任务

总体设计的基本目的就是回答“概括地说，应该怎样实现目标系统”这个问题，因此，总体设计又称为概要设计或初步设计。总体设计阶段的另一项重要任务是设计软件的结构，也就是确定系统中每个程序是由哪些模块组成的，以及这些模块相互间的关系。总体设计是站在全局高度，从较抽象的层次上分析对比多种可能的系统实现方案和软件结构，从中选出最佳方案和最合理的软件结构，从而用较低成本开发出较高质量的软件系统。

总体设计过程中，首先要仔细地分析需求说明，寻找实现目标系统的各种方案。然后设计人员从这些方案中选出最佳方案向用户和使用部门推荐。如果他们接受了推荐的最佳方案，设计人员应进一步为最佳方案设计软件结构和数据库并制定测试计划。最后要对总体设计的结果进行严格的审查和复审。

总体设计的主要任务具体有：

①系统架构设计。根据系统的需求框架，确定系统的基本结构，形成系统架构，以获得有关系统创建的总体方案。首先根据系统业务需求，将系统分解成诸多具有独立任务的子系统；其次是分析子系统之间的通信，确定子系统的外部接口。当系统架构设计完成后，可将一个大的软件项目分解成许多小的软件子项目。

② 软件结构设计。系统架构确定后，就可以根据功能需求进行软件结构设计。软件结构设计是对组成系统的各个子系统的结构进行设计。设计人员应仔细地分析需求规格说明书，划分各个子系统的功能模块，形成具有预定功能的模块组成结构，确定模块间的调用关系。

③公共数据结构设计。设计人员应在需求分析阶段所确定的系统数据需求的基础

上，给出数据对象的逻辑表示，确定那些将被许多模块共同使用的公共数据的构造。例如，公共变量、数据文件以及数据库中的数据等，可以将这些数据看作系统的公共数据环境。

④文档编写。在总体设计阶段需要编写总体设计说明书、数据库设计说明书以及集成测试计划等文档。

⑤审查和复审。根据需求规格说明书对设计方案和各种文档进行严格的技术审查，通过后再由使用部门进行复审。

2. 总体设计原理

（1）模块化

模块是由边界元素限定的相邻程序元素（如数据说明、可执行的语句）的序列，而且有一个总体标识符代表它。模块是构成程序的基本构件。模块化就是把程序划分成独立命名且可独立访问的模块，每个模块完成一个子功能，把这些模块集成起来构成一个整体，可以完成指定的功能满足用户的需求。

（2）抽象

人类在认识复杂现象的过程中使用的最强有力的思维工具是抽象。人们在实践中认识到，在现实世界中一定事物、状态或过程之间总存在着某些相似的方面（共性）。把这些相似的方面集中和概括起来，暂时忽略它们之间的差异，这就是抽象。或者说抽象就是抽出事物的本质特性而暂时不考虑它们的细节。软件工程过程的每一步都是对软件解法的抽象层次的一次精化。在可行性研究阶段，软件作为系统的一个完整部件；在需求分析期间，软件解法是使用在问题环境内熟悉的方式描述的；当由总体设计向详细设计过渡时，抽象的程度也就随之减少了；最后，当源程序写出来以后，也就达到了抽象的最低层。

（3）逐步求精

逐步求精是为了能集中精力解决主要问题而尽量推迟对问题细节的考虑。逐步求精最初是由 Niklaus Wirth 提出的一种自顶向下的设计策略。按照这种设计策略，程序的体系结构是通过逐步精化处理过程的层次而设计出来的，通过逐步分解对功能的宏观陈述而开发出层次结构，直至最终得出用程序设计语言表达的程序。求精实际上是细化过程。抽象与求精是一对互补的概念。

（4）信息隐藏和局部化

信息隐藏是指在设计和确定模块时，使得一个模块内包含的信息（过程和数据）对于不需要这些信息的模块来说，是不能访问的。局部化是指把一些关系密切的软件元素物理地址放得彼此靠近。如果在测试期间和以后的软件维护期间需要修改软件，使用信息隐藏原理作为模块化系统设计的标准就会带来极大好处。

（5）模块独立

模块的独立性很重要，因为有效的模块化（即具有独立的模块）的软件比较容易开发出来。独立的模块比较容易测试和维护。模块的独立程度可以由两个定性标准度量，这两个标准分别称为内聚和耦合。内聚衡量一个模块内部各个元素彼此结合的紧密程度，它是信息隐藏和局部化概念的自然扩展。简单地说，理想内聚的模块只做一件事情。内聚和耦合是密切相关的，模块内的高内聚往往意味着模块间的松耦合。耦合是对一个软件结构内不同模块之间互连程度的度量。耦合强弱取决于模块间接口的复杂程度，进入或访问一个模块的点，以及通过接口的数据。

3. 总体设计工具

软件结构设计是总体设计的基本任务之一。这里主要介绍描绘软件结构的图形工具：层次图、HIPO图及结构图。

（1）层次图

通常使用层次图（Hierachical Chart，H图）描绘软件的层次结构。在层次图中，一个矩形框代表一个模块，矩形框间的连线表示调用关系（位于上方的矩形框所代表的模块调用位于下方的矩形框所代表的模块）。图9-5是层次图的一个例子，最顶层的矩形框代表学生成绩管理系统的主控模块，它调用下层模块以完成学生成绩管理的全部功能；第二层的每个模块控制完成学生成绩管理的一个主要功能，如“信息统计”模块通过调用它的下属模块可以完成三种信息统计功能中的任何一种。

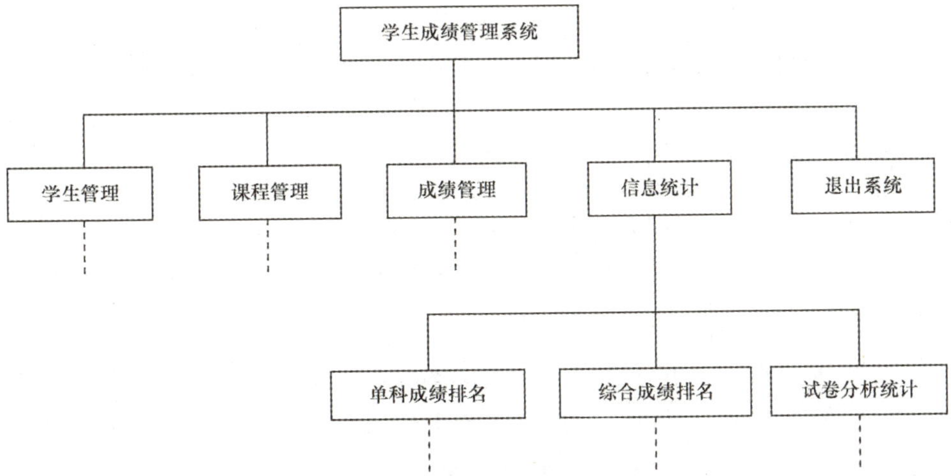

图9-5 学生成绩管理系统的层次图

（2）HIPO图

层次图经常结合输入/处理/输出图（Input/Procession/Output Chart，IPO图）构成

HIPO图，获得模块间的调用关系以及调用时传递的信息。HIPO图的画法就是在层次图里除了最顶层的方框之外，每个方框都加上编号。HIPO图的示例如图9-6所示。和层次图中每个方框（模块）相对应，应该有一张IPO图描绘这个方框代表的模块的处理过程。IPO图的基本形式是在左边的框内列出有关的输入数据，在中间的框内列出主要的处理，在右边的框内列出产生的输出数据。IPO图的示例如图9-7所示。

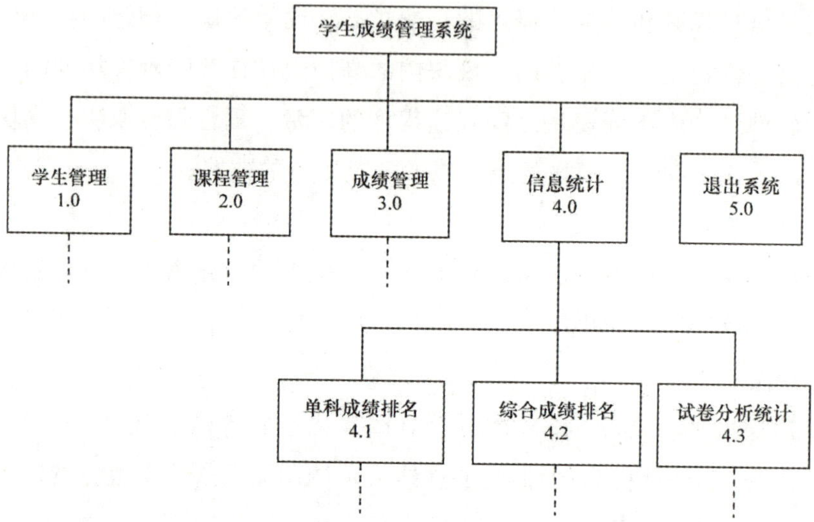

图9-6 HIPO图示例

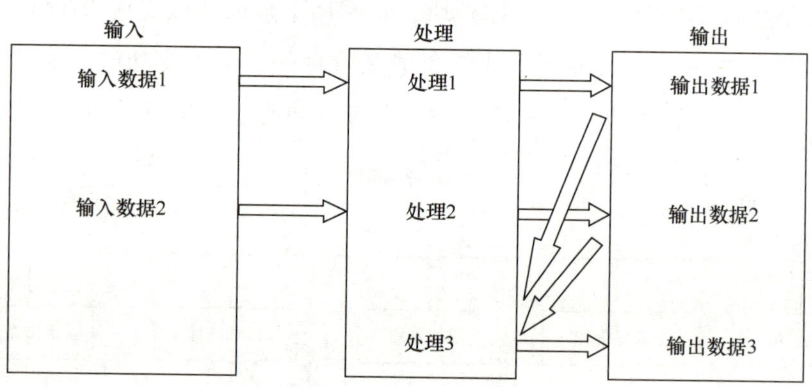

图9-7 IPO图示例

（3）结构图

结构图是由美国人Yourdon于1974年首先提出的，是进行软件结构设计的另一个有力工具。它的基本做法是将系统划分为若干子系统，子系统下再划分为若干个模块，大模块内再分小模块。结构图主要关心的是模块的外部属性，即上下级模块、同级模块之间的数据传递和调用关系，并不关心模块的内部。图中一个方框代表一个模块，框内注明模块的名字或主要功能；方框之间的箭头（或直线）表示模块的调用关系。尾部是空心圆的箭头表示传递的是数据，是实心圆的箭头表示传递的是控制信息。结构图图形符号及说明如表9-3所示。

表9-3　结构图图形符号及说明

符号	名称	说明
模块名称	模块	用一个矩形框表示软件系统中的一个模块，方框中写上模块名称。名字要恰当地反映模块的功能，功能在某种程度上反映了模块内各成分之间的联系
	调用	用一个带箭头的线段表示模块间的调用关系。该箭头连接调用和被调用模块，箭头出发点是调用模块，指向被调用模块。一般只允许上层模块调用下层模块
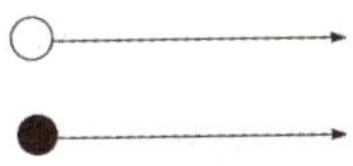	传递	模块间调用时可以互相传递信息。信息可以分为两类：数据和控制信息。尾部是空心圆的箭头表示传递的是数据，是实心圆的箭头表示传递的是控制信息
	条件调用	在调用箭头的发出端加一个菱形框表示条件调用。条件调用为上层模块根据条件调用它的下层模块中的某一个
	循环调用	在调用箭头的发出端加一个带箭头的圆弧表示循环调用。循环调用为上层模块反复调用它的下层模块

4. 面向数据流的设计方法

面向数据流的设计方法是以数据流图为基础，按照一定的步骤将数据流图映射为软件结构的方法。人们所说的结构化设计方法（Structured Design，SD），常常指的是面向数据流的设计方法。面向数据流的设计方法把信息流映射成软件结构，信息流的类型决定了映射的方法。信息流有变换流和事务流两种类型，如图9-8所示。变换流信息沿输入通路进入系统，由外部形式变换成内部形式，进入系统的信息通过变换中心，经加工处理以后再沿输出通路变换成外部形式离开软件系统。当数据流图具有这些特征时，这种信息流就称为变换流。事务流是数据沿输入通路到达一个处理T，这个处理根据输入数据的类型在若干个动作序列中选出一个来执行。这类数据流应该划为一类特殊的数据流，称为事务流。

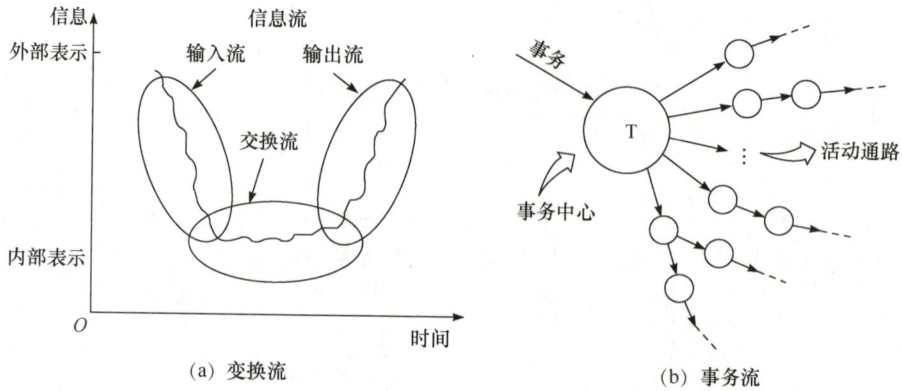

图9-8　变换流和事务流示意图

面向数据流的设计方法的过程如下：

① 精化数据流图。数据流图转换为软件结构前，设计人员要认真研究分析数据流图并参照数据字典，检查有无遗漏或不合理之处，并进行必要的修改。

② 确定数据流图类型。如果是变换型，确定变换中心和逻辑输入、逻辑输出的界线，映射成变换结构；如果是事务型，确定事务中心和加工路径，映射成事务结构。

③ 分解上层模块，设计中下层模块结构。

④ 根据优化准则对软件结构求精。

⑤ 导出模块功能、接口及全局数据结构。

⑥ 复查，如果有错，转向步骤②修改，否则进入详细设计。

9.3.3　详细设计

1. 详细设计简介

详细设计阶段的任务不是具体地编写程序，而是要设计出程序的“蓝图”。详细设计的结果基本上决定了最终的程序代码的质量。详细设计是软件工程中软件开发的一个步骤，是对总体设计的一个细化，是设计每个模块的实现算法及所需的局部数据结构。详细设计的目标有两个：实现模块功能的算法要逻辑上正确，算法描述要简明易懂。传统软件开发方法的详细设计主要用结构化程序设计法。详细设计的表示工具有图形工具和语言工具。图形工具有业务流图、程序流程图、NS流程图、问题分析图(Problem Analysis Diagram，PAD)、判定表。语言工具有PDL等。

2. 详细设计工具

详细设计提供了图形、表格和语言三类不同工具。无论何种图形工具，都提供结构化程序设计对应的控制流程，以及功能的处理、数据的组织、数据结构的描述，以利于从详细设计到程序的实现。

（1）程序流程图

程序流程图又称为程序框图，是使用最广泛的描述过程设计的方法。它用方框表示一个处理步骤，菱形表示一个逻辑条件，箭头表示控制流向。其优点是结构清晰，易于理解，易于修改；缺点是只能描述执行过程而不能描述有关的数据。程序流程图中使用的符号如图9-9所示，其中（a）为选择（分支），（b）为注释，（c）为预先定义的处理，（d）为多分支，（e）为开始或停止，（f）为准备，（g）为循环上界限，（h）为循环下界限，（i）为虚线，（j）为省略符，（k）为并行方式，（l）为处理，（m）为输入/输出，（n）为连接，（o）为换页连接，（p）为控制流。

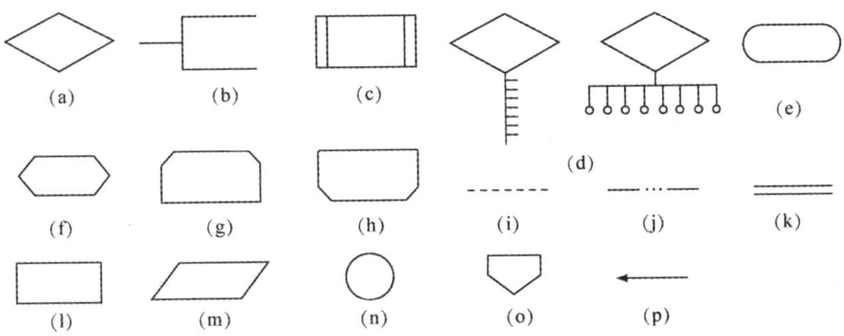

图9-9 程序流程图中使用的符号

（2）NS流程图

出于要有一种不允许违背结构程序设计精神的图形工具的考虑，Nassi和Shneiderman提出了盒图，又称为NS流程图。盒图是一种强制使用结构化构造的图示工具，也称为方框图。它有下述特点：功能域明确，可以从盒图上一眼就看出来；不可能任意转移控制；很容易确定局部和全程数据的作用域；很容易表现嵌套关系，也可以表示模块的层次结构。图9-10给出了结构化控制结构的盒图表示，也给出了调用子程序的盒图表示方法，其中（a）为顺序，（b）为IF_THEN_ELSE型分支，（c）为CASE型多分支，（d）为循环，（e）为调用子程序A。

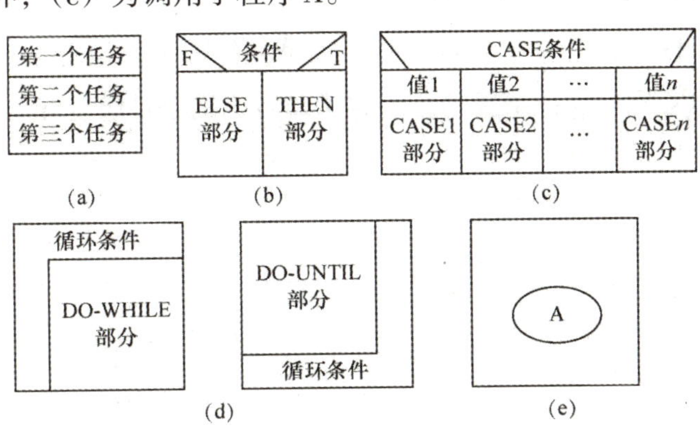

图9-10 盒图表示

（3）PAD

PAD用二维树形结构的图来表示程序的控制流。PAD是一种改进的图形描述方式，可以用来取代程序流程图，比程序流程图更直观，结构更清晰，最大的优点是能够反映和描述自顶向下的历史和过程。PAD提供了五种基本控制结构的图示，并允许递归使用。PAD的符号如图9-11所示，其中（a）为顺序（先执行P1后执行P2），（b）为选择（IF C THEN P1 ELSE P2），（c）为CASE型多分支，（d）为WHILE型循环（WHILE C DO P），（e）为UNTIL型循环（REPEAT P UNTIL C），（f）为语句标号，（g）为定义。

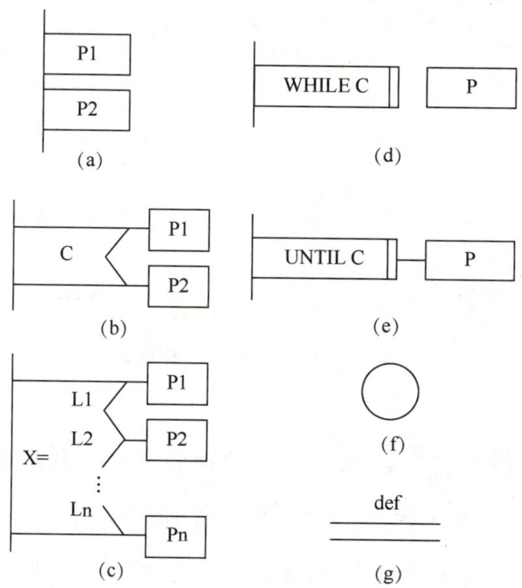

图9-11　PAD的符号

（4）判定表

判定表能够清晰地表示复杂的条件组合与应做的动作之间的对应关系。判定表由四部分组成，如图9-12所示。左上部列出所有条件，左下部是所有可能做的动作，右上部是表示各种条件组合的一个矩阵，右下部是和每种条件组合相对应的动作。判定表右半部的每一列实质上是一条规则，规定了与特定的条件组合相对应的动作。

		1	2	3	4	
条件	条件 1	T	F	F	F	条件组合
	条件 2		T	F	F	
	条件 3			T	F	
动作	输入 x	√	√	√	√	条件组合对应动作
	输入 y	√	√	√	√	
	公式 1	√				
	公式 2		√			
	公式 3			√		
	公式 4				√	
	Name A	√	√	√	√	

图9-12 判定表构成

（5）PDL

PDL也可称为伪码或结构化语言，用于描述模块内部的具体算法，以便开发人员之间比较精确地进行交流。语法是开放式的，其外层语法是确定的，而内层语法则是不确定的。外层语法描述控制结构，它用类似于一般编程语言控制结构的关键字表示，所以是确定的。内层语法描述具体操作，考虑到不同软件系统的实际操作种类繁多，内层语法因而不确定，它可以按系统的具体情况和不同的设计层次灵活选用，实际上任意英语语句都可用来描述所需的具体操作。用它来描述详细设计，工作量比画图小，又比较容易转换为真正的代码。

伪码的基本控制结构有三个组成部分。其一是简单陈述句结构，避免复合语句；其二是判定结构，如IF_THEN_ELSE或CASE_OF结构；其三是选择结构，如WHILE_DO或REPEAT_UNTIL结构。

PDL的优点有：可以作为注释直接插在源程序中；可以使用普通的文本编辑工具或文字处理工具产生和管理；已经有自动处理程序存在，而且可以自动由PDL生成程序代码。

9.4 软件测试

软件测试是软件工程中重要的一环，是软件质量保证的最重要手段。软件缺陷会带来严重的经济损失，甚至会威胁生命安全（因为软件系统故障，波音737 MAX-8飞机曾在5个月内坠毁两架，无一人生还）。随着人们对软件测试重要性的认识，软件企业对测试的投入越来越大。欧美的软件项目中，测试工作量占总工作量的40%，测试费用占项目总经费的30%～50%。欧美的软件企业中测试人员的数量通常是开发人员数量的1~3倍。

9.4.1 软件测试的定义

根据SWEBOK3.0（2014年发布的软件工程知识体系），软件测试定义为“从一个通常是无限的执行域（集合）中选择合适的、有限的测试用例，对程序所期望的行为进行动态验证的活动过程”。“所期望的行为”也就是用户的期望，这个定义显示了软件测试的经济学原则（见表9-4）和风险性，即通过一系列的验证活动，而不是无限的操作，来检验系统是否满足了用户的需求。这里强调的“动态验证”（动态测试）带有试验的性质，而把“静态验证”（静态测试），主要是评审活动，归为了“质量管理”。

表9-4 软件测试的三个经济学原则

原则名称	原则定义
有限原则	穷尽测试是不可能的
80/20原则	80%的软件缺陷包含在20%的模块中，用户80%的时间在使用软件20%的功能。应重点测试20%复杂度最高的模块，重点测试用户20%最常用的功能
尽早原则	应尽早进行测试，缺陷发现得越早，纠正缺陷的代价越小

Hetzel定义（1983年）认为，“软件测试就是一系列活动，这些活动是为了评估一个程序或软件系统的特性或能力，并确定其是否达到了预期结果”。也就是说，测试的目标是为了“证实”——证明软件可以满足预期的要求。相反地，Myers定义（1979年）却认为，“测试是发现错误而执行一个程序或者系统的过程”。也就是说，测试的目标是为了“证伪”——证明软件有错。因此，在测试活动中，应该以最少的时间和人力，选择更多暴露软件缺陷的测试用例。这两者所表达的共同点，就是应用软件测试的经济学原则，验证程序是否符合用户的期望。

9.4.2 软件测试分类

软件测试从不同角度看有很多分类方法，可以根据测试的对象、测试的目标等进行分类，如表9-5所示。本节重点介绍静态与动态测试、黑盒与白盒测试，以及这四种测试的应用范围。

表9-5 软件测试的不同分类方法

分类依据	软件测试类型
是否运行软件	静态测试、动态测试
是否查看软件内部结构	白盒测试、黑盒测试
测试执行的阶段	单元测试、集成测试、系统测试、验收测试等
测试的对象	文档测试、单元测试、接口测试、系统测试、数据测试、界面测试等
测试的目标	功能测试、性能测试、安装测试、可靠性测试、安全性测试、可用性测试等

1. 静态测试（Static Testing）

静态测试主要对软件的文档和源代码进行阅读和分析，不需要编译或者运行软件。一般采用人工检测和计算机辅助工具进行静态测试。

①代码评审：归纳总结缺陷模式并形成检查列表（Check List），依据检查列表中列举的项目在被测软件中按图索骥，采用手工的方法逐一走查。代码评审有三种方法：同行评审（互查）、走查评审和会议审查（会审）。这三种评审方法的正式程度不同，具体见表9-6。正式程度越高，发现缺陷的能效越高，评审的成本也越高。

表9-6 三种代码评审方法的比较

评审方法	同行评审	走查评审	会议审查
个人角色	无明确职责划分	评审人和被评审人	评审组包括主持人、评审人、被评审人、测试员、书记员
计划和准备	无计划和准备	通读设计和源码	时间、地点和议程安排明确，资料准备充分，预先熟悉资料
会议组织	没有任务结构	任务结构较为清晰，但职责和评价标准不够明确，文档不够规范	任务结构非常清晰，形成规范的评审报告
修改和验证	无缺陷修改跟踪	无缺陷修改跟踪	专人负责缺陷修改跟踪

②代码静态分析：由软件工具自动分析和检查被测软件的源代码，并生成检查报告。此类软件工具常会采用两种技术。(a）编译器的前端，用于对源代码进行词法、语法、语义分析。(b）缺陷模式数据库，作为发现被测软件缺陷的依据。C/C++语言常用的静态分析工具为PC-Lint，Java语言常用的静态分析工具为Findbugs、PMD等。

2. 动态测试（Dynamic Testing）

通过在真正的运行软件程序的过程中，对软件及其运行环境进行观察（使用人工或者辅助工具），获取软件的实时行为和反馈，以及内存、堆栈、线程和测试覆盖率等方面的信息，来判断软件是否存在问题，或者通过设计好的测试用例，比较输入对应的期望输出来分析被运行的软件是否存在缺陷。

3. 黑盒测试（Black-box Testing）

只针对软件系统的外部行为采取的测试方法称为黑盒测试。在测试时，把软件或者程序当成一个打不开的黑盒子，完全不考虑盒子内部的结构特征，测试人员对软件直接进行测试，检查系统功能是否能够按照软件需求规格说明书要求正常使用，是否能够对输入数据进行恰当的反应和正确输出。黑盒测试的对象也包括软件相关的各种文档。

黑盒测试方法是基于输入域的方法，通过对不同数据的输入，检查输出的数据是否符合期望，以判断测试是否通过。常用测试用例设计的方法有以下几种。

（1）等价类划分法

将每个输入域划分为若干等价类，然后从每个等价类中选择代表值构成测试用例。等价类是输入域的一个特定子集，其中各个值对于揭露程序中的错误是等效的。根据程序的规格说明书，等价类可划分为有效等价类（满足输入的规格说明，有意义的输入数据）和无效等价类（不满足程序输入要求，无效的输入）。各个等价类之间满足完备性（测试用例能完全覆盖输入域）和不相交性（各等价类不包含充分测试用例）。

（2）边界值分析法

实践经验表明，程序往往在输入和输出的边界值上发生错误。因此，边界值分析法在输入/输出的边界上以及边界附近取值构成测试用例。

等价类划分法和边界值分析法通常用于单因素、单变量的输入域数据分析，但是在多因素、多变量的输入情况中，这些因素互相影响、互相组合时可能出错的情况就无法处理了。因此，需要一种可用于多条件组合的方法来进行测试用例设计，也就是通过组合分析的方法来设计测试用例。典型的方法有判定表法（Decision Table，又称决策表法）。

（3）判定表法

借助表格完成对输入条件的组合设计，以达到完全覆盖的目的。如图9-12所示，判定表由条件和动作组成，需要列出一个测试活动执行所需要的所有条件组合，根据组合结果产生相应的动作（输出）。因为判定表是从输入条件的完全组合来满足测试的覆盖率要求的，所以判定表法是最严格的组合设计方法之一。但是判定表法只适用于输入条件和输出结果都可以用“成立”或“不成立”（True or False）来表示的情况。如果输入条件有多个取值，则需要借助其他方法实现，比如使用Pair-wise方法来简化问题，减少组合数。

（4）错误推测法

错误推测法主要依据人的直觉和经验推断出程序中可能出现的错误或易错的地方，并有针对性地根据这些错误设计测试用例。这种方法往往能够比较有效地测出软件缺陷，但是需要设计人员有丰富的专业知识。

4. 白盒测试（White-box Testing）

白盒测试是一种基于代码的测试，它要求测试人员了解软件系统的内部结构和运行机制，清楚制作软件产品的计算机程序语言及其源代码的控制流和数据流特性，并依据分析结果进行测试用例的设计，然后根据软件需求规格说明书验证预期结果。白盒测试不仅可以用在单元测试，也可以扩展到逻辑控制流路径、业务流路径和数据流路径等。

白盒测试中主要的测试用例设计方法有以下几种。

（1）逻辑覆盖法

这是一种按照程序内部逻辑结构设计测试用例的方法，目的是测试程序中的判定和条件。判定代表程序的一个分支，通常以逻辑表达式的形式出现，而条件是判定的组成部分，通常以关系表达式、布尔变量或函数调用的形式出现。在图9-13所示的流程图中，圆圈圈起来的“a>0”和“b>0”是两个条件，而“a>0&&b>0”则为一个判定。

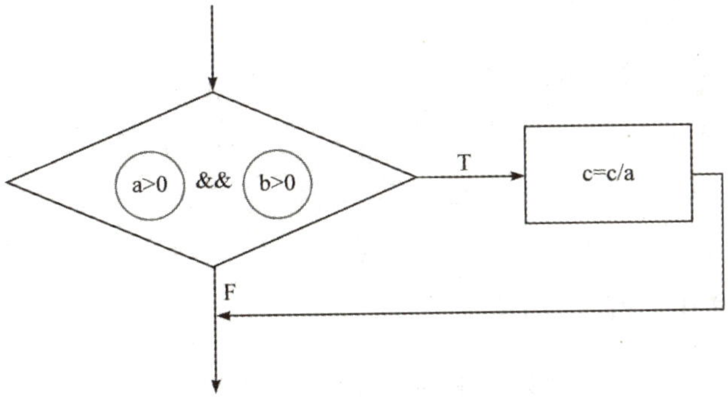

图9-13 某流程图中的判定和条件示意图

逻辑覆盖法有以下几种覆盖准则，它们的覆盖率范围关系如图9-14所示。

①语句覆盖准则（Statement Coverage）：每条可执行语句至少执行一次。

②判定覆盖准则（Decision Coverage）：每个判定的真分支和假分支至少被执行一次。

③条件覆盖准则（Condition Coverage）：每个判定的每个条件真和假的取值都至少满足一次。

④判定条件覆盖准则（Decision Condition Coverage）：每个判定的真分支和假分支至少被执行一次，同时每个判定的每个条件真和假的取值都至少满足一次。

⑤条件组合覆盖准则（Multiple Condition Coverage）：每个判定中所有可能的条件组合都至少出现一次。注意：只考虑每一个判定内部的条件组合，无须考虑所有条件的组合。

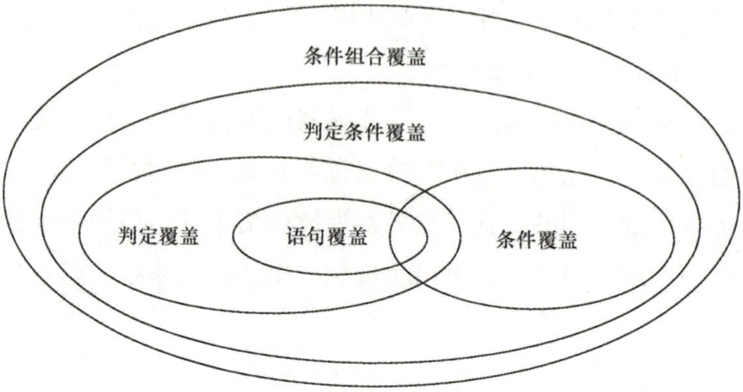

图9-14　逻辑覆盖准则中各个准则的覆盖率范围关系

（2）路径分析法

首先分析源代码的控制结构的复杂性测度，然后以该测度作为指导获得程序独立路径的基本集，最后用该基本集导出测试用例。路径覆盖准则为“每条可执行语句和每个条件的真假至少被执行一次”。因此，路径分析法的覆盖范围相当于逻辑覆盖中语句覆盖范围加上条件覆盖范围。

不同的分类方法各有侧重，在软件项目实施中，通常会根据具体情况综合运用。比如，白盒测试时会采用静态和动态测试一起，也就是代码评审时审查源代码的同时会阅读代码或者使用JUnit工具动态运行单元代码。动态测试时也可以先使用黑盒测试方法运行软件，再使用白盒测试方法辅助定位到发生问题的具体的软件代码。表9-7展示了四种测试方法的组合运用情况。

表9-7　四种测试方法的组合运用

测试方法	黑盒测试	白盒测试
静态测试	静态-黑盒测试 （对软件系统相关的各种文档，如需求文档、规格说明书等进行审查）	静态-白盒测试 （对源代码根据缺陷模式或代码编写的规范和标准进行检查、评审或者利用工具进行辅助分析）
动态测试	动态-黑盒测试 （在运行程序时，通过数据驱动对软件进行系统测试，从用户角度验证软件的各项功能，可以手工测试或者自动化测试）	动态-白盒测试 （在运行程序时，通过逻辑驱动，根据输出结果，通过调试、检查或者利用辅助工具定位到出问题的代码段。参与测试的人员通常需要一定的开发技能）

9.4.3 软件测试过程

不同类型的软件产品测试的方式和侧重点不一样，测试过程也会不一样。对于同样类型的软件产品，不同的公司所制定的测试过程也会不一样。虽然不同软件的详细测试步骤不同，但它们所遵循的最基本的测试过程是一样的。

软件测试的基本过程如图9-15所示。

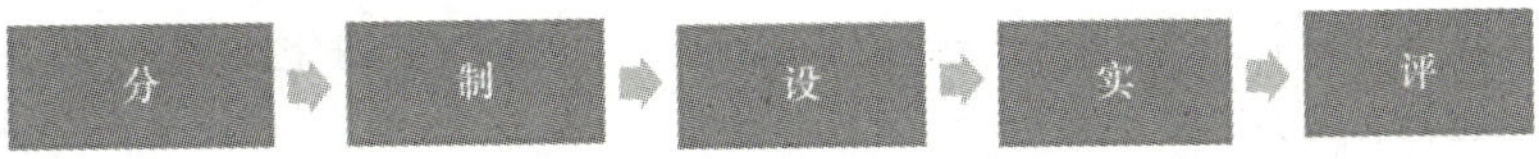

图9-15 软件测试的基本过程

1. 分析测试需求

用户需求（User Requirements）是软件测试的第一纲领，通常分为显式和隐式用户需求。记录在需求文档中的需求为显式需求，文档中没有提及但是从软件开发、测试角度需要考虑的需求为隐式需求。测试人员在制订测试计划之前需要根据需求，明确测试对象及测试工作的范围和测试重点。在分析需求时还可以获取一些测试数据，作为测试计划的基本依据，为后续的测试打好基础。此外，分析测试需求也是对软件需求文档进行测试，以发现软件需求中不合理的地方。

2. 制订测试计划

制订测试计划（Test Plan）一般包括以下活动。

①确定测试范围：根据需求确定测试对象。

②制订测试策略：测试策略是测试计划中最重要的部分。根据测试需求，将要测试的内容和模块划分出优先级，确定测试类型（如功能测试、性能测试），选定测试环境、工具和测试方法（如人工测试、自动化测试）等。

③建立测试通过准则：根据项目实际情况，为每一个阶段测试建立通过准则。

④安排测试资源：根据测试难度、时间、工作量等因素合理安排测试资源，包括软硬件资源、人力资源等。

⑤安排测试进度：根据软件开发计划、产品的整体规划来安排测试工作的进度，同时做好变更管理。

⑥预估测试风险：罗列测试工作过程中可能会出现的不确定因素，并制订风险应对策略。

3. 设计测试用例

测试用例（Test Case）指的是一套详细的测试方案，包括测试环境、测试步骤、测试数据、预期结果以及每个用例的优先级。设计测试用例的目的是为每一个测试需求确定测试用例集合，并确定执行测试用例的过程。测试用例的模板根据不同的公司风格会有所不同，但是都要包括测试用例的基本要素。测试用例编写的原则是尽量以最少的测试用例达到最大测试覆盖率。

4. 实施执行测试

实施测试的目的是按照测试设计创建可重用的测试脚本，并创建测试模块需要的驱动程序和桩程序。执行测试就是按照测试用例执行测试的过程，这是测试人员最主要也是最重要的活动阶段，可以根据需要选取手工或者自动化测试方法，按照定义好的测试用例优先级执行。

在执行测试过程中，测试人员要密切跟踪测试过程，同时选取合适的监控工具对软件产品和产品所在的软硬件环境进行监控，记录缺陷、形成报告等。

5. 评估测试汇报结果

评估测试的目的是对每一次测试结果进行分析评估，并在每一个测试阶段提交测试汇报。测试报告需要对每一个阶段的测试内容及执行情况进行详细的描述，包括本次测试模块的版本、测试类型、使用的测试用例设计方法、测试用例覆盖情况、测试缺陷的统计分析。依据测试的通过情况提供对测试执行过程的评估结论，并给出测试执行活动的改进建议，以供后续测试执行活动借鉴参考。

9.4.4 软件测试阶段

V模型（V-model，如图9-16所示）是Paul Rook在1980年相对于软件开发过程的瀑布模型对应提出的软件测试模型，成为后来各种改进模型（如W模型、H模型等）的基础。V模型中，测试工作分为四个阶段，每个测试阶段验证对应的开发阶段，并且每个测试阶段都以对应开发阶段的文档作为测试的依据。

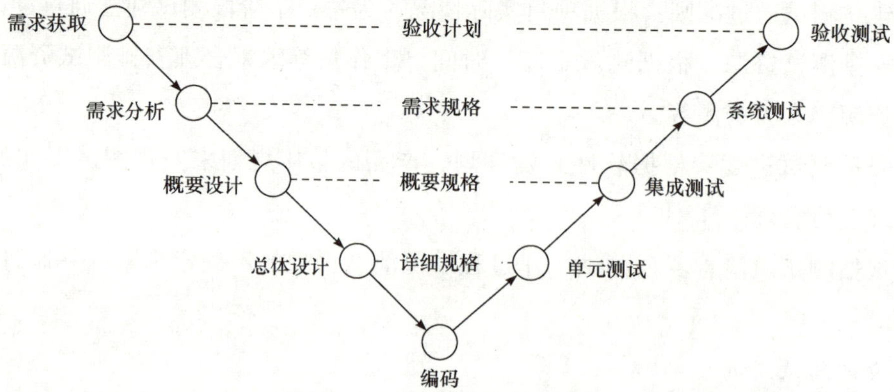

图9-16 软件测试V模型

按照阶段进行测试是一种基本的测试策略。传统的软件测试严格按照V模型中四个阶段时间顺序进行测试。单元测试是测试执行的第一个阶段，接下来的阶段分别是集成测试、系统测试和验收测试。而敏捷测试则遵循快速持续的迭代策略，因此四个阶段在时间上可能会相互重叠，比如单元测试和集成测试往往会交迭进行或者同步进行。

1. 单元测试

单元测试（Unit Test）是对软件单元进行的测试，是系统功能测试的基础。单元测试的目标是验证测试代码的正确性，即验证代码和软件系统设计的一致性。此外，还要测试代码的规范性、安全性、性能等。单元测试的对象可以是某个模块或者函数，也可以是某个类或者对象。单元测试通常由开发人员完成，主要依据是软件详细规格说明书，通常以代码的覆盖率作为评估标准。

2. 集成测试

集成测试（Integration Test）是将已经分别通过测试的单元按概要设计要求集成起来再进行测试，以检查这些单元之间的接口是否存在问题。它的目标是发现与接口和协作相关的问题，依据是概要设计说明书。在集成测试开始前，单元测试已经通过。

集成测试的主要策略包括：

①非渐增集成：先分别对每个模块进行单元测试，再把所有模块按概要设计要求一次性组合成完整的程序。

②渐增集成：每次集成一个模块，同已经测试好的模块结合起来进行测试。测试是在模块一个一个的扩展下进行的，其测试范围逐步增大，包括三种不同的集成策略。对于图9–17所示的模块结构，所集成的顺序如表9–8所示。

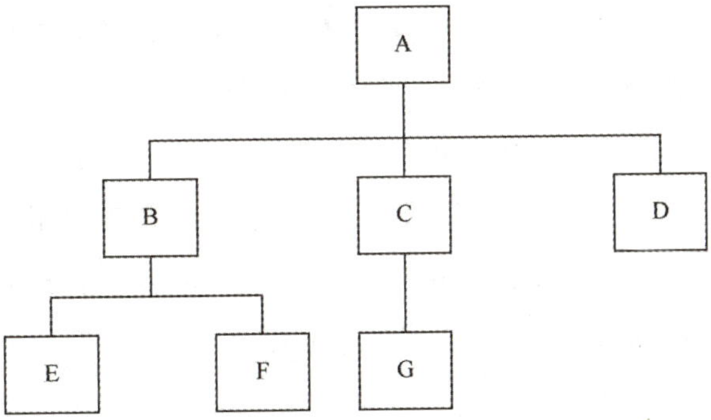

图9–17　某软件系统功能模块结构

表9-8 三种渐增集成策略

集成策略	测试方法	图9-17模块集成顺序
自顶向下集成	从主控制模块开始,沿着程序的控制层次向下移动,逐渐把各个模块结合起来,可使用深度优先策略或广度优先策略	深度优先策略: ABEFCGD 广度优先策略: ABCDEFG
自底向上集成	从“原子”模块(即在软件结构最底层的模块)开始组装和测试	EFBGCDA
三明治集成 (或称混合集成)	是一种混合增量方式。它首先确定一层作为目标层,然后从目标层以上采用自顶向下集成策略测试高层,目标层以下采用自底向上集成策略测试底层,即从两端向中间组装和测试。最后,目标层模块直接与其上层和下层模块结合	以第二层作为目标层: AEFGBCD

3. 系统测试

系统测试（System Test）是将通过集成测试后的软件，作为计算机系统或者平台的一个部分，与操作系统、硬件设备、其他支持软件、数据等系统元素结合起来，在模拟客户真实的运行环境下，对整个系统进行一系列的测试来发现软件的潜在问题，保证软件系统的正常运行。系统测试的目的是验证软件系统是否满足功能和非功能的用户需求。系统测试类型包含很多，如功能测试、性能测试、安装配置测试、安全性测试、可靠性测试、可用性测试、容量测试等。本节重点介绍以下测试类型。

① 系统级功能测试（Functionality Test）：功能测试最早可以发生在单元测试阶段，在集成测试中也可以实施。而系统级功能测试则是在系统集成之后通过模拟客户真实操作完成的端到端（End-to-End）的测试，不仅要考虑各模块之间的作用，还要考虑系统的应用环境，确保软件产品规格说明书上的要求都能满足。针对不同的软件系统，功能测试的内容差异很大，但是可以归结为UI界面、用户数据、功能操作、系统逻辑和模块接口等几个方面。测试时，可以使用手工测试工具或者利用自动化测试工具。常用的Web功能测试的自动化工具有Selenium、Quick Test Professional（QTP）等。

② 性能测试（Performance Test）：性能测试是为了确保系统没有性能问题或者为获取系统性能的相关指标（如系统的吞吐率、页面响应时间、最大用户或者页面并发数、资源使用率等）而进行的测试。一般在真实的环境中，模拟用户的数据集并在特定的负载压力下，通过自动化测试工具来模拟软件系统的运行和用户的操作，同时使用多种工具监控软件和其所在系统性能相关的各项指标（如CPU、内存使用率，网络、硬盘的访问率等），最后对测试的结果进行分析来确定整个系统的性能状况是否

满足产品规格说明书上的性能相关需求。性能测试常见的测试类型有压力测试、响应时间测试、容量测试等。常用的Web服务器端测试工具有JMeter、Loader Runner、Rational Performance Tester等。Web客户端的性能测试通常关注页面的响应时间，使用手工的方式进行操作，同时使用工具记录时间。常用的客户端响应时间记录工具有IBM Page Detailer、Chrome开发者工具等。

③ 回归测试（Regression Test）：回归测试的目的是确保软件在有修改的情况下（如修复原有软件缺陷，或加入新功能）原有功能或者性能正常，且保证新的改动不会引入新的缺陷的一种测试策略和方法。在时间和成本的约束下，回归测试不会重新运行全部的测试用例，而是从测试用例库中选择有效的测试用例来完成回归测试。选取的策略兼顾效率和有效性两方面，一般采用基于风险的选择原则，即根据新改动的部分找出风险高且用户使用频率高的模块进行测试。

4. 验收测试

验收测试（Acceptance Test）又称交付测试，是在系统测试之后，产品发布之前，所进行的最后一个阶段的技术测试。开始的前提是软件系统通过了内部测试，需要邀请用户在真实的生产环境下一起验收软件系统，确保产品与产品规格说明书上定义的各项要求一致，确保真正满足用户的需求。验收测试通过标志着软件产品系统质量达到了客户的要求，软件测试项目就可以结束了。

9.5 程序调试

在软件测试时，当发现软件系统的表现行为不符合期望（不一致的功能输出或者非功能表现），但无法根据提示的错误信息准确定位错误原因及错误位置时，就需要进行程序调试（Debug）。或者在程序正式运行前，也就是程序开发过程中，为了找出书写的源代码中已经出现或者可能出现的错误（Bugs），也需要进行程序调试。

程序调试就是用手工调试工具辅助分析错误相关的信息，找到引起问题的错误性质、位置和原因并修正的过程。程序调试的过程迫使人们暂时回到程序设计阶段。这个过程主要靠思维分析，也就是说，解决问题的时候不仅要解决问题的表象，更要把握问题的实质，而且还要检查是否有其他潜在的问题，同时避免引入新的问题。调试的过程需要避免使用试探这种随机性很强并且低效的方法。

9.5.1 程序调试中的常见错误

程序调试中经常遇到的错误有以下三类。

1. 语法错误

语法错误是在源代码编写过程中出现的，比如拼写错误或者语句结尾缺少分号等。这类错误通常会被编译器或者解释器发现并给予恰当准确的提示，因此很容易修正。

2. 逻辑错误

逻辑错误是指在某种条件下，软件的行为表现与期望不符。比如，给定输入变量A，期望得到输出B，但是软件运行后，发现输出C。这类错误不容易修正，因为有时候无法得到错误的提示信息。

3. 运行时错误

运行时错误是指软件运行时出现的问题，会导致软件无法正常继续运行。比如程序中除数为0，或者打开一个不存在的文件，或者程序运行一段时间导致内存泄漏。这类错误通常由逻辑错误造成，并且只在特定的情形下出现。根据错误的类型，这类错误的解决方案各有不同。对于找不到文件这类错误虽然很容易修复，但是很难防止再次发生。

9.5.2 程序调试的技术手段

在程序调试过程中利用有效的技术手段可以提高调试的效率。技术手段通常有以下几种。

1. 加入打印语句（Print Output Statement）

在重要的程序分支中插入打印语句可以有效显示程序的动态运行流程和关键变量的动态取值，缺点是会输出大量和错误无关的信息。

2. 设置关键标志（Flag）

关键标志通常是一个变量，给定不同的取值来表示某段代码被执行或事件发生。关键标志通常和打印语句联合使用。

3. 注释部分源代码（Comment）

“分而治之”是程序调试中经常使用的方法。为了缩小查找问题的范围，可以注释掉部分源代码，而只运行需要检查的部分程序。

4. 桌上检查（Desk Checking）

桌上检查是由开发人员自己检查自己编写的程序。开发人员在程序通过编译之后，进行单元测试设计之前，自己一个人阅读程序，对照错误列表检查程序，对程序推演测试数据，并补充相关的文档。桌上检查的目的就是发现程序中的错误，但是往往效率比较低下，因为桌上检查过程中没有任何约束，开发人员也不容易检查出自己的错误。

5. 结对审查（Peer Checking）

由于思维定式，人们很容易忽略自己的错误，甚至一些显而易见的错误都不容易发现。但是当另外一个同行来检查时，往往会非常有效，尤其是这个同行之前没看过这些源代码。在团队协同开发中，成员将个人代码与团队代码合并之前，通常会邀请同伴进行结对审查。

6. 回溯法

找到最先发现错误的源代码位置，通过分析程序的控制流方法，往上追踪源程序代码，直到找到错误分支或者范围。

7. 综合分析排除法

这种方法是一种系统分析法，需要综合分析收集到的提示错误的各种日志和线索，运用归纳法组织整理出现问题的数据和条件，寻找线索之间的关系，同时可以使用演绎法设想引起问题的原因，用整理好的数据排除错误的假设，逐步缩小可能出问题的范围，反复验证，直到找到错误的位置。这种方法需要开发人员熟悉整个软件并且有丰富的开发经验。

9.5.3 程序调试的步骤

程序调试一般遵循以下几个步骤。

1. 错误信息收集

识别问题，同时收集问题相关的错误信息，包括错误本身和监控工具记录的日志信息。

2. 错误重现

错误重现可以帮助开发人员定位出错的源代码位置。根据引起错误重现的各种条件，找到程序执行的可能路径分支。

3. 问题定位

找到可能引起问题的源代码块，根据期望的结果选定调试的方法（手工排查或者使用工具）；根据错误的信息或者日志提示，在程序的关键点上人为设置断点，比较断点位置的各个变量取值是否符合期望。如果不符合期望，就修改代码使该断点能够与期望一致。如果符合期望则查找下一个断点，直至完成所有断点调试。

4. 方案部署和回归测试

当最终结果达到预期目标，将新的解决方案部署到运行环境中并进行回归测试，确保新的改动在解决问题的同时不会引起新的问题。

9.5.4 程序调试的方法

根据程序是否被运行，程序调试可以分为静态调试和动态调试。静态调试主要是指通过人工思考的方式来分析程序源代码、对照文档来排错，动态调试通常利用程序语言的调试功能或者专门的调试工具排错。

1. 静态调试

静态调试主要有以下两种方法。

（1）收集并分析错误现场的错误表现和所有变量状态

通常发生问题的现场会保存程序在这一刻的状态，可以利用程序本身的输出和异常表现，初步确定出问题的模块，然后将运行程序的服务器、操作系统，或者监控工具输出（Dump）这一刻程序在内存所有变量的分布、状态和取值等。通过对输出内容的综合分析，找到可能发生问题的代码和逻辑。

（2）追溯关键变量在不同阶段的动态值

程序在编写和调试过程中，一般使用打印语句把关键变量在重点状态的动态值输出到后台的日志（Log）中。静态调试可以通过分析这些关键变量在不同阶段的值的变化是否符合预期，来找到产生问题的位置。需要注意的是，这些打印语句在程序调试结束后，需要通过修改源代码将其去掉。去掉的过程中，要防止引入新的问题。

2. 动态调试

动态调试是通过程序的编译器或者专门的工具来分析程序的动态，通常通过在可能发生问题的点设置断点（Breakpoint）的方式来完成。开发人员记录断点处各个关键变量的动态值，然后逐句或者逐段执行程序，同时跟踪关键变量的变化，直到找到发生问题的代码。

本章小结

软件工程是一门研究用工程化方法设计、实现和维护高质量的软件的学科。本章通过对软件危机产生的原因进行剖析，引入软件工程、软件生命周期等基本概念，并对软件开发工具和软件开发环境进行了简要介绍。此外，还详细介绍了结构化软件设计的基本步骤与方法，主要包括结构化分析、结构化设计、软件测试、程序调试四个方面。

习题

单项选择题

1. 在结构化分析中，用数据流图作为描述工具的软件开发阶段是（　　）。

A. 可行性分析　　B. 需求分析

C. 程序编码　　D. 总体设计

2. 在软件开发中，下面任务不属于设计阶段的是（　　）。

A. 数据结构设计　　B. 给出系统模块结构

C. 定义模块算法　　D. 定义需求并建立系统模型

3. 结构化程序设计主要强调的是（　　）。

A. 程序的规模　　B. 程序的易读性

C. 程序的执行效率　　D. 程序的可移植性

4. 在软件生命周期中，能准确地确定软件系统必须做什么和必须具备哪些功能的阶段是（　　）。

A. 总体设计　　B. 详细设计　　C. 可行性分析　　D. 需求分析

5. 数据流图用于抽象描述一个软件的逻辑模型，由一些特定的符号构成。下列符号名标识的符号不属于数据流图合法符号的是（　　）。

A. 控制流　　B. 加工　　C. 数据存储　　D. 起点或终点

6. 软件需求分析阶段的工作可以分为四个方面：需求获取、需求分析、编写软件需求规格说明书以及（　　）。

A. 阶段性报告　　B. 需求评审　　C. 总结　　D. 以上都不正确

7. 下列不属于软件工程方法学三要素的是（　　）。

A. 工具　　B. 过程　　C. 方法　　D. 人员

8. 下列不属于软件设计原则的是（　　）。

A. 抽象　　B. 模块化　　C. 自底向上　　D. 信息隐藏

9. 下列工具中属于需求分析常用工具的是（　　）。

A. PAD　　B. 判定表　　C. NS图　　D. DFD

10. 在结构化方法中，软件功能分解属于下列软件开发阶段中的（　　）。

A. 详细设计　　B. 需求分析　　C. 总体设计　　D. 编程调试

11. 在源代码层次对软件基本模块进行测试最常见于（　　）中。

A. 单元测试　　B. 集成测试　　C. 系统测试　　D. 验收测试

12. 下列不属于测试用例的组成成分的是（　　）。

A. 输入数据　　B. 预期结果　　C. 条件和操作步骤　　D. 软件规格说明

13. 黑盒测试与白盒测试的主要区别在于（　　）。

A. 测试数据是否用颜色做出区分

B. 测试结果能否用颜色区分

C. 测试输入数据的设计是否依据源代码

D. 测试预期结果的规定是否依据源代码

14. 关于软件测试和程序调试描述正确的是（　　）。

A. 软件测试计划需要严格遵守，不能中途变更

B. 软件测试的目的是发现错误和改正错误

C. 程序调试可以在软件测试活动开展后进行

D. 试探法是一种高效的、推荐使用的程序调试方法

15. 在软件的详细设计规格说明书中没有明确规定的是（　　）。

A. 输入　　B. 输出

C. 算法和数据结构　　D. 硬件平台

16. 下列属于白盒测试的测试用例设计方法的是（　　）。

A. 错误推测法　　B. 判定表法

C. 等价类分析法　　D. 路径分析法

17. 以下活动中不是在单元测试中进行的是（　　）。

A. 局部数据结构测试　　B. 测试通过模块的数据流

C. 边界条件测试　　D. 全局数据结构测试

18. 下列不符合程序调试的错误定位原则的是（　　）。

A. 如果调试陷入困境，不如先放一下，明天再来看

B. 调试中可以综合使用归纳法、演绎法、二分法来提高程序调试的效率

C. 思考并与他人讨论错误日志，寻找可能出现错误的位置

D. 主要依靠工具进行调试，个人开发经验在调试中用处不大

19. 下列测试类型不在系统测试阶段进行的是（　　）。

A. 界面测试　　B. 验收测试　　C. 功能测试　　D. 回归测试

20. 下列关于程序调试的说法中，不符合错误修改原则的是（　　）。

A. 只修改源代码，不要改变目标代码

B. 程序调试后必须进行回归测试，避免引入新的问题

C. 错误出现的地方很可能存在其他错误，程序调试过程中建议检测相关代码

D. 程序调试中的修改虽然不能解释错误相关的全部现象或者线索，但是程序输出已经符合期望，也可以算程序调试成功

21. 以下说法不正确的是（　　）。

A. 单元测试中既可以采用静态测试又可以采用动态测试

B. 边界值分析法既可以用于单元测试又可以用于集成测试

C. 软件测试过程中的各个阶段必须按照时间顺序进行

D. 白盒测试既可以用于单元测试又可以用于集成测试

简答题

1. 什么是软件危机？它有哪些典型表现？

2. 什么是软件工程？软件工程方法学的三要素是什么？

3. 软件需求分析的任务及过程是什么？

4. 软件设计的目标是什么？

5. 请描述基本的软件测试过程。

6. 根据是否运行软件，软件测试的方法分为哪些？

参考文献

[1] 陈刚. 大学计算机基础 [M]. 北京：清华大学出版社，2011.

[2] 陈树平，马玉洁，王春霞. 大学计算机基础 [M]. 北京：电子工业出版社，2014.

[3] 高福成，等. 全国计算机等级考试教程 信息管理技术（三级）[M]. 北京：电子工业出版社，2002.

[4] 龚沛曾，杨志强. 大学计算机 [M]. 6版. 北京：高等教育出版社，2013.

[5] 罗永龙，方群. 计算机基础 [M]. 北京：科学出版社，2013.

[6] 罗永龙，李杰，方群. 大学计算机基础 [M]. 北京：人民邮电出版社，2015.

[7] 彭慧卿，李玮. 大学计算机基础（Windows 7+Office 2010）[M]. 2版. 北京：清华大学出版社，2013.

[8] 施伯乐，丁宝康，汪卫. 数据库系统教程 [M]. 2版. 北京：高等教育出版社，2003.

[9] 徐士良. 全国计算机等级考试二级教程——基础知识 [M]. 北京：高等教育出版社，2002.

[10] 薛礼. 大学计算机基础 [M]. 北京：清华大学出版社，2012.

[11] 朱鸣华，孟华，赵铭伟，等. 全国计算机等级考试一级教程：计算机基础及MS Office应用上机指导 [M]. 北京：高等教育出版社，2018.